国家出版基金资助项目

现代数学中的著名定理纵横谈丛书

丛书主编　王梓坤

BOOLEAN ALGEBRA AND LATTICE THEORY

刘培杰数学工作室 编译

哈爾濱工業大學出版社
HARBIN INSTITUTE OF TECHNOLOGY PRESS

内 容 提 要

本书主要介绍布尔代数、广义布尔代数、布尔矩阵、布尔方程等一系列知识,并讨论它们在逻辑线路等方面的应用,还介绍了格群、格环的一些相关知识.

本书适合于高等学校数学及相关专业师生使用,也适合于数学爱好者参考阅读.

图书在版编目(CIP)数据

Boole 代数与格论/刘培杰数学工作室编译. —哈尔滨:哈尔滨工业大学出版社,2017.4

(现代数学中的著名定理纵横谈丛书)

ISBN 978-7-5603-6495-7

Ⅰ.①B… Ⅱ.①刘… Ⅲ.①布尔代数 Ⅳ.①O153.2

中国版本图书馆 CIP 数据核字(2017)第 042312 号

策划编辑 刘培杰 张永芹
责任编辑 张永芹 刘立娟
封面设计 孙茵艾
出版发行 哈尔滨工业大学出版社
社 址 哈尔滨市南岗区复华四道街 10 号
邮 编 150006
传 真 0451-86414749
网 址 http://hitpress.hit.edu.cn
印 刷 牡丹江邮电印务有限公司
开 本 787mm×960mm 1/16 印张 31.25 字数 321 千字
版 次 2017 年 4 月第 1 版 2017 年 4 月第 1 次印刷
书 号 ISBN 978-7-5603-6495-7
定 价 168.00 元

⊙代序

读书的乐趣

你最喜爱什么——书籍.

你经常去哪里——书店.

你最大的乐趣是什么——读书.

这是友人提出的问题和我的回答.真的,我这一辈子算是和书籍,特别是好书结下了不解之缘.有人说,读书要费那么大的劲,又发不了财,读它做什么?我却至今不悔,不仅不悔,反而情趣越来越浓.想当年,我也曾爱打球,也曾爱下棋,对操琴也有兴趣,还登台伴奏过.但后来却都一一断交,“终身不复鼓琴”.那原因便是怕花费时间,玩物丧志,误了我的大事——求学.这当然过激了一些.剩下来唯有读书一事,自幼至今,无日少废,谓之书痴也可,谓之书橱也可,管它呢,人各有志,不可相强.我的一生大志,便是教书,而当教师,不多读书是不行的.

读好书是一种乐趣,一种情操;一种向全世界古往今来的伟人和名人求教的方法,一种和他们展开讨论的方式;一封出席各种活动、体验各种生活、结识各种人物的邀请信;一张迈进科学宫殿和未知世界的入场券;一股改造自己、丰富自己的强大力量.书籍是全人类有史以来共同创造的财富,是永不枯竭的智慧的源泉.失意时读书,可以使人重整旗鼓;得意时读书,可以使人头脑清醒;疑难时读书,可以得到解答或启示;年轻人读书,可明奋进之道;年老人读书,能知健神之理.浩浩乎!洋洋乎!如临大海,或波涛汹涌,或清风微拂,取之不尽,用之不竭.吾于读书,无疑义矣,三日不读,则头脑麻木,心摇摇无主.

潜能需要激发

我和书籍结缘,开始于一次非常偶然的机会.大概是八九岁吧,家里穷得揭不开锅,我每天从早到晚都要去田园里帮工.一天,偶然从旧木柜阴湿的角落里,找到一本蜡光纸的小书,自然很破了.屋内光线暗淡,又是黄昏时分,只好拿到大门外去看.封面已经脱落,扉页上写的是《薛仁贵征东》.管它呢,且往下看.第一回的标题已忘记,只是那首开卷诗不知为什么至今仍记忆犹新:

日出遥遥一点红,飘飘四海影无踪.

三岁孩童千两价,保主跨海去征东.

第一句指山东,二、三两句分别点出薛仁贵(雪、人贵).那时识字很少,半看半猜,居然引起了我极大的兴趣,同时也教我认识了许多生字.这是我有生以来独立看的第一本书.尝到甜头以后,我便千方百计去找书,向小朋友借,到亲友家找,居然断断续续看了《薛丁山征西》《彭公案》《二度梅》等,樊梨花便成了我心中的女英雄.我真入迷了.从此,放牛也罢,车水也罢,我总要带一本书,还练出了边走田间小路边读书的本领,读得津津有味,不知人间别有他事.

当我们安静下来回想往事时,往往会发现一些偶然的小事却影响了自己的一生.如果不是找到那本《薛仁贵征东》,我的好学心也许激发不起来.我这一生,也许会走另一条路.人的潜能,好比一座汽油库,星星之火,可以使它雷声隆隆、光照天地;但若少了这粒火星,它便会成为一潭死水,永归沉寂.

抄,总抄得起

好不容易上了中学,做完功课还有点时间,便常光顾图书馆.好书借了实在舍不得还,但买不到也买不起,便下决心动手抄书.抄,总抄得起.我抄过林语堂写的《高级英文法》,抄过英文的《英文典大全》,还抄过《孙子兵法》,这本书实在爱得狠了,竟一口气抄了两份.人们虽知抄书之苦,未知抄书之益,抄完毫末俱见,一览无余,胜读十遍.

始于精于一,返于精于博

关于康有为的教学法,他的弟子梁启超说:“康先生之教,专标专精、涉猎二条,无专精则不能成,无涉猎则不能通也.”可见康有为强烈要求学生把专精和广博(即“涉猎”)相结合.

在先后次序上,我认为要从精于一开始.首先应集中精力学好专业,并在专业的科研中做出成绩,然后逐步扩大领域,力求多方面的精.年轻时,我曾精读杜布(J. L. Doob)的《随机过程论》,哈尔莫斯(P. R. Halmos)的《测度论》等世界数学名著,使我终身受益.简言之,即“始于精于一,返于精于博”.正如中国革命一样,必须先有一块根据地,站稳后再开创几块,最后连成一片.

丰富我文采,澡雪我精神

辛苦了一周,人相当疲劳了,每到星期六,我便到旧书店走走,这已成为生活中的一部分,多年如此.一次,偶然看到一套《纲鉴易知录》,编者之一便是选编《古文观止》的吴楚材.这部书提纲挈领地讲中国历史,上自盘古氏,直到明末,记事简明,文字古雅,又富于故事性,便把这部书从头到尾读了一遍.从此启发了我读史书的兴趣.

我爱读中国的古典小说,例如《三国演义》和《东周列国志》.我常对人说,这两部书简直是世界上政治阴谋诡计大全.即以近年来极时髦的人质问题(伊朗人质、劫机人质等),这些书中早就有了,秦始皇的父亲便是受害者,堪称"人质之父".

《庄子》超尘绝俗,不屑于名利.其中"秋水""解牛"诸篇,诚绝唱也.《论语》束身严谨,勇于面世,"己所不欲,勿施于人",有长者之风.司马迁的《报任少卿书》,读之我心两伤,既伤少卿,又伤司马;我不知道少卿是否收到这封信,希望有人做点研究.我也爱读鲁迅的杂文,果戈理、梅里美的小说.我非常敬重文天祥、秋瑾的人品,常记他们的诗句:"人生自古谁无死,留取丹心照汗青""休言女子非英物,夜夜龙泉壁上鸣".唐诗、宋词、《西厢记》《牡丹亭》,丰富我文采,澡雪我精神,其中精粹,实是人间神品.

读了邓拓的《燕山夜话》,既叹服其广博,也使我动了写《科学发现纵横谈》的心.不料这本小册子竟给我招来了上千封鼓励信.以后人们便写出了许许多多的“纵横谈”.

从学生时代起,我就喜读方法论方面的论著.我想,做什么事情都要讲究方法,追求效率、效果和效益,方法好能事半而功倍.我很留心一些著名科学家、文学家写的心得体会和经验.我曾惊讶为什么巴尔扎克在51年短短的一生中能写出上百本书,并从他的传记中去寻找答案.文史哲和科学的海洋无边无际,先哲们的明智之光沐浴着人们的心灵,我衷心感谢他们的恩惠.

读书的另一面

以上我谈了读书的好处,现在要回过头来说说事情的另一面.

读书要选择.世上有各种各样的书:有的不值一看,有的只值看20分钟,有的可看5年,有的可保存一辈子,有的将永远不朽.即使是不朽的超级名著,由于我们的精力与时间有限,也必须加以选择.决不要看坏书,对一般书,要学会速读.

读书要多思考.应该想想,作者说得对吗?完全吗?适合今天的情况吗?从书本中迅速获得效果的好办法是有的放矢地读书,带着问题去读,或偏重某一方面去读.这时我们的思维处于主动寻找的地位,就像猎人追找猎物一样主动,很快就能找到答案,或者发现书中的问题.

有的书浏览即止,有的要读出声来,有的要心头记住,有的要笔头记录.对重要的专业书或名著,要勤做笔记,“不动笔墨不读书”.动脑加动手,手脑并用,既可加深理解,又可避忘备查,特别是自己的灵感,更要及时抓住.清代章学诚在《文史通义》中说:“札记之功必不可少,如不札记,则无穷妙绪如雨珠落大海矣.”

许多大事业、大作品,都是长期积累和短期突击相结合的产物. 涓涓不息,将成江河;无此涓涓,何来江河?

爱好读书是许多伟人的共同特性,不仅学者专家如此,一些大政治家、大军事家也如此. 曹操、康熙、拿破仑、毛泽东都是手不释卷,嗜书如命的人. 他们的巨大成就与毕生刻苦自学密切相关.

王梓坤

⊙目录

浅谈布尔代数

第1章

§0 引　子

1966年在保加利亚举行的第8届国际数学奥林匹克竞赛上，苏联提供了此次比赛的第一题.

在一次数学竞赛中共出了 A,B,C 三题. 在参加竞赛的所有学生中，至少解出一题者共25人. 在不能解出 A 题的学生中，能解出 B 题的人数是能解出 C 题的人数的二倍. 在能解出 A 题的学生中，只能解出这一题的人数比至少还能解出另一题的人数多一人. 如果只能解出一题的学生中有一半不能解出 A 题,问只能解出 B 题的学生有几人?

解法 1 用$[A]$,$[AB]$,$[ABC]$,… 分别表示只能解出 A 题,能解出 A,B 二题,能解出 A,B,C 三题 …… 的人数.依题意

$$[A]+[B]+[C]+[AB]+$$
$$[BC]+[AC]+[ABC]=25 \tag{1.1}$$
$$[B]+[BC]=2[C]+2[BC] \tag{1.2}$$
$$[A]=[AB]+[AC]+[ABC]+1 \tag{1.3}$$
$$[A]+[B]+[C]=2[B]+2[C] \tag{1.4}$$

(1.2)(1.4) 可分别写成

$$[BC]=[B]-2[C] \tag{1.5}$$
$$[A]=[B]+[C] \tag{1.6}$$

由(1.1)(1.3) 得

$$2[A]+[B]+[C]+[BC]=26 \tag{1.7}$$

由(1.5)(1.6)(1.7) 得

$$4[B]+[C]=26 \tag{1.8}$$

由(1.8) 可知

$$4[B]\leqslant 26$$

故

$$[B]\leqslant \frac{26}{4}<7 \tag{1.9}$$

又由(1.5) 可知

$$[B]\geqslant 2[C]$$

将上式代入(1.8) 得

$$4[B]+\frac{1}{2}[B]\geqslant 26$$

故

$$[B] \geqslant \frac{52}{6} > 5 \tag{1.10}$$

由(1.9)(1.10)得

$$[B]=6$$

即只能解出 B 题的学生共 6 人.

解法 2　如图 1.1 所示，设 x 为只解出 A 题的人数，y 为只解出 B 题的人数，z 为只解出 C 题的人数，V 为能解出 A，B 二题的人数，W 为能解出 A，C 二题的人数，U 为能解出 B，C 二题的人数，t 为同时解出三道题的人数.

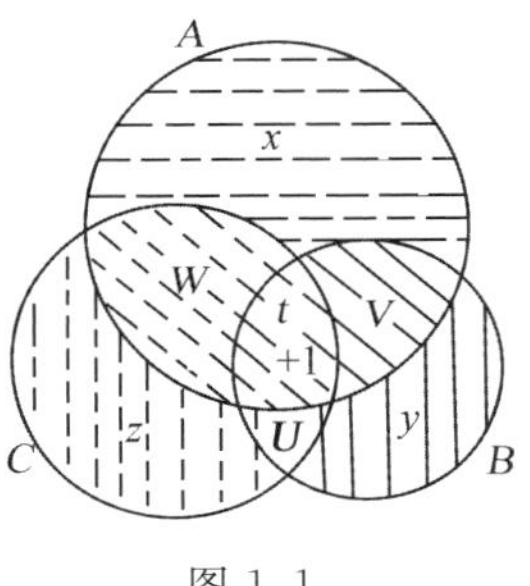

图 1.1

依题意，在没有解出 A 题的人数中，解出 B 题的人数是解出 C 题的 2 倍，即

$$y+U=2(U+z) \Rightarrow y=2z+U$$

又

$$x=V+t+W+1$$

$$x=y+z$$

所以图中每种阴影部分都应为

$$y+z=3z+U$$

但

$$(3z+U)\times 3+U=25+1=26 \tag{1.11}$$

即

$$9z+4U=26$$

$$9z \leqslant 26 \Rightarrow z \leqslant \frac{26}{9} < \frac{27}{9}=3$$

z 取 0，1，2 三个非负整数值.

当 $z=0$ 时，$4U=26$，不能成立；当 $z=1$ 时，$4U=26-9=17$，$U=\frac{17}{4}$，也不能成立. 所以只能是 $z=2$，此时代入(1.11)，$U=2$，$y=6$，于是 $x=8$，$V+W+t=7$. 代入原题检验符合题意要求，因此，只解出 B 题的学生共 6 人.

§1　从数的代数谈起

什么时候 $A+A=A$？ 你的回答未必完全. 记住登高望远这一简单而又重要的真理是有益的.

学生在学校里学习算术和代数时，会遇到不同类型的数. 在开始时学习整数，理解这些整数并不困难，因为大部分学生上学前已经相当熟悉这些数了. 然而在学习数学的进一步课程中，学生会不断遇见新的“数”以及一些看来十分奇怪的“数”(例如，分数、无理数等). 当学生逐渐习惯了一种数后，就不再对它感到困惑，但是将数的概念每进行一次新的扩充，他们还有一些错误观念要改正. 一个整数给出了在确定的对象总体中有多少个对象的信息. 例如，一个篮子里有多少个苹果，一本书有多少页，一个班里有多少个男孩. 至于分数，一个班里当然不会有 $33\frac{1}{2}$ 个男孩，桌上不能有 $3\frac{1}{4}$ 个盘子，但桌上可以有 $4\frac{1}{2}$ 个苹果，一场电影可以放映了 $1\frac{3}{4}$ 个小时，一个书架上可以有 $6\frac{1}{2}$ 本书(当

然,这本书的主人没有把书保管好!).当我们理解了一个对象总体里的分数可以是有意义的之后,学生开始学习负数.当然,在一个书架上不可能有 -3 本书(这是十分不合情理的!).但是一个温度计可以标示出 -5 ℃,并且说一个人有 -50 元甚至也有意义(后一情况也许使人烦恼,但是对于数学这是不重要的!).高年级学生还要学习更"惊人"的数:首先是所谓的无理数,如 $\sqrt{2}$;其次是虚数,如 $1+2i$[①]("无理"和"虚"这些名词清楚地表示出:在人们习惯于这些数之前,它们对人们似乎是多么不可思议!).顺便指出,如果读者还不熟悉无理数和虚数,这并不妨碍他读这本书[②].上面我们将整数看作一个对象总体里的定量性质,这个基本概念与无理数及虚数的概念很少有相同之处,虽然如此,我们依然把无理数及虚数称为"数".

这样自然会问:什么是这些数的共同特征,使我们可以对它们全体采用"数"这个术语呢?不难发现,这些各种数的主要共同特征是每一类数都可以彼此相加以及相乘[③].但是在不同种类数之间的这种相似是有条件的,理由是:尽管我们可以完成各种数的加法和乘法运算,但这些运算本身在不同的情况下有不同的意

---

① 在现代数学里,$1+2i$ 这种形式的数称为复数,而用虚数(或纯虚数)这个词时,指的是形如 $2i$ 或 $-\sqrt{2}i$ 这样的数(与此相对照,像 1 或 $-\frac{3}{2}$ 或 $\sqrt{2}$ 这样的数被称为实数).

② 各种数的基本表示可以在下面的书里找到:I. Niven, Numbers:Rational and Irrational, New York, Random House, 1961.

③ 但是不能相减或相除:例如,若我们仅熟悉正数,就不可能用 5 减去 8;若我们仅知道整数,就不能用 4 除 7.

义. 例如,当我们把两个正数 a 与 b 相加起来时,是求出两个对象总体合并后的对象个数,其中第一个总体含有 a 个对象,第二个含有 b 个对象(图 1.2). 若在一个班里有 35 个学生,在另一个班里有 39 个学生,则在两个班里有 $35+39=74$ 个学生. 类似的,当我们把正整数 a 和 b 相乘时,是求出 a 个总体合并后的对象个数,其中每一个总体都含有 b 个物体(图 1.3). 假若有 3 个班,每一个班有 36 个学生,那么所有这些班共有学生 $3\times 36=108$ 个. 然而很明显,加法和乘法的这种解释既不能用于分数运算,又不能用于负数运算. 例如,有理数(分数)的和与积用下面的规则定义

$$\frac{a}{b}+\frac{c}{d}=\frac{ad+bc}{bd}$$

和

$$\frac{a}{b}\cdot\frac{c}{d}=\frac{ac}{bd}$$

(这里 a,b,c 和 d 是整数). 我们也知道,对有正负号的数存在着规则

$$(-a)\cdot(-b)=ab$$

等等[①].

这样,我们可以导出下列结论:"数"这个术语可以用于不同类型的数,因为它们可以彼此相加和相乘,

---

① 这里我们不详细讨论无理数和虚数,仅仅指出复数是根据规则

$$(a+bi)+(c+di)=(a+c)+(b+d)i$$
$$(a+bi)\cdot(c+di)=(ac-bd)+(ad+bc)i$$

进行相加和相乘的,对那些还不熟悉复数的读者来说,这些规则大概是很奇怪的,但是它们比起定义无理数的和与积要简单得多.

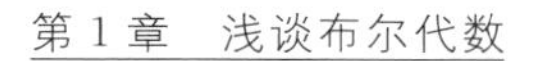

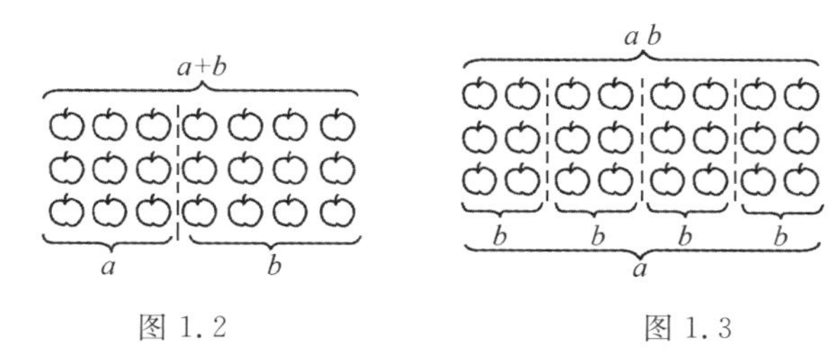

图1.2　　　　　　　　图1.3

但是对于不同类型的数，加法和乘法运算本身则完全不同.然而这里我们已说过了：可以证明的是，整数加法运算和分数加法运算之间事实上有很多类似之处.更严格地说，这些运算的定义是不同的，但是运算的一般性质是完全类似的.例如，对任意一种数我们总有恒等式

$$a+b=b+a$$

数的加法交换律

$$ab=ba$$

数的乘法交换律

并且还有恒等式

$$(a+b)+c=a+(b+c)$$

数的加法结合律

以及

$$(ab)c=a(bc)$$

数的乘法结合律

在所有这些情况里存在着两个“特殊”的数——0和1.0同任意一个数相加以及1同任意一个数相乘都不会使原来这个数得到改变：对任意数a，我们有

$$0+a=a \text{ 或 } 1\cdot a=a$$

上述内容说明了现代数学的一个观点，根据这个观点，代数的目的是研究一些（不同的）数的系统（以

及其他一些对象),对这些数系定义了加法和乘法运算,使得上述定律和下面将要讲到的一些定律是成立的.例如,对任意数 a,b 和 c,恒等式

$$(a+b)c=ac+bc$$

乘法对加法的分配律

应当成立.

在加法和乘法运算之间有某种类似,这是特别显而易见的,因为加法的性质在许多方面类似于乘法的性质.假若我们提出一个不寻常的"比例"

$$\frac{\text{加法}}{\text{减法}}=\frac{\text{乘法}}{?}$$

那么甚至不用分析"比例"的含义,每一个人都会用"除法"这个词代替问号.由于这种类似,常使许多人将一个数的(加法的)逆的概念(这个逆是 $-a$,它和给出的 a 相加结果为 0)和一个数的倒数(乘法的逆)的概念混同(倒数是 $\frac{1}{a}$,它与给出的 a 相乘结果等于 1).由于同样的原因,算术级数(它是一个数的序列,它的任意一个数与这个数前面的一个数之差都是同一个数)与几何级数(它是一个数的序列,它的任意一个数与这个数前面的一个数之比都是同一个数)的性质之间也有许多类似之处.

然而这种类似还没有完.例如,数 0 不仅在加法中,而且在乘法中都起着特殊作用,因为对任意数 a,有

$$a\cdot 0=0$$

成立(从上面这个恒等式可以得出,一个与 0 不同的数不可能被 0 除尽).如果在这个恒等式中,用加代替乘,用 1 代替 0,我们将得到一个无意义的"等式"

$$a+1=1$$

它仅在 $a=0$ 时能够成立[①]. 我们如在分配律 $(a+b)c=ac+bc$ 中把乘法与加法相交换,就得到"等式"

$$ab+c=(a+c)(b+c)$$

当然没有人会赞同这个式子,因为我们显然有

$$\begin{aligned}(a+c)(b+c)&=ab+ac+bc+c^2\\&=ab+c(a+b+c)\end{aligned}$$

仅当 $c=0$ 或 $a+b+c=1$ 时,才得出 $(a+c)(b+c)=ab+c$.

然而还有一些其他的代数系统,它们的元素不是数,对这些元素也可能定义加法和乘法运算,并且这些元素的加法与乘法运算之间的类似甚至比数的同样这些运算之间的类似还要接近. 例如,我们考察关于集合代数这个重要的例子. 一个集合指的是任意一些对象的任何一个总体,这些对象称为集合元素. 例如,我们可以考察在某一班里学生的集合,一个圆内点的集合,一个正方形里点的集合,周期系统里元素的集合,偶数的集合,印度象的集合,你的作文里语法错误的集合等. 很明显,两个集合的加法可用下面的方式定义:所谓集合 A 与集合 B 的和 $A+B$,我们仅指的是这两个集合的并. 例如,若 A 是一个班里男孩的集合,B 是这个班里女孩的集合,则 $A+B$ 是这个班里所有学生的集合. 类似的,若 A 是所有偶正整数集合,B 是能被 3 整除的正整数集合,则

$$\{2,3,4,6,8,9,10,12,14,15,16,\cdots\}$$

---

① 若等式 $a+1=1$ 对任意 a 成立,则从任意一个不同于 1 的数里减去 1 就变得不可能了. 实际上不是这样,例如,$3-1=2$.

是由两个数组所组成的集合 $A+B$. 在图 1.4 中，若集合 A 由水平线阴影面积内的点所组成，集合 B 由斜线阴影面积内的点所组成，则集合 $A+B$ 是图 1.4 中整个阴影的面积.

我们已经定义了一个完全新的运算，并且已把它称为加法，对此不应该觉得奇怪. 应当记得，在前面当我们从一种数转到另一种数时，已经用不同的方式定义了加法运算. 显然，正数的加法和负数的加法是完全不同的运算，例如，数 5 与 -8 之和等于(正) 数 5 与 8 之差. 类似的，分数的加法按照 $\frac{a}{b}+\frac{c}{d}=\frac{ad+bc}{db}$ 的规则进行，这个加法与整数的加法不同：正整数加法的定义不适用于分数加法. 它们应用同一术语“加法”的原因是：由正整数转到其他种类的数时，譬如转到分数时，正整数加法运算的一般定律依然有效，在这两种情况里，加法运算证明都是可以交换的和可以结合的.

现在检验这些定律对新的“加法”运算是否依然有效，即对集合的加法进行检验. 考察表示集合运算的专门图表对简化分析是有利的. 设我们采用下列约定：研究中所有元素的集合(例如，所有整数的集合，或学校里所有学生的集合) 将表示为一个正方形，在这个正方形里，我们可以标出不同的点，表示集合里某些具体元素(例如，数 3 和 5，或学生张华和马萍). 在这种表示法中，由这个给定集合里某些元素所组成的集合(例如，偶数的集合或优秀学生的集合) 用这个正方形里的某些部分来表示. 英国数学家约翰・韦恩(J. Venn 1834—1923) 把这些图用于他的数理逻辑研究工作之后，这样的图常称为韦恩图. 更正确地说，它们应称为

欧拉(Euler,1707—1783)[①] 图，因为欧拉应用这样的图比约翰·韦恩要早许多[②].

从图 1.4 同样很清楚地看出

$$A+B=B+A$$

它对任意两个集合 A 与 B 成立，这意味着交换律对集合的加法是成立的. 而且对任意集合 A,B 和 C 显然恒等式

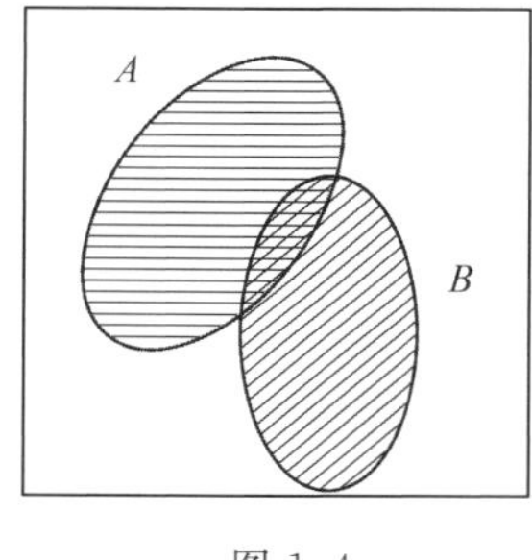

图 1.4

$$(A+B)+C=A+(B+C)$$

成立，这意味着集合的加法遵从结合律，它得出集合 $(A+B)+C$(或同样的，集合 $A+(B+C)$) 可以不用括号简单地表示为 $A+B+C$; 集合 $A+B+C$ 只不过是所有这三个集合 A,B 和 C 的并(图 1.5，在那里集合 $A+B+C$ 同图中整个阴影面积一致).

现在我们约定，两个集合 A 与 B 的积 AB 意味着它们的公共部分，即这些集合的交. 例如，A 是你们班里象棋手的集合，B 是你们班里游泳者的集合，那么 AB 是那些会游泳的象棋手的集合；若 A 是偶正整数的集合，B 是能被 3 整除的正整数的集合，则集合 AB 是

---

① 欧拉是著名的瑞士数学家，他的大部分生活是在俄罗斯度过的，卒于彼得堡.

② 欧拉在他的数理逻辑研究中，通过平面上的圆表示对象的不同集合，因此，相应的图(在原则上它和韦恩图没有什么不同) 常称为欧拉图.

$$\{6,12,18,24,\cdots\}$$

这个集合由可被6除尽的所有正整数所组成. 在图1.6中,如果集合 A 由水平线阴影面积内的点所组成,并且集合 B 由垂直线阴影面积内的点所组成,那么集合 AB 由图中交叉阴影线面积内的点所组成. 十分清楚,以这种方式定义的集合乘法遵从交换律,也就是对任意两个集合 A 与 B,我们有

$$AB = BA$$

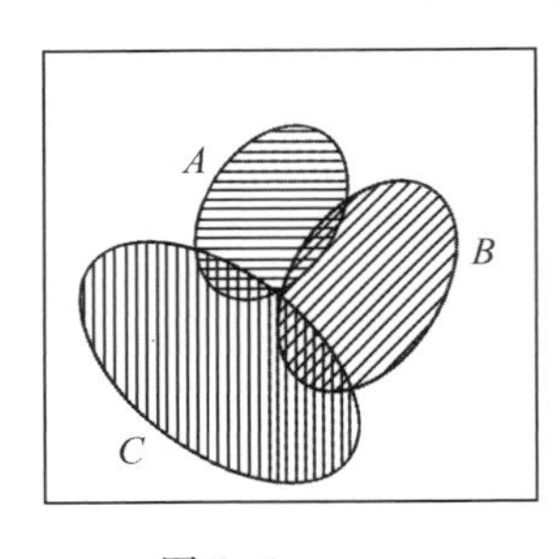

图 1.5

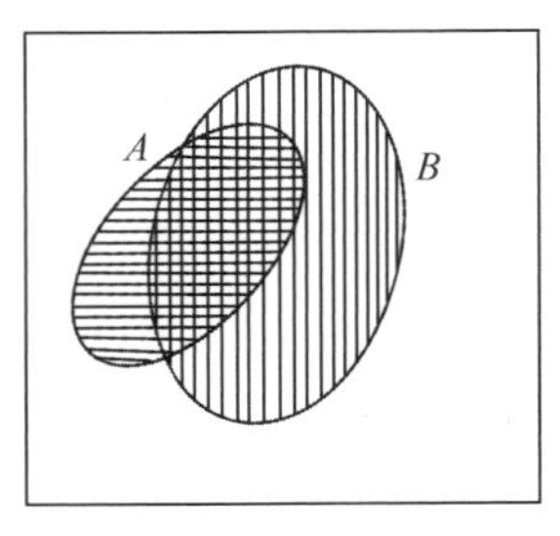

图 1.6

(见同一个图 1.6,显然,“会游泳的象棋手集合”与“会象棋的游泳者集合”相重合,这完全是同一个集合). 而且,非常明显的是:结合律对集合的乘法也成立,即对任意三个集合 A,B 和 C,我们有

$$(AB)C = A(BC)$$

结合律允许我们把集合 $(AB)C$ 或同一个集合 $A(BC)$ 简单地表示成 ABC,而不用括号. 集合 ABC 是三个集合 A,B,C 的公共部分(交)(在图 1.7 中,集合 ABC 是

被三簇阴影线形成的网格所覆盖的[①]).

值得注意的是,对任意三个集合 A,B 和 C 还有分配律成立

$$(A+B)C=AC+BC$$

实际上,例如在你们班里 A 是象棋手的集合,B 是会玩跳棋的学生集合,而 C 是游泳者的集合,那么集合 $A+B$ 是象棋手集合与那些会玩跳棋的学生集合之并,即那些能玩象棋或能玩跳棋或两者都会的学生集合. 如果我们仅从集合 $A+B$ 中选出会游泳的学生,可以得到集合 $(A+B)C$. 但是十分清楚,同样的集合也可从集合 AC 以及 BC 的并 $AC+BC$ 得到,这里 AC 是那些会游泳的象棋手集合,BC 是那些既会跳棋又会游泳的学生集合.

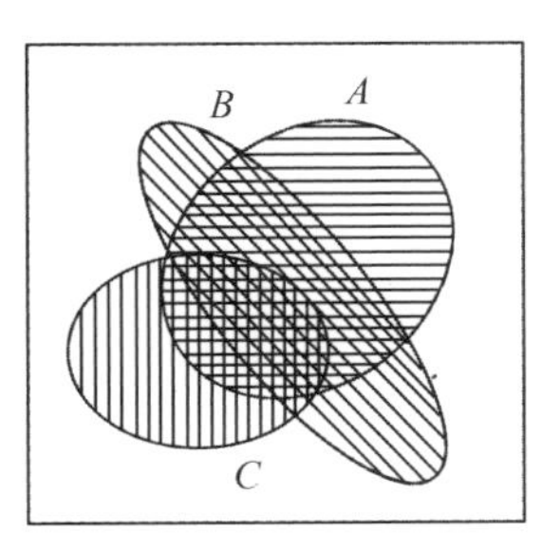

图 1.7

分配律的文字解释是相当长的,说明这个定律也可利用图示的证明方法. 在图 1.8(a) 中,集合 $A+B$ 是水平线阴影,集合 C 是垂线阴影,因此集合 $(A+B)C$ 是被阴影线网格所覆盖的部分. 在图 1.8(b) 中,集合 AC 和

---

① 这里还有一个证明集合的积具有结合律的例子. 令 A 是能被 2 整除的整数集合,B 是能被 3 整除的整数集合,C 是能被 5 整除的整数集合,那么 AB 是能被 6 整除的整数集合,$(AB)C$ 是能被 6 和 5 都整除的整数集合,也就是能被 30 整除. 另一方面,BC 是能被 15 整除的整数集合,并且 $A(BC)$ 是能被 15 整除的偶整数集合. 因此我们知道,$A(BC)$ 与能被 30 整除的所有整数集合 $(AB)C$ 相同.

BC 用不同的倾斜阴影来表示，图中，$AC+BC$ 与整个阴影面积相一致. 而在图 1.8(b) 中可清楚地看出，$AC+BC$ 的面积和图 1.8(a) 中交叉阴影线覆盖的面积 $(A+B)C$ 相同.

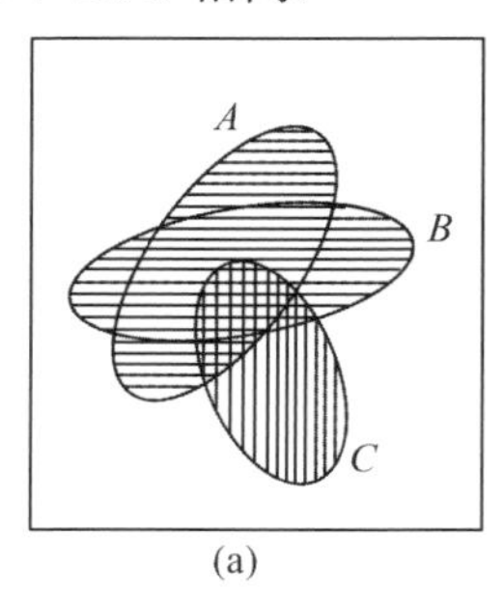

(a)

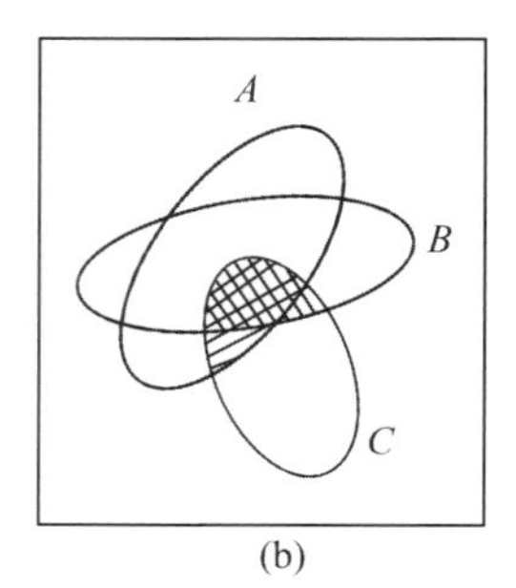

(b)

图 1.8

很容易理解在"集合代数"里起"0"作用的"集合". 实际上，任一集合加这个集合(我们用 O 表示它)，其结果仍是原来那个集合. 因而 O 集合必然完全不含有元素. 这样，O 是一个空集(也称为 0 集). 也许有人认为由于 O 集合是空集，并且不含有元素，因此不需要考虑它. 但是从研究中排除空集实际上极不合理. 这样做就类似于从数系中排除数 0；一个包含"0"个元素的"总体"也是空的，并且说包含在这样一个总体里的元素的"数目"似乎也是无意义的. 但是事实上它绝不是可有可无的，而是非常有用的. 若我们不引入数 0，从任意一个数减去另一个任意数就不可能(因为，例如 $3-3$ 的差在这种情况下就不是数). 没有数 0，用十进制写数 108 时就很困难，因为这个数含有百位数字 1，个位数字 8，可是没有十位数字. 另外还有许多重要的问题没有数 0 是不可能的. 这就是为什么把数 0 的引

入看作算术发展史中最值得注意的事件之一. 类似的，若我们不引入空集合的概念，就不可能谈及任意两个集合的积(交). 例如图1.9中集合A和B的交是空的，你们班里优秀学生的集合和大象集合的交也是空的. 若我们没有空集合的概念，甚至不能谈到某些集合. 例如就不可能说"一个班里那些名字叫张言的学生集合"，因为这个集合也许根本不存在，即也许它原来就是空集合.

很清楚，若O是一个空集合，则对任意集合A，我们有

$$A+O=A$$

也很明显，对任意集合A，我们总有

$$AO=O$$

因为任意集合A和集合O(它不含有元素)的交必然是空的(例如，你们班里女学生的集合和身高超过2.5米学生的集合之交是空集合). 上述恒等式通常称为交定律之一(另外的交定律将在下面讲述).

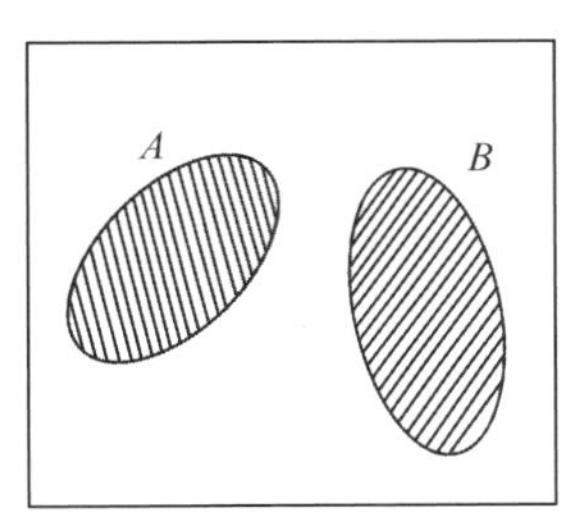

图1.9

现在谈一个更复杂的问题，它和一个集合有关，这个集合起着类似于数系里数1的作用，这个集合(我们表示它为I)和任意一个集合A的积(也就是交)仍和A相同. 从这个要求可得出：集合I必含A的全部元素. 然而很清楚，若我们限制这些集合的元素仅取自于"对象"的一个确定的范围，这样一个集合就能够唯一地存在. 例如，我们限于一个确定的学校里或一个确定的班里的学生集合(这样一个集合A可以是优秀学生

的集合，另外一个集合 B 可以是象棋手的集合）. 类似的，我们可以限于正整数，那么，例如 A 可以是偶正整数的集合，B 可以是只被自己和 1 整除的元素的集合，如图 1.4 ～ 1.9 表示的那些集合.（提醒读者，我们引入韦恩图时，约定存在这样一个"研究中的所有元素的集合"）这样，所谓 I，始终指的是某个基本集合，这个集合包含了被研究的问题中所认可的所有对象. 例如，可以把一个学校或班级里的所有学生的集合，或所有正整数集合，或一个正方形里所有点的集合（图1.10）作为集合 I. 在"集合的代数"里，集合 I 称为全集合（泛集合）. 显然，对任意"较小"的集合 A（并且甚至对与 I 相同的集合 A）有第二个交定律

$$AI = A$$

上面这个等式类似于大家熟知的定义数 1 时的算术等式.

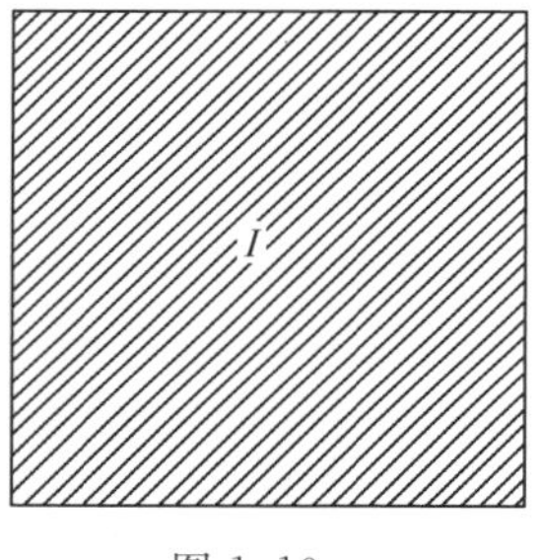

图 1.10

这样我们看到，对于已构造的"集合代数"，运算定律在许多方面类似于研究数时的初等代数定律，但前者的运算定律并不全同于后者的定律. 已经证明，几乎所有已知对于数成立的基本定律也对集合代数成立，但是集合代数也有某些完全不同的定律，初次遇见时也许觉得奇怪. 例如已经提到过的，在等式 $a \cdot 0 = 0$ 里用加代替乘，用 1 代替 0 所得到的式子对于数来说一般并不成立，因为对几乎所有的数 a，$a + 1 \neq 1$. 至于谈到集合代数，情况完全不同：在这种情况里，我们总有

$$A + I = I$$

事实上，根据定义可知，集合 I 包含研究中的全部对象，因此它不可能再被扩大，当我们把一个任意集合 A（当然，这个集合 A 必须属于所讨论的这类集合）加到这个全集合 I 上时，我们总能得到同一个集合 I.

我们再看看分配律 $(a+b)c=ac+bc$ 时的情况，它对数成立，倘若在这个式子里交换加法和乘法，即得无意义的“等式”，因为对于数来说几乎在所有情况下都可以证明它是错误的. 但是对于集合代数则正相反，在这种情况下（对任意集合 A，B 和 C）总有等式

$$AB+C=(A+C)(B+C)$$

这个等式表示集合论的第二分配律（加法对乘法的分配律）. 实际上，例如令 A 是象棋手的集合，B 是玩跳棋的学生集合，C 是班里游泳者的集合. 那么集合 A 和 B 的交 AB 由所有既会象棋又会跳棋的学生所组成，并且集合 AB 和 C 的并 $AB+C$ 由那些象棋和跳棋都会的学生或者那些会游泳的学生所组成（或许有的学生会跳棋、象棋，并会游泳）. 另一方面，集合 A 和 C 的并由那些会象棋或会游泳或者两者都会的学生所组成，集合 B 和 C 的并 $B+C$ 由那些会跳棋或会游泳或者两者都会的学生所组成，很清楚，这两个并的交 $(A+C)(B+C)$ 包括所有会游泳的学生，也包括那些不会游泳但是会跳棋与象棋的学生，这个交和集合 $AB+C$ 相同.

文字说明也许太长了，因此我们介绍一下集合论第二分配律的图示证明. 在图 1.11(a) 里，集合 A 和 B 的交 AB 与集合 C 用不同倾斜方向的阴影线表示，图中整个阴影面积表示集合 $AB+C$，在图 1.11(b) 里，集合 A 和 C 的并 $A+C$ 用水平阴影线表示，集合 B 和 C 的并 $B+C$ 用竖直阴影线表示，这两个并的交（$A+$

$C)(B+C)$ 是阴影线“网格”所覆盖的部分. 容易看出，在图 1.11(b) 中水平线和竖直线所形成的网格阴影面积恰好同图 1.11(a) 中的整个阴影面积一致，这就证明了第二分配律.

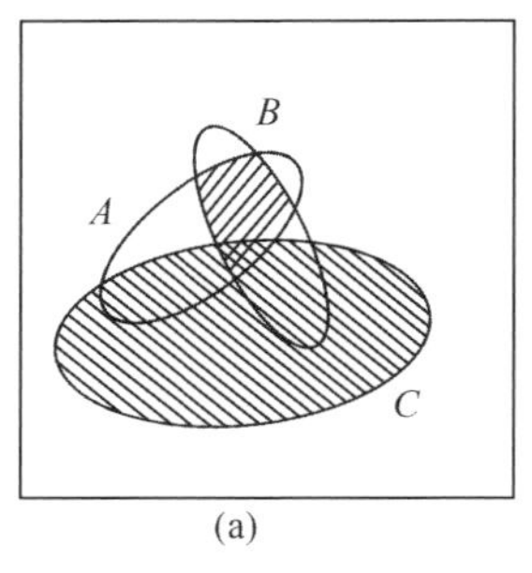

(a)

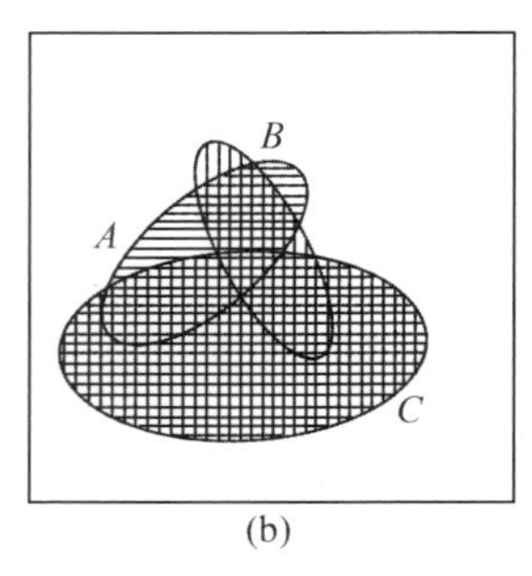

(b)

图 1.11

我们最后介绍两个集合代数里的定律，这两个定律不同于在数的初等代数中已知的那些定律. 很容易理解，任意集合 A 与另一个完全同样的集合之并等于原来的集合 A，集合 A 和它本身的交也与原来的集合 A 相同

$$A+A=A \text{ 和 } AA=A$$

这两个等式称为幂等律(它们中的第一个是加法幂等律，第二个是乘法幂等律).

对于各种数，一般代数定律保持同一个形式是很重要的，这使我们转而学习另一种数时(例如，我们从整数转到分数，或转到带有“正”号或“负”号的数时)有可能利用学习某一种数时所获得的经验. 换句话说，在所有这些与数之代数有关的情形里，我们需要学习某些新的内容和定律，但是以前学过的那些内容依然有效. 然而我们从数转到集合，会遇到一个完全不同的情况；可以证明的是，有许多数的代数定律不适用于集

合代数[①].

让我们来列举这些新的定律. 首先我们提及关系式

$$A+I=I$$

这个式子表明在全集合 I 和数 1 之间有重要的不同. 集合代数的另一个特点是:在利用第二分配律时“圆括号是开放的”,即

$$(A+C)(B+C)=AB+C$$

例如,在集合代数里我们有

---

① 集合代数定律和数之代数定律之间的这种区别,正说明了为什么在许多书中集合的加法和乘法(即形成集合的并和交的运算)不用通常的符号“+”和“·”,而以完全不同的方式表示:集合 A 和 B 的并表示为 $A\cup B$,它们的交表示为 $A\cap B$. 在这本书里我们不仅将讨论集合代数,还要讨论其他一些代数系统,在这些系统里,“加法”和“乘法”运算正如在集合代数里那样遵从同样的定律. 因此为了我们的目的,自然要用通常的符号“+”和“·”去代替集合代数里的符号“∪”和“∩”. 采用符号“+”和“·”就有可能直观地指出初等代数和新代数系统之间的类似性. 但是,在这里利用标准的集合理论记法写出集合代数基本定律仍然是有益的

$$A\cap B=B\cap A \text{ 和 } A\cup B=B\cup A$$

交换律

$$(A\cap B)\cap C=A\cap(B\cap C)$$
$$(A\cup B)\cup C=A\cup(B\cup C)$$

结合律

$$A\cup O=A \text{ 和 } A\cap I=A$$
$$A\cup I=I \text{ 和 } A\cap O=O$$

空集合和全集合 I 的性质

$$(A\cap B)\cap C=(A\cap C)\cap(B\cap C)$$
$$(A\cap B)\cup C=(A\cup C)\cap(B\cup C)$$

分配律

$$A\cup A=A \text{ 和 } A\cap A=A$$

幂等律

$$
\begin{aligned}
&(A+D)(B+D)(C+D)\\
=&[(A+D)(B+D)](C+D)\\
=&(AB+D)(C+D)=(AB)C+D=ABC+D
\end{aligned}
$$

最后,幂等律

$$A+A=A,AA=A$$

是完全新的定律;我们可以用文字说明这两个定律的意义,即集合代数里既不包含指数,又不包含系数.在集合代数里,对任意 A 和 n,我们有

$$\underbrace{A+A+\cdots+A}_{n次}=A$$

和

$$\underbrace{A\cdot A\cdot\cdots\cdot A}_{n次}=A$$

例如

$$
\begin{aligned}
&(A+B)(B+C)(C+A)\\
=&ABC+AAB+ACC+AAC+\\
&BBC+ABB+BCC+ABC\\
=&(ABC+ABC)+(AB+AB)+\\
&(AC+AC)+(BC+BC)\\
=&ABC+AB+AC+BC
\end{aligned}
$$

其原因就是有幂等律成立.

§2 不平常代数

善于概括和推论,五花八门的世界就会变得简单,不平常也会变为平常.

让我们写出所有我们已建立了的集合代数的一般

定律

$$A+B=B+A \text{ 和 } AB=BA$$

交换律

$$(A+B)+C=A+(B+C) \text{ 和 } (AB)C=A(BC)$$

结合律

$$(A+B)C=AC+BC \text{ 和 } AB+C=(A+C)(B+C)$$

分配律

$$A+A=A \text{ 和 } AA=A$$

幂等律

此外,集合代数还含有两个“特殊”的元素(集合)O和I

$$A+O=A \text{ 和 } AI=A$$

$$A+I=I \text{ 和 } AO=O$$

这些定律(等式)类似于数之代数的通常定律,但它们不完全和后者一致;集合代数当然也是一种“代数”,可是它对我们来说是新的并且是完全不平常的.

现在应当指出,事实上,我们不是只有一种通常的数之代数,而是有许多这样的“代数”.实际上,我们可以研究“正整数代数”“有理数代数”(所谓有理数指的是整数和分数),“有符号数的代数”(即正的和非正的数的代数),并且还有“实数的代数”(即有理数和无理数的代数),“复数的代数”(即实数和虚数的代数)等.所有这些“代数”用于进行运算的数是彼此不同的,加法和乘法运算的定义也互不相同,但是,运算的一般性质在所有情况仍然是相同的.这自然出现疑问:在不平常的集合代数里是怎样呢?换句话说,这样一种代数仅有一个呢,或是也存在许多这样的“代数”,它们进行运算的元素以及运算的定义(如前所述,我们称这些运算为加法和乘法）是彼此不同的，而同时在运算的基本性质上是类似的？

读者无疑地可以预料到问题的答案：事实上，有许多代数类似于集合代数（在这些代数里这些一般运算定律同样成立）. 首先，集合代数本身就有各种各样的：例如，可以研究“你们班里学生的集合代数”“动物园里动物的集合代数”（当然，这是完全不同的代数！），“数的集合代数”（这些数可以是不同种类的），“在一个正方形里点的集合代数”（图 1.4 ～ 1.11），“一个图书馆里书的集合代数”和“天空中星星的集合代数”. 还有一些性质类似但完全不同的例子，下面我们将讨论一些这种例子.

在着手这些例子之前，读者应当了解，在对象（元素）为 $a, b, \cdots$ 的一个集合里定义加法和乘法运算，意思就是给出一些规则，根据这些规则，我们认为任意两个对象 a 与 b 的和与积分别是另两个对象 c 与 d

$$c = a + b \text{ 和 } d = ab$$

选择这些规则时，必须使得表示集合代数特性的所有定律都满足，但是在这些规则选定之后，我们就没有理由问：为什么 a 与 b 之和等于 c？实际上，我们定义和 $a + b$ 为元素 c，并且众所周知，当定义是前后一致的，即它们满足确定的一般逻辑要求时，就没必要再去讨论这个定义. 下面给出的某些定义，也许似乎是奇怪的. 例如，第一次告诉学生，把包含 a 个对象的总体与包含 b 个对象的总体合并，合并后对象的数目就是数 a 与数 b 之和，并且把每一个都包含 b 个对象的 a 个总体合并，合并后对象的数目就等于积 ab. 后来学生接触到分数，并被告知，分数 $\frac{a}{b}$ 与 $\frac{c}{d}$ 的和与积是按照前述

规则确定的，学生们习惯于这些新规则和定义之前当然也许觉得是奇怪的.

现在考虑这些例子.

例 1.1　两个数(元素)的代数. 假定这个代数仅由两个元素所组成，为了简单起见，我们将称这些元素为“数”，并且通过熟悉的符号 0 和 1 表示它们(但是在这里，这些符号有一个完全新的意义). 我们将用通常算术里那种同样的方式定义这些数的乘法，也就是通过下面的“乘法表”来定义

·	0	1
0	0	0
1	0	1

至于加法，我们将用一个“几乎是通常”的方式定义它，与通常算术所不同的仅是：现在和 $1+1$ 不等于 2(这种“两个数的代数”根本不包括数 2)，而等于 1. 这样，在这种新的代数里，“加法表”具有形式

+	0	1
0	0	1
1	1	1

在这样定义的代数里，两个交换律成立，即对任意 a,b 有

$$a+b=b+a \text{ 和 } ab=ba$$

很容易验证结合律对这种代数也成立，即对任意 a,b 和 c 有

$$(a+b)+c=a+(b+c) \text{ 和 } (ab)c=a(bc)$$

不必验证乘法的结合律，因为“新乘法”完全和数的乘法一致，而对于数的乘法我们已知结合律是成立的. 也可清楚地看出，这种代数幂等律

$$a+a=a \text{ 和 } aa=a$$

对任意 a 成立，也就是对 $a=0$ 和 $a=1$ 成立(现在我们了解为什么令 $1+1=1$ 是必要的！). 检验分配律

$$(a+b)c=ac+bc \text{ 和 } ab+c=(a+c)(b+c)$$

对任意 a，b 和 c 成立的困难稍多一点. 例如，在这种两元素代数里，我们有

$$(1+1)\cdot 1=1\cdot 1=1 \text{ 和 } (1\cdot 1)+(1\cdot 1)=1+1=1$$

$$(1\cdot 1)+1=1+1=1 \text{ 和 } (1+1)\cdot(1+1)=1\cdot 1=1$$

最后，如果我们约定数 0 起元素 O 的作用，数 1 起元素 I 的作用，那么关于“特殊”元素 O 与 I 的那些定律也将成立，即我们将总有(对 $a=0$ 和对 $a=1$)

$$a+0=a \text{ 和 } a\cdot 1=a, a+1=1 \text{ 和 } a\cdot 0=0$$

例 1.2　四个数(元素)的代数. 这是同一类的稍许复杂一些的例子. 假定代数元素是四个“数”，将它们表示为数字 0 和 1 及字母 p 和 q. 在这种代数里，加法和乘法借助下面的表定义

+	0	p	q	1
0	0	p	q	1
p	p	p	1	1
q	q	1	q	1
1	1	1	1	1

$\cdot$	0	p	q	1
0	0	0	0	0
p	0	p	0	p
q	0	0	q	q
1	0	p	q	1

通过直接计算的方法,同样可以很容易地检验出在这种情况下有

$$a+b=b+a \text{ 和 } ab=ba$$

对任意 a 和 b

$$(a+b)+c=a+(b+c) \text{ 和} (ab)c=a(bc)$$

对任意 a 和 b

$$(a+b)c=ac+bc \text{ 和 } ab+c=(a+c)(b+c)$$

对任意 a 和 b

$$a+a=a \text{ 和 } aa=a$$

对任意 a

(即对 $a=0, a=p, a=q, a=1$)

此外,因为对任意的 a 我们有

$$a+0=a \text{ 和 } a\cdot 1=a, a+1=1 \text{ 和 } a\cdot 0=0$$

所以数 0 和 1 分别起着集合代数里元素 O 和 I 的作用.

例 1.3　最大和最小的代数.

设我们取包含在任意(有界的)数集合里的数作为这种代数的元素. 例如,我们约定代数元素是某些(也许是全部)满足条件 $0\leqslant x\leqslant 1$ 的数 x,即在 0 和 1 之间并且包括 0 和 1 本身的那些数. 至于加法和乘法的运算,我们将以完全新的方式定义它们. 为了避免通常加法与乘法同新运算之间的混淆，我们用新符号“$\oplus$”（加法）和“$\otimes$”（乘法）来表示这些新的运算.假定两个数 x 与 y 不相等时，和 $x \oplus y$ 等于两个数中最大的那一个；在 x 等于 y 时，和 $x \oplus y$ 等于其中任意一个.在两个数 x 与 y 不相等时，积 $x \otimes y$ 等于两个数中最小的那一个；在 x 等于 y 时，积 $x \otimes y$ 等于其中任意一个.例如，若代数的元素是数 $0, \frac{1}{3}, \frac{1}{2}, \frac{2}{3}$ 和 1，则这些数的“加法表”和“乘法表”具有形式

$\oplus$	0	$\frac{1}{3}$	$\frac{1}{2}$	$\frac{2}{3}$	1
0	0	$\frac{1}{3}$	$\frac{1}{2}$	$\frac{2}{3}$	1
$\frac{1}{3}$	$\frac{1}{3}$	$\frac{1}{3}$	$\frac{1}{2}$	$\frac{2}{3}$	1
$\frac{1}{2}$	$\frac{1}{2}$	$\frac{1}{2}$	$\frac{1}{2}$	$\frac{2}{3}$	1
$\frac{2}{3}$	$\frac{2}{3}$	$\frac{2}{3}$	$\frac{2}{3}$	$\frac{2}{3}$	1
1	1	1	1	1	1

$\otimes$	0	$\frac{1}{3}$	$\frac{1}{2}$	$\frac{2}{3}$	1
0	0	0	0	0	0
$\frac{1}{3}$	0	$\frac{1}{3}$	$\frac{1}{3}$	$\frac{1}{3}$	$\frac{1}{3}$
$\frac{1}{2}$	0	$\frac{1}{3}$	$\frac{1}{2}$	$\frac{1}{2}$	$\frac{1}{2}$
$\frac{2}{3}$	0	$\frac{1}{3}$	$\frac{1}{2}$	$\frac{2}{3}$	$\frac{2}{3}$
1	0	$\frac{1}{3}$	$\frac{1}{2}$	$\frac{2}{3}$	1

在数学中，两个或 n 个数 $u,v,\cdots,z$ 中的最大数常表示为 $\max\{u,v,\cdots,z\}$，并且这些数中的最小数表示为 $\min\{u,v,\cdots,z\}$. 这样，在这种“最大和最小的代数”里，根据定义我们有：$x \oplus y = \max\{x,y\}$ 和 $x \otimes y = \min\{x,y\}$.

我们还可以约定，把这些数表示为数直线上的点，那么满足条件 $0 \leqslant x \leqslant 1$ 的数 x 可以用长度为 1 的水平线段上的点来代表，两个数 x 与 y 之和 $x \oplus y$ 用 x 与 y 中最右边的那一点来表示，它们的积 $x \otimes y$ 用最左边的那一点来表示(图1.12).

图 1.12

很清楚，我们定义的加法与乘法的新运算满足交换律

$$x \oplus y = y \oplus x \text{ 和 } x \otimes y = y \otimes x$$

结合律

$$(x \oplus y) \oplus z = x \oplus (y \oplus z)$$

和

$$(x \otimes y) \otimes z = x \otimes (y \otimes z)$$

也显然成立，因为数$(x \oplus y) \oplus z$（或同样的，数 $x \oplus (y \oplus z)$）可以不用括号简单地表示为 $x \oplus y \oplus z$，它不过是 $\max\{x,y,z\}$ 而已（图 1.13），而数$(x \otimes y) \otimes z$（或同样的，数 $x \otimes (y \otimes z)$）可以不用括号简单地写为 $x \otimes y \otimes z$，它只不过是 $\min\{x,y,z\}$ 而已（图 1.13）. 也十分清楚，幂等律在这里也成立

$$x \oplus x = \max\{x,x\} = x, x \otimes x = \min\{x,x\} = x$$

$x \otimes y = x \otimes y \otimes z$　$y \otimes z$　$x \oplus y = y \oplus z = x \oplus y \oplus z$

0　x　z　y　1

图 1.13

最后，让我们检验分配律的正确性

$$(x \oplus y) \otimes z = (x \otimes z) \oplus (y \otimes z)$$

$$(x \otimes y) \oplus z = (x \oplus z) \otimes (y \oplus z)$$

很明显，在 x 与 y 中至少有一个比 z 大时，数

$$(x \oplus y) \otimes z = \min\{\max\{x,y\},z\}$$

等于 z. 若 x 与 y 都比 z 小，则此数等于 x 和 y 中最大的那个数（图 1.14(a) 和 1.14(b)）. 也很显然，数

$$(x \otimes z) \oplus (y \otimes z) = \max\{\min\{x,y\},\min\{y,z\}\}$$

等于同一个值（图 1.14）. 类似的，若在 x 与 y 中至少有一个比 z 小时，数

$$(x \otimes y) \oplus z = \max\{\min\{x,y\},z\}$$

等于 z. 若 x 与 y 都比 z 大，则此数等于 x 与 y 中最小的那一个数（图 1.15(a) 和 1.15(b)）. 从同一个图1.15

中同样可以看出,数

$$(x\oplus z)\otimes(y\oplus z)=\min\{\max\{x,z\},\max\{y,z\}\}$$

也等于同一个值.

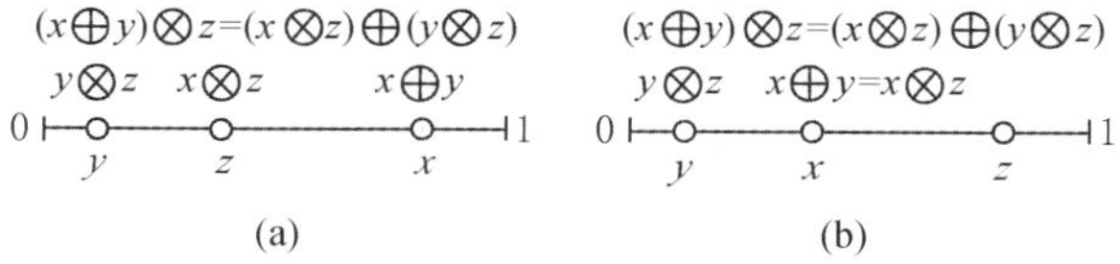

$(x\oplus y)\otimes z=(x\otimes z)\oplus(y\otimes z)$

$y\otimes z$　$x\otimes z$　$x\oplus y$

0　y　z　x　1

(a)

$(x\oplus y)\otimes z=(x\otimes z)\oplus(y\otimes z)$

$y\otimes z$　$x\oplus y=x\otimes z$

0　y　x　z　1

(b)

图 1.14

$(x\otimes y)\oplus z=(x\oplus z)\otimes(y\oplus z)$

$x\otimes y$　$x\oplus z=y\oplus z$

0　y　x　z　1

(a)

$(x\otimes y)\oplus z=(x\oplus z)\otimes(y\oplus z)$

$x\otimes y=x\oplus z$　$y\oplus z$

0　z　x　y　1

(b)

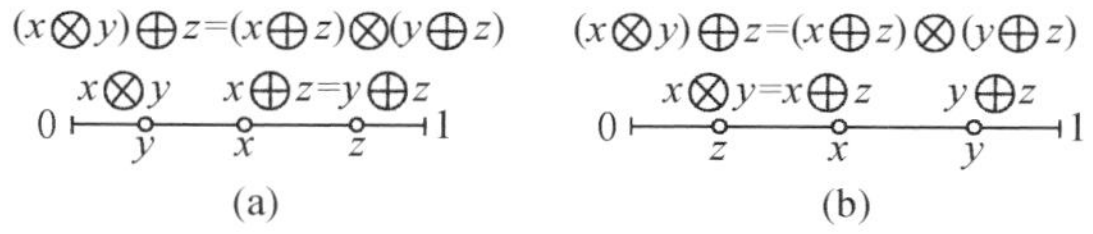

图 1.15

现在,为了确定集合代数的所有定律对新的不平常的最大和最小代数成立,还要指出一点就足够了,这就是集合代数里元素 O 和 I 的作用是通过所有数中的最小数 0 和最大数 1 来分别实现的. 事实上,对任意满足条件 $0\leqslant x\leqslant 1$ 的数 x,我们总有

$$x\oplus 0=\max\{x,0\}=x \text{ 和 } x\otimes 1=\min\{x,1\}=x$$

$$x\oplus 1=\max\{x,1\}=1 \text{ 和 } x\otimes 0=\min\{x,0\}=0$$

例 1.4　最小公倍数和最大公因子的代数.

令 N 是一个任意整数,我们取数 N 的所有正因子作为新的代数元素. 例如,若 $N=210=2\times 3\times 5\times 7$,则在此问题里代数的元素是数 1,2,3,5,6,7,10,14,15,21,30,35,42,70,105 和 210. 在这个例子里,我们将以完全新的方式定义数的加法和乘法:两个数 m 与 n 的和 $m\oplus n$ 表示它们的最小公倍数(即能被 m 与 n 这两个数都除尽的最小正整数),并且用数 m 与 n 的积 $m\otimes n$ 代表它们的最大公因子(即 m 与 n 都能被其除尽的最大整数）. 例如，若 $N=6$（在这里，代数仅包含四个数 1,2,3 和 6），代数元素的加法和乘法通过下面的表规定

$\oplus$	1	2	3	6
1	1	2	3	6
2	2	2	6	6
3	3	6	3	6
6	6	6	6	6

$\otimes$	1	2	3	6
1	1	1	1	1
2	1	2	1	2
3	1	1	3	3
6	1	2	3	6

在“高等算术”（数论）里，两个数或几个数 m，n，…，s 的最小公倍数常表示为 $[m,n,\cdots,s]$，并且，同样这些数的最大公因子表示为 $(m,n,\cdots,s)$. 这样，对这种代数根据定义我们有

$$m\oplus n=[m,n] \text{ 和 } m\otimes n=(m,n)$$

例如，若代数含有数 10 和 15，则

$$10\oplus 15=[10,15]=30 \text{ 和 } 10\otimes 15=(10,15)=5$$

在这种代数里显然有

$$m\oplus n=n\oplus m \text{ 和 } m\otimes n=n\otimes m$$

而且，我们有

$$(m \oplus n) \oplus p = m \oplus (n \oplus p) = [m,n,p]$$

(我们可以不用括号将这个数简单地表示为 $m \oplus n \oplus p$),并且还有

$$(m \otimes n) \otimes p = m \otimes (n \otimes p) = (m,n,p)$$

(后面这个数可以简单地表示为 $m \otimes n \otimes p$). 幂等律

$$m \oplus m = [m,m] = m \text{ 和 } m \otimes m = (m,m) = m$$

也是相当明显的.

分配律的验证稍长. 数

$$(m \oplus n) \otimes p = ([m,n],p)$$

只是 m 与 n 的最小公倍数和数 p 的最大公因子(仔细想想这个表达式). 这个数包含且仅包含这样的素因子:它们既包含在 p 中,同时又至少包含在 m 与 n 其中之一中. 但是这些(且仅这些) 素因子也包含在数

$$(m \otimes p) \oplus (n \otimes p) = [(m,p),(n,p)]$$

里,因而我们总有

$$(m \oplus n) \otimes p = (m \otimes p) \oplus (n \otimes p)$$

例如,限于数 210 的因子,我们有

$$(10 \oplus 14) \otimes 105 = ([10,14],105) = (70,105) = 35$$

和

$$(10 \otimes 105) \oplus (14 \otimes 105)$$
$$= [(10,105),(14,105)] = [5,7] = 35$$

类似的,数

$$(m \otimes n) \oplus p = [(m,n),p]$$

是 m 与 n 的最大公因子和数 p 的最小公倍数. 它仅包含这样的因子:它们包含在 p 中,或者包含在 m 与 n 两者之中,或者在所有三个数 m,n,p 中.

但是完全同样的因子包含在数

$$(m \oplus p) \otimes (n \oplus p) = ([m,p],[n,p])$$

里，因而我们总有

$$(m \otimes n) \oplus p = (m \oplus p) \otimes (n \oplus p)$$

例如

$$(10 \otimes 14) \oplus 105 = [(10,14),105] = [2,105] = 210$$

和

$$\begin{aligned}&(10 \oplus 105) \otimes (14 \oplus 105)\\ &= ([10,105],[14,105]) = (210,210) = 210\end{aligned}$$

最后，在这种情况里，集合代数里元素 O 和 I 的作用是通过我们所讨论的数集里的最小数 1 和最大数 N 分别实现的. 这种代数实际上仅含有数 N 的因子，并且我们显然有

$$m \oplus 1 = [m,1] = m \text{ 和 } m \otimes N = (m,N) = m$$

$$m \oplus N = [m,N] = N \text{ 和 } m \otimes 1 = (m,1) = 1$$

这样我们知道，集合代数的所有定律对这种代数是成立的.

因此存在一些代数元素的不同系统，对这些系统定义加法和乘法运算是可能的，并且这些运算满足所有已知在集合代数里成立的运算定律：两个交换律、两个结合律、两个分配律、两个幂等律和确定“特殊”元素性质的四个法则，这些特殊元素在这些代数里的作用接近于 0 和 1. 后面我们将研究这种代数里两个更重要和更有意义的例子.

现在继续讨论所有这样代数的一般性质，并且我们的直接目的是对所有这样的代数给出一个一般的名称. 因为 19 世纪英国著名数学家乔治·布尔(G. Boole) 首先研究了有这种奇怪性质的代数，所以所有这种代数称为布尔代数. 对于布尔代数里的基本运算将保留术语“加法” 和“乘法”(但在一般情况下这

些运算与通常数的加法与乘法是不同的！），有时我们也将称这些运算为布尔加法和布尔乘法. 在一百多年前，即 1854 年，布尔的《思维的定律》首次发表了，在这本著作里，他详细地研究了这种不平常的代数. 布尔著作的题目初看起来似乎是奇怪的，然而读者学完这本书后，就可以明白本书里研究的不平常代数和人类思维规律之间有什么关系. 现我们仅指出，布尔代数与《思维的定律》之间的这种关系正是布尔的工作在今天具有重大意义的原因，布尔的这个工作只受到他同时代人的很少注意，但在最近的年代里，布尔的书多次再版发行，并翻译成各种语言.

§3　布尔其人[①]

布尔的父亲是一位鞋匠. 布尔青少年时期，在当地上了小学和短时间的商业学校. 他自学了希腊语和拉丁语，后来又学会欧洲几个国家的语言. 从商业学校毕业后，布尔原想做一名牧师，但由于生活所迫，他在 16 岁那年接受了中学教师的职务，1831 ～ 1835 年，先后在唐卡斯特和瓦丁顿的一些中学教书. 就在这个时期，他对数学产生了浓厚的兴趣，并决定继续自学数学. 1835 年，他在林肯市创办了一所中学，仍是一边教书，一边自修高等数学. 他先后攻读了著名科学家牛顿(I. Newton) 的《自然哲学的数学原理》(*Philosophiae Naturalis Principia Mathematica*) 和拉格朗日

① 本节由张锦文、李娜撰写.

(J. Lagrange) 的《解析函数论》(*Théorie Des Fonction Analytiques*). 1835 年发表了他的第一篇科学论文《论牛顿》(*On Newton*). 21 岁时, 他就精通拉普拉斯 (P. S. Laplace) 的《天体力学》(*Mécanique Céleste*),这在当时被认为是最深奥的学问. 这一事实足以证明他自学取得的成功.

1839 年,24 岁的布尔决心尝试受正规教育,并申请进剑桥大学. 当时《剑桥大学期刊》(*Cambridge Mathematical Journal*,布尔曾投稿的杂志) 的主编格雷戈里(D. F. Gregory) 表示反对他去上大学,他说:

"如果你为了一个学位而决定上大学学习,那么你就必须准备忍受大量不适合于习惯独立思考的人的思想戒律. 这里,一个高级的学位要求在指定的课程上花费的辛勤劳动与才能训练方面花费的劳动同样多. 如果一个人不能把自己的全部精力集中于学位考试的训练,那么在学业结束时,他很可能发现自己被淘汰了."

于是,布尔放弃了受高等教育的念头,而潜心致力于他自己的数学研究. 他写了许多论文,其中包括线性变换方面的某种开拓性的工作(这一工作被后来的凯莱(A. Cayley) 和西尔维斯特 (J. J. Sylvester) 所发展). 布尔的主要贡献在于利用代数的方法来研究推理、证明等逻辑问题. 因而形成了代数学的一个独立的分支,它为逻辑学的研究奠定了数学基础. 从这一基础出发就发展出了布尔代数. 1844 年,他发表了著名的论文《关于分析中的一个普遍方法》(*On a general method in analysis*),因此获皇家学会的奖章.

1849 年,34 岁的布尔分别获得牛津大学和都柏林大学的名誉博士学位. 随即被聘为爱尔兰科克皇后学

院(今爱尔兰大学)的数学教授.从此,他才有了比较安稳的生活保证.他保持这个职位一直到15年后患病逝世为止.在此期间,他于1857年被推选为伦敦皇家学会会员.

1855年,布尔和爱维雷斯特(G. Iwirester)爵士的侄女玛丽·爱维雷斯特(Mary Iwirester)结婚.他们的长女玛丽嫁给数学家欣顿(C. H. Hinton),三个外孙都有科学建树.另一个女儿艾丽西亚(Alicia)在四维几何方面的研究中取得成果,以后又与数学家考克斯特(H. S. M. Coxeter)合作.第四个女儿露西(Lucy)成为英国在大学担任化学教授的第一个妇女.布尔最小的女儿莉莲(E. Lillian),便是受到广泛阅读的小说《牛虻》的作者伏尼契(E. L. Voynich).

1864年12月8日,布尔因患肺炎(这是由于他坚持上课,在11月的冷雨中步行三公里而受凉引起的),不幸于爱尔兰的科克去世,终年59岁.

布尔被罗素(B. Russell)描写成纯粹数学的发现者.布尔的名字被用来作为表示某种数学体系的形容词(甚至是不用大写字母的).然而,这并没有使布尔的名字真正家喻户晓,它只是少数人给予的一种荣誉称号.

布尔的研究大致可分为逻辑和数学两部分.他在数学上的成就是多方面的,但在逻辑方面,他的主要贡献就是用一套符号来进行逻辑演算,即逻辑的数学化.大约200年以前,莱布尼茨(G. W. Leibniz)曾经探索过这一问题,但最终没有找到精确有效的表示方法.因为它牵涉改进亚里士多德(Aristoteles)的工作,而人们对于改进亚里士多德的工作的尝试总是犹豫不决.

布尔凭着他卓越的才干，创造了逻辑代数系统，从而基本上完成了逻辑的演算工作. 1847 年，他出版了这方面的第一本书《逻辑的数学分析，论演绎推理的演算法》(*The Mathematical Analysis of Logic*: *Being an Essay Towards a Calculus of Deductive Reasoning*)，此书并不厚，但足以使他出名，并且使科克的学院聘他任教. 1854 年，他又出版了《思维规律的研究，作为逻辑与概率的数学理论的基础》(*An Investigation of the Laws of Thought, on Which are Founded the Mathematical Theories of Logic and Probability*) 一书，其中完美地讨论了这个主题并奠定了现在所谓的数理逻辑的基础，为这一学科的发展铺平了道路.

对于逻辑代数，布尔的方法是着重于外延逻辑(extensional logic)，即类(class) 的逻辑. 其中类或集合用 $x,y,z,\cdots$ 表示，而符号 $X,Y,Z,\cdots$ 则代表个体元素. 用 1 表示万有类，用 0 表示空类或零类. 他用 xy 表示两个集合的交(他称这个运算为选拔(election))，即 x 与 y 所有共同元素的集合；还用 $x+y$ 表示 x 中和 y 中所有元素的集合. (严格地讲，对于布尔，加法只用于不相交的集合. 后来，由杰文斯(W. S. Jevons) 推广了这个概念) 至于 x 的补 x'，记作 $1-x$. 更一般的，$x-y$ 是由不是 y 的那些 x 所组成的类. 包含关系，即 x 包含在 y 中，写成 $xy=x$，等号表示两个类的同一性.

布尔相信，头脑会立刻允许我们作一些初等的推理规程，这就是逻辑的公理. 例如，矛盾律，即 A 不能既是 B 又是非 B，这就是公理. 它可以表示为

$$x(1-x)=0$$

对于头脑，下列关系也是显然的

$$xy = yx$$

因而交的这个交换性是另一条公理. 同样明显的是性质

$$xx = x$$

这条公理违背了通常的代数. 布尔认为可作为公理的还有

$$x + y = y + x$$

和

$$x(u + v) = xu + xv$$

用这些公理可以把排中律说成

$$x + (1 - x) = 1$$

就是说，任何东西不是 x 就是非 x. 布尔还把所有 X 都是 Y 表示成 $x(1 - y) = 0$，所有 Z 都是 X 表示成 $z(1 - x) = 0$，然后，他使用自己的展开方法消去 x，解方程得 $z(1 - y) = 0$. 它的含义是：所有 Z 都是 Y. 这样，布尔就用他的纯代数方法，取消了三段论前两个前提的中项，得出三段论的结论. 另外，没有 X 是 Y 可表示成 $xy = 0$；有些 X 是 Y 表示成 $xy \neq 0$；而有些 X 不是 Y 表示成

$$x(1 - y) \neq 0$$

布尔试图从这些公理出发，用公理所许可的规程去导出推理的规律. 作为平凡的结论，他有 $1 \cdot x = x$ 和 $0 \cdot x = 0$. 后来，经德国数学家施勒德(E. Schroder) 的进一步发展和美国数学家亨廷顿(E. Huntington) 的深入研究，给出了布尔代数的公理化方法的定义：

(1) 如果 x 和 y 都属于类 B，那么 $x + y$，xy 和 x' 均属于 B；

(2) 在所有的元素中存在一个元素 0,使得对于每一个 x 都有 $x+0=x$,存在一个元素 1,使得对每一个 x 都有$x\cdot 1=x$;

(3)$x+y=y+x, x\cdot y=y\cdot x$;

(4)$x+(y\cdot z)=(x+y)(x+z), x(y+z)=(x\cdot y)+(x\cdot z)$;

(5) 对于每一个元素 x,存在一个元素 x',使 $x+x'=1$ 并且 $xx'=0$;

(6) 在类 B 中至少存在两个不同的元素.

满足上述 6 个条件的$\langle B,+,\cdot,-,0,1\rangle$ 称为一个布尔代数.

布尔不仅构造了逻辑代数系统,而且十分明白地对系统作了逻辑解释.他认为通过分析可以看清楚,一个系统可作多种解释,并不影响所涉及的关系的真实性.所以,对于他的逻辑代数系统,他给出了两种解释:一种是类演算,一种是命题演算.在类演算里,他用符号 1 和 0 表示全类和空类.这些符号最初来自他的概率论 —— 他的第二本书的一个独立部分.在概率论中,1 表示任何事件出现的所有概率之和,0 表示不可能性.他还将乘和加分别看作合取和析取,并论证了它们也满足前面的公理.在命题演算的解释中,他令 X,Y,Z 等代表命题,并假定命题只能接受真、假两种可能情况.1 表示真,0 表示假;XY 表示 X 与 Y 的合取,即“X 并且 Y”;$X+Y$ 表示不相容的析取,即“X 或 Y,但不同真”;$1-Y$ 表示 Y 的否定.根据这种解释,X 为真记作$X=1$,X 为假记作 $X=0$.若 X 真则 Y 假记作 $X(1-Y)=0$,X 真且 Y 真记作 $XY=1$.因此,复合命题的真假就可以通过布尔演算由它的支命题的真假唯

一决定. 这就是现在使用的真值表示方法. 用这种方法,使数学家、逻辑学家对逻辑有更广泛、更全面的理解. 美国数学家贝尔(F. T. Bell)对此评论说:“布尔割下了逻辑学这条泥鳅的头,使它固定,不能再游来滑去.”

布尔提出的类演算和命题演算的区别在于,在类演算中,X,Y,Z 等可以取任一类(包括0和1)为值;而在命题演算中,X,Y,Z 等只能取0和1两个值. 因此,命题演算系统可以看作二值代数系统.

布尔除了把他的逻辑代数应用到概率以外,并没有进一步发展他的代数理论. 相反的,他却在其他数学分支方面工作. 他对代数几何学、微分方程、概率论、拓扑学和控制系统的研究都有所建树,当代数学不少研究课题都溯源于他的工作. 例如:

(1) 布尔空间. 如果令 L 是一个具有有限高度的布尔代数,X 为 L 的全体极大理想集,$a \in L$ 且 $O(a)=\{m \mid m \in X, a \notin m\}$,取 $\{O(a) \mid a \in L\}$ 作为基底,在 X 中定义拓扑,则 X 是紧的、完全的、不连通的 T_1 空间,而 $O(a)$ 为 X 中的紧开集,那么这样的空间叫布尔空间.

(2) 布尔函数. 一个从集 $B_2^n=\{0,1\}^n$ 到 $B_2=\{0,1\}$ 的映射 f 叫作 n 元布尔函数. 若令 $a_1,\cdots,a_n \in \{0,1\}$,则 $\boldsymbol{A}=(a_1,\cdots,a_n)=a_1\cdots a_n$ 称为0－1向量;若 $x_1,\cdots,x_n \in B$(B 是一个布尔代数),则 $\boldsymbol{X}=(x_1,\cdots,x_n)=x_1\cdots x_n$ 称为布尔向量. 令 $x^1=x, x^0=x'$,记 $\boldsymbol{X}^{\boldsymbol{A}}=x_1^{a_1}\cdots x_n^{a_n}$,于是布尔函数可表为 $f(\boldsymbol{X})=\sum^{\boldsymbol{A}} f(\boldsymbol{A})\boldsymbol{X}^{\boldsymbol{A}}$. 当 $f(\boldsymbol{A})\equiv 1$ 时,$f(\boldsymbol{X})$ 称为简单布尔函数.

(3) 布尔方程. 若 $f_1(\boldsymbol{X})$ 和 $f_2(\boldsymbol{X})$ 是简单布尔函

数，则 $f_1(\boldsymbol{X})=0$ 及 $f_2(\boldsymbol{X})=1$ 称为简单布尔 0－1 方程.

(4) 布尔差分. 令 $f(x_1,\cdots,x_n)$ 为布尔函数，称如下的"异或运算"为 f 关于变量 x_i 的布尔差分

$$\frac{\mathrm{d}f}{\mathrm{d}x_i}=f(x_1,\cdots,x_{i-1},x_i,x_{i+1},\cdots,x_n)\oplus f(x_1,\cdots,x_{i-1},x_i,x_{i+1},\cdots,x_n)$$

另外，布尔展开式和布尔核正则点也是人们所共知的.

布尔一生共发表了 50 篇学术论文并编写了两部教科书，其中主要是《论牛顿》(1835) 和《逻辑的数学分析，论演绎推理的演算法》(1847)，后者是在哲学家哈密尔顿(W. Hamilton) 与布尔的朋友德·摩根(De Morgan) 的争论刺激下完成的. 著名的现代逻辑史家波亨斯基(I. M. Bochenski) 对此书有过评价："我们能够在布尔时代的著作《逻辑的数学分析，论演绎推理的演算法》中找到一种示范形式展开的清晰表达，这方面他优于许多后人的著作，其中包括罗素的《数学原理》(*Principia Mathematica*)." 此外，布尔还著有《差分方程》(*Difference Equation*)(1859) 和《有限差计算》(*Finite Difference Calculus*)(1860) 等.

布尔以自学取得的成就而著称于世，成为 19 世纪数理逻辑的最杰出代表. 以他的名字命名的布尔代数今天已发展为结构极为丰富的代数理论，并且无论在理论方面还是在实际应用方面都显示出它的重要价值. 特别是近几十年来，布尔代数在自动化系统和计算机科学中已被广泛应用.

§4　一些新的性质

新与旧的区别在于差异，而正是这不同开辟了新的一章.

下面我们继续研究布尔代数.我们首先看到布尔加法和布尔乘法的性质完全类似，运算间的相似如此接近，以至于在布尔代数的每个(正确的)公式里，我们可以互换加法和乘法，即由互换结果得到的等式仍然是正确的.例如，在布尔代数中有等式

$$A(A+C)(B+C)=AB+AC$$

成立(在集合代数里早已证明)，在这个等式中进行加法和乘法交换我们得到

$$A+AC+BC=(A+B)(A+C)$$

上面这一等式也是正确的.还应注意，一个等式包含"特殊"元素 O 和 I 时，在这个等式里交换布尔加法和布尔乘法必须同时伴有元素 O 和 I 的交换.例如，等式

$$(A+B)(A+I)+(A+B)(B+O)=A+B$$

成立，意味着

$$(AB+AO)(AB+BI)=AB$$

这个等式也必然成立.

上述布尔代数的性质，可以使我们自动地(也就是

不用证明）从任一等式得到一个新的等式[①]，这个性质称为对偶原理，并且那些借助这个原理互相得到的公式称为对偶公式. 可从下述事实得出对偶原理：列举布尔代数的基本定律（我们可以仅从这些定律出发去证明各种布尔关系式），我们发现它是完全“对称”的，也就是它包含一个定律的同时，还包含对偶于这个定律的另一个定律，即通过交换加法和乘法以及同时交换元素 O 和 I 可以从前一个定律得到的定律. 定律对偶的例子是加法的交换律与乘法的交换律，加法的结合律与乘法的结合律，加法的幂等律与乘法的幂等律. 类似的，第一分配律和第二分配律是对偶的. 最后，等式 $A+O=A$ 和 $A+I=I$ 分别对偶于等式 $AI=A$ 和 $AO=O$. 这就是为什么用布尔代数的一些基本定律证明一个等式时，我们可以通过相应的对偶定律同样地证明它的对偶等式.

例如，让我们证明等式

$$A+AC+BC=(A+B)(A+C)$$

---

① 通过交换加法和乘法，以及交换元素 O 和 I，从一个布尔代数公式得到的“新”等式有时可以和原来的等式一样. 在这种情况下，我们遇到的是一个自偶关系式，这时应用对偶原理不能给我们一个新公式. 例如，我们取一个正确的等式

$$(A+B)(B+C)(C+A)=AB+BC+CA$$

并在其中交换加法和乘法，我们得到等式

$$AB+BC+CA=(A+B)(B+C)(C+A)$$

与原来的等式一致. 类似的，应用对偶原理于正确的等式

$$(A+B)(B+C)(C+D)=AD+BC+BD$$

得到等式

$$AB+BC+CD=(A+D)(B+C)(B+D)$$

它与原来的关系式仅稍有点不同（如果我们交换字母 B 和 C，它完全变成原来的等式）.

容易看出这个等式是关系式

$$A(A+C)(B+C)=AB+AC$$

的对偶式. 事实上

$A+AC+BC=A+(AC+BC)=A+(A+B)C$

加法的结合性　　　　　　第一分配律

$=(A+B)C+A=[(A+B)+A](C+A)$

加法的交换性　　　　　　第二分配律

$=[(A+A)+B](A+C)$

加法的交换性和结合性

$=(A+B)(A+C)$

加法的幂等律

(参看前述等式 $A(A+C)(B+C)=AB+AC$ 的证明).

对偶原理的另一种证明与定义在布尔代数里的一种特殊运算有关,这种运算把布尔代数的每一个元素 A 变成一个新元素 $\overline{A}$,并且在运算中将加法和乘法交换. 换句话说,这种运算(我们将它称为"横"运算)是这样的

$$\overline{A+B}=\overline{A}\,\overline{B} \text{ 和 } \overline{AB}=\overline{A}+\overline{B}$$

而且,这种运算具有性质

$$\overline{O}=I \text{ 和 } \overline{I}=O$$

最后,在"横"运算下,元素 $\overline{A}$ 还变成原来的元素 A,即对于布尔代数的每个元素 A,我们有

$$\overline{\overline{A}}=\overline{(\overline{A})}=A$$

在集合代数里,"横"运算(这种运算使得有可能从一个代数元素产生一个新的布尔代数元素,而不是从两个元素产生一个新元素,如加法和乘法中那样)有下面的含义. 我们用 $\overline{A}$ 表示所谓集合 A 的补,根据

定义，补是一个集合，它包含且仅包含如下的元素，即那些是全集合 I 中的，但又不在集合 A 中的元素(图 1.16). 例如，若你们班上所有学生的集合为全集合，并且若 A 是那些至少得到一个坏分数的学生集合，则 $\overline{A}$ 是那些没有得到坏分数的学生集合.

集合 A 之补集合 $\overline{A}$ 的定义直接意味着

$$\overline{\overline{A}}=\overline{(\overline{A})}=A$$

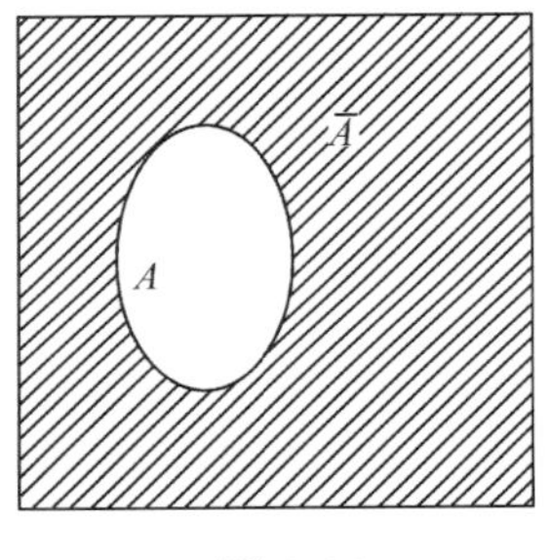

图 1.16

从定义还能得出

$$A+\overline{A}=I \text{ 和 } A\overline{A}=O$$

(上面这两个等式表示了所谓的补定律，它甚至可以取作为集合 $\overline{A}$ 的定义)，也很显然

$$\overline{O}=I \text{ 和 } \overline{I}=O$$

最后，在集合代数里我们证明下面的十分重要的"横"运算性质成立

$$\overline{A+B}=\overline{A}\,\overline{B} \text{ 和 } \overline{AB}=\overline{A}+\overline{B}$$

上面这两个关系式表示了通常所说的对偶定律. 在德・摩根之后，它们也被称为德・摩根公式(或定律). 德・摩根是英国数学家，是乔治・布尔同时代人，又是同事. 这两个式子中，第一个称为德・摩根并－补定律，第二个称为德・摩根交－补定律. 在图 1.17(a) 中，表示集合 A 的面积是向左倾斜的阴影线所覆盖部分；在图 1.17(b) 中，表示集合 A 的补 $\overline{A}$(相对于整个正方形 I) 是向右倾斜的阴影线所覆盖部分. 在图 1.17(a) 中，水平线覆盖的面积表示集合 B；在图 1.17(b) 中，竖直线表示集合 B 之补 $\overline{B}$. 在图 1.17(a)

中，整个阴影线面积表示集合 $A+B$，而在图 1.17(b) 中，交叉阴影线面积表示集合$\overline{A}\,\overline{B}$. 比较图 1.17(a) 和图 1.17(b) 表明，图 1.17(b) 中交叉阴影线面积是图 1.17(a) 中整个阴影面积所表示的集合之补，这证明了第一德·摩根公式

$$\overline{A+B}=\overline{A}\,\overline{B}$$

另一方面，在图 1.17(a) 中，交叉阴影线面积表示集合 AB；在图 1.17(b) 中，整个阴影面积表示集合$\overline{A}+\overline{B}$. 很显然，这两个面积(集合)也是彼此互补的，也就是

$$\overline{AB}=\overline{A}+\overline{B}$$

它证明了第二德·摩根公式.

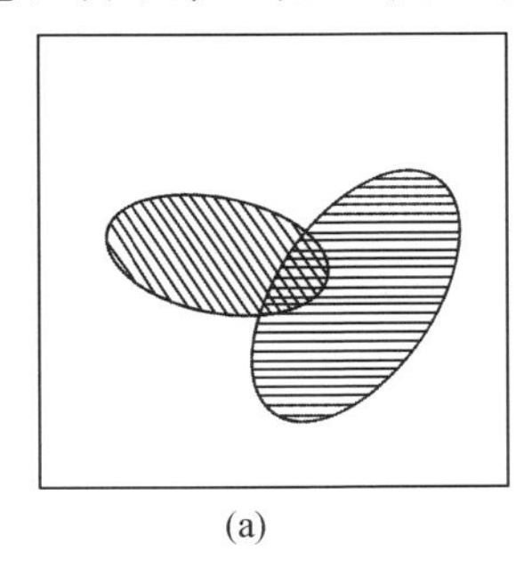

(a)

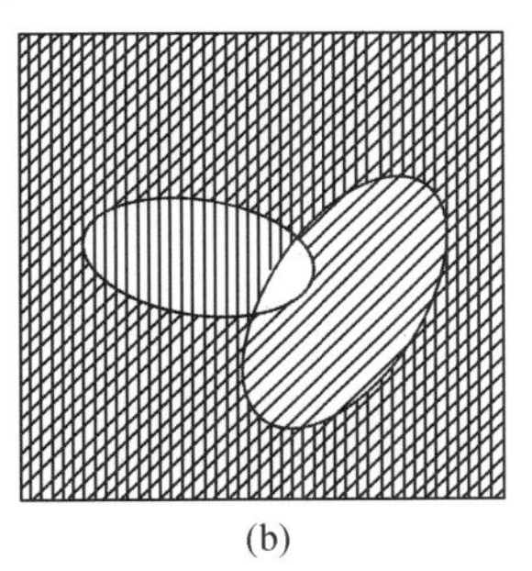

(b)

图 1.17

对前面已考察过的布尔代数的其他例子，现在让我们来讨论它们的“横”运算的含义. 对两个元素的代数，我们令

$$\overline{0}=1 \text{ 和 } \overline{1}=0$$

很明显，对这种代数的任意元素(即对 $a=0$ 和 $a=1$)我们有$\overline{\overline{a}}=a$. 而且，对数$\overline{0}=1$ 和$\overline{1}=0$ 编出具有形式

+	0	1
0	0	1
1	1	1

和

·	$\bar{0}=1$	$\bar{1}=0$
$\bar{0}=1$	1	0
$\bar{1}=0$	0	0

的“加法表”和“乘法表”，比较它们可以证明：在所有情况里有$\overline{a+b}=\bar{a}\,\bar{b}$.用类似的方法可以检验德·摩根第二定律.

对四个元素的代数我们令

$$\bar{0}=1,\bar{p}=q,\ \bar{q}=p\text{ 和 }\bar{1}=0$$

在这种情况下，对这种代数的任意元素 a，十分显然地有 $\bar{\bar{a}}=a$. 如上所述，证明关系式$\overline{a+b}=\bar{a}\bar{b}$ 只要比较下面两个表就足够了

+	0	p	q	1
0	0	p	q	1
p	p	p	1	1
q	q	1	q	1
1	1	1	1	1

$\cdot$	$\bar{0}=1$	$\bar{p}=q$	$\bar{q}=p$	$\bar{1}=0$
$\bar{0}=1$	1	q	p	0
$\bar{p}=q$	q	q	0	0
$\bar{q}=p$	p	0	p	0
$\bar{1}=0$	0	0	0	0

用类似的方法可以检验关系式$\overline{ab}=\bar{a}+\bar{b}$.

现在让我们考虑极大和极小的代数，它的元素是符合条件 $0\leqslant x\leqslant 1$ 的数 x. 布尔加法“$\oplus$”和布尔乘法“$\otimes$”定义为

$$x\oplus y=\max[x,\ y] \text{ 和 } x\otimes y=\min[x,\ y]$$

在这种代数里，为了德·摩根定律成立，我们必须有

$$\overline{x\oplus y}=\bar{x}\otimes\bar{y} \text{ 和 } \overline{x\otimes y}=\bar{x}\oplus\bar{y}$$

这意味着必须有

$$\overline{\max[x,y]}=\min[\bar{x},\bar{y}] \text{ 和 } \overline{\min[x,y]}=\max[\bar{x},\bar{y}]$$

并且，“横”运算必定改变元素大小的秩序，也就是说，若有条件 $x\leqslant y$，则必须应有 $\bar{x}\leqslant\bar{y}$(为什么？). 因此，当代数的元素是所有满足条件 $0\leqslant x\leqslant 1$ 的数时，我们不妨令

$$\bar{x}=1-x$$

换句话说，我们可以假定点 $\bar{x}$ 和 x 是闭区间[0,1]上相对于中点的对称点(图 1.18)，那么，显然

$$\bar{0}=1,\bar{1}=0 \text{ 和 } \bar{\bar{x}}=x$$

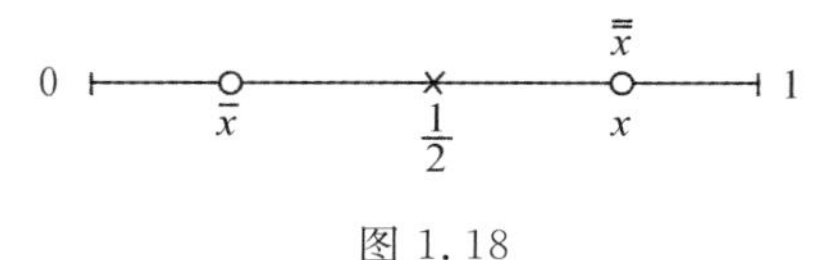

图 1.18

在这种情况下，德·摩根定律也显然成立

$$\overline{x \oplus y}=\bar{x} \otimes \bar{y} \text{ 和 } \overline{x \otimes y}=\bar{x} \oplus \bar{y}$$

（图 1.19(a) 和 1.19(b)）. 然而可惜的是，定律 $x+\bar{x}=1$ 和 $x\bar{x}=0$ 在这里不完全成立.

(a)　　(b)

图 1.19

最后，让我们看最小公倍数和最大公因子的代数，它的元素是正整数 N 的所有可能的正因子. 布尔加法"$\oplus$"和布尔乘法"$\otimes$"定义为

$$m \oplus n=[m, n] \text{ 和 } m \otimes n=(m, n)$$

在这里$[m, n]$是数 m 和 n 的最小公倍数，(m, n) 是它们的最大公因子. 对这种代数我们令

$$\bar{m}=\frac{N}{m}$$

例如，在前述 $N=210$ 的情况下，我们有

$$\bar{1}=210, \bar{2}=105, \bar{3}=70, \bar{5}=42, \bar{6}=35$$
$$\bar{7}=30, \overline{10}=21, \overline{14}=15, \overline{15}=14, \overline{21}=10$$
$$\overline{30}=7, \overline{35}=6, \overline{42}=5, \overline{70}=3, \overline{105}=2, \overline{210}=1$$

很清楚，在 N 为任意数的一般情况下，我们有

$$\bar{1}=N \text{ 和 } \bar{N}=1$$

此外，显然有

$$\bar{\bar{m}}=\frac{N}{N/m}=m$$

这里,德·摩根定律也成立

$$\overline{m \oplus n}=\overline{m} \otimes \overline{n} \text{ 和 } \overline{m \otimes n}=\overline{m} \oplus \overline{n}$$

例如,当 $N=210$ 时,我们有

$$6 \oplus 21=[6,21]=42$$

$$\overline{6} \otimes \overline{21}=35 \otimes 10=(35,10)=5 \text{ 和} \overline{42}=5$$

还有

$$6 \otimes 21=(6,21)=3$$

$$\overline{6} \oplus \overline{21}=35 \oplus 10=[35,10]=70 \text{ 和 } \overline{3}=70$$

在 N 为任意数的一般情况下请读者证明德·摩根定律.

现在,我们假定有一个在任何布尔代数里都成立的任意关系式,例如等式

$$A\ (A+C)\ (B+C)=AB+AC$$

这个式子前面已提到过. 在等式两边应用“横”运算,得到

$$\overline{A\ (A+C)(B+C)}=\overline{AB+AC}$$

然而,根据德·摩根定律,我们有

$$\begin{aligned}\overline{A(A+C)\ (B+C)}&=\overline{[A\ (A+C)](B+C)}\\&=\overline{A\ (A+C)}+\overline{B+C}\\&=\overline{A}+\overline{A+C}+\overline{B}\,\overline{C}\\&=\overline{A}+\overline{A}\,\overline{C}+\overline{B}\,\overline{C}\end{aligned}$$

和

$$\overline{AB+AC}=\overline{AB}\cdot\overline{AC}=(\overline{A}+\overline{B})(\overline{A}+\overline{C})$$

这样,我们最后得到

$$\overline{A}+\overline{A}\,\overline{C}+\overline{B}\,\overline{C}=(\overline{A}+\overline{B})\ (\overline{A}+\overline{C})$$

因为对任意$\overline{A}$,$\overline{B}$ 和$\overline{C}$,这个等式是成立的. 若我们用字母 A,B,C 简单地去表示布尔代数的元素$\overline{A}$,$\overline{B}$ 和$\overline{C}$,它依然正确,这就得出等式

$$A+AC+BC=(A+B)(A+C)$$

它和原来的等式对偶.

我们看到,对偶原理是"横"运算性质的一个结果(并且首先是德·摩根定律的).然而必须记住,如果原来的等式包括"特殊"元素 O 和 I,那么,根据等式

$$\overline{O}=I \text{ 和 } \overline{I}=O$$

变换(对偶的)等式应包括用 I 代替 O 和用 O 代替 I;换句话说,在对偶等式过程中,我们必须交换 O 和 I.

例如,对下面等式两边应用"横"运算

$$A(A+I)(B+O)=AB$$

我们得到

$$\overline{A(A+I)(B+O)}=\overline{AB}$$

现在,因为

$$\begin{aligned}\overline{A(A+I)(B+O)}&=\overline{A(A+I)}+\overline{B+O}\\&=\overline{A}+\overline{A+I}+\overline{B+O}\\&=\overline{A}+\overline{A}\,\overline{I}+\overline{B}\,\overline{O}\\&=\overline{A}+\overline{A}O+\overline{B}I\end{aligned}$$

和

$$\overline{AB}=\overline{A}+\overline{B}$$

我们可以写出关系式

$$\overline{A}+\overline{A}O+\overline{B}I=\overline{A}+\overline{B}$$

上面这个关系式(注意到 $\overline{A}$ 和 $\overline{B}$ 是任意的)等价于关系式

$$A+AO+BI=A+B$$

这个式子也可以从原来的等式通过交换加法和乘法以及同时交换 O 和 I 而得到.

现在还要指出,已介绍的对偶原理的证明可以使我们立即扩充它的内容,到现在为止,我们已经谈及的

那些“布尔等式”，它们仅包含加法和乘法运算，正是由于关系式 $\overline{\overline{A}}=A$，使得有可能将对偶原理推广到也包括“横”运算的等式．很显然，例如一个给出的公式包含一个元素 $\overline{A}$，那么在公式两边应用“横”运算，结果是 $\overline{A}$ 变成元素 $\overline{\overline{A}}=A$．最后，若我们在结果中，用元素 $\overline{A}$，$\overline{B}$，$\overline{C}$ 等的补 $\overline{\overline{A}}=A$，$\overline{\overline{B}}=B$，$\overline{\overline{C}}=C$ 等代替它们自己，那么为代替 A，我们又必须写下 $\overline{A}$．由此得出，当我们从一个给出的公式变化到它的对偶式时，“横”运算仍保持在它本身．例如，德·摩根公式

$$\overline{A+B}=\overline{A}\,\overline{B} \text{ 和} \overline{AB}=\overline{A}+\overline{B}$$

是相互对偶的，并且类似的，等式 $A+\overline{A}B=A+B$ 的对偶式是显然的关系式

$$A\,(\overline{A}+B)=AB$$

可以证明，对偶原理有更广泛的应用，因为它不仅应用于“布尔等式”，还应用于“布尔不等式”．然而为说明这点，我们必须再介绍一个概念，这个概念在布尔代数理论里起着极重要的作用．

每一个布尔代数含有代数元素间的相等关系（一个等式 $A=B$ 简单地意味着 A 和 B 是布尔代数的同一个元素），并且它还含有代数元素间的一个更重要的关系（包含关系），包含关系的作用类似于数的代数中的“大于”（或“小于”）关系．包含关系用符号“$\supset$”（或“$\subset$”）来表示，对两个元素 A 和 B 可以存在包含关系

$$A\supset B$$

或同样的

$$B\subset A$$

上面两个关系式有同一个含义（注意这些关系式的形

式类似于数的代数中的$a > b$和$b < a$). 在集合代数里,关系$A \supset B$意味着集合A包含集合B,B作为A的一部分(图 1.20). 例如,如果A_2是偶数集合,并且A_6是被6除尽的整数集合,那么显然$A_2 \supset A_6$. 类似的,若A是你们班里那些没有坏分数的学生集合,B是优秀学生的集合,那么当然$A \supset B$. 也应当注意到,当两个集合A和B相同时,写$A \supset B$也是正确的,因为在这种情况下,集合B完全包含在集合A中. 我们看到,布尔代数元素间的"$\supset$"关系更接近于数的代数中的"$\geqslant$"关系(大于或等于),而较甚于接近数的"$>$"关系(大于).

若$A \supset B$和$B \supset C$,则$A \supset C$(图 1.21).

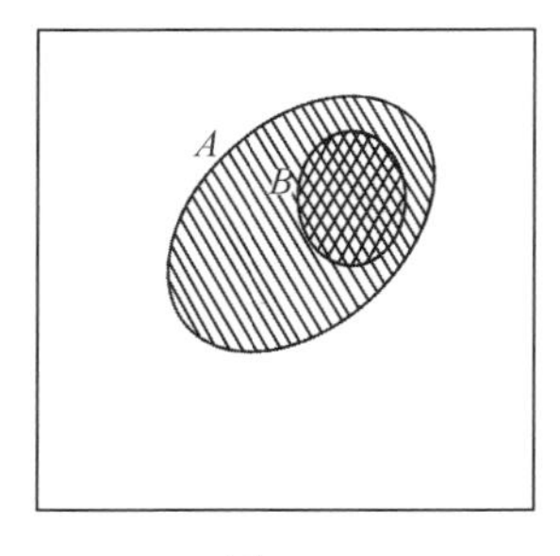

图 1.20

图 1.21

类似的,当我们涉及数时,关系$a \geqslant b$和$b \geqslant c$意味着$a \geqslant c$,而且

$$若\ A \supset B\ 和\ B \supset A,则\ A = B$$

对于数,我们知道有类似的情况,关系式$a \geqslant b$和$b \geqslant a$意味着$a = b$. 最后(这个事实特别重要)

$$若\ A \supset B,则\ \overline{A} \subset \overline{B}(图\ 1.22)$$

例如,因为你们班里没有坏分数的学生集合比优秀学生的集合要广泛,这得出:至少有一个坏分数的学

生集合包含在那些不是优秀学生的集合之中.

到现在为止,我们着重比较了集合间“$\supset$”关系和数之间“$\geqslant$”关系在性质上的类似,现在我们指出这两种关系间的一个本质不同.任意两个(实)数 a 和 b 是可比较的,即关系式 $a \geqslant b$ 和 $b \geqslant a$ 至少有一个成立[①].与此相反,对任意两个集合 A 和 B,在一般情况下 $A \supset B$ 和 $B \supset A$ 两者都不成立(图 1.23).还要指出,对集合代数的任意元素 A,我们有

图 1.22

$$I \supset A,\ A \supset O$$

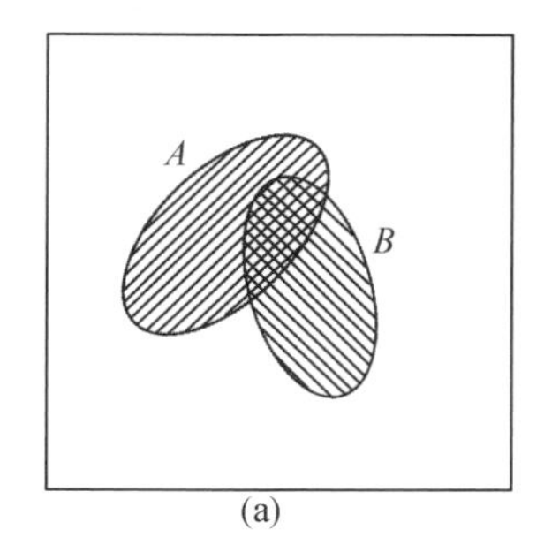

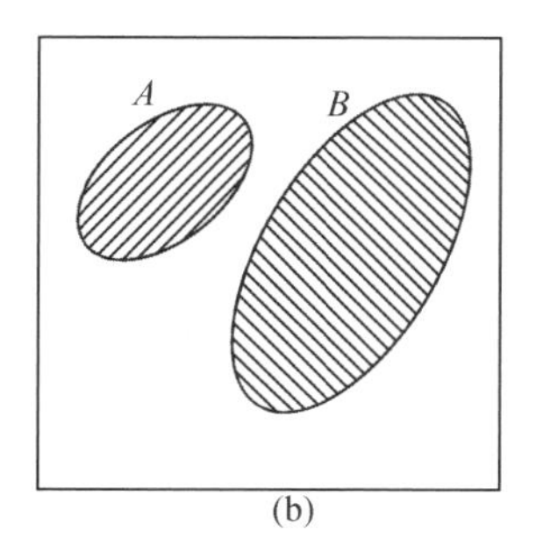

图 1.23

以及(对任意 A 和 B)总有包含关系

$$A + B \supset A \text{ 和 } AB \subset A$$

成立(图 1.24).最后,显然,若 $A \supset B$,则

① 在两个关系式同时成立的情况下,数 a 和 b 完全相等.

$$A+B=A \text{ 和 } AB=B$$

(图 1.20). 因为对任意 A 有 $A\supset A$,上面两个等式可以看作幂等律 $A+A=A$ 和 $AA=A$ 的推广.

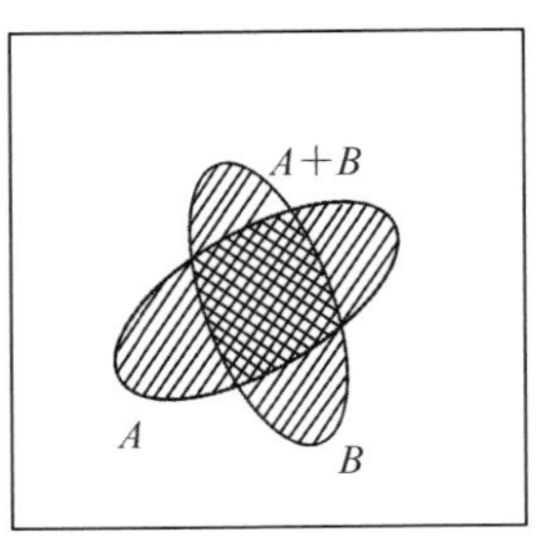

图 1.24

对另一些我们已知的布尔代数,让我们讨论“$\supset$”关系的意义. 对“两个数的代数”这种关系通过条件

$$1\supset 0$$

规定. 对“四个数的代数”,“$\supset$”关系通过条件

$$1\supset 0,\ 1\supset p,\ 1\supset q,\ p\supset 0 \text{ 和 } q\supset 0$$

规定(这种代数的元素 p 和 q 是不可比较的,对于它们,关系 $p\supset q$ 及 $q\supset p$ 两者都不成立). 对“极大和极小的代数”,“$\supset$”关系和“$\geqslant$”关系相一致:对这种代数的两个元素我们假定,若数 x 不小于数 y,x 和 y 通过关系 $x\supset y$ 相关联(例如,在这种情况里我们有 $\frac{1}{2}\supset\frac{1}{3}$ 和 $1\supset 1$①). 最后,在“最小公倍数和最大公因子代数”里,关系 $m\supset n$ 意味着数 n 是数 m 的因子;例如在这种情况下,我们有 $42\supset 6$,而在这种代数里,数 42 和 35 是不可比较的(也就是 $42\supset 35$ 和 $42\subset 35$ 这两种关系没有一个发生). 请读者检验,在我们已考察的每一种代数里,用上面方法定义的“$\supset$”关系具有集合代数

① 在这种布尔代数里,对任意两个元素 x 和 y 至少有 $x\supset y$ 和 $y\supset x$ 其中之一成立.

里对“$\supset$”关系所列举的全部性质.

现在,对那些用“$\supset$”(或“$\subset$”)关系连接左边和右边两项的任意一个式子,应用“布尔不等式”这个术语似乎是自然的了.我们将仅仅考虑这样的不等式,即在不等式问题中对于布尔代数元素 $A,B,C,\cdots$ 的所有可能值这些不等式都是成立的.例如,上面所考虑的 $I\supset A$,$A\supset O$,以及 $A+B\supset A$ 和 $A\supset AB$ 都是这样的不等式.

对偶原理叙述为:在这样的不等式中,若交换加法和乘法,并且也交换元素 O 和 I(倘若 O 和 I,或两者都在不等式中),则在改变不等式的记号为反向(也就是用关系“$\subset$”代替关系“$\supset$”或反之)的情况下,我们又得到一个正确的不等式(也就是说,对于不等式里布尔代数元素的所有值,不等式亦成立).例如,从关系

$$(A+B)(A+C)(A+I)\supset ABC$$

可得出总有

$$AB+AC+AO\subset A+B+C$$

应用“横”运算于原来的不等式的两边就足以证实一般的对偶原理了.例如,因为不等式

$$(A+B)(A+C)(A+I)\supset ABC$$

成立,并且因为我们有法则“若 $A\supset B$,则 $\overline{A}\subset\overline{B}$”,由此得出不等式

$$\overline{(A+B)(A+C)(A+I)}\subset\overline{ABC}$$

也正确.根据德·摩根定律,考虑到 $\overline{I}=O$,我们得到

$$\begin{aligned}&\overline{(A+B)(A+C)(A+I)}\\&=\overline{(A+B)(A+C)}+\overline{A+I}\\&=\overline{A+B}+\overline{A+C}+\overline{A+I}\\&=\overline{A}\,\overline{B}+\overline{A}\,\overline{C}+\overline{A}O\end{aligned}$$

类似的

$$\overline{ABC}=\overline{A}+\overline{B}+\overline{C}$$

这样，我们断定，对任意 A,B 和 C 不等式

$$\overline{A}\,\overline{B}+\overline{A}\,\overline{C}+\overline{A}O\subset\overline{A}+\overline{B}+\overline{C}$$

成立.

现在，因为 $\overline{A},\overline{B}$ 和 $\overline{C}$ 在这里是任意的，我们可以简单地分别表示它们为 A,B 和 C. 这样，我们得到一个不等式

$$AB+AC+AO\subset A+B+C$$

在上面叙述的意义上，这个不等式和原来的不等式对偶.

§5 数学和思维的结合

$a+b$ 代替了“蚂蚁是大象或者他是勤奋的学生”，这是多么简练！

现在再谈谈本书中起着十分重要作用的集合布尔代数. 让我们讨论确定集合的方法，这些集合是这种代数的元素. 最简单的方法显然是用构造表的方式确定一个给出的集合，也就是列举出集合所有的元素. 例如，我们可以考察“学生的集合：李华、张燕、方平和马天一”或“数的集合：1，2，3，4”或“算术四则运算的集合：加法、减法、乘法和除法”. 在数学里，用列表法定义的集合元素通常被写入波形括号里. 例如，我们已提到的集合可以写为

$$A=\{\text{李华，张燕，方平，马天一}\}$$

$$B = \{1,2,3,4\}$$

和

$$C = \{+, -, \times, \div\}$$

(在最后这个表达式里,运算符号象征性地表示运算本身).

然而一个集合里有许多元素时,这种表示集合的方法非常不方便;当问题里集合元素是无限的时候,这种方法变得完全不能应用(我们不可能列举无限数目的集合元素!).此外,甚至在一个集合可以通过列表法定义,并且列表是相当简单的情况下,有时仍然不能表明为什么这些元素聚集成这个集合.

因此,其他一些通过叙述不明显地确定集合的方法更广泛地被采用.当通过叙述定义一个集合时,我们指出一个表征这个集合所有元素的特性.例如,我们可以考虑“你们班里所有优秀学生的集合”(也许可以证明,上面提到的集合 A 和这个优秀学生集合相同)或“满足 $0 \leqslant X \leqslant 5$ 的所有正整数 X 的集合”(这个集合恰和上面提到的集合 B 相一致)或“在一个动物园里所有动物的集合”.确定集合的这种叙述方法对于定义无限集合是相当有用的,例如,“所有整数的集合”或“所有面积等于 1 的三角形集合”;而且,如已经提到的,无限集合只有通过叙述才能定义.

描述集合的方法与在数理逻辑里研究的带有命题的集合有关,即这个方法的本质是确定一个我们感兴趣的对象的总体(例如,你们班里学生的总体或整数的总体),并且其次要陈述一个命题,这个命题对于被研究集合的所有元素都是真的,而且只对这些元素是真的.例如,如果我们的兴趣在于哪些元素是你们班里某些(或全部)学生的集合,那么,这样的命题可能是"他是一个优秀的学生""他是一个象棋手""他的名字是乔治",等等.在问题里,全集合 I 中那些满足所提到条件的元素,譬如满足一个给定命题 a 里特性的元素,所有这些元素组成的集合 A(例如,学生的集合,数的集合,等等)称为这个命题的真集合[①](例如,图1.25[②]).

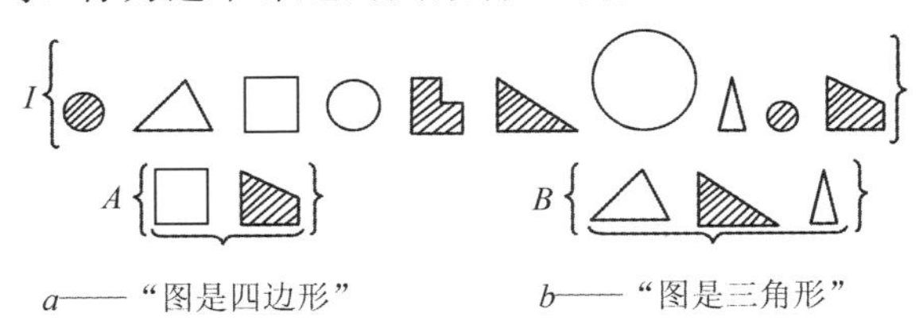

图1.25

这样,在集合和命题之间有"两方面的联系":每一个集合是通过命题来描述的(特殊情况下,这样一个命题也许可以简化成集合元素的列举,例如,"学生的名字是李华或张燕或方平或马天一"),以及对每一个命题有一个相应确定的集合,它是这个命题的真集合.也很重要的是:对于一些命题(甚至对于涉及不同种对象的一些命题)的任意一个总体,总可以指出一个相应于问题中所有命题的确定的全集合 I,这个 I 集合包含了在这些命题中所提及的全部对象.另外一个非常重要的条件是:所谓一个命题,我们将仅仅指的是这样一

---

① 根据现代数理逻辑的术语,更正确的是利用命题函数或开命题(或开语句)这个术语,并且应该严格地称为给定命题函数的真集合,而在本节中我们将简单地称为命题的真集合.

② 我们将通过小写字母表示命题,相应命题的真集合用大写的同样字母表示.

个语句，当它应用于给定的全集合中一个确定的元素时，我们说这个语句是真的或是假的是有意义的. 这个意思是，例如，“人有两个头和六条手臂”或“$2\times3=6$”这样的语句是命题（这些句子的第二个甚至完全独立于集合 I 的选择），而像感叹词“小心”或“哦”这样的句子不是所研究的命题. 最后，也应当记住，像“两个小时是很长的时间”或“数学考试是非常不愉快的过程”这样的两个句子都不是所研究的命题，因为它们是相当主观的，且它们的真和假依赖于许多环境因素以及叙述这些句子的人的特性.

当研究命题时，我们的兴趣仅在于它们所描述的集合. 因此，任意两个命题 a 和 b 相应于同样的真集合时，a 和 b 被认为是恒等的，以及被认为是等价的（“相等”）. 当两个命题 a 和 b（例如，“他是一个优秀学生”和“他仅有高的分数”，或“这个数 x 是奇数”和“数 x 被 2 除余数为 1”）是等价的，我们将写

$$a=b$$

所有必真命题（即在所研究的集合 I 中，不管对哪一个元素这些命题总是真的）也被看作彼此等价的. 必真命题的例子是“$2\times3=6$”“这个学生是一个男孩或一个女孩”“学生的身高不超过 3 米”，等等. 设我们约定用字母 i 表示所有的必真命题. 类似的，所有那些必假命题（即矛盾命题，它们从来不是真的，它的真集合是空集合的命题）也将被看作是等价的，我们将用字母 o 表示这样的命题；必假命题的例子是“$2\times2=6$”“这个学生能够像鸟那样飞”“学生的身高超过 4 米”和“数 X 大于 3 且小于 2”.

集合和命题之间的这种联系使得有可能在命题中

定义某些代数运算，类似于前面对集合代数所引入的那些运算，即所谓两个命题 a 与 b 之和我们指的是这样一个命题，这个命题的真集合等于命题 a 的真集合 A 与命题 b 的真集合 B 之和，设我们用符号 $a+b$ 表示这个新的命题[①]. 因为两个集合之和不过是包含在这两个集合里所有元素的并，两个命题 a 与 b 之和 $a+b$ 无非就是命题"a 或 b"，在这里"或"的意思是，命题 a 与 b 至少有一个(或两个命题)是真的. 例如，若命题 a 叙述为"学生是一个象棋手"，并且若你们班里学生中相应于这个命题的真集合是

$$A=\{李华,方平,周涛,张燕,李丽,朱兵,王英\}$$

而命题 b 断言"学生会跳棋"，且它的真集合是

$$B=\{李华,周涛,叶茜,陈广,李丽,丁芳\}$$

那么 $a+b$ 是"学生能够玩象棋或学生能玩跳棋"这个命题(或简要地说"学生能够玩象棋或跳棋")；相应于这个命题 $a+b$ 的真集合是

$$A+B=\{李华,方平,周涛,张燕,叶茜,陈广,李丽,丁芳,朱兵,王英\}$$

若全集合是图 1.25 里几何图形的集合，并且若命题 c 和 d 分别断言"图是圆形的"和"图是带阴影的"，则命题 $c+d$ 断言"图是圆形的或带阴影的"(图 1.26).

类似的，所谓两个分别有真集合 A 与 B 的命题 a 与 b 之积 ab，我们指的是这样一个命题，它的真集合同

① 在数理逻辑中，两个命题 a 与 b 之和通常称为这些命题的析取，并且用符号 $a \vee b$ 表示(比较两个集合 A 与 B 之和的记号 $A \cup B$).

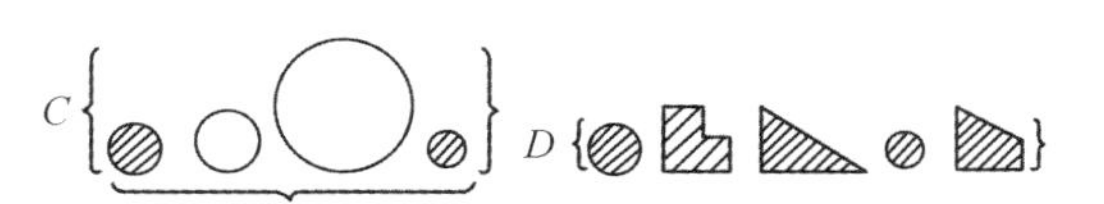

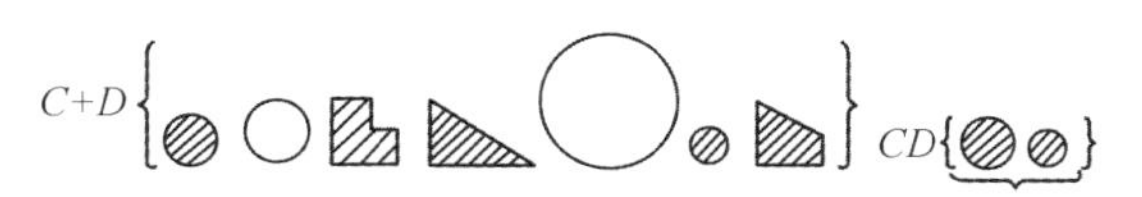

c——"图是圆形的"　　d——"图是带阴影的"

$c+d$——"图是圆形的或带阴影的"　cd——"图是圆形的且带阴影的"

图 1.26

集合 A 与 B 之积 AB 相重合[①]. 因为两个集合 A 和 B 之积只不过是它们的交(即它们的公共部分),这个交包含且仅包含同时在这两个集合 A 和 B 中的全集合 I 的元素. 命题 a 和 b 之积是命题"a 与 b",在这里,字"与"的意思是:命题 a 和 b 两者都是真的. 例如,若命题 a 和 b 是与你们班里学生有关的和上面完全同样的命题,则命题 ab 断言"学生会玩象棋并且会玩跳棋"(或简要地说,学生会玩象棋与跳棋);相应于这个命题的真集合是

$$AB=\{李华,周涛,李丽\}$$

若 c 和 d 是和图 1.25 里几何图形集合有关的两个命题,它们分别意味着"图是圆形的"和"图是带阴影的",则命题 cd 断言"图是圆形的且带阴影的"(图 1.26).

集合和命题之间的联系使得有可能将集合代数所有定律扩张到命题

---

① 在数理逻辑里,两个命题 a 与 b 之积常称为这些命题的合取,并且用符号 $a \wedge b$ 表示(比较两个集合 A 与 B 之积的记号 $A \cap B$).

$$a+b=b+a \text{ 和 } ab=ba$$

命题代数的交换律

$$(a+b)+c=a+(b+c) \text{ 和 } (ab)c=a(bc)$$

命题代数的结合律

$$(a+b)\cdot c=ac+bc \text{ 和 } ab+c=(a+c)(b+c)$$

命题代数的分配律

$$a+a=a \text{ 和 } aa=a$$

命题代数的幂等律

此外，若 i 是必真命题以及 o 是必假命题，则我们总有（即对任意命题 a）关系式

$$a+o=a, ai=a$$

$$a+i=i, ao=o$$

例如，命题“学生只有最高的分数或学生有两个头”等价于命题“学生只有最高的分数”，而命题“学生会游泳与学生还不是 200 岁”等价于命题“学生会游泳”. ①

让我们考察，命题代数第二分配律的获得，从而说明怎样从集合代数定律得到命题代数定律. 因为两个命题之和的真集合是这两个命题真集合的并，并且因

① 我们还将用数理逻辑里通常给出的形式写出这些我们已列举的性质

$$a \vee b=b \vee a$$

$$a \wedge b=b \wedge a$$

$$(a \vee b) \vee c=a \vee (b \vee c)$$

$$(a \wedge b) \wedge c=a \wedge (b \wedge c)$$

$$(a \vee b) \wedge c=(a \wedge c) \vee (b \wedge c)$$

$$(a \wedge b) \vee c=(a \vee c) \wedge (b \vee c)$$

$$a \vee a=a, a \wedge a=a$$

$$a \vee o=a, a \wedge i=a$$

$$a \vee i=i, a \wedge o=o$$

为两个命题之积的真集合是给出的命题真集合的交，合成命题 $ab+c$ 的意思是“命题‘a 与 b’或命题 c 是真的”，显然，$ab+c$ 的真集合是集合 $AB+C$，在这里 A，B，C 分别是命题 a，b，c 的真集合. 类似的，合成命题 $(a+c)(b+c)$ 的真集合是集合 $(A+C)(B+C)$. 由于集合代数的第二分配律，我们有

$$AB+C=(A+C)(B+C)$$

这样，命题 $ab+c$ 和命题 $(a+c)(b+c)$ 的真集合重合，这意味着命题 $ab+c$ 和命题 $(a+c)(b+c)$ 是等价的. 在那里，我们指出命题“学生会玩象棋与跳棋或会游泳”和“学生会玩象棋或会游泳，并且还会玩跳棋或会游泳”有同样的意义，即

$$ab+c=(a+c)(b+c)$$

在这里命题 a，b 和 c 分别是“学生会玩象棋”“学生会玩跳棋”和“学生会游泳”.

像集合的加法和乘法运算一样，集合代数的“横”运算能推广到命题代数. 即所谓 $\overline{a}$ 指的是一个命题，这个命题的真集合是 $\overline{A}$（A 是命题 a 的真集合）. 换句话说，命题 $\overline{a}$ 的真集合包含且仅包含这样的元素：这些元素是不包含在集合 A 里的全集合 I 的元素，即那些不包含在命题 a 的真集合里的元素. 例如，若命题 a 断言“学生有坏分数”，则命题 $\overline{a}$ 的意思是“学生没有坏分数”. 若全集合 I 由图 1.25 里的几何图形所组成，并且命题 b 断言“图是三角形的”，则命题 $\overline{b}$ 的意思是“图是三角形这是假的”（简单说即“图不是三角形的”，见图 1.27）. 一般的，命题 $\overline{a}$ 有“非 a”的意义，因此，命题代数的“横”运算是产生命题 a 的否命题 $\overline{a}$ 的运算. 命题 $\overline{a}$ 可以通过在 a 上加“这是假的”而形成.

$\bar{b}$——“图不是三角形”

图 1.27

现在，让我们列举与否命题运算有关的命题代数的定律

$$\bar{\bar{a}}=a$$

$$a+\bar{a}=i \text{ 和 } a\bar{a}=o$$

$$\bar{o}=i \text{ 和 } \bar{i}=o$$

$$\overline{a+b}=\bar{a}\bar{b} \text{ 和 } \overline{ab}=\bar{a}+\bar{b}$$

事实上，一个必假命题的否命题（例如“$2\times 2=5$ 这是假的”或“学生有两个头这是假的”）总是必真命题，而一个必真命题的否命题（例如，“学生还不是 120 岁这是假的”）总必然是假的. 所有其他的定律也可以容易地检验（请读者检验它们）. 顺便提一下，检验它们是没有必要的，因为它们可以简单地从集合代数的相应定律得出.

§6　思维定律及推论法则

简练的目的是为了描述世界.

现在我们能够说明为什么乔治·布尔称他的工作（其中他创立了本书所研究的“不平常的代数”）为“思维的定律”. 理由是命题代数和思维过程的原则紧密相连，因为定义在第 5 节的命题之和及积无非是可以分别归纳成逻辑（命题）关系“或”及“与”而已，而“横”

运算有否定的意义,并且命题代数定律描述了逻辑运算的基本法则,这些法则是所有人在思维过程中都遵循的.当然,在日常生活中,很少有人把这些法则看作思维的数学定律,可是甚至孩子们也在熟练地利用它们.实际上,没有人会怀疑这点:说"他是一个好的赛跑者和一个好的跳高者"与说"他是一个好的跳高者和一个好的赛跑者"完全是同样的,即所有人知道(虽然他们或许没有意识到这点)命题 ab 和 ba 有同样的意义,或它们是同样的、等价的.

我们还能够说明为什么乔治·布尔对逻辑定律(正如某些"代数法则")的数学解释方法今天成为强烈兴趣的目标.只要逻辑运算仅由那些在思维过程中完全直觉地应用它们的人来完成,就没有必要将逻辑定律严格地公式化.最近十年发生了改变,现在我们希望用电子计算机去完成过去仅能由人完成的功能,如生产过程的控制、运输安排、解决数学问题,把书从一种语言翻译成另一种语言,经济计划和查找科学文献中必要的数据等;众所周知,现代电子计算机甚至会下棋!显然,为了给计算机编出必要的程序,必须严格地叙述"游戏的规则",即"思维的定律",还必须随之有人造的"思维机器",人能直觉地利用逻辑定律,可是对于计算机这些定律必须以一种清楚明白的方式叙述,这只有利用"语言",它是数学机器可以理解的,即数学语言①.

现在让我们回到"思维的定律"本身.最有意义的

---

① 我们必须告诫读者,为了构造现代电子计算机和为了以能"送入"计算机的形式提出复杂的数学问题,这本书所着重介绍的初等命题代数不能提供足够的方法.为了这个目的,必须发展更复杂的数学和逻辑装置,在这里不研究它们.

逻辑定律是和否定逻辑运算有关的；它们中的某些在逻辑里有特殊的名字，例如定律

$$a+\bar{a}=i$$

表示所谓的排中律(原则)，它的意思是，或者 a 是真的(这里 a 是一个任意命题)或者命题 $\bar{a}$ 是真的，而命题 $a+\bar{a}$(a 或非 a)总是真的. 例如，甚至没有关于你们学校里最高大的学生的任何消息我们可以肯定地说：这个学生“或者是一个优秀学生或者不是一个优秀学生”，以及这个学生“不是会玩象棋就是不会玩象棋”，等等. 用关系式

$$\bar{a}a=o$$

表示的定律称为矛盾律(原则)；这个定律断言，命题 a 和 $\bar{a}$(即 a 和非 a)在任何时候不可能同时是真的，因而这两个命题之积总是假的(排中律和矛盾律被称为补的定律或者补定律). 例如，若一学生没有坏分数，则命题“这个学生有坏分数”用于这个学生当然是假的；若一整数 n 是偶的，则命题“数 n 是奇的”对这个数来说当然是假的. 用式子

$$\bar{\bar{a}}=a$$

表示的定律称为二反律(或二次否定律)，它断言：命题的二次否定等价于原来命题本身. 例如，命题“给出的那个整数是偶的”的否定是命题“给出的那个整数是奇的”，当否定后一命题时，得到命题“给出的那个整数不是奇的”，因此，它等价于断言“那个整数是偶的”的原来命题. 类似的，命题“学生没有坏分数”的否定意思是“学生有坏分数”，并且前一个命题的二次否定为“学生有坏分数这是假的”，因而它等价于断言“学生没有坏分数”的原来命题.

德·摩根定律

$$\overline{a+b}=\bar{a}\,\bar{b} \text{ 和 } \overline{ab}=\bar{a}+\bar{b}$$

对命题也是很重要的;这些定律的文字叙述稍许复杂一些. 命题代数所有的其他定律,如分配律

$$(a+b)c=ac+bc \text{ 和 } ab+c=(a+c)(b+c)$$

或幂等律

$$a+a=a \text{ 和 } aa=a$$

都是一定的"思维的定律",即逻辑定律,当人们从那些已知是真的结论推导新的结论时遵循这些定律.

关系"$\supset$"可以从集合代数扩张到数理逻辑(命题的计算),它起着一个特别重要的作用. 到现在为止,在命题方面我们还没有考虑这种关系,并且仅在集合代数里讨论了它. 然而,在集合和命题之间的"两个方面的联系"可以使我们很容易地把集合代数的"$\supset$"关系(包含关系)扩张到命题代数. 即我们约定,对于两个命题 a 和 b,我们把它们写成关系

$$a \supset b$$

时,它的意义应理解为:命题 a 从命题 b 得出,或同样的,命题 a 是命题 b 的一个推论;所说的这些的含义是:命题 a 的真集合包含命题 b 的真集合. 换句话说,上面的关系 $a \supset b$ 指的是

$$A \supset B$$

例如,因为你们班里优秀学生的集合 B 显然包含在所有没有坏分数的学生集合 A 里,所以陈述为"这个学生没有坏分数"的命题 a 是陈述为"这个学生只有最高分数"的命题 b 的推论. 类似的,能被 6 除尽的整数集合

$$A_6=\{6,12,18,\cdots\}$$

包含在偶数集合

$$A_2 = \{2,4,6,8,10,12,14,16,18,20,\cdots\}$$

里，因此命题"这个数是偶的"(我们所讨论的全集合 I 由所有正整数所组成)可从命题"这个数能被 6 除尽"得出[①].

确立两个命题 a 和 b 是通过关系 $a \supset b$ 相关联的过程称为推演(演绎). 当证明存在关系 $a \supset b$ 时，我们从条件 b 推演出结论 a. 在日常生活和科学中，我们常常涉及推演，例如，像一条法则一样，一个数学定理的证明化成推演. 在数学证明里，通常要求证明从定理条件 b 出发(例如，从"一个 $\triangle MNP$ 的 $\angle P$ 是直角" 这个条件，见图1.28) 得出定理的结论 a(例如，结论 $MP^2 + NP^2 = MN^2$；在这种情况下，关系 $a \supset b$ 等价于毕达哥拉斯定理). 在推演过程中(例如，在一个定理的证明中)，我们始终在利用关系"$\supset$" 的基本性质(有时候没有意识到它)，这些性质可以叙述为下面的推演法则[②]

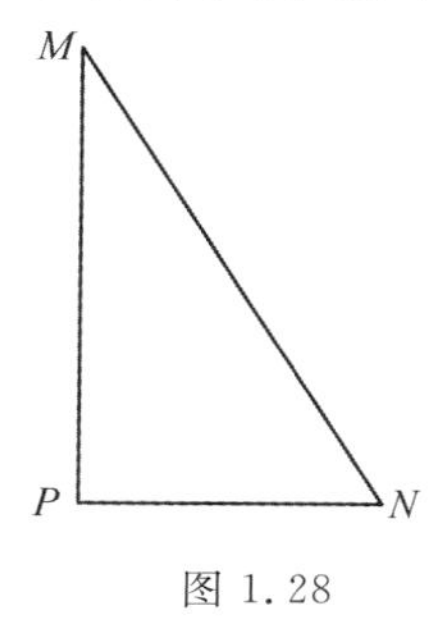

图 1.28

$$a \supset a$$

① 若 $a \supset b$，我们也说命题 b 是命题 a 的充分条件(例如，学生只有最高分数对没有坏分数的学生当然是充分的)，而命题 a 称为命题 b 的必要条件(例如，学生没有坏分数对只有最高分数的学生来说当然是必要的).

② 这些法则中的第二个断言："若 $a \supset b$ 且 $b \supset a$，则 $a = b$"，它有时叙述为"若 b 是 a 的必要和充分条件，则命题 a 和 b 是等价的"(从这个观点出发，我们假定命题 a 和 b 在这种意义上被认为是相等的).

$$若\ a \supset b\ 且\ b \supset a，则\ a = b$$
$$若\ a \supset b\ 且\ b \supset c，则\ a \supset c$$
$$对任意\ a\ 有\ i \supset a\ 和\ a \supset o$$
$$对任意\ a\ 和\ b\ 有\ a + b \supset a\ 和\ a \supset ab$$
$$若\ a \supset b，则\ \bar{b} \supset \bar{a}$$

例如，我们知道，若四边形的对角线互相平分(命题 b)，则四边形是平行四边形(命题 a)，另一方面，我们知道"在平行四边形中，对角相等"(命题 c). 这样，我们有

$$a \supset b^{①}\ 和\ c \supset a$$

因此

$$c \supset b$$

换句话说，若四边形对角线互相平分，则它的对角相等.

让我们更详细地讨论一个定律的应用，这个定律就是：若 $a \supset b$，则 $\bar{b} \supset \bar{a}$. 这个定律是所谓矛盾证明的基础(拉丁语是荒谬的证明，反证法). 设要求证明关系 $a \supset b$ 成立，即证明命题 a 从命题 b 得出，而结果常常是去证明"若 a 是假的，则 b 不可能是真的"反而比较容易一些，即证明命题"非 b"(即命题 $\bar{b}$) 从命题"非 a"(即从命题 $\bar{a}$) 得出.

让我们看一个用反证法证明的例子. 设要求证明：若一个大于 3 的整数 n 是素数(命题 b)，则 n 的形式为 $6k \pm 1$ (在这里 k 是一个整数)，即当 n 被 6 除时，余数是 $+1$ 或 -1(命题 a). 若不利用法则"若 $a \supset b$，则 $\bar{b} \supset \bar{a}$"，而直接去证明这一点是相当困难的；因此，我们将

① 在这种情况里，我们甚至有 $a \supset b$ 和 $b \supset a$，即 $a = b$.

试图借助反证法证明.为此,我们假设命题 $\bar{a}$ 是真的,即数 n(它是一个大于3的整数)不能表示成形式 $6k\pm1$.因为当任意一个整数 n 被6除时,得到的余数可能是0(在这种情况下,n 被6除尽)或1或2或3或4或5(最后这个情况等价于余数为-1).假设 $\bar{a}$ 是真的,这意味着当 n 被6除时,我们得到余数0(即 n 被6除尽)或2或3或4.一个能被6除尽的整数不可能是素数,若一个大于3的整数被6除所得余数是2或4,则这个整数是偶的,因此它不可能是一个素数;若 n 被6除给出余数3,则 n 能被3除尽,因此它也不可能是一个素数.这样,从 $\bar{a}$ 得出 $\bar{b}$(或用符号表示,$\bar{b}\supset\bar{a}$),由此,我们断定

$$a\supset b$$

它是我们正试图证明的①.

§7 实例和命题运算

新的知识常为你解决许多意想不到的难题.

命题代数定律可以应用于解逻辑问题,这些问题的条件形成一个命题的总体,我们必须利用它证实某些其他命题的真和假.下面是这种例子.

一个家庭由一个父亲(F)、一个母亲(M)、一个儿

---

① 下面的论证是更精确的:从我们已证明的关系 $\bar{b}\supset\bar{a}$ 得出 $\bar{\bar{a}}\supset\bar{\bar{b}}$,即 $a\supset b$;根据二次否定律,我们有 $\bar{\bar{a}}=a$ 和 $\bar{\bar{b}}=b$,现在必然有 $a\supset b$.

子(S)和两个女儿(D_1 及 D_2)组成,他们在海滨度假.他们常在早晨去游泳,并且知道,当父亲去游泳时,母亲和儿子总是和他一道去;也知道,若儿子去游泳时,他的姐姐 D_1 和他一起去;只有她的母亲去游泳时,第二个女儿 D_2 才去游泳,并且知道,在每天早晨父母中至少有一人去游泳,最后已知道,上个星期天仅一个女儿去游泳了.问题是:在上个星期天早晨,家庭成员里谁去游泳了?

假定我们用符号 F, M, S, D_1 和 D_2 分别表示命题"父亲在星期天早晨去游泳了""母亲在星期天早晨去游泳了""儿子在星期天早晨去游泳了""第一个女儿在星期天早晨去游泳了"和"第二个女儿在星期天早晨去游泳了".通常这些命题的否命题用同样的符号加一横来表示,问题的条件用符号形式可写成这样:

(1)$FMS + \overline{F} = i$.

(2)$SD_1 + \overline{S} = i$.

(3)$MD_2 + \overline{M}\,\overline{D}_2 = i$.

(4)$F + M = i$.

(5)$D_1\overline{D}_2 + \overline{D}_1 D_2 = i$.

在这里,字母 i 表示必真命题,所有这些等式乘起来我们得到关系式

$$(FMS + \overline{F})(SD_1 + \overline{S})(MD_2 + \overline{M}\,\overline{D}_2)\cdot$$
$$(F + M)(D_1\overline{D}_2 + \overline{D}_1 D_2) = i$$

它等价于等式组(1)～(5),因为命题的积是真的当且仅当所有被乘的命题是真的.利用第一分配律,并且还有交换律、结合律、幂等律、矛盾律、$A\overline{A} = O$,以及关系式 $A + O = A$ 和 $AO = O$,我们可以将等式左边的表达式括号展开,为了简化变换,我们改变因子的顺序

$$(FMS+\overline{F})(F+M)=FMS+\overline{F}M$$

$$(FMS+\overline{F}M)(MD_2+\overline{M}\,\overline{D}_2)=FMSD_2+\overline{F}MD_2$$

$$(FMSD_2+\overline{F}MD_2)(D_1\overline{D}_2+\overline{D}_1D_2)=$$

$$FMS\overline{D}_1D_2+\overline{F}M\overline{D}_1D_2$$

$$(FMS\overline{D}_1D_2+\overline{F}M\overline{D}_1D_2)(SD_1+\overline{S})=\overline{F}M\overline{S}\,\overline{D}_1D_2$$

这样,我们最后得到

$$\overline{F}M\overline{S}\,\overline{D}_1D_2=i$$

它意味着仅母亲和第二个女儿 D_2 在星期天早晨去游泳了.

我们已给出的问题解答是在代数变换的基础上完成的,通过这些变换我们简化了相当复杂的表达式

$$(FMS+\overline{F})(SD_1+\overline{S})(MD_2+\overline{M}\,\overline{D}_2)\cdot$$

$$(F+M)(D_1\overline{D}_2+\overline{D}_1D_2)$$

并且导致形式$\overline{F}M\overline{S}\,\overline{D}_1D_2$ 在许多其他情况里用这种方法证明是有用的,因此,我们将更详细地讨论它.

假设我们给出一个任意的代数表达式 $f=f(P_1,P_2,\cdots,P_n)$,它由命题 $P_1,P_2,\cdots,P_n$ 及命题代数的基本运算"+""·"和"横"运算所组成.我们将证明,若复合(合成)命题 f 不是必假的(即 f 不等于0),则它可以化成形式

$$f=\sum P_1{}'P_2{}'\cdots P_n{}' \qquad (*)$$

这里,在和的每一项里符号 $P_j{}'(j=1,2,\cdots,n)$ 表示 P_j 或$\overline{P}_j$,并且求和的所有各项是彼此不同的.另一方面,若两个合成命题 f_1 和 f_2 相等(等价的),则它们的(*)形式是同样的,并且若 f_1 和 f_2 是不同的(彼此不相等),则它们的(*)形式也是不同的.合成命题 f 的

(＊)形式称为加性标准型[1].

上述论断的证明是相当简单的.首先,利用德·摩根公式,我们可以变换合成命题 $f(P_1,P_2,\cdots,P_n)$,以至于否定记号"横"维持不变的仅是上述某些(或全部)组成(基本)命题 $P_1,P_2,\cdots,P_n$,而不是上述命题的组合(它们的和与积).进一步,当为了得到表达式 f,有必要将基本命题 P_j 与它的否定命题 $\overline{P}_j$,或某些更复杂命题之和互相乘起来时,在所有这些情况里我们可以利用第一分配律展开这些括号.通过展开所有这些括号,我们将复合命题 f 化为"加性"形式,写成许多项之和,其中每一项是这些基本命题 P_j 或它们的否定命题之积.而且,若我们已得到的和里有一项 A,它既不包含命题 P_1 也不包含它的否命题 $\overline{P}_1$,我们可以用等价的表达式

$$A(P_1+\overline{P}_1)=AP_1+A\overline{P}_1$$

代替它,它是两项之和,其中每一项包含因子 P_1 或 $\overline{P}_1$.用这种方法,我们可以使 f 里的全部被加项含有所有命题 $P_1,P_2,\cdots,P_n$ 或它们的否命题作为因子.若在这个和里有一项包含了因子 P_j 及 $\overline{P}_j$,它就可以完全去掉(因为对任何 $P,P\overline{P}=0$);若在和里有一项包含几个同样的命题 P_k(或 $\overline{P}_k$)作为因子,则我们可以仅保留一个这样的因子;并且若和 f 包含几个相同的项,我们也可以仅保留其中之一(我们提醒读者,布尔代数是一种"没有指数和系数的代数").若所有这些运算的结果

① 在数理逻辑里,合成命题的(＊)形式更多地称为它的析取标准型.

是使这个和 f 里的各项都消失，我们将有

$$f=0$$

若是其他情况，给出的合成命题 f 被化成它的加性（析取）标准形式（*）.

最后，显然的，若两个合成命题 f_1 和 f_2 化简成同一个（*）形式，它们必然相等. 另一方面，若两个命题的（*）形式是不同的，则这两个命题不可能相等（等价）. 例如，若 $n=4$ 且命题 f_1 的（*）形式包含被加项

$$P_1\overline{P}_2P_3P_4$$

而命题 f_2 的（*）形式不包含这样的项. 若命题 P_1，P_3 和 P_4 是真的，而命题 P_2 是假的，则命题 f_1 是真的，至于命题 f_2 这时它不可能是真的. 这样我们已经证明，对每一个命题 f 存在相应于它的唯一决定的加性标准形式.

上面这个性质可以用来检验两个合成命题 f_1 和 f_2 是否相等或是不同. 显然的，我们总可以假定，任意两个给定的合成命题 f_1 和 f_2 包含同样的基本命题 p，q，r 等，因为若一个命题，例如 p，包含在 f_1 的表达式中，但是不包含在 f_2 的表达式中，我们可以把 f_2 写成形式

$$f_2=p+p$$

这个式子包含了基本命题 p. 还可证明，在许多其他情况里合成命题的加性（析取）标准形式是很有用的.

这种例子之一是上面已经研究过的游泳问题. 下面又是一个例子，它的数学内容接近于上面已解决的“游泳”问题. 让我们研究一个简化了的课程表，在这个课程表里一周只有三个教育日，即星期一、星期三和星期五，并且设每个教育日不多于三节课. 要求一星期

中学生应当有三节数学课，两节物理课，一节化学课，一节历史课和一节英语课，还要求时间表应当满足下列条件：

(1) 数学教师要求他的课任何时候也不是最后一节课，并且每周至少两次应当是第一节课.

(2) 物理教师也不愿意他的课在最后一节，他希望他的课每周至少有一次是第一节课. 此外，在星期三他的课不能在第一节，而相反，在星期五他想上第一节课.

(3) 历史教员仅能在星期一和星期三教课；他想在星期一第一节或第二节上课，或者在星期三的第二节上课，此外，他不希望他的课在英语课之前.

(4) 化学教员要求他的课不应在星期五，并且那天他有课，学生应没有物理课.

(5) 英语教员要求，他的课应在最后，此外他不能在星期五教课.

(6) 自然地要求，在每个教育日每门课不应多于一节.

(7) 在这个课程表里，每周仅有 $3+2+1+1+1=8$ 节课，而整个可能安排的上课数是 $3\times3=9$，因此每周有一天学生仅有 2 节课. 最后要求满足的是，或者在星期五的最后一节，或者在星期一的第一节学生应当有这个空闲时间.

怎样制订出满足所有这些条件的时间表呢？设我们用 1 至 9 的数连续地标记 9 节可能的课，那么解这个问题，我们必须确定 54 个命题 M_j，P_{hj}，C_{hj}，H_j，E_j 和 L_j（这里 $j=1,2,\cdots,9$）的真或假，这些命题分别表示第 j 节课是数学、物理、化学、历史、英语或空闲时间.

现在,问题条件可以写成下面的关系式组:

(1) $f_1=\overline{M}_3\overline{M}_6\overline{M}_9(M_1M_4+M_1M_7+M_4M_7)=i.$

(2) $f_2=\overline{P}_{h3}\overline{P}_{h6}\overline{P}_{h9}(P_{h1}+P_{h4}+P_{h7})\overline{P}_{h4}\overline{P}_{h8}\overline{P}_{h9}=i.$

(3) $f_3=(H_1+H_2+H_5)\overline{(H_1E_2+H_2E_3+H_4E_5+H_5E_6+H_7E_8+H_8E_9)}=i.$

(4) $f_4=\overline{C}_{h7}\overline{C}_{h8}\overline{C}_{h9}\overline{(P_{h1}C_{h2}+P_{h1}C_{h3}+P_{h2}C_{h1}+P_{h2}C_{h3}+\cdots+P_{h9}C_{h7}+P_{h9}C_{h8})}=i.$

(5) $f_5=(E_3+E_6+E_9+E_2L_3+E_5L_6+E_8L_9)\cdot\overline{E}_7\overline{E}_8\overline{E}_9=i.$

(6) $f_6=\overline{M_1M_2+M_1M_3+M_2M_3+M_4M_5+\cdots+M_8M_9}\cdot\overline{P_{h1}P_{h2}+P_{h1}P_{h3}+\cdots+P_{h8}P_{h9}}=i.$

(7) $f_7=L_1+L_9=i.$

这个关系式组等价于等式

$$f=f_1f_2f_3f_4f_5f_6f_7=i$$

命题 f 的加性标准型是

$$f=M_1H_2C_{h3}M_4P_{h5}E_6P_{h7}M_8L_9\cdots+M_1P_{h2}E_3M_4H_5C_{h6}P_{h7}M_8L_9\cdots+\cdots$$

在和 f 的这两项里点标记着 $54-9=45$ 个被乘数,这 45 个被乘数都带有否定记号(横),因此,仅存在两种制定时间表的方式能满足所有的要求:

(1) 星期一:数学,历史,化学;星期三:数学,物理,英语;星期五:物理,数学,空闲时间.

(2) 星期一:数学,物理,英语;星期三:数学,历史,化学;星期五:物理,数学,空闲时间.

而且应当指出,每一个复合命题 $f=f(P_1,$

$P_2,\cdots,P_n$）还可以引入它的乘法标准型[①]

$$f=\prod(P_1{}'+P_2{}'+\cdots+P_n{}')\qquad(**)$$

在这里，符号 $P_j{}'$ 像在公式（$*$）里一样有同样的意思，并且在积里的所有各项是彼此不同的；对一个给定的命题这种形式也是唯一确定的，且完全描述了整个一类命题，它们等价于这个命题．这个结论的证明相当类似于我们用于证明每一个复合命题 f 可以变成（$*$）形式的论证；证明之间的不同是很小的，例如，我们必须用第二分配律代替第一分配律．

让我们回到游泳问题．我们讨论一种有益的比较，即将上面给出的问题解法同不熟悉数理逻辑原理的学生能够给出的解法进行比较．

这样的学生常用一种“非形式化”的论证去代替上面介绍的等式（1）～（5）和它们的公式变换（即一种根据“常识”的论证代替了以严格方式陈述的逻辑定律）．这样的论证如下：“若父亲在星期天早晨去游泳，则母亲和儿子应和他一起去；但是，第一个女儿应跟随儿子去，且第二个女儿应和她母亲一道去；然而因为仅一个女儿去游泳了，这样，那个早晨父亲不可能去游泳”，等等．但是很显然的，这种论证事实上也是基于命题代数的严格定律，并且所谓“常识”正好得出这些定律．例如，上面的论证可以这样叙述：“根据问题条件，我们有

$$M\supset F \text{ 和 } S\supset F$$

此外

① 在数理逻辑里，复合命题（$**$）形式通常称为它的合取标准型．

$$D_1 \supset S, D_2 \supset M \text{ 和 } M \supset D_2$$

所以 $M=D_2$，因此

$$D_2 \supset F$$

而从 $D_1 \supset S$ 和 $S \supset F$ 可得出

$$D_1 \supset F$$

这样，从命题 F 得出命题 D_1 和 D_2，因为这些命题仅一个是真的. 我们断定命题 $\overline{F}$ 是真的"，等等. 在我们上面所介绍的问题解法里已经说明了通常推理的"形式化"，这样，这种"形式化"完全变成确切列举论证中的所有条件，以及引入数学符号，使得有可能将给出的条件和解的方法用简明扼要的形式写出来.

"游泳"问题的解可以利用电子计算机很容易地得到，因为在本书里给出的解是以命题代数定律为基础的. 而这些定律可以很容易放入计算机的"记忆"中，并且这个解的以后的过程成为自动的.

这类问题在实际中是经常遇到的. 例如，教育单位制定一个实际时间表的问题就有类似的性质，因为它必须考虑到许多相互关联的条件，譬如像教师和学生或初学者的愿望和可能，不同性质及不同难度课程的交替、讲演、上课、实验室工作，等等. 当一个运输控制人员引入合理的调度系统时，他会涉及相似的问题，等等. 在目前，这种类型的许多问题常在电子计算机上求解. 编制这种工作的计算机程序是基于这些数理逻辑定理，并且特别是基于"命题计算"部分，本章的第 6 节和第 7 节专门讨论了它.

在两个命题 p 和 q 之间的 $p \supset q$ 关系起着一个重要的作用，并且这是研究命题代数的另一种二元运算的原因，这种运算是和这种关系有关的. 这种二元运算

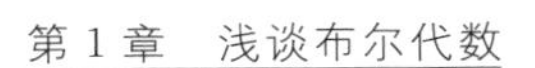

产生一个新的命题，它称为命题 p 和 q 的蕴涵；我们将把这种运算写为 $q \Rightarrow p$. 这个命题是由命题 p 和 q 通过它们之间的关联而产生的，这种关联可用“若……，则……”或用词“意味着”表示，这样，命题 $q \Rightarrow p$ 理解为：“若 q，则 p”，或同样的“q 意味着 p”. 例如，若命题 q 和 p 分别是“彼得是一个优秀学生”和“一头象是一个昆虫”，则命题 $q \Rightarrow p$ 意思是：“若彼得是一个优秀学生，则一头象是一个昆虫”，或同样的“从彼得是一个优秀学生这个事实应得出一头象是一个昆虫”或“彼得是一个优秀学生意味着一头象是一个昆虫”. 根据定义，我们将认为蕴涵 $q \Rightarrow p$ 是真的当且仅当 $p \supset q$；这样，合成命题 $q \Rightarrow p$ 等价于命题“关系 $p \supset q$ 发生”. 因此，在命题 q 是假的情况下，对任意命题 p，命题 $q \Rightarrow p$ 是真的（因为，一个假命题 q 意味着任意一个命题 p）. 例如，若一个名叫彼得的学生有坏分数，我们将认为上面的命题 $q \Rightarrow p$ 的意思是：“若彼得是一个优秀学生，则一个象是一个昆虫”这是真的.

应当强调，产生一个蕴涵 $q \Rightarrow p$ 的这种运算（这是命题代数的一种运算）和关系 $p \supset q$ 之间存在很大的不同. 合成命题 $q \Rightarrow p$ 能用任意的组成（基本）命题 p 和 q 构成；像其他任何命题一样，命题 $q \Rightarrow p$ 可以证明是真的或是假的. 至于谈到关系 $p \supset q$，它仅与某些命题对（偶）有关，关系 $p \supset q$ 成立这件事并不是一个命题，而是关于这两个命题 p 与 q 的一个事实.

我们应当强调两个给定命题 q 和 p 的蕴涵 $q \Rightarrow p$ 的一个特性：与产生命题之和（“析取”）$p+q$ 及积（“合取”）pq 的运算不同，运算 $q \Rightarrow p$ 是非交换的，即在一般情况下，命题 $p \Rightarrow q$ 不同于命题 $q \Rightarrow p$. 蕴涵 $p \Rightarrow q$ 称为蕴

涵 $q \Rightarrow p$ 的逆. 在蕴涵 $q \Rightarrow p$ 和它的逆 $p \Rightarrow q$ 之间的关系相当类似于正定理“若 q,则 p”(例如,“若一四边形所有的边相等,则它的对角线互相垂直”)和逆定理“若 p,则 q”(“若一四边形的对角线互相垂直,则它的所有边相等”)之间的关系. 正如大家所熟知,正定理和相应逆定理所陈述的内容未必是等价的:它们中的一个也许证明是真的,而另一个可以是假的. 同时,蕴涵 $\overline{p} \Rightarrow \overline{q}$ 称为蕴涵 $q \Rightarrow p$ 的换质位命题,它等价于 $q \Rightarrow p$,正像关系 $p \supset q$ 成立当且仅当关系 $\overline{q} \supset \overline{p}$ 成立. 命题 $q \Rightarrow p$(它意味着“若 q, 则 p”)和它的换质位命题 $\overline{p} \Rightarrow \overline{q}$(即命题“若 p 是假的,则 q 也是假的”)之间的关系相当类似于正定理(例如,“若一四边形的所有边相等,则它的对角线互相垂直”)和正定理的逆否定理(“若一四边形的对角线不相互垂直,则它所有的边也不可能全相等”)之间的关系. 所谓一个定理(蕴涵)$q \Rightarrow p$ 的否指的是蕴涵 $\overline{q} \Rightarrow \overline{p}$,并且后者的逆是蕴涵 $q \Rightarrow p$(对于我们已给出的正定理的例子,存在相应的逆否定理“若一四边形的对角线不相互垂直,则它所有的边也不可能全相等”). 换句话说,定理 $\overline{p} \Rightarrow \overline{q}$ 等价于正定理 $q \Rightarrow p$. 至于蕴涵 $\overline{q} \Rightarrow \overline{p}$,它表示定理(蕴涵)$q \Rightarrow p$ 的否(在上面的例子中,定理 $\overline{q} \Rightarrow \overline{p}$ 为:“若一四边形所有边都相等是假的,则它的对角线不相互垂直”),它不等价于正定理 $q \Rightarrow p$, 可是它等价于逆定理(蕴涵)$p \Rightarrow q$,逆定理指的是“若 p, 则 q”(因为性质“若 $a \supset b$,则 $\overline{b} \supset \overline{a}$”是“$\supset$”关系的基本性质之一,它意味着关系 $q \supset p$ 和 $\overline{p} \Rightarrow \overline{q}$ 同时成立或不成立).

在数理逻辑里,和蕴涵 $q \Rightarrow p$ 一起有时要研究由两个命题形成的所谓双条件命题,我们将用符号 $q \Leftrightarrow p$ 表

示它. 双条件命题 $q\Leftrightarrow p$ 的意思是:“p 当且仅当 q”. 例如,对于前例的两个命题 p 和 q,命题 $q\Leftrightarrow p$ 意思是:“李华是一个优秀学生当且仅当一头象是一个昆虫”. 最后这个语句是一个新的命题(尽管相当奇特!),即从两个给定的命题 q 和 p 产生双条件命题的运算也是命题代数的一种二元运算,这种运算把一个新命题赋予每一对命题 p 和 q,我们用 $q\Leftrightarrow p$ 表示这个新命题. 相当清楚,双条件命题 $q\Leftrightarrow p$ 与等价关系 $p=q$ 之间的关系类似于蕴涵 $q\Rightarrow p$ 和关系 $q\supset p$ 之间的关系:命题 $q\Leftrightarrow p$ 是真的,当且仅当 $p=q$ 发生. 与两个命题 q 与 p 的蕴涵相反,双条件命题是可交换的. 对任意两个命题 p 和 q,命题 $q\Leftrightarrow p$ 和 $p\Leftrightarrow q$ 是等价的,即我们总有

$$(p\Leftrightarrow q)=(q\Leftrightarrow p)$$

命题的“真集合”概念能将命题代数的新运算 $q\Rightarrow p$ 以及 $q\Leftrightarrow p$ 扩张到集合代数. 设 q 和 p 是两个任意的命题,且设 Q 和 P 分别是它们的真集合. 我们将表示命题 $q\Rightarrow p$ 的真集合为 $Q\Rightarrow P$,并且表示命题 $q\Leftrightarrow p$ 的真集合为 $Q\Leftrightarrow P$. 显然,蕴涵 $q\Rightarrow p$ 是真的当且仅当或者命题 q 是假的(一个假的前提意味着任意一个结论),或者命题 q 与 p 同时是真的(一个真的前提意味着任意一个其他真的语句). 这意味着:集合 $Q\Rightarrow P$ 是集合 Q 的补同集合 Q 与 P 之交的并(图 1.29(a)). 这得出

$$Q\Rightarrow P=\overline{Q}+QP$$

因此

$$q\Rightarrow p=\overline{q}+qp$$

这样,由两个命题 q 与 p 所形成的蕴涵 $q\Rightarrow p$ 可以用命题代数的基本运算术语来定义,即用命题的加法运算、命题的乘法运算和否定运算的术语来定义. 例如,根据

最后这个关系式，上面的命题“若李华是一个优秀学生，则一头象是一个昆虫”等价于命题“李华不是一个优秀学生或者李华是一个优秀学生并且一头象是一个昆虫”.

类似的，一个双条件命题 $q \Leftrightarrow p$ 是真的当且仅当或者命题 q 与 p 都是真的，或者命题 q 与 p 都是假的. 因此，集合 $Q \Leftrightarrow P$ 是集合 Q 与 P 之交同集合 $\overline{Q}$ 与 $\overline{P}$ 之交的并（图 1.29(b)）

$$Q \Leftrightarrow P = QP + \overline{Q}\,\overline{P}$$

这就得出，由两个命题 q 与 p 所形成的双条件命题 $q \Leftrightarrow p$ 也可以用前面研究过的命题代数运算的术语表示，即

$$q \Leftrightarrow p = qp + \overline{q}\,\overline{p}$$

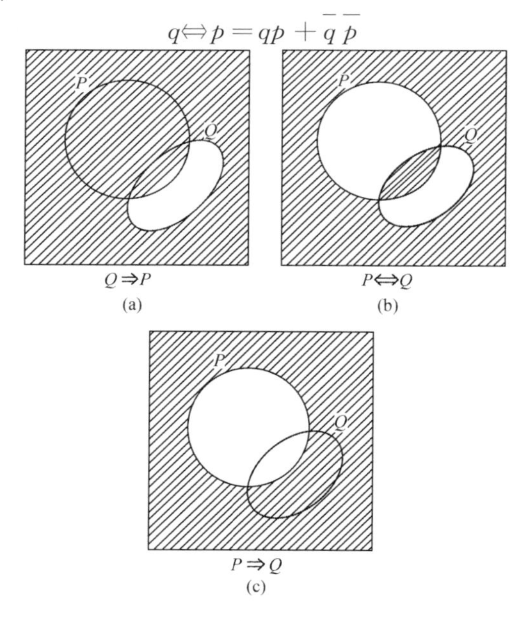

图 1.29

用我们已写出的公式很容易证明：产生双条件命题的运算“$\Leftrightarrow$”是一种可交换的命题代数运算，而蕴涵 $q\Rightarrow p$ 是非交换的

$$q\Leftrightarrow p=qp+\bar{q}\,\bar{p}=p\Leftrightarrow q$$

但是

$$q\Rightarrow p=\bar{q}+qp\neq\bar{p}+pq=p\Rightarrow q$$

（图 1.29(c) 在那里显示出蕴涵 $q\Rightarrow p$ 之逆 $p\Rightarrow q$ 的真集合 $P\Rightarrow Q$）. 另一方面，蕴涵 $q\Rightarrow p$ 的换质位命题 $\bar{p}\Rightarrow\bar{q}$ 等价于 $q\Rightarrow p$ 且

$$\bar{p}\Rightarrow\bar{q}=\overline{(\bar{p})}+\bar{p}\,\bar{q}=p+\bar{p}\,\bar{q}=\bar{q}+pq=q\Rightarrow p$$

因为从图 1.29(a) 可看出，集合 $Q\Rightarrow P=\bar{Q}+QP$ 和 $\bar{P}\Rightarrow\bar{Q}=P+\bar{P}\,\bar{Q}$ 相重合. 命题 q 与 p 的蕴涵同蕴涵的换质位命题 $\bar{p}\Rightarrow\bar{q}$ 之间的等价性也可以不借助韦恩图来证明

$$\begin{aligned}\bar{p}\Rightarrow\bar{q}&=p+\bar{p}\,\bar{q}=p(q+\bar{q})+\bar{p}\,\bar{q}=pq+p\bar{q}+\bar{p}\,\bar{q}\\&=pq+(p+\bar{p})\bar{q}=pq+\bar{q}\\&=\bar{q}+qp=q\Rightarrow p\end{aligned}$$

（这里，我们利用了交换律、结合律和分配律以及恒等式 $pi=p$ 和 $p+\bar{p}=i$）. 类似的，命题 $\bar{q}\Rightarrow\bar{p}$ 等价于蕴涵 $q\Rightarrow p$ 的逆 $p\Rightarrow q$，即

$$\bar{q}\Rightarrow\bar{p}=q+\bar{q}\,\bar{p}=\bar{p}+pq=p\Rightarrow q$$

我们已用布尔代数加法和乘法的基本运算以及“横”运算的术语，即用公式 $q\Rightarrow p=\bar{q}+qp$ 和 $q\Leftrightarrow p=qp+\bar{q}\,\bar{p}$ 表示了运算“$\Rightarrow$”和“$\Leftrightarrow$”. 这就是我们不把产生蕴涵这样非常重要的运算包括在基本运算里的原因，基本运算是形成布尔代数定义的基础. 然而还可以证明的是，三个最初的运算“+”“·”和“横”不是独立的：利用德·摩根定律，我们可以用运算“+”和“·”中

的一个运算以及"横"运算的术语去表示另一个运算.例如,命题的布尔乘法可以这样定义

$$pq = \overline{\bar{p} + \bar{q}}$$

进一步弄清楚的是,存在一种定义在布尔代数里的运算,用这种运算的术语可以表示所有三种运算"+""•"和"横".这就有可能简化布尔代数里的所有各种运算,把这些运算变成一种单一的运算和它的不同的组合.这类大家都熟悉的运算之一是所谓的谢菲(H. M. Sheffer)[①] 加横运算$\alpha \mid \beta$(这里 α 和 β 是任意的布尔代数的元素),用"布尔乘法"和"横"运算的术语表示它为

$$\alpha \mid \beta = \bar{\alpha}\,\bar{\beta}$$

在问题里,当布尔代数是一些集合的代数时,它的元素 $A,B,C,\cdots$ 是一些集合,这些集合的加法 $A+B$ 运算、乘法 AB 运算和任意集合 A 的补运算$\overline{A}$ 如在第 1 节和第 2 节里那样定义,在这种情况下谢菲运算 $A \mid B$ 产生集合 A 与 B 之补的交(图 1.30(a)).

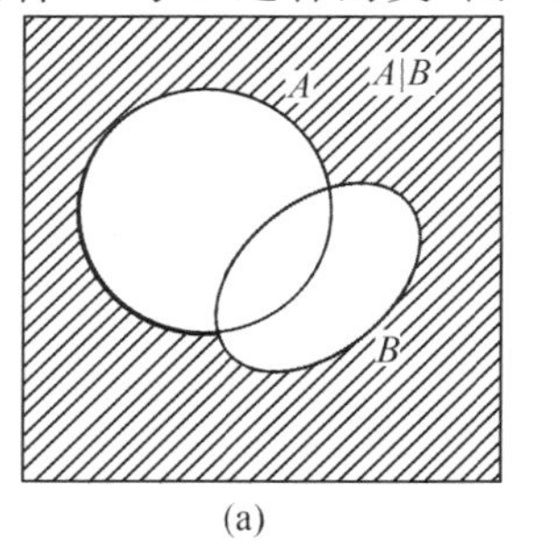

(a)

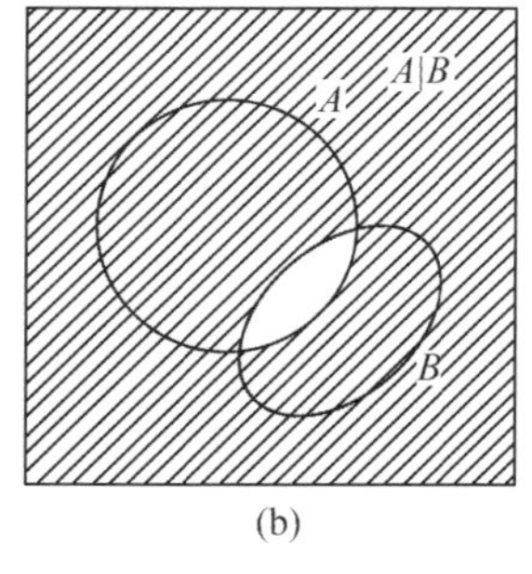

(b)

图 1.30

① 谢菲是 20 世纪初期的美国逻辑学家.

谢菲运算显然是可交换的，即对任意 α 和 β 有

$$\alpha \mid \beta = \beta \mid \alpha$$

从布尔代数运算的基础性质进一步可以得出

$$\begin{aligned}(\alpha \mid \beta) \mid (\alpha \mid \beta) &= \overline{(\bar{\alpha}\bar{\beta})}\ \overline{(\bar{\alpha}\bar{\beta})} \\ &= [(\bar{\bar{\alpha}}) + (\bar{\bar{\beta}})][(\bar{\bar{\alpha}}) + (\bar{\bar{\beta}})] = \alpha + \beta\end{aligned}$$

$$\begin{aligned}(\alpha \mid \alpha) \mid (\beta \mid \beta) &= \overline{(\bar{\alpha}\bar{\alpha})}\ \overline{(\bar{\beta}\bar{\beta})} \\ &= [(\bar{\bar{\alpha}}) + (\bar{\bar{\alpha}})][(\bar{\bar{\beta}}) + (\bar{\bar{\beta}})] = \alpha\beta\end{aligned}$$

和

$$\alpha \mid \alpha = \bar{\alpha}\bar{\alpha} = \bar{\alpha}$$

这样，若我们把谢菲运算 $\alpha \mid \beta$ 作为基本运算，就可以把 $\alpha + \beta$，$\alpha\beta$ 和 $\bar{\alpha}$ 分别定义为 $(\alpha \mid \beta) \mid (\alpha \mid \beta)$，$(\alpha \mid \alpha) \mid (\beta \mid \beta)$ 和 $\alpha \mid \alpha$.

用另外的二元运算 $\alpha \downarrow \beta$ 也可以起类似于谢菲运算的作用. $\alpha \downarrow \beta$ 运算定义为

$$\alpha \downarrow \beta = \bar{\alpha} + \bar{\beta}$$

（对集合代数，运算 $A \downarrow B$ 化为产生集合 A 与 B 之补的并，图 1.30(b)）. 很容易看出

$$(\alpha \downarrow \alpha) \downarrow (\beta \downarrow \beta) = \overline{(\bar{\alpha} + \bar{\alpha})} + \overline{(\bar{\beta} + \bar{\beta})} = \bar{\bar{\alpha}} + \bar{\bar{\beta}} = \alpha + \beta$$

$$(\alpha \downarrow \beta) \downarrow (\alpha \downarrow \beta) = \overline{(\bar{\alpha} + \bar{\beta})} + \overline{(\bar{\alpha} + \bar{\beta})} = \overline{\overline{\alpha\beta}} + \overline{\overline{\alpha\beta}} = \alpha\beta$$

$$\alpha \downarrow \alpha = \bar{\alpha} + \bar{\alpha} = \bar{\alpha}$$

因此，运算 $\alpha + \beta$，$\alpha\beta$ 和 $\bar{\alpha}$ 也可以用运算 $\alpha \downarrow \beta$ 来定义.

布尔代数有时也可仅利用一种“三元”运算来定义，这个三元运算定义为

$$\{\alpha\beta\gamma\} = \alpha\beta + \beta\gamma + \gamma\alpha = (\alpha + \beta)(\beta + \gamma)(\gamma + \alpha)$$

对每三个布尔代数元素 α,β,γ，这种运算给出一个新元素 $\delta = \{\alpha\beta\gamma\}$（运算“+”和“·”是二元运算，它对布尔代数任意一对元素给出一个新元素；对一个元素 α，

“横”运算给出一个新元素 $\bar{a}$，它是“一元”运算的例子）．对集合代数，元素 $\{ABC\}=AB+BC+CA$ 是一个集合，这个集合与集合 A,B,C 两两之交的并相重合（图 1.31），或同样的，与这些集合两两之并的交相重合．

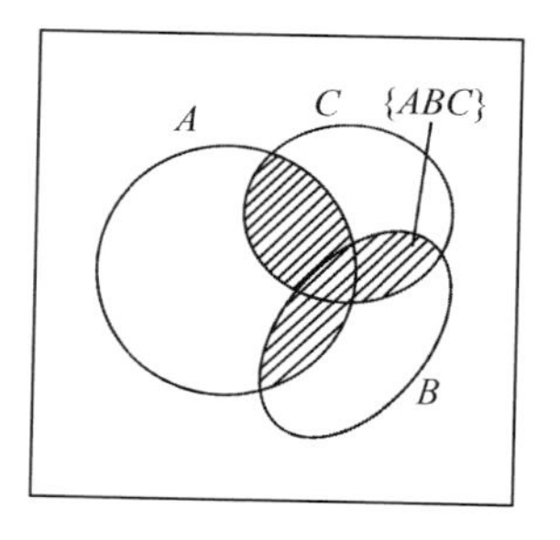

图 1.31

三元运算$\{\quad\}$显然是可交换的，即其中的任意两个元素都可交换

$$\{\alpha\beta\gamma\}=\{\alpha\gamma\beta\}=\{\beta\alpha\gamma\}=\{\beta\gamma\alpha\}=\{\gamma\alpha\beta\}=\{\gamma\beta\alpha\}$$

而且，这种运算具有某种分配性

$$\{\alpha\beta\{\gamma\beta\varepsilon\}\}=\{\{\alpha\beta\gamma\}\delta\{\alpha\beta\varepsilon\}\}$$

它也有（减弱了的）结合性

$$\{\alpha\beta\{\gamma\beta\delta\}\}=\{\{\alpha\beta\gamma\}\beta\delta\}$$

最后，这种运算存在一个定律，它类似于加法和乘法的幂等律

$$\{\alpha\alpha\beta\}=\alpha$$

利用下面类似于幂等律的条件，运算 $\bar{\alpha}$ 可以借助于三元运算$\{\alpha\beta\gamma\}$来定义

$$(\mathrm{A}):\{\alpha\bar{\alpha}\beta\}=\beta$$

因为这个条件对元素 α 和 $\bar{\alpha}$ 是对称的，它显然意味着

$$\bar{\bar{\alpha}}=\alpha$$

进一步，设三元运算$\{\alpha\beta\gamma\}$定义在由元素 $\alpha,\beta,\gamma,\cdots$ 所组成的集合上，如果我们在这些元素中确定一个“专门元素”ι，并且令 $\bar{\iota}=o$，那么就可能用三元运算$\{\alpha\beta\gamma\}$的术语来定义布尔代数的基本（二元的）运算

$$(B): \alpha+\beta=\{\alpha\beta\iota\} \text{ 和 } \alpha\beta=\{\alpha\beta o\}$$

借助于(A) 和幂等律,我们还将有

$$\alpha+o=\{\alpha o\iota\}=\{\alpha\,\bar{\iota}\iota\}=\alpha$$

和

$$\alpha\iota=\{\alpha\iota o\}=\{\alpha\iota\,\bar{\iota}\}=\alpha$$

$$\alpha+\iota=\{\alpha\iota\iota\}=\iota \text{ 和 } \alpha o=\{\alpha oo\}=o$$

定义(A) 和(B) 使得我们在叙述布尔代数运算的所有基本性质时,在相应的表达式里可以只包含$\{\alpha\beta\gamma\}$运算.

在命题代数里,谢菲运算 $p\mid q$ 和三元运算$\{pqr\}$有下面的意义:$p\mid q$ 意为"p 和 q 都不是真的"(这就是为什么在逻辑里,谢菲运算有时称为共同否定),而命题$\{pqr\}$意味着"三个命题(p,q,r) 里至少两个是真的". 进一步,我们有

$$p+q=(p\mid q)\mid(p\mid q)$$

$$pq=(p\mid p)\mid(q\mid q)$$

和

$$\bar{p}=p\mid p$$

并且,因此

$$q\Rightarrow p=\bar{q}+qp=[(q\mid q)\mid((p\mid p)\mid(q\mid q))]\mid[(q\mid q)\mid((p\mid p)\mid(q\mid q))]$$

和

$$q\Leftrightarrow p=qp+\bar{p}\,\bar{q}=\bar{r}\mid\bar{r}$$

在这里

$$r=[(p\mid p)\mid(q\mid q)][((p\mid p)\mid(p\mid p))\mid((q\mid q)\mid(q\mid q))]$$

借助于三元运算$\{pqr\}$,两个命题 p 与 q 的和(析取) 与积(合取) 表示为

$$p+q=\{pq\iota\} \text{ 和 } pq=\{pqo\}$$

我们已经讨论过运算 $q\Rightarrow p$ 和关系 $q\supset p$ 之间的关系. 利用代数符号我们可以将这种关系表示为

$$p\supset(q\Rightarrow p)q$$

换句话说,若蕴涵 $q\Rightarrow p$ 是真的且命题 q 是真的,则命题 p 也是真的. 将蕴涵用布尔代数的其他运算术语表示可显然地得出这一点:我们有

$$q\Rightarrow p=\bar{q}+qp$$

因此

$$(q\Rightarrow p)\ q=(\bar{q}+qp)q=o+qp=qp$$

这样得出

$$p\supset qp=(q\Rightarrow p)q$$

关系式 $p\supset(q\Rightarrow p)q$ 表示已知的经典三段论逻辑语句;例如,一个典型的三段论是:

"所有人是必死的(即若 N 是人,则 N 是必死的;这可以写成一个蕴涵 $q\Rightarrow p$).

李华是一个人(q).

因此,彼得是必死的(p)."

通过关系式

$$\bar{q}\supset(q\Rightarrow p)\ \bar{p}$$

表示的逻辑语句也是真的,它意味着,若蕴涵 $q\Rightarrow p$ 是真的且命题 p 是假的,则命题 q 也是假的. 上面这个关系式也容易从蕴涵公式得出,我们有

$$(q\Rightarrow p)\ \bar{p}=(\bar{q}+pq)\bar{p}=\bar{q}\,\bar{p}+(p\bar{p})q=\bar{q}\,\bar{p}+o=\bar{q}\,\bar{p}$$

因此

$$\bar{q}\supset(q\Rightarrow p)\bar{p}=\bar{q}\,\bar{p}$$

这里有一个应用逻辑定律 $\bar{q}\supset(q\Rightarrow p)\bar{p}$ 的例子:

"所有数学家能逻辑地进行推理(即是说,若 N 是

一个数学家，则他逻辑地进行推理；这可以看作为一个蕴涵 $q \Rightarrow p$）.

保尔不合逻辑地推理($\bar{p}$).

因此，保尔不是一个数学家($\bar{q}$).”

类似的，我们有

$$\bar{q} \supset (q \Rightarrow p)(p \Leftrightarrow r)\bar{r}$$

这个式子的意思是：若 q 意味着命题 p，p 等价于 r，并且 r 是假的，则 q 也是假的. 事实上，根据表示蕴涵及双条件命题的公式我们有

$$\begin{aligned}(q \Rightarrow p)(p \Leftrightarrow r)\bar{r} &= (\bar{q} + pq)(pr + \bar{p}\bar{r})\bar{r} \\ &= \bar{q}p(r\bar{r}) + \bar{q}\bar{p}\bar{r} + pq(r\bar{r}) + (p\bar{p})q\bar{r} \\ &= o + \bar{q}\bar{p}\bar{r} + o + o = \bar{q}\bar{p}\bar{r}\end{aligned}$$

因此

$$\bar{q} \supset \bar{q}\bar{p}\bar{r} = (q \Rightarrow p)(p \Leftrightarrow r)\bar{r}$$

这里有一个论证下面这个定律的例子：

“若四边形的边是相等的，则四边形是一个平行四边形（或更正确地说，是一个菱形；这个命题是一个蕴涵 $q \Rightarrow p$）.

一个四边形是平行四边形当且仅当它的对角线互相平分($p \Leftrightarrow r$).

给出的四边形 $ABCD$ 的对角线彼此不相互平分($\bar{r}$).

因此，四边形 $ABCD$ 所有边相等是假的($\bar{q}$).”

与上面的相反，下面两个关系式可以是假的

$$q \supset (q \Rightarrow p)\ p$$

和

$$\bar{p} \supset (q \Rightarrow p)\ \bar{q}$$

事实上，我们有

$$(q \Rightarrow p)\ p = (\bar{q} + qp)\ p = \bar{q}p + qp = (q + \bar{q})p = ip = p$$

和

$$(q \Rightarrow p)\ \bar{q} = (\bar{q} + qp)\bar{q} = \bar{q} + (q\bar{q})p = \bar{q} + op = \bar{q}$$

并且关系式

$$q \supset p$$

和(等价的)关系式

$$\bar{p} \supset \bar{q}$$

当然不能从命题代数的定律得出,且也许并不发生.这就是为什么下面两个陈述(遗憾的是,它们是经常被采用的,特别是被非数学家所惯用)不能从推演规则得出,因而它们是不正确的(应当指出,被"教过"布尔代数理论的电子计算机能够从不发生一个这样错误!):

"q 意味着 p;p 是真的,因此,命题 q 也是真的"(例如,"平行四边形的对边相等;给出的四边形 $ABCD$ 的对边 AB 与 CD 是相等的,因此 $ABCD$ 是平行四边形")和"q 意味着 p;命题 q 是假的,因此命题 p 也是假的"(例如,律师很善于讲话;N 不是一个律师,因此 N 不善于讲话).

我们考察过的例子(可以很容易地举出许多)说明了即使在日常生活中命题代数的数学定律也起着作用.

§8 电路和思维

有力的工具是成功的捷径.

我们这里将再讨论布尔代数的一个例子,它大概

是完全出乎意料的. 我们将把各种开关电路(即带有许多开关的电路,每一个开关能够打开或关闭)作为这种代数的元素. 这样一种电路的单独部分(例如,在图 1.32 里显示的一个部分)将通过大写字母表示,这些部分是所研究的特殊代数里的元素(前面我们利用大写字母表示集合).

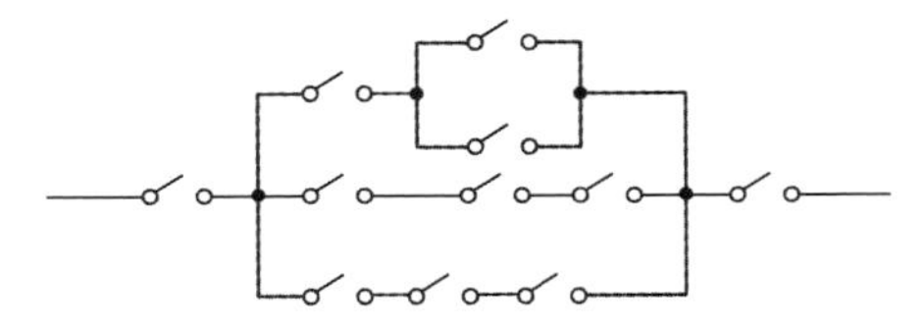

图 1.32

因为一个电路部分仅准备用于传导电流,在这种意义上相类似的两个任意电路部分我们将认为它们是恒等的("相等"). 换句话说,含有同样一些开关的任意两个电路部分,对于所有开关的相同状态(每个开关可以是两状态之一:"开"或"关"),这两个电路部分同时允许电流通过或不允许电流通过,这两个部分我们就认为彼此是"相等"的. 而且我们约定,所谓两个部分 A 与 B 之和的意思是将两个给出的部分 A 与 B 并联在一起的电路,以及所谓积 AB 指的是将部分 A 与 B 串联在一起的电路. 例如,图 1.33(a) 和 1.33(b),在这里电路部分 A 与 B 的每一个仅含有一个开关. 显然,电路部分的加法和乘法是可交换的

$$A+B=B+A \text{ 和 } AB=BA$$

这些运算也是可结合的

$$(A+B)+C=A+(B+C)=A+B+C$$

和

$$AB\ (C)=A(BC)=ABC$$

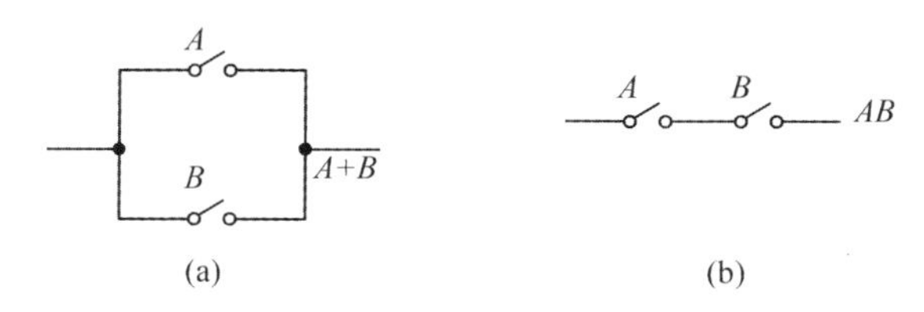

(a) (b)

图 1.33

(图 1.34(a) 和 1.34(b),在那里图示的是三个开关的"和"$A+B+C$ 以及它们的"积"ABC). 对这些运算幂等律也成立

$$A+A=A \text{ 和 } A\cdot A=A$$

这是因为当两个开关在同样的状态(即当它们同时打开或关闭时)下串联或并联时,所得到的电路部分同在这个状态下单独一个开关一样. 分配律

$$(A+B)C=AC+BC \text{ 和 } AB+C=(A+C)(B+C)$$

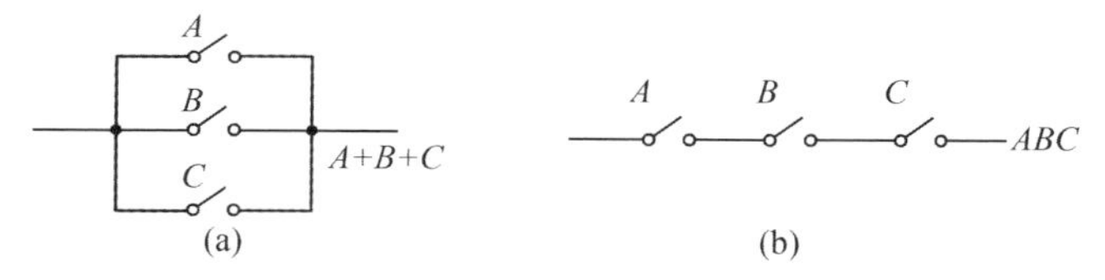

(a) (b)

图 1.34

在这种"开关电路代数"里的验证稍微复杂一些. 然而,从图 1.35 和 1.36 可以看出,这些定律在这里也成立(很容易检验,在图 1.35(a) 里的开关电路"等于"图 1.35(b) 里的电路,而在图 1.36(a) 里的电路"等于"图 1.36(b) 里的电路).

最后,设我们约定,I 表示一个常闭开关(图 1.37(a)) 和 O 表示一个常开开关(图 1.37(b)). 显然

$$A+O=A \text{ 和 } AI=I$$

(图 1.38) 和

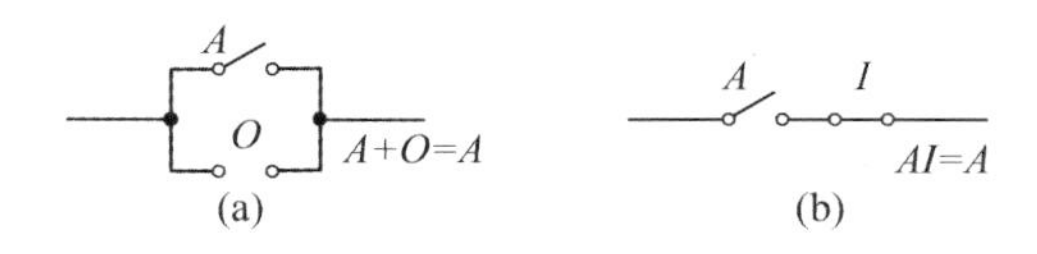

图 1.35

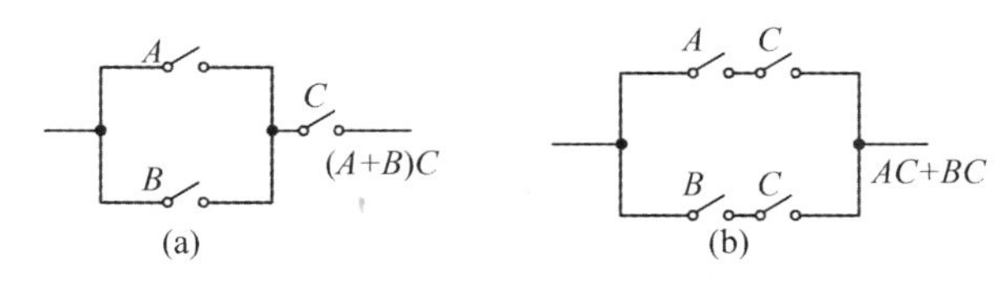

图 1.36

$$A+I=I \text{ 和 } AO=O$$

(图 1.39). 这样,等于常闭和常开开关的电路部分分别地起了布尔代数里"特殊"元素 I 和 O 的作用.

图 1.37

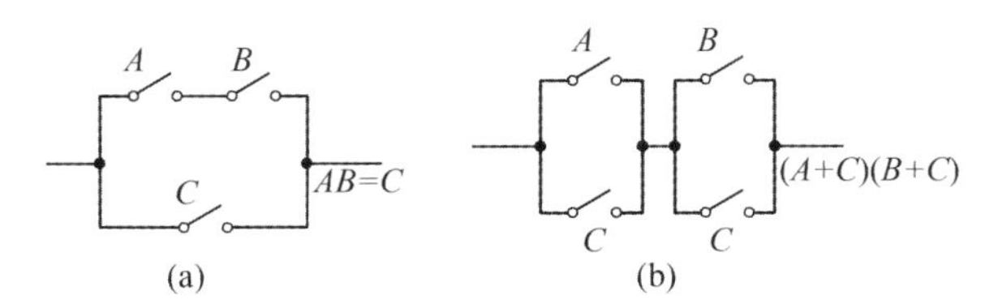

图 1.38

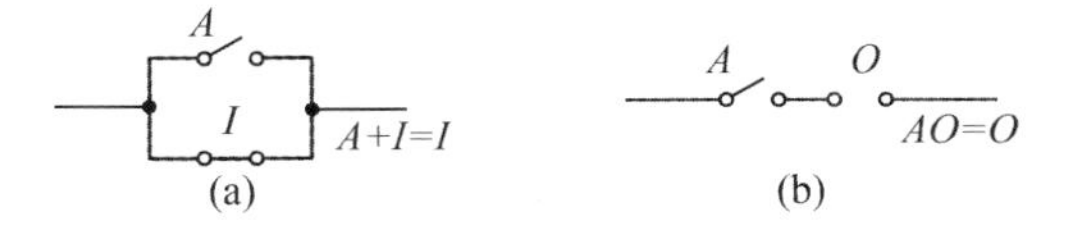

图 1.39

设我们还约定,用 A 和 $\overline{A}$ 表示一对开关,使得当

开关 A 关闭时，开关 $\overline{A}$ 必定打开，或者反之. 这样一对开关能够很容易地构造出来(图 1.40)，显然

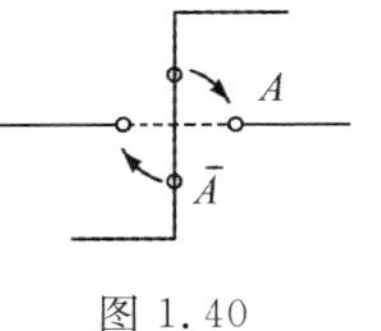

图 1.40

$$\overline{\overline{A}}=A,\overline{I}=O \text{ 和 } \overline{O}=I$$

且还有

$$A+\overline{A}=I \text{ 和 } A\overline{A}=O$$

(图 1.41(a) 和 1.41(b)). 德・摩根定律

$$\overline{A+B}=\overline{A}\,\overline{B} \text{ 和 } \overline{AB}=\overline{A}+\overline{B}$$

的证明比较复杂，但在这种代数里它们也成立(例如，图1.42(a) 和 1.42(b)，在那里电路部分 $A+B$ 与 $\overline{A+B}$ 满足下列条件：当 $A+B$ 部分允许电流通过时，$\overline{A+B}$ 不允许，或者反之).

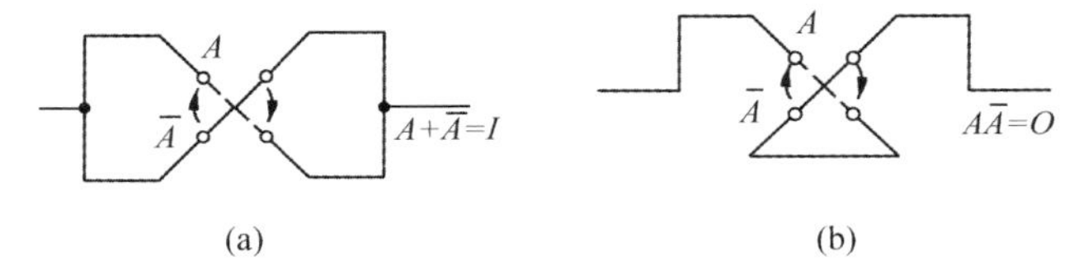

图 1.41

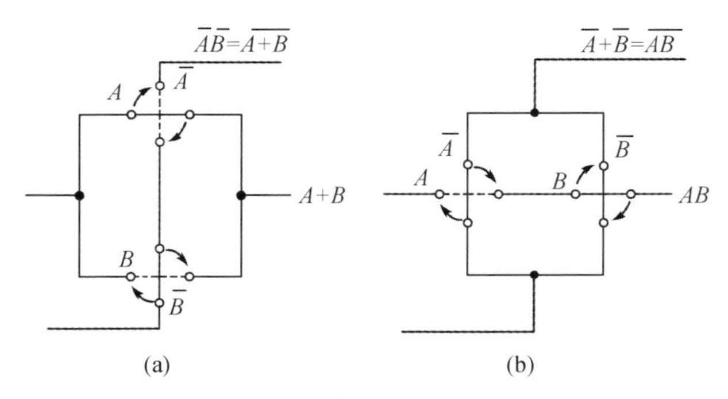

图 1.42

在“开关电路代数”和“命题代数”之间的相似性

是极端重要的. 第一点,这种相似性使得有可能通过电路来模拟合成命题. 例如,设我们研究合成命题

$$d=a\bar{b}c+ab\bar{c}$$

在这里 a,b 和 c 是某些“基本的”命题,并且命题的加法、乘法及“横”运算分别理解为通常意义下的逻辑关系“或”“与”及命题的“否定”. 让我们把给出的命题 a,b 与 c 和某些开关 A,B 与 C 联系起来,那么合成命题 d 可以通过图1.43来表示,它相应于开关 A,B 与 C 的组合.

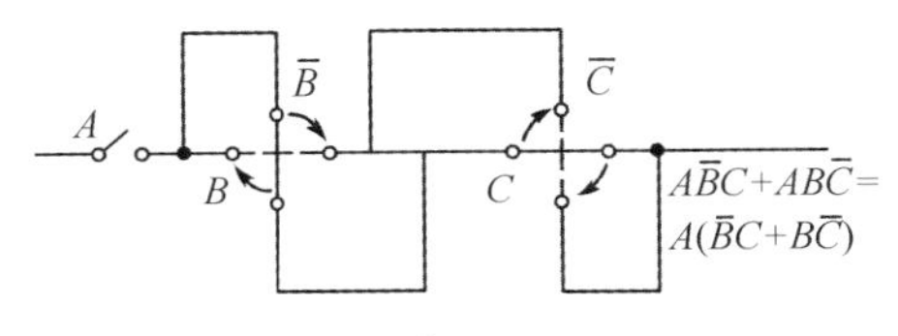

图 1.43

例如,当命题 a 与 b 为真而命题 c 为假时,为了检验命题 d 是否为真,只要在电路 D 里闭合开关 A 与 B 并且打开开关 C 就可以了(图 1.44).

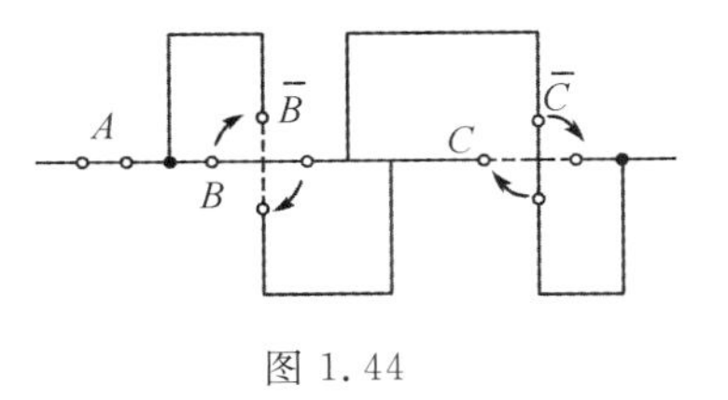

图 1.44

在这种状态下,若带开关 A,B 和 C 的电路 D 可以让电流流过,则 D 相应于真命题 i(即电路 I 导通电流). 换句话说,在这种情况下命题 d 是真的. 对于开关这种状态,若 D 不允许电流通过(即它等于电路 O),则当 a 和 b 是真的而 c 是假的时,命题 d 等价于假命题 o.

第二点,在开关电路代数与命题代数之间的相似性可以使我们利用逻辑定律去构造满足某些给定条件的开关电路(这些条件可以是相当复杂的). 这里我们将给出两个例子,证明我们说过的这些内容.

例 1.5　要求设计一个寝室的电灯电路. 有一盏灯和两个开关,一个开关在门边,另一个在床边. 电路必须满足的条件是:操作电路中任一个开关时,若操作前电路是闭合的,则操作后电路应变成打开的;若操作前是打开的,则操作后应是闭合的,而不用管另一开关处于什么状态.

解　设我们把电路里的开关表示为 A 与 B. 问题化成设计开关 A 与 B(或许是 $\overline{A}$ 与 $\overline{B}$) 的一个组合,使得两个开关中任一个状态的改变,将导致整个电路状态变为相反的状态,即将允许电流通过的电路变换成不允许电流通过的电路,或者反之. 换句话说,我们要找到命题 a 与 b 的一个组合命题 c,使得用假命题 $\overline{a}$ 代替真命题 a(或反之) 时,整个命题 c 变成相反的意思("真" 或"假"),并且同样这个要求也适用于命题 b. 所叙述的这些条件是通过命题 c 来达到的,当两个命题 a 与 b 同时是真的或同时是假的时,命题 c 是真的,在所有其他情况里(即当两个命题 a 与 b 之一是真的,而另一个是假的时)c 是假的. 电路的这种描述含有"或" 联结的意思,它暗示着存在把命题 c 表示成两个命题之和的可能,当 a 和 b 是真的时,这个和中的一个命题为真,而当 $\overline{a}$ 与 $\overline{b}$ 是真的时(即当 a 与 b 是假的时) 另一个为真. 进一步,因为对所寻求和的被加项的描述含有"与" 联结,由此我们断定这些被加项是

$$ab \text{ 及 } \overline{a}\,\overline{b}$$

这样,我们最后得到

$$c = ab + \overline{a}\,\overline{b}$$

能很容易地看出，这个命题 c 满足上面叙述的所有要求.

现在，从命题返回到开关电路，可以看到我们感兴趣的电路 c 可以用公式

$$C = AB + \overline{A}\,\overline{B}$$

表示. 很清楚，构造这样一个电路没有什么困难（图 1.45）.

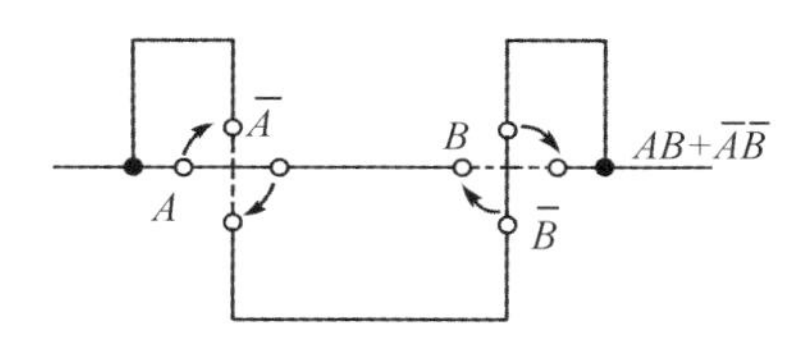

图 1.45

例 1.6　要求设计一个控制电梯的电路. 为了简单起见，我们假定仅有两层楼，我们还限于研究控制电梯向下运动的电路[①]. 这个电路必须有两个开关（按钮），其中之一在升降机的车厢内（下降按钮），另一个位于升降机的第一层门旁边（呼叫按钮）. 电路还包括下面的辅助开关：一个仅当车厢在第二层时它才闭合的开关，两个与第一层及第二层外面的（升降机井的）门有关的开关，当门关闭时开关闭合，一个和车厢门（里面的门）有关的开关，当里面门关闭时这个开关闭合，以及一个和车厢地板有关的开关，当在车厢里有一个人以及人的重量达到地板承受的最大压力时这个开关闭合. 仅当车厢在第二层，此外当下面两个条件之一满足时控制升降机向下运动的电路必须闭合：

① 控制电梯向上运动的电路可以用完全相同的方法设计.

（1）第一层和第二层外面的门以及里面的门（在车厢里）是关闭的；有人在车厢里并且按下降按钮.

（2）两个外面的（升降机井的）门是关闭的，而车厢的门是关闭的或打开的，没有人在车厢里；在一层有人按呼叫按钮.

解　设我们把电路里的开关表示如下：S—— 仅当车厢在第二层时才闭合的开关，D_1 与 D_2—— 当第一层与第二层外面的门分别关闭时才闭合的开关，D—— 和车厢门有关的一个类似的开关，F—— 和车厢地板有关的开关，B_d 与 B_c—— 分别是车厢里下降按钮以及位于第一层的升降机井门旁边上的呼叫按钮开关. 根据问题条件，仅当下列情况时所寻找的控制升降机下降电路必须是闭合的（必须导通电流）：

（1）开关 S 是闭合的，并且开关 D_1 是闭合的，开关 D_2 是闭合的，开关 D 是闭合的，开关 F 是闭合的，开关 B_d 是闭合的.

（2）开关 S 是闭合的，并且开关 D_1 是闭合的，开关 D_2 是闭合的，开关 D 是闭合或打开的，开关 B_c 是闭合的，开关 F 是打开的.

考虑到逻辑运算“与”相应于命题（开关）之积，并且逻辑运算“或”相应于它们之和，我们容易求出

$$C_d = SD_1D_2DFB_d + SD_1D_2(D+\overline{D})B_c\overline{F}$$

利用等式

$$D+\overline{D}=I$$

和开关 I 的性质（对任意开关 A 有 $AI=A$），以及乘法的交换律和分配律，我们可以化简已经得到的式子

$$C_d = SD_1D_2(FDB_d+\overline{F}B_c)$$

这样一个电路可以很容易地构造（图 1.46）.

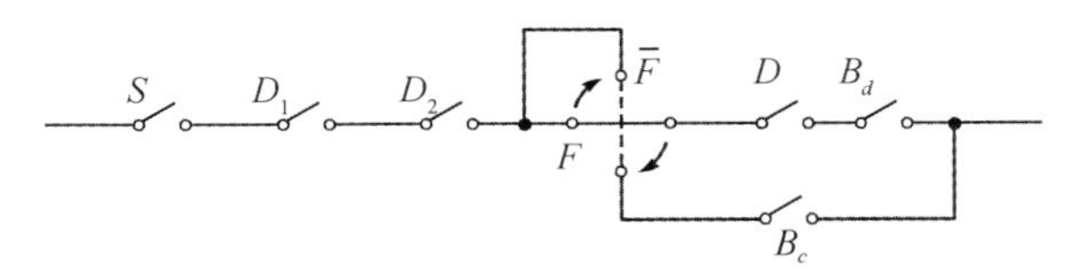

图 1.46

我们还要指出，仅用一种谢菲运算（见第 6 节）术语表示所有布尔代数运算的这种可能性，它等价于仅利用一种具有两个输入和一个输出的专门组件（我们表示它为“$\sum$”）设计任意一个电子开关电路的可能性，上面这种专门组件当且仅当两个输入都不通入电流时才可以有电流输出．这样一个元件可以很容易地构造（图 1.47）．例如，为此我们可以约定，对每一个电路部分相应存在两个导线，电流可以持续地流过其中．在图 1.48(a) ～ (c) 里，图示了两个电路 A 与 B 之和 $A+B$ 以及积 AB，并且还有相应于 A 电路的电路 $\overline{A}$ 的线路图，它也是借助于“谢菲组件”$\sum$ 构成的．

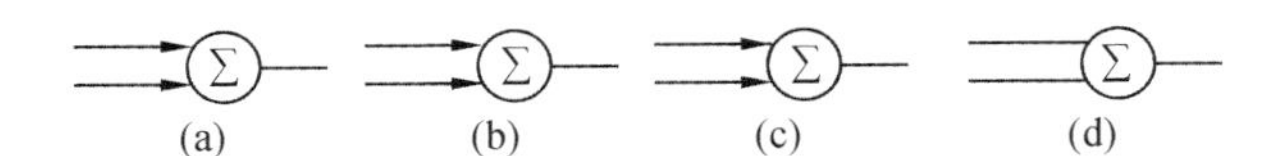

图 1.47

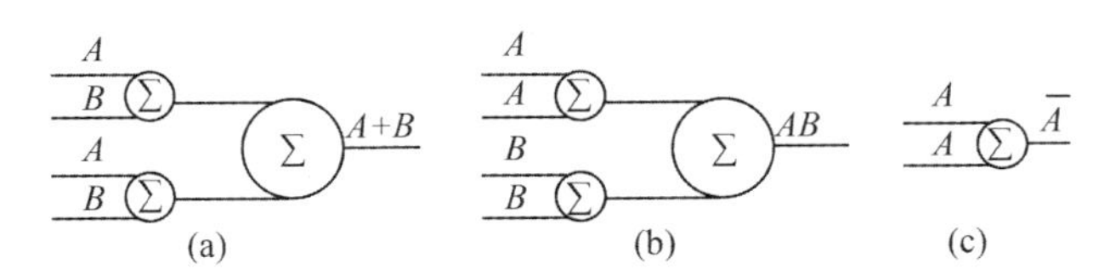

图 1.48

带有三个输入和一个输出的组件 M 也可以起类似的作用，仅当它的三个输入中至少有两个通有电流时组件 M 才能够有输出电流，见图 1.49 中的线路图．

元件 M 相应于布尔代数运算

$$\{ABC\} = AB + BC + CA = (A+B)(B+C)(C+A)$$

在图 1.50(a) 和 1.50(b) 里，我们看到两个电路 A 和 B 的“加法”和“乘法”是如何通过元件 M 实现的.

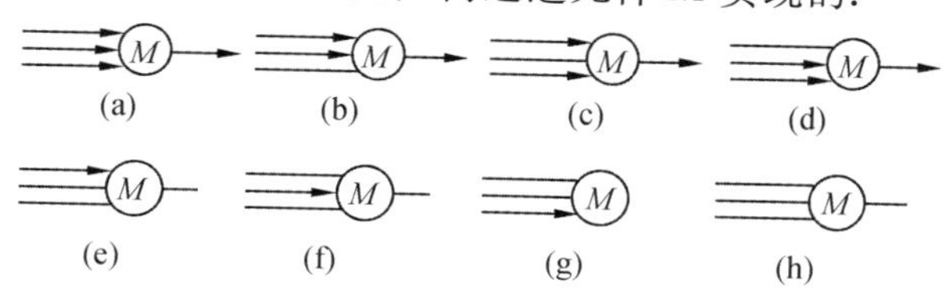

图 1.49

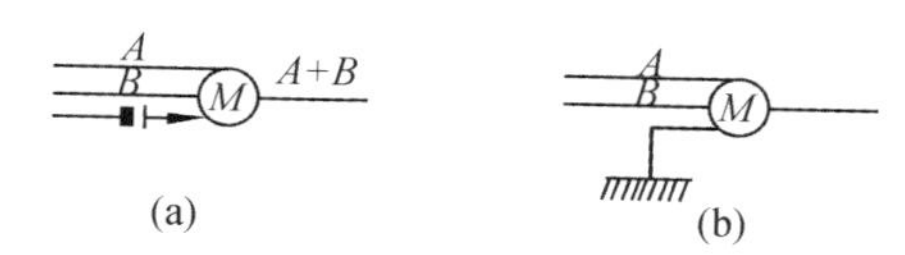

图 1.50

布尔代数在逻辑线路中的应用

第2章

布尔代数对逻辑线路的分析与设计有着重要的应用.作为举例,我们对它在继电器接点线路中的应用作一简单介绍.

§1 开关和接点

接点是接通和切断线路的一种装置,它的开(断开)、闭(接通)通常是由某种开关设备(例如电磁铁)所控制的.继电器就是由电磁铁及其所控制的接点所组成的.

图 2.1 与图 2.2 所表示的是由电磁铁 M 所控制的两个接点. 在图 2.1 中,当 M 的绕线中没有电流(即开关设备未启动)时,接点是断开的;当 M 的绕线中有电流时,弹簧片 K 被吸引,因而接点被接通. 这种类型的接点称为动合接点. 图 2.2 中的接点则相反:当 M 的绕线中没有电流时,接点是接通的;而当 M 的绕线中有电流时,弹簧片 K 被吸引,因而接点断开. 这种类型的接点称为静合接点.

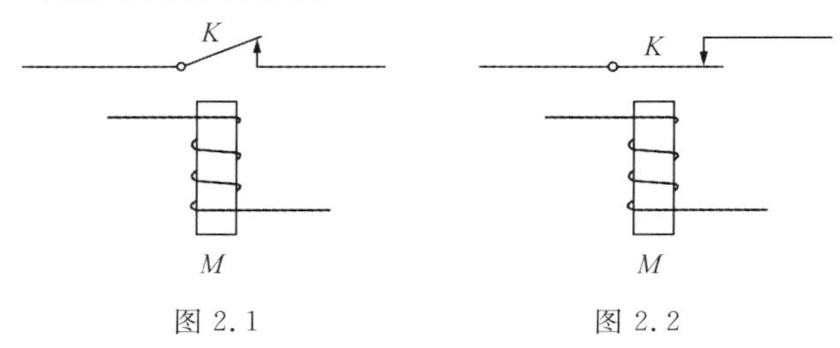

图 2.1　　　　图 2.2

动合接点通常用 x, y 等小写字母表示,而静合接点则要加一撇,即用 x',y' 等表示. 另外,我们还规定,同一开关设备所控制的各动合接点与各静合接点分别用同一符号表示,且如果动合接点用 x 表示,静合接点就用 x' 表示. 今后,在画线路图时,我们略去控制各接点的开关设备,并分别用图 2.3 与图 2.4 中的记号来表示动合接点 x 和静合接点 x'.

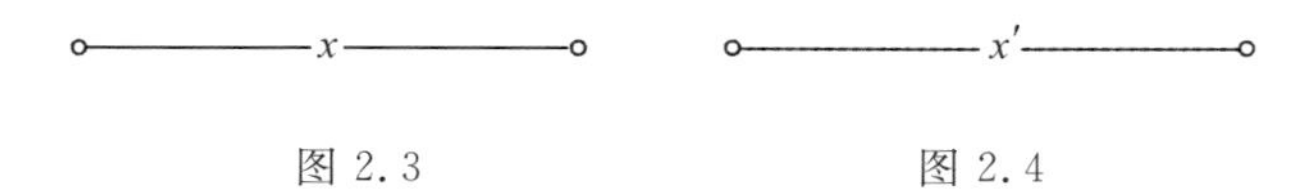

图 2.3　　　　图 2.4

§ 2　线路的布尔表达式

本章所讨论的线路是指由一些接点通过串联和并联(不考虑桥接)而构成的二端网络. 例如,图 2.5 表示的是仅包含一个接点 x 的线路,图 2.6 是由接点 x,y 串联而构成的线路,图 2.7 是由接点 x,y 并联而构成的线路.

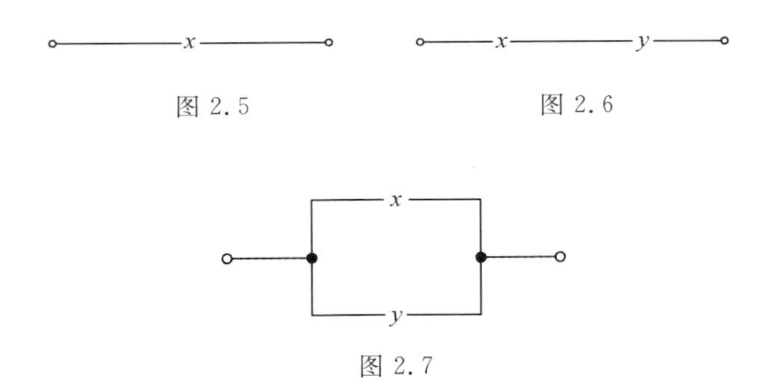

图 2.5　　图 2.6

图 2.7

布尔代数对于接点线路的分析与设计有着重要的应用. 本节中我们先来建立接点线路和布尔表达式之间的联系.

设 B_2 是二值布尔代数(即仅由两个元素 0 与 1 所组成的布尔代数). 对每个动合接点 x,令在 B_2 中取值的一个变元与之对应,并用表示该接点的同一符号 x 来表示这个变元. 另外,我们规定,接点 x 的断开与闭合两个状态分别与变元 x 取值 0 与取值 1 相对应. 对于静合接点 x',我们令变元 x 的补 x'(此处我们也用了表示该接点的同一符号)与之对应. 当接点 x' 断开时,

接点 x 是闭合的，根据规定，此时变元 x 取值 1，因而其补 x' 取值 0；当接点 x' 闭合时，接点 x 是断开的，根据规定，此时变元 x 取值 0，因而其补 x' 取值 1.

对于由多个接点所组成的线路，可以构造一个布尔表达式与之对应，使得这个表达式当线路接通时取值 1，当线路断开时取值 0. 例如，当且仅当接点 x，y 同时闭合，即布尔表达式 xy 取值 1 时，图 2.6 中的线路是接通的，故我们以 xy 作为与这条线路相应的布尔表达式. 类似的，可取 $x+y$ 作为对应于图 2.7 的线路的布尔表达式.

一般的，对应于一个接点线路的布尔表达式可按如下原则来构造：线路的串联相应于串联中各线路的布尔表达式相乘，并联则相应于布尔表达式相加. 例如，图 2.8 中的线路由接点 x，y 串联后再与接点 z 并联而成，于是线路上面的分支所对应的表达式为 xy，下面的分支所对应的表达式为 z，而整个线路所对应的表达式则为 $xy+z$.

线路对应的布尔表达式所确定的布尔函数称为该线路的开关函数. 于是线路接通时，其开关函数取值 1；线路断开时，其开关函数取值 0. 故线路接通的条件由它的开关函数来表示.

例 2.1 图 2.8 中的线路的开关函数为 $f=xy+z$，这个函数也可由真值表给出.

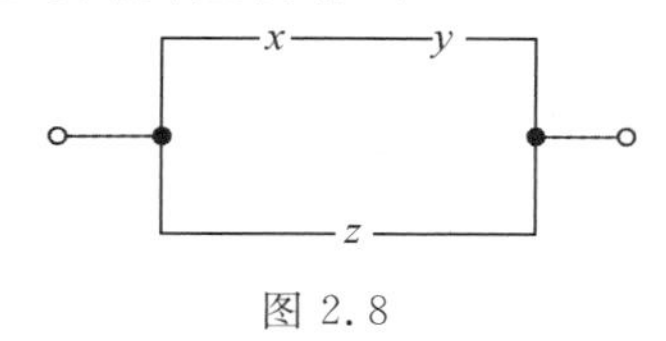

图 2.8

x	y	z	f
0	0	0	0
0	0	1	1
0	1	0	0
0	1	1	1
1	0	0	0
1	0	1	1
1	1	0	1
1	1	1	1

由真值表知，f 取值 0 的三种情况是：

(1) $x=y=z=0$；

(2) $x=z=0$，$y=1$；

(3) $x=1$，$y=z=0$.

这表明，线路断开的三种情况是：

(1) 接点 x,y,z 同时断开；

(2) 接点 x,z 断开而接点 y 闭合；

(3) 接点 y,z 断开而接点 x 闭合.

例 2.2　图 2.9 中的线路的布尔表达式为$(x+y')+xy$，其开关函数由真值表表示：

x	y	f
0	0	1
0	1	0
1	0	1
1	1	1

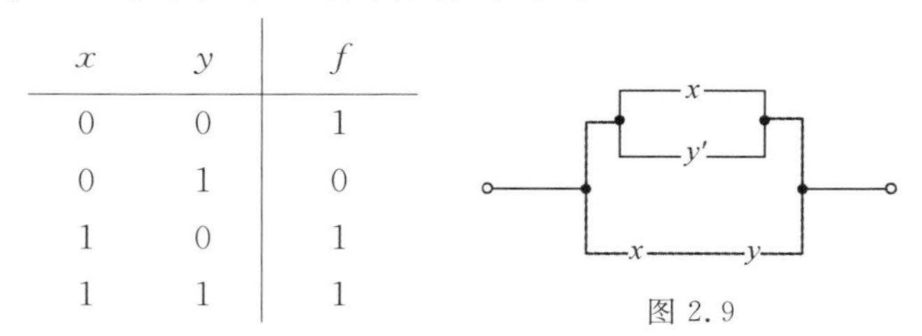

图 2.9

由真值表知，仅当 $x=0$，$y=1$ 时，f 的值为 0，故仅当接点 x 断开而接点 y 闭合时，电流不能流通. 这一事实也可以直接就线路本身来进行核验：若 x 是闭合的，

则不论 y 的开闭状态怎样，电流总可以从顶上的支路中流过；若 y 是断开的，则 y' 是闭合的，故不论 x 的开闭状态怎样，电流总可以从中间的支路中流过；但若 x 断开而 y 闭合，则每条支路都是断开的，故电流不能流通.

例 2.3　图 2.10 中的线路的布尔表达式为 $x'+y'+xy$，其开关函数由真值表表示：

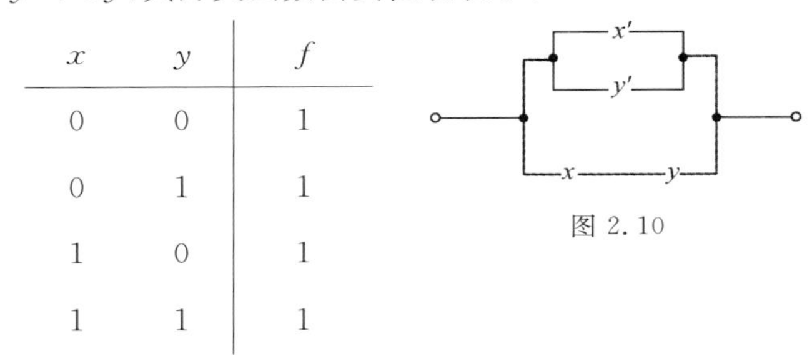

x	y	f
0	0	1
0	1	1
1	0	1
1	1	1

图 2.10

由上表知，不论 x，y 取何值，f 的值恒为 1，故不论接点 x 与接点 y 的开闭状态怎样，图 2.10 中的线路总是接通的.

例 2.4　图 2.11 中的线路的布尔表达式为$(x'+y')xy$，开关函数由真值表表示：

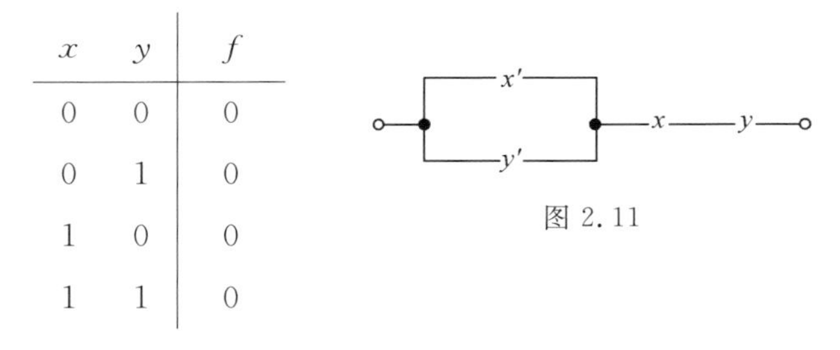

x	y	f
0	0	0
0	1	0
1	0	0
1	1	0

图 2.11

由上表知，不论 x，y 取何值，f 的值恒为 0，故不论接点 x 与接点 y 的开闭状态怎样，图 2.7 中的线路总是

断开的.

§3　线路等效

我们来考察下面图 2.12 与图 2.13 的两个线路，容易直接看出，图 2.12 中的线路接通的条件是：接点 z 闭合且接点 x, y 中至少有一个闭合. 显然，这也是图 2.13 中的线路的接通条件. 我们称接通条件相同的线路为等效线路. 于是，图 2.12 中的线路等效于图 2.13 中的线路.

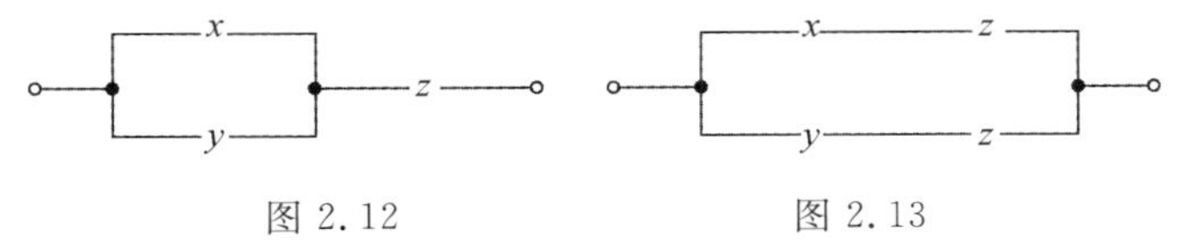

图 2.12　　　　图 2.13

上节中我们已指出，线路接通的条件由其开关函数来刻画. 因此，两线路等效就是其开关函数相等. 例如，图 2.12 与图 2.13 中的线路的开关函数分别为 $f_1 = (x+y)z$ 与 $f_2 = xz + yz$，而根据分配律我们有

$$(x+y)z = xz + yz$$

由此即可推断这两个线路是等效的.

例 2.5　由吸收律有 $x(x+y)x$，故图 2.14 中的线路等效于图 2.15 中的线路.

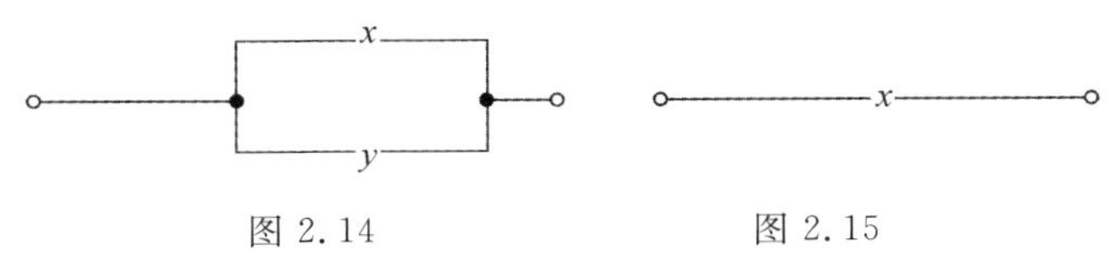

图 2.14　　　　图 2.15

例 2.6　由分配律有

$$x + yz = (x + y)(x + z)$$

故图 2.16 中的线路等效于图 2.17 中的线路.

在以上两例中我们看到,相互等效的线路有的比较简单(包含的接点较少),有的则比较复杂,化简一个线路就是要做一个与之等效的线路,使它包含的接点尽量少.显然,线路的化简问题归结为相应的布尔表达式的化简.下面我们结合一些具体线路来举例说明.

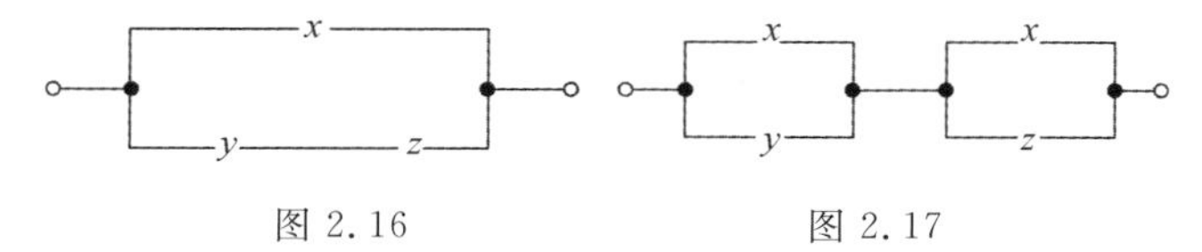

图 2.16　　　　图 2.17

例 2.7　考虑图 2.18 中的线路,其布尔表达式为

$$f = x + x'y + xy'$$

利用布尔代数中的公式可将 f 化简如下

$$\begin{aligned} f &= x + xy' + x'y \\ &= x + x'y \quad (\text{由吸收律}) \end{aligned}$$

故图 2.18 中的线路可化简为图 2.19 中的线路.

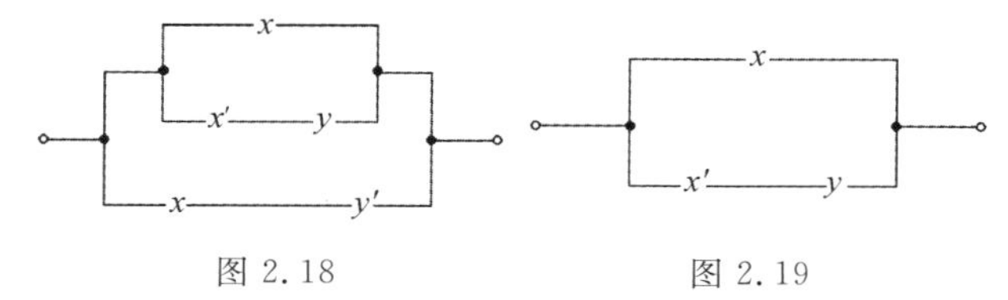

图 2.18　　　　图 2.19

例 2.8　考虑图 2.20 中的线路,其布尔表达式为

$$f = (x + y)(x' + z)(y + z)$$

化简,有

$$f = (x + y)(x' + z)$$

故图 2.20 中的线路可化简为图 2.21 中的线路.

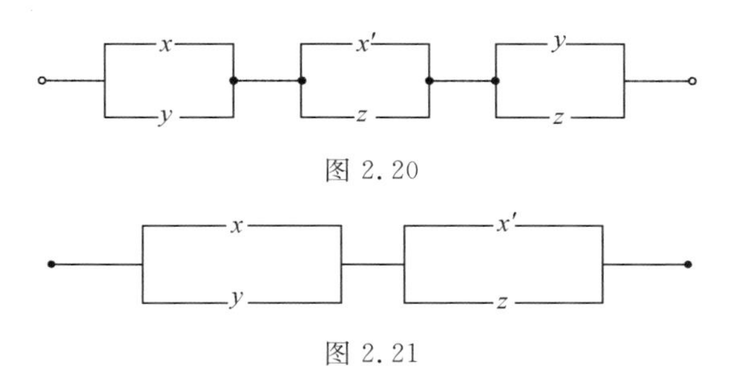

图 2.20

图 2.21

§ 4　线路的设计

本节中我们将考虑具有某些指定性质的接点线路的设计. 现代自动化技术的很多方面,例如自动电话、遥控装置、计算过程的自动化,以及铁路的信号操纵等都建立在这种线路设计的基础上. 与此等价的数学问题是,当真值表已给时,构造相应的布尔表达式. 下面我们以信号线路为例来进行说明.

例 2.9　设计一个包含三个开关的信号线路,使得当且仅当有两个或两个以上的开关闭合时,信号灯燃亮.

解　用 x,y,z 表示三个开关(也分别表示它们所控制的各动合接点及相应的变量,以下同此),根据问题的条件,所求线路的开关函数 f 由真值表给出:

x	y	z	f
0	0	0	0
0	0	1	0
0	1	0	0
0	1	1	1
1	0	0	0
1	0	1	1
1	1	0	1
1	1	1	1

写出 f 的析取范式得

$$f=xyz+xyz'+xy'z+x'yz$$

利用布尔代数的公式可将 f 化简为

$$f=xy+(x+y)z$$

相应于上式的线路如图 2.22 所示.

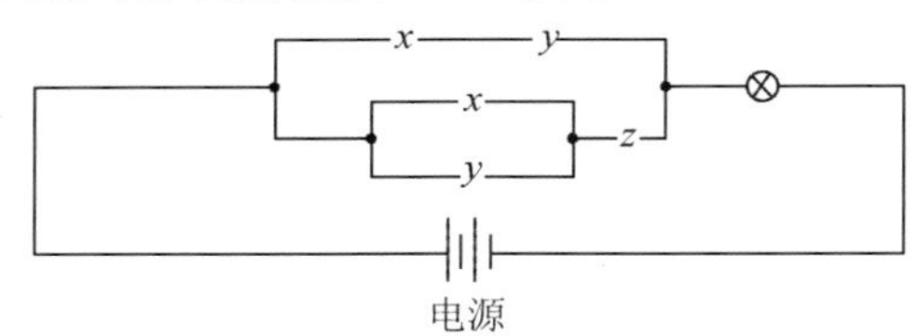

图 2.22

f 也可用合取范式来表示

$$f=(x'+y+z)(x+y'+z)(x+y+z')(x+y+z)$$

可化简为

$$f=(xy+z)(x+y)$$

相应于化简后的布尔表达式的线路如图 2.23 所示.

以上两个线路都可以作为问题的解答.显然,这两个线路是等效的.

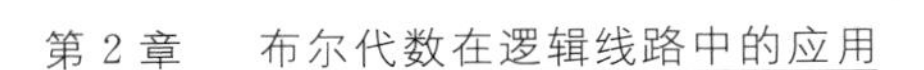

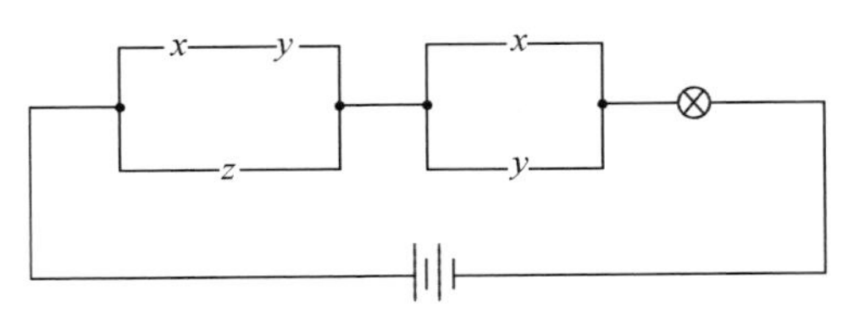

图 2.23

例 2.10　设计包含三个开关 x,y,z 的信号线路，使得闭合的开关不多于 1 或 y,z 闭合而 x 断开时，信号灯熄灭；在所有其他情况，信号灯都燃亮.

解　根据问题的条件，所求线路的开关函数由真值表给出：

x	y	z	f
0	0	0	0
0	0	1	0
0	1	0	0
0	1	1	0
1	0	0	0
1	0	1	1
1	1	0	1
1	1	1	1

由于 f 的值中 1 较少，故用析取范式来表示 f 比较简单，即

$$f = xyz + xyz' + xy'z$$

上式可以化简为

$$f = xy(z + z') + xy'z = xy + xy'z = x(y + z)$$

故所求线路如图 2.24 所示.

例 2.11　设计包含三个开关 x,y,z 的信号线路，

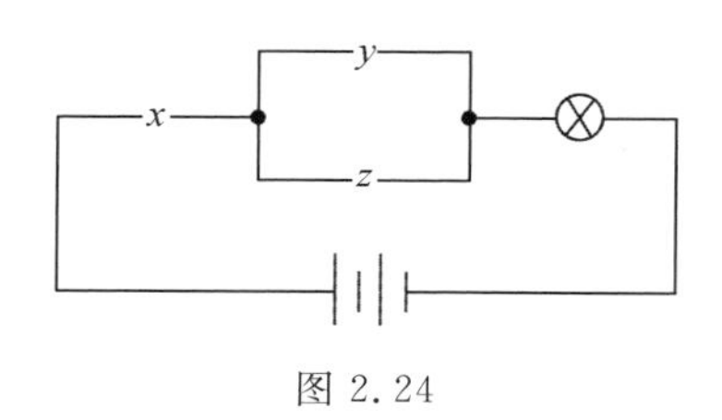

图 2.24

使得信号灯在下列三种情况熄灭：(1) 三个开关同时断开；(2) x，y 断开而 z 闭合；(3) x，z 断开而 y 闭合.

解 根据问题的条件，所求线路的开关函数由真值表给出：

x	y	z	f
0	0	0	0
0	0	1	0
0	1	0	0
0	1	1	1
1	0	0	1
1	0	1	1
1	1	0	1
1	1	1	1

由于 f 的值中 0 较少，故用合取范式来表示 f 较简单，即

$$f=(x+y+z)(x+y+z')(x+y'+z)$$

上式可化简为

$$\begin{aligned}f=&(x+y+z)(x+y+z')\cdot\\&(x+y'+z)(x+y+z) \quad (\text{由幂等律})\\=&(x+y+zz')(x+z+yy') \quad (\text{由分配律})\\=&(x+y)(x+z) \quad (\text{由互补律})\\=&x+yz \quad (\text{由分配律})\end{aligned}$$

故所求线路如图 2.25 所示.

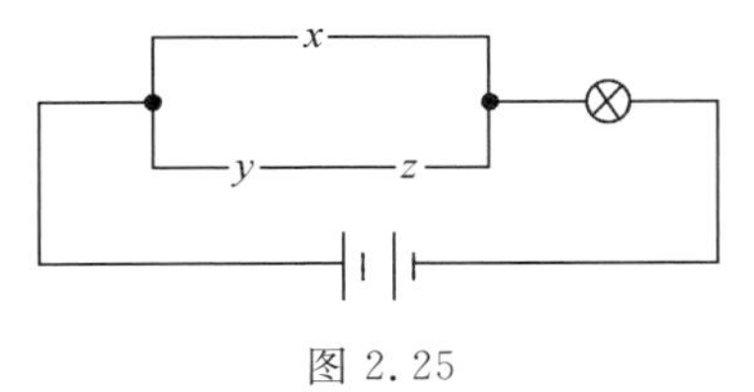

图 2.25

广义布尔代数

第3章

§0 引 子

布尔代数的概念能以多种方式推广. 在这一章里,我们将讨论一种直接和布尔代数观念有关的概念,以及它的许多应用①.

一种布尔代数由元素 $\alpha,\beta,\gamma,\cdots$ 所组成,并且包含一个"零"元素 o 和一个"单位"元素 ι. 若对每一个元素 α 赋予它一个"范数"(绝对值) $|\alpha|$, $|\alpha|$ 是满足

① 最重要的应用之一在于所谓概率论的基础,可惜我们不能在这本书里讨论它.

下面两个条件的非负数[①]：

(1)$0 \leqslant |\alpha| \leqslant 1$，$|o|=0$，$|\iota|=1$；

(2) 若$\alpha\beta=o$，则$|\alpha+\beta|=|\alpha|+|\beta|$.

这样一种布尔代数称为正规布尔代数.

1.“两个元素的代数”由两个“数”0和1所组成，这两个数可以取作为相应元素的范数

$$|0|=0,\ |1|=1$$

那么，定义元素范数的条件(1)显然是满足的. 而且，因为

$$0\cdot 0=0 \text{ 和 } |0+0|=0=|0|+|0|$$

$$0\cdot 1=0 \text{ 和 } |0+1|=1=|0|+|1|$$

条件(2)也成立(一般的，有条件(1)成立的任意布尔代数，若元素α和β中至少有一个和o一致，则条件(2)也总是成立的，因为在这种情况下$\alpha o=o$和$|\alpha+o|=|\alpha|=|\alpha|+0=|\alpha|+|o|$). 因此，具有这种元素范数定义的两个元素的布尔代数成为一种正规布尔代数.

2. 对于前述“四个元素的代数”，我们有$pq=0$和$p+q=1$；因此，为了满足条件(1)与(2)，我们必须令

$$|0|=0,\ |1|=1 \text{ 和 } |p|+|q|=|1|=1$$

---

① 从布尔代数的任意元素α有$\alpha o=o$和$\alpha+o=\alpha$这个事实，以及从条件(2)得出

$$|\alpha|=|\alpha+o|=|\alpha|+|o|$$

因此

$$|o|=0$$

这样，利用性质(2)我们可以证明$|o|=0$，因此等式$|o|=0$未必一定要列入定义范数的条件里(类似的，确定“单位范数”的等式$|\iota|=1$也不是很重要的，然而条件$|\alpha|\geqslant 0$和$|\iota|>0$是必不可少的).

设在这种布尔代数定义里的“数”(元素)p 和 q 是两个任意正数,它们的和等于单位 1,并且令

$$|1|=1,\ |0|=0,\ |p|=p,\ |q|=q$$

那么条件(1) 将满足,条件(2) 也将满足,因为元素偶 p 和 q 仅是这种布尔代数的那些积等于零的非零元素偶,并且我们有

$$|p+q|=|1|=1=p+q=|p|+|q|$$

这样,我们已经定义了四元素布尔代数元素的绝对值(范数),具有这种范数的四元素布尔代数成为一种正规布尔代数.

3. 现在我们将考察一个它本身说明了正规布尔代数概念本质的例子. 我们还将假定全集合(在这里我们用 J 表示它)是有限的,例如,令 J 含有 N 个数,设我们定义全集合 J 的任意子集 A 的范数为一个数,这个数正比于包含在 A 里的元素数目 k;为了条件 $|J|=1$ 是满足的,比例因子显然必须是 $\frac{1}{N}$,因而 $|A|$ 是包含在 A 里的元素数目与在全集合 J 里元素数目之比

$$|A|=\frac{k}{N}$$

于是条件(1) 是满足的,条件(2) 也满足,并且它的意思相当清楚:若两个集合 A 与 B 不相交(即 $AB=0$),则包含在它们和里的元素数目可以通过把集合 A 里的元素数目 k 与集合 B 里的元素数目 l 加起来而简单得到,因此得出

$$|A+B|=\frac{k+l}{N}=\frac{k}{N}+\frac{l}{N}=|A|+|B| \quad (AB=0)$$

这样,对问题里的布尔代数,它具有我们已经定义的元素范数,它是一个正规布尔代数.

上面这个定义,即全集合 J 的子集 A 的范数 $|A|$ 的定义,有可能进一步推广. 假设集合 J 的不同元素 $a_1,a_2,\cdots,a_N$ 有不同的“权”(不同的“价值”). 例如,若 J 是所有象棋手的集合,常常自然地把不同的象棋手看作为有不同的“价值”. 当我们试图“教”一个电脑下棋时,我们通常假定一个象或一个马的“价值”近似于一个卒的 3 倍,车的“价值”是卒的 4 倍或 5 倍,王后的“价值”是卒的 8 倍或 9 倍,而国王的“价值”比卒的“价值”要多许多,譬如说,它的“价值”是卒的 1 000 倍. 设集合 J 的不同元素 $a_1,a_2,\cdots,a_N$ 的“权”(“价值”)分别等于某些非负数 $t_1,t_2,\cdots,t_N$;选择“单位价值”使得

$$t_1+t_2+\cdots+t_N=1$$

这也是方便的. 现在我们令

$$|A|=|\{a_{i_1},a_{i_2},\cdots,a_{i_n}\}|=t_{i_1}+t_{i_2}+\cdots+t_{i_n}$$

其中 $i_1,i_2,\cdots,i_n$ 是从数 $1,2,\cdots,N$ 中完全任意选择出的某些数($i_1,i_2,\cdots,i_n$ 当然是彼此不同的);那么集合 J 的子集代数成为一种正规布尔代数.

(若我们令

$$t_1=t_2=\cdots=t_n=\frac{1}{N}$$

则这个新推广的子集 A 的范数 $|A|$ 的定义变成上面例子里的定义.)

4. 下一个例子在许多方面类似于前面的例子. 如前所述,设我们假定考察中的布尔代数是集合 J 的子集代数. 但是现在如果我们选择一个单位正方形作为全集合 J,使得集合 J 的各种子集是放在正方形里的某些几何图形. 所谓集合 A 的范数(绝对值)我们将指的是图形 A 的面积. 十分清楚,在这种定义下,定义范数的条件(1) 是满足的，条件(2) 也成立：在这种情况下，条件(2) 简单地意味着若一个图形 C 分成不相交的两部分A 与 B (即 $AB=0$)，则C的面积等于图形A与B的面积之和. 我们知道，在这种情况下附于范数上的条件有简单的含义，并且这些条件类似于定义几何图形面积概念的条件，把这样定义的范数赋予正方形 J 的子集代数，它就成为一个正规布尔代数. 若全集合 J 不是单位正方形而是某些其他的具有面积 S 的几何图形，当然这几乎没有什么改变. 在后面这个情况，一个图形 A 的范数应当定义为它的面积被数 S 除，即定义为图形 A 是"成比例地放入"整个面积 J 里的. 类似的，若我们取一个三维立体作为 J，则自然的，它的子集 A 的范数定义为A 的体积(当必要时，用整个固体 J 的体积去除).

这个例子也可以有许多推广，假定立体 J 是一均匀厚度的薄金属板，它是用任意不同种类的材料做成的. 设在点 $M=(x,y)$ 处材料的比重(即每单位面积的重量) 通过一(非负的！) 函数 $f(M)=f(x,y)$ 决定. 设我们取金属板 J 的 A 部分之重量为子集 A 的范数，这个重量是通过积分的方法计算的

$$|A|=\iint_A f(M)\mathrm{d}\sigma=\iint f(x,y)\mathrm{d}x\mathrm{d}y$$

在这里，$\mathrm{d}\sigma$ 是邻接(或包含) 点 M 的面积(无穷小) 元素. "单位重量"的选择应当使整个板 J 的重量等于一个单位，即

$$\iint_J f(M)\mathrm{d}\sigma=\iint_J f(x,y)\mathrm{d}x\mathrm{d}y=1$$

很容易理解，引入以这种方式定义的范数(借助于一个

任意的非负函数 $f(x,y)$，仅要求它符合上面写出的"正规化条件"）将把图形 A 的布尔代数变成正规布尔代数.

用同样的方法，我们还可以构造一个正规布尔代数，它的元素是包含在给定三维立体 J 中的任意区域，假定这个立体用不同种类的材料做成，并且在 J 里的一个区域的范数等于它的重量.

5. 让我们考察下面这种布尔代数，它的元素是正整数 N 的各个因子，对它们定义了数的"和"与"积"，分别为它们的最小公倍数及它们的最大公因子. 在这种情况下，我们可以定义数 a 的范数 $|a|$ 为此数的对数，或更确切一些，为比值 $\frac{\log a}{\log N}$，这是因为数 N（它起布尔代数里元素 ι 的作用）的范数应当等于 1[①]. 事实上，在这种情况下条件(1) 显然是满足的. 进一步，若条件 $a \otimes b=(a,\ b)=1$ 对某些数 a 与 b 是满足的（在问题里，数 1 起了布尔代数中元素 o 的作用！），这意味着两个给出的数 a 与 b 是互素的；在这种情况下，我们有

$$a \oplus b=[a,b]=ab$$

因此

$$\log\ (a \oplus b)=\log ab=\log a+\log b$$

---

① 在这里对数底的选择是不重要的，因为比值 $\frac{\log a}{\log N}$ 独立于底，事实上，对数底从 b 到 c 的改变只不过变成将所有对数乘以常数因子 $\log_c b$（先前的以 b 为底的对数系统相对于后来的以 c 为底的对数系统需要乘以此模数）：$\log_c m=\log_c b=\log_b m$. 我们也可以写 $|a|=\log_N a$ 代替 $|a|=\frac{\log a}{\log N}$（因为对任意 n 有 $\log_N a=\frac{\log_n a}{\log_n N}$）.

$$|a \oplus b| = |a| + |b|$$

这样，我们证明了正规布尔代数定义里的条件(2) 在这里也是成立的. 因此，这个例子也是一个正规布尔代数.

6. 设我们假定布尔代数的元素是 $0 \leqslant x \leqslant l$ 里的所有实数 x；设运算定义为 $a \oplus b = \max[a, b]$, $a \otimes b = \min[a, b]$ 和 $\bar{a} = 1 - a$(此外, $o = 0$, $\iota = 1$)(并且当 $a \geqslant b$ 时令 $a \supset b$). 同样能够容易地看出，若我们令 $|a| = a$, 这种布尔代数也成为一种正规代数. 定义布尔代数元素范数的条件(1) 显然是满足的，关于条件(2) 可从下列事实得出：仅当布尔代数元素 a 与 b 之一与 0 相同时我们有 $a \otimes b = 0$；例如，若 $b = 0$, 则显然 $a \oplus b = a$ 和 $|a \oplus b| = |a| = |a| + 0 = |a| + |b|$.

7. 若我们把范数引入开关电路代数，能够得到另一种有意义的正规布尔代数的例子. 根据定义，对于电路部分 A 所包含的开关的给定状态，当电流可以通过时令电路部分 A 的范数 $|A| = 1$, 并且当电流不能流过 A 时，令 $|A| = 0$. 那么自然地定义正规布尔代数的条件(1) 是满足的，因为范数的所有可能值等于 0 或 1, 起元素 o 作用的电路部分 O 的范数等于 0(这个电路部分任何时候也不让电流通过)，并且起元素 ι 作用的电路部分 I 等于 1. 而且，等式 $AB = O$ 意味着电路部分 A 和 B 中至少一个不允许电流通过，比如说 A, 因此当 $AB = O$ 时，电路 $A + B$ 在另一个电路部分(B) 导通电流时允许电流通过，若 B 不导通时，则 $A + B$ 也不能通过电流，因而对于这样的电路 A 与 B 我们得出 $|A + B| = |A| + |B|$.

8. 让我们考察一个例子，它很类似于上面考察过

的正规布尔代数的例子. 让我们引入命题代数里命题 p 的范数 $|p|$，当命题 p 是真的时，令 $|p|=1$，当 p 是假的时，令 $|p|=0$，这里，我们也有 $0\leqslant|p|\leqslant 1$（或更确切地说，$|p|=0$ 或 $|p|=1$）并且 $|o|=0$，$|\iota|=1$. 而且，关系式 $pq=0$ 意味着命题"p 与 q"是假的，即两个命题 p 和 q 中至少有一个是假的，比如说是 p，因此，在 $pq=0$ 的情况下，当且仅当另一个命题(q) 是真的，命题 $p+q$(即命题"p 或 q") 是真的. 因此，在这种情况里容易得出 $|p+q|=|p|+|q|$.

命题代数元素的正规化条件把两个数 0 与 1 之一赋予每一个命题，这两个数是命题的真值. 命题代数的所有运算可以通过指出合成命题的真值来表示，这些合成命题是利用这些运算从组成(基本) 命题得到的，它们的真值依赖于组成命题的真值. 两个命题 p 与 q 之和(析取)$p+q$ 通过下列条件来表示：$p+q$ 是真的当且仅当命题 p 与 q 中至少有一个是真的. 而同样这些命题之积(合取)pq 是真的当且仅当两个命题 p 与 q 都是真的. 因此运算 $p+q$ 及 pq 可以通过下面的"真值表"来描述：

$\|p\|$	$\|q\|$	$\|p+q\|$	$\|pq\|$
1	1	1	1
1	0	1	0
0	1	1	0
0	0	0	0

用完全同样的方式，我们可以编出相应于其他任何一个合成命题的真值表；相应于否定运算的真值表特别简单：

$\lvert p \rvert$	$\lvert \bar{p} \rvert$
1	0
0	1

显然这样的真值表完全表征了它所相应命题的特点.类似的,一个电路的范数表示了电路的导通性,它是电路的唯一重要的特性:导通性这种量度等于1或0取决于电流是否能从这个电路通过.

这里,我们不再更详细地讨论命题以及表示开关电路导通性意义的真值表.让我们研究正规布尔代数在初等数学问题中的一些其他应用例子.

从布尔代数元素范数(绝对值)的性质(1)与(2)我们可以得到范数的某些进一步性质.首先得出,若$\alpha\bar{\alpha}=o$和$\alpha+\bar{\alpha}=\iota$,则

$$\lvert \alpha \rvert+\lvert \bar{\alpha} \rvert=\lvert \alpha+\bar{\alpha} \rvert=\lvert \iota \rvert=1$$

因此,我们知道

$$\lvert \bar{\alpha} \rvert=1-\lvert \alpha \rvert \text{ 对所有 } \alpha \text{ 成立}$$

进一步,对布尔代数任意两个元素α和β,已知它们有关系式$\alpha\supset\beta$成立,那么存在一个元素ξ(元素α与β之间的"差"),使得

$$\alpha=\beta+\xi \text{ 和 } \beta\xi=o$$

这得出

$$\lvert \alpha \rvert=\lvert \beta+\xi \rvert=\lvert \beta \rvert+\lvert \xi \rvert\geqslant\lvert \beta \rvert$$

或换句话说

$$\text{若 } \alpha\supset\beta, \text{则 } \lvert \alpha \rvert\geqslant\lvert \beta \rvert$$

对有$\alpha\supset\beta$关系成立的两个元素α和β,它们的"差"存在还意味着对布尔代数任意两个元素α和β我们有

$$\alpha+\beta=\alpha+(\beta-\alpha\beta)$$

这里元素 $\beta-\alpha\beta$（β 和 $\alpha\beta$ 之间“差”）具有性质 $\alpha\cdot(\beta-\alpha\beta)=o$，并且此外有

$$\beta=\alpha\beta+(\beta-\alpha\beta)$$

根据条件(2)，我们得到

$$|\alpha+\beta|=|\alpha|+|\beta-\alpha\beta| \text{ 和 } |\beta|=|\alpha\beta|+|\beta-\alpha\beta|$$

从第一个等式里减去后面的第二个等式（这些都是数的等式），并且将 $|\beta|$ 项移到右边，我们得到关系式

$$|\alpha+\beta|=|\alpha|+|\beta|-|\alpha\beta| \tag{3.1}$$

例如，令 $|A|$ 和 $|B|$ 是两个几何图形 A 和 B 的面积，那么和 $|A|+|B|$ 含有交 AB 的面积两次（图3.1），因此

$$|A+B|=|A|+|B|-|AB|$$

例如，设有一组学生共22个人，他们中有10个学生是象棋手，8个学生能玩跳棋，以及有3个学生象棋和跳棋都会玩，有多少学生既不会玩象棋又不会玩跳棋？

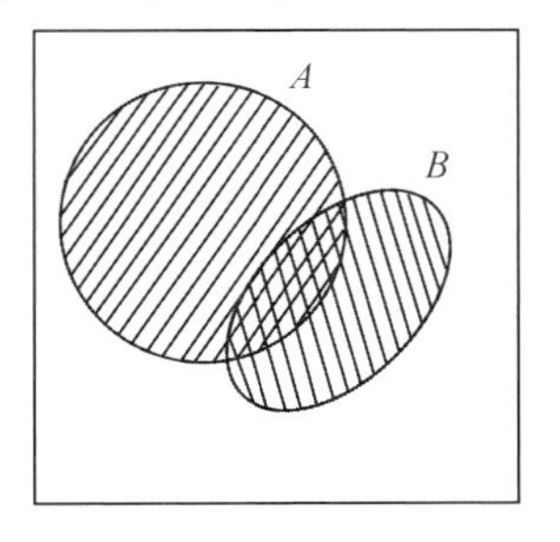

图3.1

设我们用符号 Ch 表示那些会玩象棋的学生集合，用符号 Dr 表示那些会玩跳棋的学生集合，我们还设这组学生集合代数的范数也被定义．我们必须确定集合

$$\overline{Ch}\cdot\overline{Dr}=\overline{Ch+Dr}$$

里学生的数目（见相应的德·摩根定律）．我们有

$$|Ch|=\frac{10}{22},\ |Dr|=\frac{8}{22} \text{ 和 } |Ch\cdot Dr|=\frac{3}{22}$$

根据公式(3.1),我们得到

$$\begin{aligned}|Ch+Dr|&=|Ch|+|Dr|-|Ch\cdot Dr|\\&=\frac{10}{22}+\frac{8}{22}-\frac{3}{22}=\frac{15}{22}\end{aligned}$$

因此

$$\begin{aligned}|\overline{Ch}\cdot\overline{Dr}|&=|\overline{Ch+Dr}|\\&=1-|Ch+Dr|=1-\frac{15}{22}=\frac{7}{22}\end{aligned}$$

这样,在组里有 7 个学生既不会玩象棋又不会玩跳棋.

很清楚,等式(3.1)是范数性质(2)的推广. 对于 $\alpha\beta=\bar{o}$,将得出性质(2). 从(3.1)还可以得出,对正规布尔代数的任意两个元素 α 和 β,我们有

$$|\alpha+\beta|\leqslant|\alpha|+|\beta| \tag{3.2}$$

布尔代数元素绝对值(范数)的这个性质类似于熟知的数的绝对值性质.

我们还要指出等式(3.1)可以进一步推广. 让我们考察正规布尔代数的任意三个元素 α_1,α_2 和 α_3. 根据式(3.1),我们有

$$\begin{aligned}|\alpha_1+\alpha_2+\alpha_3|&=|\alpha_1+(\alpha_2+\alpha_3)|\\&=|\alpha_1|+|\alpha_2+\alpha_3|-|\alpha_1(\alpha_2+\alpha_3)|\\&=|\alpha_1|+(|\alpha_2|+|\alpha_3|-\\&\quad|\alpha_2\alpha_3|)-|\alpha_1\alpha_2+\alpha_1\alpha_3|\\&=|\alpha_1|+|\alpha_2|+|\alpha_3|-|\alpha_2\alpha_3|-\\&\quad(|\alpha_1\alpha_2|+|\alpha_1\alpha_3|-|\alpha_1\alpha_2\alpha_3|)\\&=|\alpha_1|+|\alpha_2|+|\alpha_3|-|\alpha_2\alpha_3|-\\&\quad|\alpha_1\alpha_2|-|\alpha_1\alpha_3|+|\alpha_1\alpha_2\alpha_3|\end{aligned}$$

(因为显然有$(\alpha_1\alpha_2)\cdot(\alpha_2\alpha_3)=\alpha_1\alpha_2\alpha_3$). 我们可以类似地表示四个元素和的范数

$$
\begin{aligned}
&|\alpha_1+\alpha_2+\alpha_3+\alpha_4| \\
=&|\alpha_1+(\alpha_2+\alpha_3+\alpha_4)| \\
=&|\alpha_1|+|\alpha_2+\alpha_3+\alpha_4|-|\alpha_1(\alpha_2+\alpha_3+\alpha_4)| \\
=&|\alpha_1|+(|\alpha_4|+|\alpha_2|+|\alpha_3|-|\alpha_4\alpha_2|-|\alpha_4\alpha_3|- \\
&|\alpha_2\alpha_3|+|\alpha_4\alpha_2\alpha_3|)-|\alpha_1\alpha_2+\alpha_1\alpha_3+\alpha_1\alpha_4| \\
=&|\alpha_1|+|\alpha_2|+|\alpha_3|+|\alpha_4|-|\alpha_2\alpha_3|- \\
&|\alpha_3\alpha_4|-|\alpha_2\alpha_4|+|\alpha_2\alpha_3\alpha_4|-(|\alpha_1\alpha_2|+ \\
&|\alpha_1\alpha_3|+|\alpha_1\alpha_4|-|\alpha_1\alpha_2\alpha_3|-|\alpha_1\alpha_3\alpha_4|- \\
&|\alpha_1\alpha_2\alpha_4|+|\alpha_1\alpha_2\alpha_3\alpha_4|) \\
=&|\alpha_1|+|\alpha_2|+|\alpha_3|+|\alpha_4|-|\alpha_1\alpha_2|- \\
&|\alpha_2\alpha_3|-|\alpha_1\alpha_3|-|\alpha_1\alpha_4|-|\alpha_2\alpha_4|- \\
&|\alpha_3\alpha_4|+|\alpha_1\alpha_2\alpha_3|+|\alpha_1\alpha_3\alpha_4|+ \\
&|\alpha_1\alpha_2\alpha_4|+|\alpha_2\alpha_3\alpha_4|-|\alpha_1\alpha_2\alpha_3\alpha_4|
\end{aligned}
$$

一般的

$$
\begin{aligned}
&|\alpha_1+\alpha_2+\cdots+\alpha_n| \\
=&\sum|\alpha_i|-\sum_{(i_1,i_2)}|\alpha_{i_1}\alpha_{i_2}|+\sum_{(i_1,i_2,i_3)}|\alpha_{i_1}\alpha_{i_2}\alpha_{i_3}|-\cdots+ \\
&(-1)^{n-2}\sum_{(i_1,i_2,\cdots,i_{n-1})}|\alpha_{i_1}\alpha_{i_2}\cdots\alpha_{i_{n-1}}|+ \\
&(-1)^{n-1}|\alpha_1\alpha_2\alpha_3\cdots\alpha_n| \qquad (3.3)
\end{aligned}
$$

在这里，求和号下的符号$(i_1,i_2,\cdots,i_k)$表示：求和过程遍及彼此不同的标号$i_1,i_2,\cdots,i_k$的所有可能的组合，这些标号中的每一个可以等于$1,2,3,\cdots,n$，并且和“$\sum\limits_{(i_1,i_2,\cdots,i_n)}$”仅包含一项（因此在表达式右边最后一项不涉及求和号“$\sum$”）. 请读者用归纳法证明公式(3.3).

用同样的方法，我们从公式(3.2)可以得到关系式

$$|\alpha_1+\alpha_2+\cdots+\alpha_n|\leqslant|\alpha_1|+|\alpha_2|+\cdots+|\alpha_n| \tag{3.4}$$

根据归纳法它可以很容易被证明.

下面是表示公式(3.3)各种应用的一些例子.

例 3.1 在一群人中已知:

60% 的人说英语;

30% 的人说法语;

20% 的人说德语;

15% 的人说英语和法语;

5% 的人说英语和德语;

2% 的人说法语和德语;

1% 的人说所有三种语言.

三种语言都不会说的人所占百分比是多少?

解 设我们用 e,f,g 分别表示说英语人的集合,说法语人的集合,说德语人的集合,那么,例如 ef 就是说英语和法语两种语言人的集合.我们把这群人的集合代数看作正规布尔代数.根据公式(3.3),我们有

$$\begin{aligned}&|e+f+g|\\&=|e|+|f|+|g|-|ef|-|eg|-|fg|+|efg|\\&=0.6+0.3+0.2-0.15-0.05-0.02+0.01\\&=0.89\end{aligned}$$

因此,那些三种语言都不会说的人所占百分比等于

$$\begin{aligned}|e'f'g'|=|\overline{e+f+g}|&=1-|e+f+g|\\&=1-0.89=0.11=11\%\end{aligned}$$

这样,有 11% 的人三种语言都不会说[①].

例 3.2[②]　在一个班里有 25 个学生,他们中间有 17 个学生是自行车运动员,13 个学生是游泳运动员,8 个学生是滑雪运动员,但没有一个学生在所有三项运动里都是优良的.骑自行车的、游泳的和滑雪的学生在数学学习上有合格的分数(设我们约定学生的成绩用"优良""合格"和"坏"三种分数来估价),并且已知班上有 6 个学生在数学上得到坏分数,在班上有多少学生在数学上有优良的分数及有多少游泳运动员会滑雪?

解　设我们用符号 C_y,S_w 和 S_k 分别表示骑自行车运动员、游泳运动员、滑雪运动员的集合.而且,设 G 表示那些在数学上有优良分数的学生集合,S 表示那些在数学上有合格分数的学生集合,最后 B 是那些在数学上有坏分数的学生集合.那么问题的条件可写为下列形式:

(1) $|C_y|=\dfrac{17}{25}$, $|S_w|=\dfrac{13}{25}$, $|S_k|=\dfrac{8}{25}$;

(2) $|C_yS_wS_k|=0$;

(3) $|SC_y|=|C_y|$, $|SS_w|=|S_w|$, $|SS_k|=|S_k|$;

(4) $|B|=\dfrac{6}{25}$.

---

① 在这个解里,我们利用下面的事实,这个事实用归纳法可以很容易证明:对布尔代数元素 $\alpha_1,\alpha_2,\cdots,\alpha_k$ 的任意数 k 存在关系式

$$\overline{\alpha_1}\cdot\overline{\alpha_2}\cdot\cdots\cdot\overline{\alpha_k}=\overline{\alpha_1+\alpha_2+\cdots+\alpha_k}$$

对于 $k=2$,这个关系式变成德·摩根公式 $\overline{\alpha_1}\ \overline{\alpha_2}=\overline{\alpha_1+\alpha_2}$.具体地说,我们利用了 $\overline{e}\ \overline{f}\ \overline{g}=\overline{e+f+g}$.

② 这个问题的想法和解答选自:H. 斯坦豪斯著,《初等数学问题一百例》.

要求决定范数 $|G|$ 的值和 $|S_wS_h|$ 的值.显然

$$|G|+|S|+|B|=|G+S+B|=|J|=1$$

因此

$$|G|+|S|=1-|B|=1-\frac{6}{25}=\frac{19}{25}$$

设我们用 S_0,S_1 和 S_2 表示在数学上有合格分数的下列学生集合:不能骑自行车、游泳及滑雪的学生集合,在这些运动里至少有一项是优良的学生集合以及至少有两项运动是优良的学生集合(记住没有一个学生所有三项运动都是优良的!).那么,我们可以写

$$|S|=|S_0|+|S_1|+|S_2|$$

因此

$$|G|+|S_0|+|S_1|+|S_2|=\frac{19}{25} \tag{3.5}$$

然而我们有

$$\begin{aligned}
&|S_1|+|S_2|\\
=&|SC_y+SS_w+SS_k|\\
=&|SC_y|+|SS_w|+|SS_k|-|SC_yS_w|-\\
&|SC_yS_k|-|SS_wS_k|\\
=&|C_y|+|S_w|+|S_k|-|SC_yS_w|-\\
&|SC_yS_k|-|SS_wS_k|\\
=&\frac{17}{25}+\frac{13}{25}+\frac{8}{25}-|S_2|=\frac{38}{25}-|S_2|
\end{aligned}$$

(这里,我们又利用了这一事实:没有一个学生在所有三项运动里都是优良的).这得出

$$|S_1|+2|S_2|=\frac{38}{25} \tag{3.6}$$

现在将等式(3.5)乘2,并减去等式(3.6),得出

$$2|G|+2|S_0|+|S_1|=0$$

因为三个非负数之和等于零,仅在其中每一个数都等于零时才有可能.这样,我们得到

$$|G|=0,\ |S_0|=0 \text{ 和 } |S_1|=0$$

而且,条件 $|S_1|=0$ 意味着那些在一种运动里是优良的学生在另一种运动里也是优良的.考虑到这一点,我们得到下面的方程组

$$\frac{17}{25}=|C_y|=|C_yS_w+C_yS_k|=|C_yS_w|+|C_yS_k|$$

$$\frac{13}{25}=|S_w|=|C_yS_w+S_wS_k|=|C_yS_w|+|S_wS_k|$$

$$\frac{8}{25}=|S_k|=|C_yS_k+S_wS_k|=|C_yS_k|+|S_wS_k|$$

从这个式子,我们求得

$$|C_yS_w|=\frac{11}{25},\ |C_yS_k|=\frac{6}{25} \text{ 和 } |S_wS_k|=\frac{2}{25}$$

这样,在数学上有优良分数的学生数等于0,会滑雪的游泳运动员数等于2.

例 3.3[①] 一个覆盖层面积为1,它由五片所组成,其中每一片面积不小于$\frac{1}{2}$.证明:至少存在两片,它们是重叠的,其公共部分面积不小于$\frac{1}{5}$.

解 设我们把这些片(它们被作为单位面积覆盖层 J 的子集)表示为 A_1,A_2,A_3,A_4 和 A_5;它们彼此的交表示成 A_{12}, A_{13} 等.我们已知 $|A_i|\geqslant\frac{1}{2}$,这里 $i=1$,

---

① 这个例子可以广泛推广(见什克莱斯凯、雅格洛姆和切特索夫所写的《几何估计和组合几何问题》一书中第59个和第60个问题,俄文版).

2,3,4,5;需要估计量 $|A_{ij}|$. 根据公式(3.3),我们可以写

$$1=|J|\geqslant|A_1+A_2+A_3+A_4+A_5|$$
$$=\sum_{i=1}^{5}|A_i|-\sum_{(i,j)}|A_{ij}|+\sum_{(i,j,k)}|A_{ijk}|-\sum_{(i,j,k,t)}|A_{ijkt}|+|A_{12345}|$$

由此得

$$1-\sum_{i=1}^{5}|A_i|+\sum_{(i,j)}|A_{ij}|-\sum_{(i,j,k)}|A_{ijk}|+\sum_{(i,j,k,t)}|A_{ijkt}|-|A_{12345}|\geqslant 0 \tag{3.7}$$

现在,我们从得到的不等式中消去 $\sum_{(i,j,k)}|A_{ijk}|$ 项以及它后面的几项. 为此,我们利用同样的公式(3.3),得到

$$|A_1|\geqslant|A_{12}+A_{13}+A_{14}+A_{15}|$$
$$=\sum_{i=2}^{5}|A_{1i}|-\sum_{(i,j)}|A_{1ij}|+\sum_{(i,j,k)}|A_{1ijk}|-|A_{12345}|$$

这里,求和的下标 i,j,k 遍及 2, 3, 4,5. 用完全同样的方式,我们可以对 $|A_2|$,$|A_3|$,$|A_4|$ 和 $|A_5|$ 写出类似的不等式,将所有这样得到的不等式都加起来,我们有

$$\sum_{i=1}^{5}|A_i|\geqslant 2\sum_{(i,j)}|A_{ij}|-3\sum_{(i,j,k)}|A_{ijk}|+4\sum_{(i,j,k,t)}|A_{ijkt}|-5|A_{12345}|$$

由此得

$$\sum_{i=1}^{5}|A_i|-2\sum_{(i,j)}|A_{ij}|+3\sum_{(i,j,k)}|A_{ijk}|-4\sum_{(i,j,k,t)}|A_{ijkt}|+5|A_{12345}|\geqslant 0 \tag{3.8}$$

设我们用$\frac{1}{3}$乘不等式(3.8),并且将结果加到式(3.7)上去,用这种办法得到的不等式不包含$\sum_{(i,j,k)}|A_{ijk}|$项

$$1-\frac{2}{3}\sum_{i=1}^{5}|A_i|+\frac{1}{3}\sum_{(i,j)}|A_{ij}|-\frac{1}{3}\sum_{(i,j,k,t)}|A_{ijkt}|+\frac{2}{3}|A_{12345}|\geqslant 0 \quad (3.9)$$

很清楚,五个值$|A_{1234}|$,$|A_{1235}|$,$|A_{1245}|$,$|A_{1345}|$,$|A_{2345}|$中的每一个都不小于$|A_{12345}|$,因此

$$\sum_{(i,j,k,t)}|A_{ijkt}|\geqslant 5|A_{12345}|$$

和

$$\frac{1}{3}\sum_{(i,j,k,t)}|A_{ijkt}|-\frac{2}{3}|A_{12345}|\geqslant|A_{12345}|\geqslant 0$$

因此,不等式也可以写为

$$1-\frac{2}{3}\sum_{i=1}^{5}|A_i|+\frac{1}{3}\sum_{(i,j)}|A_{ij}|\geqslant 0$$

由此,我们得到不等式

$$\sum_{(i,j)}|A_{ij}|\geqslant 2\sum_{i=1}^{5}|A_i|-3\geqslant 2(5\times\frac{1}{2})-3=2$$

现在,在求和$\sum_{(i,j)}|A_{ij}|$里的项数共计等于$C_5^2=10$,我们断定,这些项里至少有一项不少于

$$2:10=\frac{1}{5}$$

这正是我们要证明的.

§1　布尔函数的范式

本节中我们将讨论布尔函数的一种比标准形式更特殊的表达式 —— 范式.

定义 3.1　形如

$$x_1^{e_1}x_2^{e_2}\cdots x_n^{e_n}$$

的乘积称为变元 $x_1,x_2,\cdots,x_n$ 的最小项,其中 $e_k=0$ 或 1,且 x_k^0 表示 x_k',x_k^1 表示 $x_k(k=1,2,\cdots,n)$.

例如,xyz,zyz',$x'y'z'$ 都是变元 x, y,z 的最小项.由于最小项中每个变元都取带撇和不带撇两种形式之一,n 个变元共有 2^n 种取法,因此最小项的数目是 2^n.

最小项(用带有下标的 m 表示)可按如下方法编号:分别用数字 0 和 1 代替最小项中带撇和不带撇的变元,于是每个最小项都相应于一个二进制的数,将它化为十进制,使用这个数作为该最小项的下标.

二进制是用 0,1 两个数码来表示任意数的方法,也就是以 2 为基数的计数方法.设正整数 N 分解为 2 的幂次之和(每一个正整数都可以唯一地这样分解)

$$N=\alpha_n2^n+\alpha_{n-1}2^{n-1}+\cdots+\alpha_12^1+\alpha_02^0$$

其中 $\alpha_k=0$ 或 $1(k=0,1,\cdots,n)$,则 $\alpha_n\alpha_{n-1}\cdots\alpha_0$ 就是 N 的二进制表示.例如

$$21=1\times2^4+0\times2^3+1\times2^2+0\times2^1+1\times2^0$$

故 21 的二进制表示为 10101.又例如,设 N 的二进制表示为 11001,则

$$N=1\times2^4+1\times2^3+0\times2^2+0\times2^1+1\times2^0=25$$

于是,二变元 x,y 的最小项可编号为

$$m_0 = x'y' \qquad (00)$$

$$m_1 = x'y \qquad (01)$$

$$m_2 = xy' \qquad (10)$$

$$m_3 = xy \qquad (11)$$

三变元 x, y, z 的最小项可编号为

$$m_0 = x'y'z' \qquad (000)$$

$$m_1 = x'y'z \qquad (001)$$

$$m_2 = x'yz' \qquad (010)$$

$$m_3 = x'yz \qquad (011)$$

$$m_4 = xy'z' \qquad (100)$$

$$m_5 = xy'z \qquad (101)$$

$$m_6 = xyz' \qquad (110)$$

$$m_7 = xyz \qquad (111)$$

根据布尔代数的运算律,任何 n 元布尔函数 $f(x_1,x_2,\cdots,x_n)$ 都可以表为最小项之和的形式,即

$$f(x_1,x_2,\cdots,x_n) = \sum_{i=0}^{2n-1} \alpha_i m_i \qquad (3.10)$$

其中 $\alpha_i = 0$ 或 1. f 的这种表达式称为它的析取范式.

把布尔函数化为析取范式的步骤是:

(1) 先化为析取标准形式;

(2) 若某加项缺少变元 x_k,则将它乘以 $x_k + x_k'$,并根据第一分配律将它展开为两项之和;

(3) 根据幂等律、互补律去掉多余或重复的项.

例 3.4　将 $f = [x + z + (y + z)']' + yx$ 化为析取范式.

解

$$f = x'z'y + x'z'z + yx$$

$$
\begin{aligned}
&= x'z'y + yx(z+z') \quad (\text{由互补律}) \\
&= x'z'y + xyz + xyz' \quad (\text{由分配律}) \\
&= x'yz' + xyz + xyz' \quad (\text{由交换律}) \\
&= m_2 + m_7 + m_6
\end{aligned}
$$

例 3.5 将 $xy + (x+z')'$ 化为析取范式.

解

$$
\begin{aligned}
xy &= xy(z+z') \\
&= xyz + xyz' \\
&= m_7 + m_6 \\
(x+z')' &= x'z \\
&= x'z(y+y') \\
&= x'zy + x'zy' \\
&= m_3 + m_1
\end{aligned}
$$

故

$$xy + (x+z')' = m_1 + m_3 + m_6 + m_7$$

例 3.6 将 $x + yz'$ 化为析取范式.

解

$$
\begin{aligned}
x &= x(y+y') \\
&= xy + xy' \\
&= xy(z+z') + xy'(z+z') \\
&= xyz + xyz' + xy'z + xy'z' \\
&= m_7 + m_6 + m_5 + m_4 \\
yz' &= yz'(x+x') \\
&= xyz' + x'yz' = m_6 + m_2
\end{aligned}
$$

由以上两式并根据幂等律删去重复的项,即得

$$x + yz' = m_2 + m_4 + m_5 + m_6 + m_7$$

定义 3.2 形如

$$x^{e_1} + x^{e_2} + \cdots + x^{e_n}$$

的和称为变元 $x_1, x_2, \cdots, x_n$ 的最大项，其中 $e_k=0$ 或 1，且 x_k^0 表示 $x_k{}'$，x_k^1 表示 $x_k(k=1,2,\cdots,n)$.

例如，$x_1+x_2+x_3$，$x_1+x_2+x_3{}'$ 都是变元 x_1，x_2，x_3 的最大项. 易知，n 个变元的最大项数目也是 2^n.

最大项(用带有下标的 M 表示) 也可按如下的方法编号：分别用数字 0 和 1 代替最大项中带撇和不带撇的变元，于是每个最大项都对应一个二进制的数，将它化为十进制，即得相应最大项的下标.

于是，二变元 x,y 的最大项可编号为

$$M_0=x'+y' \qquad (00)$$
$$M_1=x'+y \qquad (01)$$
$$M_2=x+y' \qquad (10)$$
$$M_3=x+y \qquad (11)$$

三变元 x, y, z 的最大项可编号为

$$M_0=x'+y'+z' \qquad (000)$$
$$M_1=x'+y'+z \qquad (001)$$
$$M_2=x'+y+z' \qquad (010)$$
$$M_3=x'+y+z \qquad (011)$$
$$M_4=x+y'+z' \qquad (100)$$
$$M_5=x+y'+z \qquad (101)$$
$$M_6=x+y+z' \qquad (110)$$
$$M_7=x+y+z \qquad (111)$$

与析取范式相对偶，n 元布尔函数 $f(x_1, x_2, \cdots, x_n)$ 也可用最大项的积来表示，即 f 可表为

$$f(x_1,x_2,\cdots,x_n)=\prod_{i=0}^{2n-1}(\beta_i+M_i) \qquad (3.11)$$

其中 $\beta_i=0$ 或 1. f 的这种表示式就称为它的合取范式.

把布尔函数化成合取范式的步骤是：

(1) 先化为合取标准形式;

(2) 若某因子缺少变元 x_k,则将它加上 $x_k x_k'$,并根据第二分配律展开为两项之积;

(3) 根据幂等律、互补律去掉多余或重复的因子.

例 3.7 将 $xy + x'z$ 化为合取范式.

解 由分配律与互补律有

$$\begin{aligned} xy + x'z &= (xy + x')(xy + z) \\ &= (x + x')(y + x')(x + z)(y + z) \end{aligned}$$

又有

$$\begin{aligned} x' + y &= x' + y + zz' \\ &= (x' + y + z)(x' + y + z') \\ &= M_3 M_2 \end{aligned}$$

$$\begin{aligned} x + z &= x + z + yy' \\ &= (x + y + z)(x + y' + z) = M_7 M_5 \end{aligned}$$

$$\begin{aligned} y + z &= y + z + xx' \\ &= (x + y + z)(x' + y + z) = M_7 M_3 \end{aligned}$$

于是我们得到

$$xy + x'z = M_3 M_2 M_7 M_5 M_7 M_3 = M_2 M_3 M_5 M_7$$

例 3.8 将 $x + yz'$ 化为合取范式.

解 根据同样的程序,有

$$x + yz' = (x + y)(x + z')$$

$$\begin{aligned} x + y &= x + y + zz' \\ &= (x + y + z)(x + y + z') = M_7 M_6 \end{aligned}$$

$$\begin{aligned} x + z' &= x + z' + yy' \\ &= (x + y + z')(x + y' + z') \\ &= M_6 M_4 \end{aligned}$$

故有

$$x + yz' = M_4 M_6 M_7$$

与标准形式不同，布尔函数的两种范式都是唯一的．事实上，设布尔函数$f(x_1,x_2,\cdots,x_n)$有两种析取范式f_1与f_2，其中f_1含有最小项$m_i=x_1^{e_1}x_2^{e_2}\cdots x_n^{e_n}$，而$f_2$则不含$m_i$．令$x_k=e_k(k=1,2,\cdots,n)$，则$m_i$取值1，而任一异于$m_i$的最小项都取值0，所以$f_1$取值1，而$f_2$则取值0，故$f_1$与$f_2$不可能是同一布尔函数的表达式，这就产生矛盾．

同理可证合取范式也是唯一的．

根据范式的唯一性，如果我们要检验两个布尔函数$f(x_1,x_2,\cdots,x_n)$与$g(x_1,x_2,\cdots,x_n)$是否相等，只要将f,g分别展开为析取范式（或合取范式），然后进行比较即可．

例 3.9　设

$$f(x,y,z)=x'y'+yz+xz'$$

$$g(x,y,z)=x'(y'+z)+x(y+z')$$

则由互补律及分配律有

$$\begin{aligned}f&=x'y'(z+z')+yz(x+x')+xz'(y+y')\\&=x'y'z+x'y'z'+xyz+x'yz+xyz'+xy'z'\end{aligned}$$

$$\begin{aligned}g&=x'y'+x'z+xy+xz'\\&=x'y'(z+z')+x'z(y+y')+\\&\quad xy(z+z')+xz'(y+y')\\&=x'y'z+x'y'z'+x'yz+x'y'z+\\&\quad xyz+xyz'+xyz'+xy'z'\\&=x'y'z+x'y'z'+x'yz+xyz+xyz'+xy'z'\end{aligned}$$

比较以上两式即得

$$f(x,y,z)=g(x,y,z)$$

我们曾指出，n元布尔函数都可以唯一地表示为式(3.10)的形式，因此，只要在式(3.10)中令$\alpha_i(0\leqslant$

$i < 2^n$）按一切可能方式取值 0 或 1，就能得到所有的 n 元布尔函数. 我们知道，每个 α 的值有两种选择，2^n 个 α 的值就有 2^{2^n} 种选择方式，因此 n 元布尔函数共有 2^{2^n} 种. 同样，在式(3.11)中令 $\beta_i(0 \leqslant i < 2^n)$ 按一切可能方式取值 0 或 1，也能得到这 2^{2^n} 种 n 元布尔函数. 例如，二元布尔函数共有 $2^{2^2}=16$ 种，它们的范式及化简后的布尔表达式如表 3.1 及表 3.2 所示.

表 3.1

α_0	α_1	α_2	α_3	析取范式	化简表达式
0	0	0	0	0	0
0	0	0	1	m_3	xy
0	0	1	0	m_2	xy'
0	0	1	1	m_2+m_3	x
0	1	0	0	m_1	$x'y$
0	1	0	1	m_1+m_3	y
0	1	1	0	m_1+m_2	$x'y+xy'$
0	1	1	1	$m_1+m_2+m_3$	$x+y$
1	0	0	0	m_0	$x'y'$
1	0	0	1	m_0+m_3	$x'y'+xy$
1	0	1	0	m_0+m_2	y'
1	0	1	1	$m_0+m_2+m_3$	$x+y'$
1	1	0	0	m_0+m_1	x'
1	1	0	1	$m_0+m_1+m_3$	$x'+y$
1	1	1	0	$m_0+m_1+m_2$	$x'+y'$
1	1	1	1	$m_0+m_1+m_2+m_3$	1

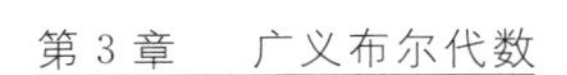

表 3.2

β_0	β_1	β_2	β_3	合取范式	化简表达式
1	1	1	1	1	1
1	1	1	0	M_3	$x+y$
1	1	0	1	M_2	$x+y'$
1	1	0	0	M_2M_3	x
1	0	1	1	M_1	$x'+y$
1	0	1	0	M_1M_3	y
1	0	0	1	M_1M_2	$(x'+y)(x+y')$
1	0	0	0	$M_1M_2M_3$	xy
0	1	1	1	M_0	$x'+y'$
0	1	1	0	M_0M_3	$(x'+y')(x+y)$
0	1	0	1	M_0M_2	y'
0	1	0	0	$M_0M_2M_3$	xy'
0	0	1	1	M_0M_1	x'
0	0	1	0	$M_0M_1M_3$	$x'y$
0	0	0	1	$M_0M_1M_2$	$x'y'$
0	0	0	0	$M_0M_1M_2M_3$	1

§2　范式定理

本节中我们给出用 $f(e_1,e_2,\cdots,e_n)(e_k=0$ 或 1, $1\leqslant k\leqslant n)$ 来表示范式的方式.

设 i 的二进制表示为 $e_1e_2\cdots e_n$，根据最小项下标的

规定，我们有

$$m_i = x_1^{e_1} x_2^{e_2} \cdots x_n^{e_n}$$

其中 $x_k^0 = x_k{}'$，$x_k^1 = x_k (1 \leqslant k \leqslant n)$. 记式(3.10)中的 α_i 为 $\alpha(e_1, e_2, \cdots, e_n)$，于是 $f(x_1, x_2, \cdots, x_n)$ 的析取范式可表为

$$f(x_1, x_2, \cdots, x_n) = \sum_{e_1=0}^{1} \sum_{e_2=0}^{1} \cdots \sum_{e_n=0}^{1} \alpha(e_1, e_2, \cdots, e_n) x_1^{e_1} x_2^{e_2} \cdots x_n^{e_n} \quad (3.12)$$

设 $\delta_1, \delta_2, \cdots, \delta_n$ 是 0 与 1 的任意序列，在(3.12)中令 $x_k = \delta_k (1 \leqslant k \leqslant n)$，因为

$$\delta_1^{e_1} \delta_2^{e_2} \cdots \delta_n^{e_n} = \begin{cases} 1, \text{当} (e_1, e_2, \cdots, e_n) = (\delta_1, \delta_2, \cdots, \delta_n) \text{时} \\ 0, \text{当} (e_1, e_2, \cdots, e_n) \neq (\delta_1, \delta_2, \cdots, \delta_n) \text{时} \end{cases}$$

所以

$$f(\delta_1, \delta_2, \cdots, \delta_n) = \alpha(\delta_1, \delta_2, \cdots, \delta_n)$$

以此代入(3.12)，我们得到如下的定理：

定理 3.1　任何 n 元布尔函数 $f(x_1, x_2, \cdots, x_n)$ 都可以表为如下形式

$$f(x_1, x_2, \cdots, x_n) = \sum_{e_1=0}^{1} \sum_{e_2=0}^{1} \cdots \sum_{e_n=0}^{1} f(e_1, e_2, \cdots, e_n) x_1^{e_1} x_2^{e_2} \cdots x_n^{e_n} \quad (3.13)$$

即

$$\begin{aligned} f(x_1, x_2, \cdots, x_n) = & f(1,1,\cdots,1) x_1 x_2 \cdots x_n + \\ & f(1,\cdots,1,0) x_1 \cdots x_{n-1} x_n{}' + \cdots + \\ & f(0,0,\cdots,0) x_1{}' x_2{}' \cdots x_n{}' \end{aligned}$$

推论 1　任何二元布尔函数 $f(x, y)$ 都可表示为如下形式

$$\begin{aligned} f(x, y) = & f(1,1) xy + f(1,0) xy' + \\ & f(0,1) x'y + f(0,0) x'y' \end{aligned} \quad (3.14)$$

推论 2　任何三元布尔函数 $f(x,y,z)$ 都可表示为如下形式

$$f(x,y,z)=f(1,1,1)xyz+f(1,1,0)xyz'+f(1,0,1)xy'z+f(1,0,0)xy'z'+f(0,1,1)x'yz+f(0,1,0)x'yz'+f(0,0,1)x'y'z+f(0,0,0)x'y'z' \tag{3.15}$$

同理，设 i 的二进制表示为 $e_1e_2\cdots e_n$，根据最大项下标的规定，我们有

$$M_i=x_1^{e_1}+x_2^{e_2}+\cdots+x_n^{e_n}$$

其中 $x_k^0=x_k'$，$x_k^1=x_k(1\leqslant k\leqslant n)$. 记(3.10)中的 β_i 为 $\beta(e_1,e_2,\cdots,e_n)$，则 $f(x_1,x_2,\cdots,x_n)$ 的合取范式可表为

$$f(x_1,x_2,\cdots,x_n)=\prod_{e_1=0}^{1}\prod_{e_2=0}^{1}\cdots\prod_{e_n=0}^{1}[\beta(e_1,e_2,\cdots,e_n)+x_1^{e_1}+x_2^{e_2}+\cdots+x_n^{e_n}] \tag{3.16}$$

设 $\delta_1,\delta_2,\cdots,\delta_n$ 是 0 与 1 的任一序列，在(3.16)中令 $x_k=\delta_k(1\leqslant k\leqslant n)$，因为

$$\delta_1^{e_1}+\delta_2^{e_2}+\cdots+\delta_n^{e_n}=\begin{cases}0,\text{当}(e_1,e_2,\cdots,e_n)=(\delta_1',\delta_2',\cdots,\delta_n')\text{时}\\1,\text{当}(e_1,e_2,\cdots,e_n)\neq(\delta_1',\delta_2',\cdots,\delta_n')\text{时}\end{cases}$$

所以

$$f(\delta_1,\delta_2,\cdots,\delta_n)\neq\beta(\delta_1',\delta_2',\cdots,\delta_n')$$

即

$$f(\delta_1',\delta_2',\cdots,\delta_n')=\beta(\delta_1,\delta_2,\cdots,\delta_n)$$

以此代入式(3.16)，我们得到如下的定理：

定理 3.2　任何 n 元布尔函数 $f(x_1,x_2,\cdots,x_n)$ 都可以表为如下的形式

$$f(x_1,x_2,\cdots,x_n)=\prod_{e_1=0}^{1}\prod_{e_2=0}^{1}\cdots\prod_{e_n=0}^{1}[f(e_1{}',e_2{}',\cdots,e_n{}')+x_1^{e_1}+x_2^{e_2}+\cdots+x_n^{e_n}] \tag{3.17}$$

推论 1 任何二元布尔函数 $f(x,y)$ 都可表示为如下形式

$$f(x,y)=[f(0,0)+x+y][f(0,1)+x+y'] \cdot [f(1,0)+x'+y][f(1,1)+x'+y'] \tag{3.18}$$

推论 2 任何三元布尔函数 $f(x,y,z)$ 都可以表为如下形式

$$\begin{aligned}f(x,y,z)=&[f(0,0,0)+x+y+z]\cdot\\&[f(0,0,1)+x+y+z']\cdot\\&[f(0,1,0)+x+y'+z]\cdot\\&[f(0,1,1)+x+y'+z']\cdot\\&[f(1,0,0)+x'+y+z]\cdot\\&[f(1,0,1)+x'+y+z']\cdot\\&[f(1,1,0)+x'+y'+z]\cdot\\&[f(1,1,1)+x'+y'+z']\end{aligned} \tag{3.19}$$

由定理 3.1 与定理 3.2 知，只要知道当 $x_k=0$ 及 $1(1\leqslant k\leqslant n)$ 时 f 的值，f 就完全被确定. 这两个定理也给出了直接将布尔函数表成范式的方法.

例 3.10 设已知

$$f(0,0,0)=f(1,1,0)=f(1,1,1)=1$$

对于 0 与 1 的所有其他组合，$f=0$，试求 $f(x,y,z)$ 的表达式.

解 由式(3.15)有

$$f(x,y,z)=x'y'z'+xyz'+xyz$$

例 3.11 设已知

$$f(0,0,1)=f(0,1,0)=f(1,0,0)=0$$

对于 0 与 1 的所有其他组合，$f=1$，试求 $f(x,y,z)$ 的表达式.

解 此时用合取范式来表示 f 比较简单. 由(3.19)有

$$f(x,y,z)=(x+y+z')(x+y'+z)(x'+y+z)$$

例 3.12 将 $f(x,y,z)=x+yz'$ 展开为析取范式和合取范式.

解 由 f 的表达式有

$$\begin{aligned}f(1,1,1)&=f(1,1,0)=f(1,0,1)\\&=f(1,0,0)=f(0,1,0)=1\end{aligned}$$

将 $f(0,1,1)=f(0,0,1)=f(0,0,0)=0$ 代入式(3.15)与(3.19)即得

$$\begin{aligned}f(x,y,z)&=xyz+xyz'+xy'z+xy'z'+x'yz'\\&=m_7+m_6+m_5+m_4+m_2\end{aligned}$$

$$\begin{aligned}f(x,y,z)&=(x+y'+z')(x+y+z')(x+y+z)\\&=M_4M_6M_7\end{aligned}$$

注 试与例 3.6 与例 3.8 中的解法比较.

若我们把 $x_k(1\leqslant k\leqslant n)$ 看成是仅取 0 与 1 两个值的变量(就像在二值代数中进行讨论一样)，则布尔函数可以写成表格形式，这种表格称为真值表.

例 3.13 考虑布尔函数

$$f(x,y,z)=x'y'z'+x'yz+xy'z+xyz'$$

这个布尔函数的真值表如表 3.3 所示.

表 3.3

x	y	z	f
0	0	0	1
0	0	1	0
0	1	0	0
0	1	1	1
1	0	0	0
1	0	1	1
1	1	0	1
1	1	1	0

例 3.14　加法与乘法运算的真值表如表 3.4 所示.

表 3.4

x	y	$x+y$	xy
0	0	0	0
0	1	1	0
1	0	1	0
1	1	1	1

§3　范式的变换

我们先来讨论最小项与最大项之间的关系.

设 m_i 是变元 $x_1,x_2,\cdots,x_n$ 的任意最小项,即

$$m_i=x_1^{\alpha_1}x_2^{\alpha_2}\cdots x_n^{\alpha_n}$$

其中 $\alpha_k=0$ 或 1,且 x_k^0 表示 $x_k{}'$,x_k^1 表示 $x_k(1\leqslant k\leqslant n)$.根据德·摩根定律与对合律有

$$\begin{aligned}m_i{}'&=(x_1^{\alpha_1})'+(x_2^{\alpha_2})'+\cdots+(x_n^{\alpha_n})'\\&=x_1^{\beta_1}+x_2^{\beta_2}+\cdots+x_n^{\beta_n}\end{aligned}$$

其中 $\beta_k=1-\alpha_k$. 故 $m_i{}'$ 等于某个最大项 M_j. 根据对下标的规定,有

$$i=\alpha_1\alpha_2\cdots\alpha_n \quad (\text{二进制})$$
$$=\alpha_1 2^{n-1}+\alpha_2 2^{n-2}+\cdots+\alpha_n 2^0$$
$$j=\beta_1\beta_2\cdots\beta_n \quad (\text{二进制})$$
$$=\beta_1 2^{n-1}+\beta_2 2^{n-2}+\cdots+\beta_n 2^0$$

由于 $\beta_k=1-\alpha_k$,故有

$$i+j=2^{n-1}+2^{n-2}+\cdots+2^0=2^n-1$$

即 $j=2^n-1-i$,故有

$$m_i{}'=M_{2^n-1-i} \tag{3.20}$$

同理有

$$M_i{}'=m_{2^n-1-i} \tag{3.21}$$

例如,在 $n=5,i=19$ 的情况,我们有

$$2^5-1-19=12$$

故

$$m_{19}{}'=M_{12},M_{12}{}'=m_{19}$$
$$M_{19}{}'=m_{12},m_{12}{}'=M_{19}$$

容易证明,所有最小项之和等于 1,即

$$\sum_{i=0}^{2^n-1} m_i=1 \tag{3.22}$$

事实上,对于 $n=1$ 的情况,(3.22) 就是互补律

$$x_1{}'+x_1=1$$

以 $x_2{}'+x_2$ 乘上式并按分配律展开得

$$(x_1{}'+x_1)(x_2{}'+x_2)$$
$$=x_1{}'x_2{}'+x_1{}'x_2+x_1x_2{}'+x_1x_2=1$$

这就是式(3.22) 在 $n=2$ 时的情况. 将上式两端乘以 $x_3{}'+x_3$,再按分配律展开,就得到式(3.22) 在 $n=3$ 时的情况. 依此类推(或用归纳法严格证明),即可导出

一般情况的公式(3.22).

将式(3.22)两边取补,根据德·摩根定律及式(3.20),即得式(3.22)的对偶公式

$$\prod_{i=0}^{2^n-1} M_i = 0 \tag{3.23}$$

例如,当 $n=2$ 时,有

$$\begin{aligned} & M_0 M_1 M_2 M_3 \\ = & (x_1' + x_2')(x_1' + x_2)(x_1 + x_2')(x_1 + x_2) = 0 \end{aligned}$$

关于最大项和最小项另一对有用的关系是

$$m_i m_j = 0 \quad (i \neq j) \tag{3.24}$$

$$M_i + M_j = 1 \quad (i \neq j) \tag{3.25}$$

这两个关系是显然的.因为对于两个不同最小项(最大项),必有一个变元 x_k,使得这两个最小项(最大项)之一含有 x_k,而另一个则含有 x_k',因而根据互补律即可推出以上两式.

例如,对于 $n=3$,我们有

$$m_1 m_3 = x'y'z \cdot x'yz = 0$$

$$M_2 + M_5 = (x' + y + z') + (x + y' + z) = 1$$

根据最大项与最小项的上述性质,不难导出析取范式与合取范式的互换公式.设 f 的析取范式为

$$f = \sum_{i=0}^{2^n-1} \alpha_i m_i \tag{3.26}$$

由式(3.22)与(3.24)知,f 的补等于不包含在式(3.26)中(相应于 $\alpha_i = 0$)的所有其他最小项之和,即

$$f' = \sum_{i=0}^{2^n-1} \alpha_i' m_i \tag{3.27}$$

取上式的补,由德·摩根定律、对合律及式(3.20)即得

$$f=\prod_{i=0}^{2^n-1}(\alpha_i+m_i{}')$$
$$=\prod_{i=0}^{2^n-1}(\alpha_i+M_{2^n-1-i})\qquad(3.28)$$

例 3.15　设 $f=m_1+m_2+m_6$ 是三元布尔函数，则

$$f{}'=m_0+m_3+m_4+m_5+m_7$$
$$f=m_0{}'m_3{}'m_4{}'m_5{}'m_7{}'$$
$$=M_7M_4M_3M_2M_0$$

例 3.16　设 $f=m_0+m_4+m_5+m_6+m_7$ 是三元布尔函数，则

$$f{}'=m_1+m_2+m_3$$
$$f=m_1{}'m_2{}'m_3{}'=M_6M_5M_4$$

下面考虑在合取范式已知时求析取范式的问题. 设 f 的合取范式为

$$f=\prod_{i=0}^{2^n-1}(\beta_i+M_i)\qquad(3.29)$$

由(3.23)与(3.25)知，f 的补等于不包含在(3.20)中(相应于 $\beta_i=1$)的所有其他最大项之积，即

$$f{}'=\prod_{i=0}^{2^n-1}(\beta_i{}'+M_i)\qquad(3.30)$$

取上式的补，由德·摩根定律、对合律及式(3.21)即得

$$f=\sum_{i=0}^{2^n-1}\beta_iM_i{}'=\sum_{i=0}^{2^n-1}\beta_im_{2^n-1-i}$$

例 3.17　设

$$f=M_0M_4M_5M_7M_9M_{10}M_{11}M_{12}M_{15}$$

是四元布尔函数，则

$$f{}'=M_1M_2M_3M_6M_8M_{13}M_{14}$$

$$\begin{aligned} f &= M_1' + M_2' + M_3' + M_6' + M_8' + M_{13}' + M_{14}' \\ &= m_{14} + m_{13} + m_{12} + m_9 + m_7 + m_2 + m_1 \end{aligned}$$

布尔函数的化简方法

第4章

我们已经看到，同一布尔函数可以有许多不同的表达式，有的比较简单，有的比较复杂. 布尔函数的化简问题，直接与逻辑线路的化简有关，因而这个问题具有重要的实际意义.

§1 公式法

本节中，我们先来介绍利用布尔代数的运算公式来化简布尔表达式的方法.

化简时，除用到布尔代数的基本运算律外，还常用下列公式

$$a + a'b = a + b \tag{4.1}$$

$$a(a' + b) = ab \tag{4.2}$$

$$ab + a'c + bc = ab + a'c \tag{4.3}$$

$$(a + b)(a' + c)(b + c) = (a + b)(a' + c) \tag{4.4}$$

这几个等式的证明如下

$$\begin{aligned} a + a'b &= (a + a')(a + b) \quad (\text{由分配律}) \\ &= 1(a + b) \quad (\text{由互补律}) \\ &= a + b \end{aligned}$$

$$\begin{aligned} ab + a'c + bc &= ab + a'c + bc(a + a') \\ &= ab + a'c + abc + a'bc \\ &= ab + abc + a'c + a'bc \\ &= ab + a'c \quad (\text{由吸收律}) \end{aligned}$$

根据对偶原理,由(4.1)与(4.3)可得(4.2)与(4.4).

例 4.1　化简 $f = xyz' + xyz + xy'z$.

解

$$\begin{aligned} f &= xy(z' + z) + xy'z \quad (\text{由分配律}) \\ &= xy + xy'z \quad (\text{由互补律}) \\ &= x(y + y'z) \quad (\text{由分配律}) \\ &= x(y + z) \quad (\text{由(4.1)}) \end{aligned}$$

例 4.2　化简 $f = [(x + y')y]' + x'(y + z)w$.

解

$$\begin{aligned} f &= (xy)' + x'(y + z)w \quad (\text{由(4.2)}) \\ &= x' + y' + x'(y + z)w \quad (\text{由德・摩根定律}) \\ &= x' + x'(y + z)w + y' \quad (\text{由交换律}) \\ &= x' + y' \quad (\text{由吸收律}) \end{aligned}$$

例 4.3　化简 $f = (y + yx + yz + xz)(x' + z)$.

解

$$f=(y+xz)(x'+z) \quad \text{(由吸收律)}$$
$$=(y+x)(y+z)(x'+z) \quad \text{(由分配律)}$$
$$=(x+y)(x'+z)(y+z)$$
$$=(x+y)(x'+z) \quad \text{(由(4.4))}$$

例 4.4　化简 $f=(x+y)(x+y'+z)$.

解

$$f=(x+y)(x+y')+(x+y)z \quad \text{(由分配律)}$$
$$=x+yy'+(x+y)z \quad \text{(由分配律)}$$
$$=x+(x+y)z \quad \text{(由互补律)}$$
$$=(x+x+y)(x+z) \quad \text{(由分配律)}$$
$$=(x+y)(x+z) \quad \text{(由幂等律)}$$
$$=x+yz \quad \text{(由分配律)}$$

例 4.5　化简 $f=(y+z+x)(y+z+x')+xy+yz$.

解

$$f=y+z+xx'+xy+yz \quad \text{(由分配律)}$$
$$=y+z+xy+yz \quad \text{(由互补律)}$$
$$=(y+xy)+(z+yz)$$
$$=y+z \quad \text{(由吸收律)}$$

例 4.6　化简 $f=x+xyz+yzx'+x'y+wx+w'x$.

解法 1

$$f=(x+xyz)+(x'y+x'yz)+(w+w')x$$
(由交换律及分配律)
$$=x+x'y+x \quad \text{(由吸收律及互补律)}$$
$$=x+x'y \quad \text{(由幂等律)}$$
$$=x+y \quad \text{(由(4.1))}$$

解法 2

$f = x + x(yz + w + w') + x'y + x'yz$

（由交换律及分配律）

$= x + x'y$ （由吸收律）

$= x + y$ （由(4.1)）

例 4.7 化简 $f = (x + y)(x' + z)(y + z + w)$.

解

$f = (x + y)(x' + z)(y + z) + (x + y)(x' + z)w$

（由分配律）

$= (x + y)(x' + z) + (x + y)(x' + z)w$

（由(4.4)）

$= (x + y)(x' + z)$ （由吸收律）

例 4.8 化简 $f = x'yz' + xy'z' + xyz'$.

解

$f = x'yz' + xy'z' + xyz' + xyz'$ （由等幂律）

$= x'yz' + xyz' + xy'z' + xyz'$ （由交换律）

$= (x' + x)yz' + (y' + y)xz'$ （由分配律）

$= yz' + xz'$ （由互补律）

$= (y + x)z'$ （由分配律）

例 4.9 化简 $f = xyz + xyz' + xy'z + x'yz$.

解

$f = xy(z + z') + xy'z + x'yz$ （由分配律）

$= xy + xy'z + x'yz$ （由互补律）

$= x(y + y'z) + x'yz$ （由分配律）

$= x(y + z) + x'yz$ （由(4.1)）

$= xy + xz + x'yz$ （由分配律）

$= xy + (x + x'y)z$ （由分配律）

$= xy + (x + y)z$ （由(4.1)）

例 4.10　化简 $f=(x'+y+z)(x+y'+z)(x+y+z')(x+y+z)$.

解

$$
\begin{aligned}
f&=(x'+y+z)(x+y'+z)(x+y+zz') \quad (\text{由分配律})\\
&=(x'+y+z)(x+y'+z)(x+y) \quad (\text{由互补律})\\
&=(x'+y+z)[x+(y'+z)y] \quad (\text{由分配律})\\
&=(x'+y+z)(x+zy) \quad (\text{由}(4.2))\\
&=(x'+y+z)(x+z)(x+y) \quad (\text{由分配律})\\
&=[(x'+y)x+z](x+y) \quad (\text{由分配律})\\
&=(xy+z)(x+y) \quad (\text{由}(4.2))
\end{aligned}
$$

例 4.11　化简 $f=xy'+x'y+xz'+x'z$.

解　先把 f 展开为析取范式然后化简

$$
\begin{aligned}
f&=xy'(z+z')+x'y(z+z')+\\
&\quad xz'(y+y')+x'z(y+y')\\
&=xy'z+xy'z'+x'yz+x'yz'+\\
&\quad xz'y+xz'y'+x'zy+x'zy'\\
&=xy'z+xy'z'+x'yz+x'yz'+xyz'+x'y'z\\
&=(xy'z+xy'z')+(x'yz+x'y'z)+(x'yz'+xyz')\\
&=xy'(z+z')+x'z(y+y')+yz'(x'+x)\\
&=xy'+x'z+yz'
\end{aligned}
$$

§2　图　域　法

对于布尔函数的化简我们再来介绍一种方法——图域法. 我们先以三个变元的情况为例来说明.

三变元的图域(又称卡诺图或真值图)如图 4.1 所

示.

图中每个方格表示一个最小项,方格旁边的数字 0 与 1 分别表示相应的变元是否带撇(0 表示带撇,1 表示不带撇).例如,第一行左边的 0 表示在该行四个方格中变元 x 都带撇,第二列顶上的数字 0,1 则表示在该列两个方格中变元 y 带撇,变元 z 则不带撇,于是第一行第二列中的最小项是 $x'y'z$.

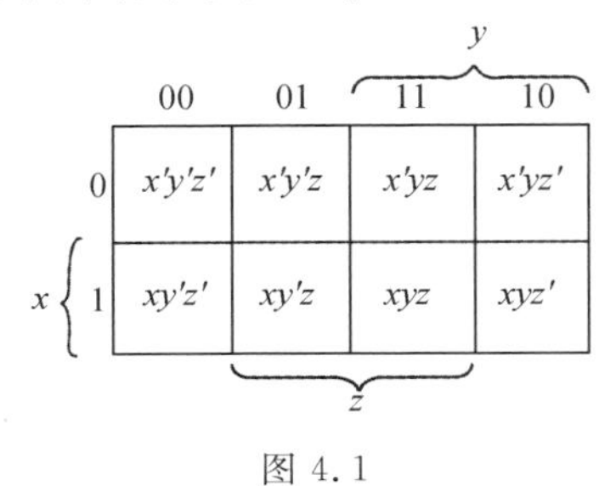

图 4.1

这个图域具有下列性质:

1.任意一行(或列)相邻两方格中的最小项仅有一个因子不同,因而把它们相加可以消去一个变元(根据分配律与互补律).

注 处于同一行两端的方格也可以看成是越过边界而"相邻".

例如

$$xy'z' + xy'z = xy'$$
$$xy'z' + xyz' = xz'$$
$$x'y'z + xy'z = y'z$$

2.把任意一行中四个最小项相加,可以消去两个变元,例如

$$x'y'z' + x'y'z + x'yz + x'yz' = x'y' + x'y = x'$$

3.把任意成"田"形的相邻四个方格中的最小项

相加，可以消去两个变元.

注　左端两格与右端两格也可看成是越过边界而成“田”形.

例如

$$x'y'z'+x'y'z+xy'z'+xy'z=x'y'+xy'=y'$$

$$x'y'z'+xy'z'+x'yz'+xyz'=y'z'+yz'=z'$$

用图域法化简布尔函数的步骤是，先把布尔函数表为析取范式，并在出现在范式中的每一最小项所相应的方格中标上数字1，在其他的方格中标上数字0，然后利用上述图域的性质，将标有数字1的方格组合成行、列、相邻的对或“田”形，并把相应的最小项加起来，就可达到化简的目的. 根据幂等律，在组合时，同一方格也可以重复使用.

图4.1中的图域实际上是由韦恩图演变来的. 因此，它可以用集合来解释：把整个矩形看成是全集，分别把第二行四个方格所组成的矩形，右边四个方格所组成的正方形，以及中间四个方格所组成的正方形看成是集合 x,y,z，并用 x',y',z' 表示它们的补集，则每一个方格就是其中的最小项所表示的集合. 于是，上述由方格组合成的行、列、相邻的对或“田”形，就可以用集合 x,y,z 通过并、交、补运算来表示. 因此将组合在一起的方格中的最小项相加而得到的化简，也可以从集合运算的角度加以直观说明. 例如，图4.1右端两个方格所组成的矩形可以看成是集合 y 与 z' 的交，故

$$x'yz'+xyz'=yz'$$

例 4.12　化简 $f(x,y,z)=x'y'z+xy'z+xy'z'+x'yz$.

解　按图4.2的方式组合标有1的方格，我们有

$$f(x,y,z)=(x'y'z+x'yz)+(xy'z+xy'z')$$
$$=x'z+xy'$$

例 4.13 化简 $f(x,y,z)=x'y'z+x'yz'+x'yz+xy'z+xyz$.

解 按图4.3的方式组合标有1的方格，我们有

$$f(x,y,z)=(x'y'z+x'yz+xy'z+xyz)+(x'yz'+x'yz)$$
$$=z+x'y$$

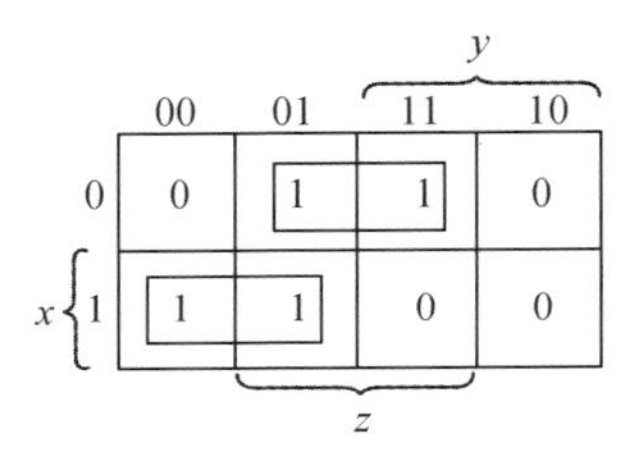

图 4.2

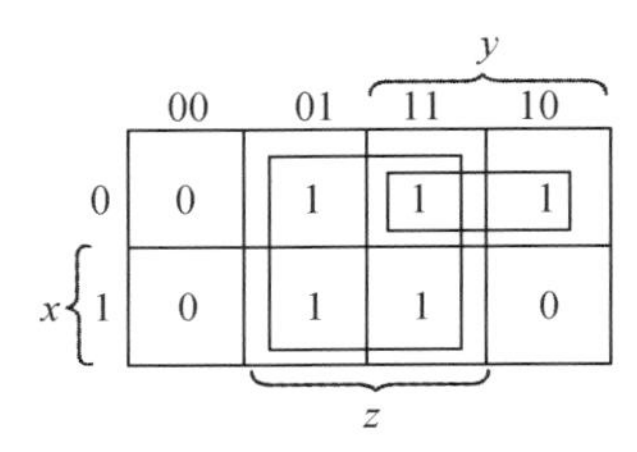

图 4.3

例 4.14 化简 $f(x,y,z)=x'y'z'+x'yz'+xy'z'+xy'z+xyz'$.

解 按图4.4的方式组合标有1的方格，我们有

$$f(x,y,z)=(x'y'z'+x'yz'+xy'z'+xyz')+(xy'z+xy'z')$$
$$=z'+xy'$$

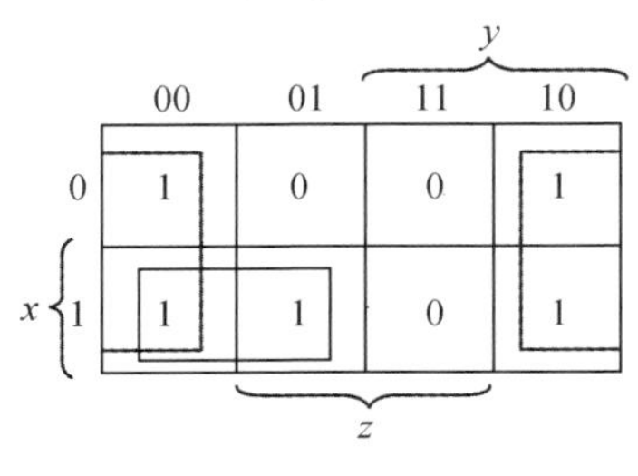

图 4.4

易见，所有最小项之和为 1. 因此，f 的图域中所有标有数字 0 的方格中的最小项之和等于 f 的补 f'，于是和上面一样，将标有数字 0 的方格组合成行、列、相邻的对或“田”形，并把相应的最小项相加，就能化简 f'，再取化简后的 f' 的补就可得到 f 的另一种化简式.

例 4.15　化简 $f(x, y, z)=xyz+xyz'+xy'z$.

解　按图 4.5 的方式组合标有 1 的方格，我们有

$$f(x, y, z)=(xyz+xyz')+(xyz+xy'z)=xy+xz$$

如按图 4.6 的方式组合标有 0 的方格，则我们有

$$\begin{aligned} f'(x,y,z) &= (x'y'z'+x'y'z+x'yz+x'yz')+(x'y'z'+xy'z') \\ &= x'+y'z' \end{aligned}$$

取上式的补得

$$f(x, y, z)=x(y+z)$$

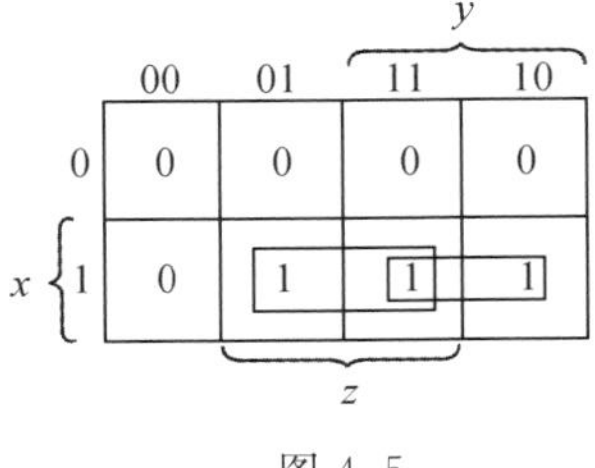

图 4.5

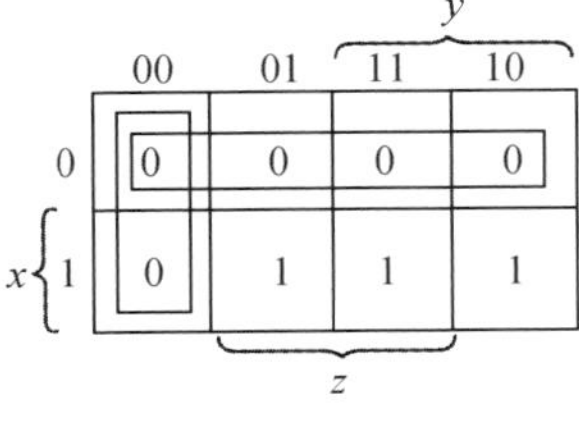

图 4.6

这个例子表明，用第二种方法得到的化简式有时比直接化简所得到的式子更简单，但相反的情形也是可能的. 例如，在例 4.14 中，通过组合标有 1 的方格我们得到

$$f(x,y,z)=z'+xy'$$

若组合标有 0 的方格，则有

$$\begin{aligned} f'(x, y, z) &= x'y'z + x'yz + xyz \\ &= (x'y'z + x'yz) + (x'yz + xyz) \\ &= x'z + yz \end{aligned}$$

取补得

$$f(x,y,z) = (x + z')(y' + z')$$

这个式子就不如用第一种方法得到的式子简单，当然，利用分配律，还可将$(x + z')(y' + z')$化简为$z' + xy'$.

以上的讨论可以推广到多变元的情况.

第5章 布尔方程

§0 引　　子

在中学所学的普通代数中即已看到,代数与(代数)方程的关系是非常密切的. 事实上,代数有别于算术的地方首先就在于它可用一个字母代表待求的数,用这种“代数”的方法写出所给的关系式时,这种(含有待求的数的)关系式就是所谓的(代数)方程.

布尔代数与布尔方程的关系也是如此. 布尔代数的问题,包括大量的实际问题及某些理论问题,也常常归结为求解布尔方程，特别是二元布尔代数上的布尔方程——开关方程，应用意义较大.

例 5.1 怎样才能组成实现开关函数

$$f=(a_1 \cup a_2)a_3$$

的电路？在用分立元件组成集成电路时会遇到这类问题.

此问题归纳为：在参数集 $\{a_1, a_2, a_3\}$ 自由生成的自由(布尔)代数上，求解如下的参数开关方程

$$(a_1 \cup a_2)a_3=(x_1 \cdot x_2)'$$

例 5.2 若需将△形电路(图 5.1(a))变成与之等效的Y形电路(图 5.1(b))，问图 5.1(b)中的 x, y 及 z 与图 5.1(a)中的 a, b 及 c 是什么关系？

在图 5.1(b)中，由结点 1(经过结点 4)到结点 2，要经过 x 与 y，此二者是串联的，故为 xy；在图 5.1(a)中，由结点 1 到结点 2 有两条路径：经过 c 或 ba，此二者是并联的，故为 $c \cup ba$. 于是得参数开关方程

$$xy=c \cup ba$$

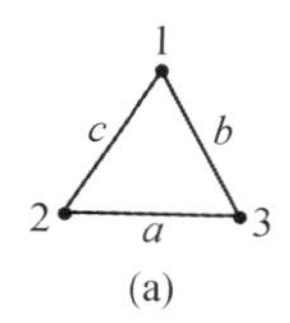

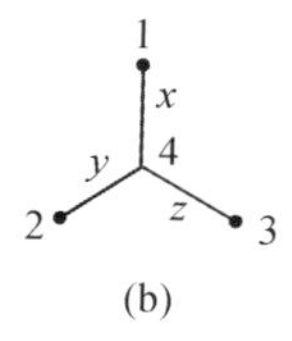

图 5.1 △形电路与Y形电路

对整个问题作如此分析，即得如下的参数开关方程组

$$\begin{cases} xy=c \cup ab \\ yz=a \cup bc \\ zx=b \cup ac \end{cases}$$

于是问题归纳为在参数集 $\{a, b, c\}$ 自由生成的自由(布尔)代数上求解此方程组.

例 5.3　布尔函数 $f(\boldsymbol{X})$ 一定落在闭区间 $[\prod_{\boldsymbol{A}} f(\boldsymbol{A}), \bigcup_{\boldsymbol{A}} f(\boldsymbol{A})]$ 内，试问此区间是 $f(\boldsymbol{X})$ 的值域吗？也就是说，此区间上的任意一点 c 都是布尔函数 $f(\boldsymbol{X})$ 的某个值吗？

此问题归纳为布尔方程

$$f(\boldsymbol{X})=c$$

是否总有解.

由于布尔代数与普通代数不同，因此布尔方程的解法与普通代数方程差别较大. 在这一章，我们首先说明，任意布尔方程或布尔方程组都可归纳为一个0－1布尔方程，然后给出几个解 0－1 布尔方程的一般解法. 首先介绍逐次消元法，这个解法虽然是可行的，但计算量相当大，因此不是一个好的解法. 对有唯一解的布尔方程曾给出一个简单的解法，本书在“或组”的意义下，把这一方法变成一个任意布尔方程的一般解法. 这个解法(可叫或组解法) 比逐次消元法简单得多.

§1　0－1 布尔方程

定义 5.1　含有待定元的等式叫(相等) 方程；含有待定元的不等式叫不等方程；能概括这二者的则叫广义方程. 某些(广义) 方程组成的组叫(广义) 方程组.

定义 5.2　设 $\mathscr{B}$ 是一个布尔代数，所谓 $\mathscr{B}$ 上的 n 元布尔方程是指如下的含有 n 个待定元的布尔函数 $f(\boldsymbol{X})$ 及 $g(\boldsymbol{X})$ 所组成的等式

$$f(\boldsymbol{X})=g(\boldsymbol{X}) \tag{5.1}$$

类似的，我们可用

$$f(\boldsymbol{X}) \leqslant g(\boldsymbol{X}) \tag{5.2}$$

及

$$f_i(\boldsymbol{X})\rho_i g_i(\boldsymbol{X}) \quad (i=1,2,\cdots,m) \tag{5.3}$$

分别定义布尔不等方程及(广义) 布尔方程组，其中"ρ_i"既可以是"="，也可以是"≤".

布尔方程(5.1) 的(特) 解，是指满足(5.1) 的一个向量 $\boldsymbol{X} \in \mathscr{B}^n$；布尔不等方程(5.2) 及(广义) 布尔方程组(5.3) 的(特) 解的定义类似.

定义 5.3　若 $h(\boldsymbol{X})$ 是布尔函数，$k(\boldsymbol{X}) = h'(\boldsymbol{X})$，则

$$h(\boldsymbol{X}) = 0 \tag{5.4}$$

及

$$k(\boldsymbol{X}) = 1$$

分别称为(布尔)0 方程与(布尔)1 方程；它们又合称为(布尔)0－1 方程或 0－1 布尔方程.

引理 5.1　每一个形如(5.1) 的布尔方程都可等价于一个 0－1 布尔方程.

证

$$f(\boldsymbol{X}) = g(\boldsymbol{X}) \Leftrightarrow \begin{cases} f(\boldsymbol{X})g'(\boldsymbol{X}) \cup f'(\boldsymbol{X})g(\boldsymbol{X}) = 0 \Leftrightarrow h(\boldsymbol{X}) = 0 \\ (f(\boldsymbol{X}) \cup g'(\boldsymbol{X}))(f'(\boldsymbol{X}) \cup g(\boldsymbol{X})) = 1 \Leftrightarrow \\ k(\boldsymbol{X}) = 1 \end{cases}$$

其中 $h = fg' \cup f'g$，$k = (f \cup g')(f' \cup g)$.

引理 5.2　每一个形如(5.2) 的布尔不等方程也等价于一个 0－1 布尔方程.

证

$$f(\boldsymbol{X}) \leqslant g(\boldsymbol{X}) \Leftrightarrow \begin{cases} f(\boldsymbol{X})g'(\boldsymbol{X}) = 0 \Leftrightarrow h(\boldsymbol{X}) = 0 \\ f'(\boldsymbol{X}) \cup g(\boldsymbol{X}) = 1 \Leftrightarrow k(\boldsymbol{X}) = 1 \end{cases}$$

其中 $h=fg'$，$k=f'\cup g$.

引理 5.3　每一个布尔 0 方程组

$$f_i(\boldsymbol{X})=0\quad(i=1,2,\cdots,m)$$

或布尔 1 方程组

$$g_i(\boldsymbol{X})=0\quad(i=1,2,\cdots,m)$$

也等价于一个 0－1 布尔方程.

证

$$f_i(\boldsymbol{X})=0\Leftrightarrow\bigcup f_i(\boldsymbol{X})=0$$

$$g_i(\boldsymbol{X})=1\Leftrightarrow\prod g_i(\boldsymbol{X})=1$$

取

$$h=\bigcup f_i,k=\prod g_i$$

即得证.

注意，引理 5.1，5.2，5.3 都已给出了化成等价于 0－1 布尔方程的方法.

定理 5.1　每一个形如(5.3)的广义布尔方程($m=1$ 的情况)或广义布尔方程组($m>1$ 的情况)都等价于一个 0－1 布尔方程.

证　(1) $m=1$ 的情况已由引理 5.1 及引理 5.2 证得.

(2) 仅证 $m>1$ 的情况. 因为通过求补对偶变换可将 0 方程变成 1 方程，也可将 1 方程变成 0 方程，所以每一个广义布尔方程组都可以变成 0 方程组或 1 方程组，于是再由引理 5.3 即得证.

例 5.4　将布尔方程组

$$\begin{cases}xy'=ab' & (5.6)\\ x'y=a'b & (5.7)\end{cases}\qquad(5.5)$$

变成与之等价的 0 方程.

解　(5.6) 等价于

$$(xy')(ab')' \cup (xy')'(ab') = 0 \qquad (5.8)$$

(5.7) 等价于

$$(x'y)(a'b)' \cup (x'y)'(a'b) = 0 \qquad (5.9)$$

(5.8) 与(5.9) 等价于

$$[(xy')(ab')' \cup (xy')'(ab')] \cup$$
$$[(x'y)(a'b)' \cup (x'y)'(a'b)] = 0$$

即

$$(a'b \cup ab')xy \cup (a' \cup b)xy' \cup$$
$$(a \cup b')x'y \cup (ab' \cup a'b)x'y' = 0 \quad (5.10)$$

(5.10) 即为所求的 0 方程.

例 5.5　将广义布尔方程组

$$\begin{cases} a \leqslant x & (5.12) \\ b \leqslant y & (5.13) \\ xy = c & (5.14) \end{cases} \qquad (5.11)$$

变成 0－1 布尔方程.

解

$$(5.12) \Leftrightarrow ax' = 0 \qquad (5.15)$$

$$(5.13) \Leftrightarrow by' = 0 \qquad (5.16)$$

$$(5.14) \Leftrightarrow (xy)c' \cup (xy)'c = 0 \qquad (5.17)$$

由(5.15)(5.16) 与(5.17) 组成的 0 方程组又等价于

$$ax' \cup by' \cup [(xy)c' \cup (xy)'c] = 0$$

即

$$c'xy \cup (b \cup c)xy' \cup (a \cup c)x'y \cup$$
$$(a \cup b \cup c)x'y' = 0 \qquad (5.18)$$

它就是所求的 0 方程;得与之对应的 1 方程

$$cxy \cup b'c'xy' \cup a'c'x'y \cup a'b'c'x'y' = 1$$

§2　1元布尔方程

定义 5.4　仅含一个特定元的(广义)布尔方程,简称为1元(广义)布尔方程.

由定理5.1知,每一个1元广义布尔方程都可以写成如下的0方程

$$f(x)=0$$

这个0方程必定可写成如下的标准型

$$ax \cup bx'=0 \tag{5.19}$$

其中a,b为布尔常量.

在每一个方程中都要区分哪些是待定元(未知元),哪些是系数(已经给定的元).例如,在1元标准型布尔方程(5.19)中,x(及x')是未知元,而a与b是系数.但是在通常的定理中则没有此种区别,如下的定理就是这样.

定理 5.2　若$\mathscr{B}$是布尔集,$a,b\in\mathscr{B}$,则下列语句等价:

①$ax\cup bx'=0$;

②$b\leqslant x\leqslant a'$;

③$x=a'x\cup bx'$,$ab=0$.

证

$$① \Leftrightarrow \left\{\begin{matrix} ax=0 & \Leftrightarrow & x\leqslant a' \\ bx'=0 & \Leftrightarrow & b\leqslant x \end{matrix}\right\} \Leftrightarrow ②$$

$$② \Leftrightarrow \left\{\begin{matrix} b\leqslant x & \Leftrightarrow & bx'=0 \\ x\leqslant a' & \Leftrightarrow & xa'=x \end{matrix}\right\}$$

$$\Rightarrow x=a'x=a'x\cup 0=a'x\cup bx'$$

$$②\Rightarrow b\leqslant a'\Rightarrow ab=0$$

$$③\Rightarrow x'=(a\cup x')(b'\cup x)=ab'\cup ax\cup b'x'$$

$$\Rightarrow ax\cup bx'\xlongequal{③}a(a'x\cup bx')\cup b(ab'\cup ax\cup b'x')$$

$$=abx'\cup abx=ab=0\Rightarrow ①$$

再由“$\Rightarrow$”的传递性,即知 ① ~ ③ 皆相互等价.

1 元布尔方程(5.19)是否有解(即是否存在一个 $x\in\mathscr{B}$)使(5.19)成立与系数 a 与 b 有关. 由定理5.2即知,方程(5.19)有解的充要条件是 ④,即有:

系 1 1 元布尔方程(5.19)有解的充要条件是

$$ab=0 \tag{5.20}$$

此外还有:

系 2 x 是 1 元布尔方程(5.19)的解的充要条件是

$$b\leqslant x\leqslant a' \tag{5.21}$$

例 5.6 求解 1 元布尔方程

$$a'bx\cup ab'x'=0 \tag{5.22}$$

解 由系 2 知

$$ab'\leqslant x\leqslant(a'b)'=a\cup b'$$

即 x 在闭区间$[ab',a\cup b']$中;由于

$$[ab',a\cup b']=\{a'b,a,b',a\cup b'\}$$

它就是所求的方程(5.22)的解集.

定义 5.5 若有 n 个布尔函数

$$\varphi_1(\boldsymbol{T}),\varphi_2(\boldsymbol{T}),\cdots,\varphi_n(\boldsymbol{T})\quad(\boldsymbol{T}\in\mathscr{B}^n,\varphi_i(\boldsymbol{T})\in\mathscr{B})$$

组成的向量

$$\Phi(\boldsymbol{T})=(\varphi_1(\boldsymbol{T}),\varphi_2(\boldsymbol{T}),\cdots,\varphi_n(\boldsymbol{T})) \tag{5.23}$$

能使布尔 0 方程

$$f(\boldsymbol{X})=0 \tag{5.24}$$

成立,即有 $f(\Phi(\boldsymbol{T}))=0$,则称(5.23)是布尔 0 方程

(5.24) 的参数解;若参数解(5.23) 还满足如下的条件

$$\boldsymbol{X}=\Phi(\boldsymbol{X}) \tag{5.25}$$

则称此参数解为再生解.

定理 5.3　若 $ab=0$,则

$$x=a't\cup bt' \tag{5.26}$$

及

$$x=b\cup a't \tag{5.27}$$

都是 1 元布尔方程(5.19) 的参数解、再生解.

证　对任意的 $t\in\mathscr{B}$,都有

$$\begin{aligned} ax\cup bx' &\xlongequal{(5.26)} a(a't\cup bt')\cup b(a't\cup bt')' \\ &= a(a't\cup bt')\cup b(at\cup b't')=0 \end{aligned}$$

$$ax\cup bx' \xlongequal{(5.27)} a(b\cup a't)\cup b(b\cup a't)'=0$$

故(5.26) 及(5.27) 都是方程(5.19) 的参数解;再由定理 5.2 即知(5.26) 是方程(5.19) 的再生解,(5.27) 是再生解且由下式推得

$$x \text{ 是(5.19) 的解} \overset{\text{定理5.2}}{\Rightarrow} \begin{Bmatrix} b\leqslant x\Rightarrow b\cup x=x \\ x\leqslant a'\Rightarrow xa'=x \end{Bmatrix}$$
$$\Rightarrow x=b\cup x=b\cup a'x$$

事实上,此定理的证明的前一半是可省略的,这是因为,由定义 5.5 知,能证明是再生解时就必然是参数解.

例 5.7　求解 1 元布尔方程

$$ax\cup bx'=jx\cup kx' \tag{5.28}$$

解

$$\begin{aligned} (5.28) \Leftrightarrow &(ax\cup bx')(jx\cup kx')'\cup \\ &(ax\cup bx')'(jx\cup kx')=0 \end{aligned} \tag{5.29}$$

即

$$(aj' \cup a'j)x \cup (bk' \cup b'k)x' = 0$$

$$(a \oplus j)x \cup (b \oplus k)x' = 0 \qquad (5.30)$$

若(5.30)的有解条件

$$(a \oplus j)(b \oplus k) = 0$$

满足，则根据定理 5.3，方程(5.30)(因而原方程(5.28))有解为

$$x = (b \oplus k) \cup (a \oplus j)'t$$

其中“$\oplus$”是异或运算.

§3 相 容 性

“相容”一词在普通代数中只用于方程组：若某方程组的各方程之间彼此不矛盾，则称此方程组是相容的，这时此方程组才有(非空)解.

但是在布尔方程中对“相容”一词则没有这种限制. 这是因为，由定理 5.1 知，每一个广义布尔方程组都可以变成一个简单的 0－1 方程，因此，在布尔代数中对简单的布尔方程也可以说它是否相容(即它是否有非空解). 于是我们有：

定义 5.6　若(广义)布尔方程(组)有非空解，则称它是相容的；若它仅有空解即无解，则说它是不相容的.

前一节已涉及相容问题. 事实上，系 1 是说，1 元布尔 0 方程(5.19)相容的充要条件是(5.20). 至于 n 元布尔方程，则有如下的定理：

定理 5.4　n 元布尔 0 方程(5.24)是相容的充要条件为

$$\prod_{A} f(\boldsymbol{A})=0 \tag{5.31}$$

证　先证必要性

$\boldsymbol{X}$ 是(5.24) 的解 $\Rightarrow f(\boldsymbol{X})=0 \Leftrightarrow \prod_{A} f(\boldsymbol{A})=0$

再证充分性:(用数学归纳法)

(1) 定理对 $n=1$ 是成立的(这已被系 1 证明).

(2) 现在假设定理对 $n-1$ 的情况成立,即

$$\prod_{(\alpha_2,\cdots,\alpha_n)} g(\alpha_2,\cdots,\alpha_n)=0$$

$$\Rightarrow g(x_2,\cdots,x_n)=0 \text{ 有解}(\xi_2,\cdots,\xi_n) \tag{5.32}$$

我们来证明定理对 n 的情况也成立,为此取

$$g(x_2,\cdots,x_n)=f(1,x_2,\cdots,x_n)f(0,x_2,\cdots,x_n)$$

由(5.32) 即为(5.31)

$$\prod_{(\alpha_2,\cdots,\alpha_n)} g(\alpha_2,\cdots,\alpha_n)=\prod_{(\alpha_2,\cdots,\alpha_n)} f(\alpha_2,\cdots,\alpha_n)$$

$$=\prod_{A} f(\boldsymbol{A})=0$$

而且有

$$f(1,\xi_2,\cdots,\xi_n)f(0,\xi_2,\cdots,\xi_n)=0 \tag{5.33}$$

由于(5.33) 是 1 元 0 方程

$$f(1,\xi_2,\cdots,\xi_n)x_1 \cup f(0,\xi_2,\cdots,\xi_n)x_1'=0 \tag{5.34}$$

的相容条件,故(根据系 1) 方程(5.34) 有解 $x_1=\xi_1$,于是

$$f(\xi_1,\xi_2,\cdots,\xi_n)=f(1,\xi_2,\cdots,\xi_n)\xi_1 \cup f(0,\xi_2,\cdots,\xi_n)\xi_1'=0$$

这就是说,方程(5.24) 有解$(\xi_1,\xi_2,\cdots,\xi_n)$,也就是说,方程(5.24) 是相容的.

例 5.8　求二元 0 方程

$$f(x,y)=axy\cup bxy'\cup cx'y\cup dx'y'=0 \tag{5.35}$$

的相容条件.

解 在此例中 $n=2,2^n-1=3$;因为 $f(A)$ 是小项系数,所以当 $f(X)$ 已写成小项标准型时,其系数 $f(A)$ 即可直接取来

$$\begin{aligned}\prod_A f(A)&=\prod_{A=0,1,2,3} f(A)=f(0)f(1)f(2)f(3)\\&=f(0,0)f(0,1)f(1,0)f(1,1)\\&=dcba=abcd\end{aligned}$$

故方程(5.35)的相容条件为

$$abcd=0$$

例 5.9 证明 0 方程

$$(a'b\cup ab')xy\cup(a'\cup b)xy'\cup$$
$$(a\cup b')x'y\cup(a'b\cup ab')x'y'=0$$

是相容的.

证

$$\begin{aligned}\prod_A f(A)&=(a'b\cup ab')(a'\cup b)(a\cup b')(a'b\cup ab')\\&=(a'b\cup ab')(a'\cup b)(a\cup b')a'b(a\cup b')\\&=0\end{aligned}$$

事实上,方程(5.10)就是方程组(见例 5.4)

$$\begin{cases}xy'=ab'\\x'y=a'b\end{cases}$$

此方程组显然是相容的,因为它有一个明显的特解

$$x=a,y=b$$

例 5.10 求二元方程

$$c'xy\cup(b\cup c)xy'\cup(a\cup c)x'y\cup$$
$$(a\cup b\cup c)x'y'=0$$

的相容条件.

解

$$\prod_A f(A)=c'(b\cup c)(a\cup c)(a\cup b\cup c)=abc$$

故0方程(5.11)的相容条件为

$$abc=0$$

此条件即

$$ab\leqslant c$$

这也是很自然的,因为方程(5.11)即方程组(见例5.5)

$$\begin{cases}a\leqslant x\\ b\leqslant y\\ xy=c\end{cases}$$

于是

$$\begin{cases}a\leqslant x\\ b\leqslant y\end{cases}\Rightarrow ab\leqslant xy\xlongequal{(5.14)}c$$

§4　逐次消元法

解 n 元布尔0方程

$$f(x_1,\cdots,x_n)=0$$

的一个方法叫逐次消元法,此法的大意如下:

将 $f(x_1,\cdots,x_n)$ 看作仅是 x_n 的函数,于是,方程(5.24)变为

$$f(x_1,\cdots,x_{n-1},1)x_n\cup f(x_1,\cdots,x_{n-1},0)x_n'=0 \tag{5.36}$$

若其满足相容条件

$$f(x_1,\cdots,x_{n-1},1)f(x_1,\cdots,x_{n-1},0)=0 \tag{5.37}$$

则根据定理 5.3,方程(5.36) 有解

$$x_n = f(x_1, \cdots, x_{n-1}, 0)t_n' \cup f'(x_1, \cdots, x_{n-1}, 1)t_n \tag{5.38}$$

注意,由 n 元方程(5.24) 得到的(5.37) 已是 $n-1$ 元方程,对(5.37) 又可进行类似的消元过程,如此下去,即可逐次消去未知元,并同时逐个地求得(5.24) 的解向量 $\boldsymbol{X}=(x_1, \cdots, x_n)$ 的每一分量.

下面我们更严格地叙述一下这种消去过程.若取

$$f_p(x_1, \cdots, x_p) = \prod_{(\alpha_{p+1}, \cdots, \alpha_n)} f(x_1, \cdots, x_p, \alpha_{p+1}, \cdots, \alpha_n) \quad (p=1,2,\cdots,n) \tag{5.39}$$

则

$$\begin{aligned} f_n(x_1, \cdots, x_n) &= f(x_1, \cdots, x_n) \\ f_{n-1}(x_1, \cdots, x_{n-1}) &= \prod_{\alpha_n} f(x_1, \cdots, x_{n-1}, \alpha_n) \\ &= f(x_1, \cdots, x_{n-1}, 1) \cdot \\ &\quad\ f(x_1, \cdots, x_{n-1}, 0) \end{aligned} \tag{5.40}$$

因此(5.24) 即

$$f_n(x_1, \cdots, x_n) = 0 \tag{5.24$'$}$$

(5.37) 即

$$f_{n-1}(x_1, \cdots, x_{n-1}) = 0 \tag{5.37$'$}$$

(5.37$'$) 是 $n-1$ 个未知元的 0 方程,它的相容条件为

$$f_{n-1}(x_1, \cdots, x_{n-2}, 1) f_{n-1}(x_1, \cdots, x_{n-2}, 0) = 0 \tag{5.41}$$

由于

$$\begin{aligned} (5.41)\ \text{的左端} &= \prod_{\alpha_{n-1}} f_{n-1}(x_1, \cdots, x_{n-2}, \alpha_{n-1}) \\ &\xlongequal{(5.40)} \prod_{\alpha_{n-1}} \left(\prod_{\alpha_n} f(x_1, \cdots, x_{n-2}, \alpha_{n-1}, \alpha_n) \right) \end{aligned}$$

$$= \prod_{(\alpha_{n-1},\alpha_n)} f(x_1,\cdots,x_{n-2},\alpha_{n-1},\alpha_n)$$

$$\overset{(5.39)}{=\!=\!=} f_{n-2}(x_1,\cdots,x_{n-2})$$

故(5.41)即

$$f_{n-2}(x_1,\cdots,x_{n-2})=0 \qquad (5.41')$$

它已是 $n-2$ 个未知元的0方程，如此下去，即有

$$\begin{cases} f_n(x_1,\cdots,x_n)=f(x_1,\cdots,x_n)=0 \quad (5.24.n) \\ f_{n-1}(x_1,\cdots,x_{n-1})=\prod\limits_{\alpha_n} f(x_1,\cdots,x_{n-1},\alpha_n) \\ \qquad =0 \quad (5.24.n-1) \\ f_{n-2}(x_1,\cdots,x_{n-2})=\prod\limits_{(\alpha_{n-1},\alpha_n)} f(x_1,\cdots,x_{n-2},\alpha_{n-1},\alpha_n) \\ \qquad =0 \quad (5.24.n-2) \\ f_{n-3}(x_1,\cdots,x_{n-3})=\prod\limits_{(\alpha_{n-2},\alpha_{n-1},\alpha_n)} f(x_1,\cdots,x_{n-3}, \\ \qquad \alpha_{n-2},\alpha_{n-1},\alpha_n) \\ \qquad =0 \quad (5.24.n-3) \\ \qquad \vdots \\ f_1(x_1)=\prod\limits_{(\alpha_2,\cdots,\alpha_n)} f(x_1,\alpha_2,\cdots,\alpha_n)=0 \quad (5.24.1) \end{cases} \qquad (5.42)$$

以及

$$f_0=\prod_{(\alpha_1,\cdots,\alpha_n)} f(\alpha_1,\cdots,\alpha_n)=0$$

最后一式写成向量形式即

$$f_0=\prod_{\mathbf{A}} f(\mathbf{A})=0 \qquad (5.43)$$

它就是方程(5.24)的相容条件(5.31). 由此可见，相容条件是逐次消元的结果，因而有：

定义 5.7　布尔 0 方程(5.24)的相容条件(5.31)又称为该方程的消元式或结式.

布尔 0 方程组(5.42)可以简记为

$$f_p(x_1,\cdots,x_p)=0\quad(p=1,2,\cdots,n)\tag{5.42'}$$

或

$$f_p(x_1,\cdots,x_{p-1},1)x_p\cup f_p(x_1,\cdots,x_{p-1},0)x_p{}'=0\quad(p=2,3,\cdots,n)\tag{5.44}$$

由系 5.2 知,(5.44)(因而原方程(5.24))有解

$$f_p(x_1,\cdots,x_p,0)\leqslant x_p\leqslant f_p{}'(x_1,\cdots,x_{p-1},1)\quad(p=2,3,\cdots,n)\tag{5.45}$$

由定理 5.3 知,(5.44)(因而原方程(5.24))有解

$$x_p=f_p(x_1,\cdots,x_{p-1},0)t_p{}'\cup f_p{}'(x_1,\cdots,x_{p-1},1)t_p\quad(p=2,3,\cdots,n)\tag{5.46}$$

或

$$x_p=f_p{}'(x_1,\cdots,x_{p-1},1)t_p\cup f_p(x_1,\cdots,x_{p-1},0)t_p{}'\quad(p=2,3,\cdots,n)\tag{5.47}$$

于是有:

定理 5.5　若 n 元布尔 0 方程(5.24)是相容的,则在规定(5.39)之下,它等价于 0 方程组(5.42′),并有解(5.45)或(5.46)或(5.47).

例 5.11　用逐次消元法解二元 0 方程

$$ax_1x_2\cup bx_1x_2{}'\cup cx_1{}'x_2\cup dx_1{}'x_2{}'=0$$

解　此方程可写成

$$(ax_1\cup cx_1{}')x_2\cup(bx_1\cup dx_1{}')x_2{}'=0\tag{5.48}$$

消去 x_2 得

$$(ax_1\cup cx_1{}')(bx_1\cup dx_1{}')=0$$

即

$$abx_1 \cup cdx_1{}' = 0 \quad (5.49)$$

若其相容条件

$$abcd = 0$$

满足,则由(5.49)与(5.48)分别得

$$x_1 = (ab)'t_1 \cup cdt_1{}' = (a' \cup b')t_1 \cup cdt_1{}' \quad (5.50)$$

$$x_2 = (ax_1 \cup cx_1{}')'t_2 \cup (bx_1 \cup dx_1{}')t_2{}' \quad (5.51)$$

再求 $x_1{}'$,即

$$\begin{aligned} x_1{}' &= ((a' \cup b')t_1 \cup cdt_1{}')' \\ &= (a' \cup b')'t_1 \cup (cd)'t_1{}' \\ &= abt_1 \cup (c' \cup d')t_1{}' \end{aligned}$$

将它及(5.50)代入(5.51)并化简,得

$$\begin{aligned} x_2 = &[(a' \cup bc')t_1 \cup (a'd \cup c')t_1{}']t_2 \cup \\ &[b(a' \cup d)t_1 \cup d(b \cup c')t_1{}']t_2{}' \end{aligned} \quad (5.52)$$

(5.50)及(5.52)就是方程(5.35)的参数解.

例 5.12　解布尔方程组

$$\begin{cases} xy' = ab' \\ x'y = a'b \end{cases}$$

解　由例5.4知,此方程组等价于0方程

$$\begin{aligned} &[(a'b \cup ab')x \cup (a \cup b')x']y \cup \\ &[(a' \cup b)x \cup (ab' \cup a'b)x']y' = 0 \end{aligned} \quad (5.53)$$

消去 y 并化简得

$$a'bx \cup ab'x' = 0$$

例5.6已给出 x 的值,为了求出 y,可作如下变形:对(5.6)的两边求补后再同乘 x,得

$$xy = x(a' \cup b) \quad (5.54)$$

由(5.54)及(5.7)得

$$y = a'b \cup x(a' \cup b) \tag{5.55}$$

将 x 的值代入(5.55),即得方程组(5.5)的解集

$$S = \{(ab', a'b), (a, b), (b', a'), (a \cup b', a' \cup b)\} \tag{5.56}$$

§5 简单布尔方程

定义 5.8 若 $f_1(X)$ 及 $f_2(X)$ 是简单布尔函数,则

$$f_1(X) = 0 \tag{5.57}$$

及

$$f_2(X) = 1 \tag{5.58}$$

称为简单布尔0—1方程;若 $f_1(X)$ 及 $f_2(X)$ 是非简单的布尔函数(即除待定元外,还含有其他的文字,这种文字在方程中叫参数),则叫参数布尔 0 — 1 方程. 若 $f_1(X)$ 及 $f_2(X)$ 是开关函数,则分别叫简单开关0—1方程与参数开关 0 — 1 方程.

这一节将介绍简单布尔方程的三个解法:1 值集解法、分支解法及图解法.

定理 5.6 简单布尔 1 方程

$$f(X) = 1 \tag{5.59}$$

的解集就是 $f(X)$ 的 1 值集.

证 每一个非 0 的简单布尔函数 $f(X)$ 都可以写成它的 1 值表示

$$f(X) = \bigcup_{A \in S} X^A \tag{5.60}$$

而且对每一个 $A \in S$ 都有

$$f(A)=\bigcup_{A\in S}A^{A}=1$$

故每一个 $A\in S$ 都是简单布尔 1 方程(5.59) 的解,即 1 值集 S 是(5.59) 的解集.

例 5.13　求解简单布尔方程

$$xyz\cup x'y'z=1 \qquad (5.61)$$

解

$$xyz\cup x'y'z=x^{1}y^{1}z^{1}\cup x^{0}y^{0}z^{1}=X^{111}\cup X^{001}$$

故方程(5.61) 的解集为

$$S=\{111,001\}$$

也就是说,方程(5.61) 有两组解

$$\begin{cases}x=1\\y=1,\\z=1\end{cases}\begin{cases}x=0\\y=0\\z=1\end{cases}$$

例 5.14　求解简单布尔方程

$$x_{2}'x_{3}'\cup x_{1}x_{3}=0 \qquad (5.62)$$

解　首先要将这个 0 方程变成对应的 1 方程:为此两边同时求补得

$$x_{1}'x_{3}\cup x_{1}'x_{2}\cup x_{2}x_{3}'=1 \qquad (5.63)$$

然后求(5.63) 的 1 值集(即解集). 由于

$$\begin{aligned}&x_{1}'x_{3}\cup x_{1}'x_{2}\cup x_{2}x_{3}'\\&=x_{1}'x_{2}^{*}x_{3}\cup x_{1}'x_{2}x_{3}^{*}\cup x_{1}^{*}x_{2}x_{3}'\\&=X^{0*1}\cup X^{01*}\cup X^{*10}\\&=(X^{001}\cup X^{011})\cup(X^{010}\cup X^{011})\cup(X^{010}\cup X^{110})\\&=X^{001}\cup X^{011}\cup X^{010}\cup X^{110}\end{aligned}$$

故方程(5.62) 的解集为

$$S=\{001,011,010,110\}$$

这种用求 1 值集来求解集的方法就是 1 值集解法. 这是简单 0－1 布尔方程的一种基本解法;但某些

特殊情况用其他方法则更简单.例如,求解简单开关方程

$$x_3'x_2 = 1 \tag{5.64}$$

时,若用此法,则需先将 $x_3'x_2$ 展成1值表示,求得1值集

$$S = \{110, 010\}$$

再说明此二解可合为一个解

$$\begin{cases} x_2 = 1 \\ x_3 = 0 \end{cases}$$

比较费事;改用如下的解法将更简单:由

$$x_3'x_2 = 1 \Leftrightarrow \begin{cases} x_3' = 1 \Leftrightarrow x_3 = 0 \\ x_2 = 1 \end{cases}$$

即得解

$$\begin{cases} x_3 = 0 \\ x_2 = 1 \end{cases}$$

又如,求解如下形状的简单布尔方程组

$$\begin{cases} f_i(X) = 1 \quad (i = 1, 2, \cdots, p) \\ g_j(X) = 0 \quad (j = 1, 2, \cdots, q) \end{cases} \tag{5.65}$$

时,若用1值集解法,则需先将此方程组变成对应的1方程,也比较复杂;可改用如下的分支解法,其求解步骤是:先选择

$$f_i(X) = 1 \quad (i = 1, 2, \cdots, p)$$

中的一个,求出其解,分别代入其他方程:

(1) 只要有一个不满足,就不是(5.65)的解.

(2) 若全满足,则得一个化简的(已消去一些待定元的)方程组,再对它进行同样的过程,直至求得(5.65)的全部解.

例 5.15 求解简单布尔方程组

$$\begin{cases} x_1'x_3 \cup x_2x_3' = 1 & (5.67) \\ x_3x_1x_4 \cup x_1x_2 = 1 & (5.68) \\ x_3x_1 \cup x_4x_5 \cup x_1x_4 = 0 & (5.69) \end{cases} \quad (5.66)$$

解　(1) 选择(5.67)，求得(5.67)的两组解 S_1，S_2，即

$$S_1:\begin{cases} x_1 = 0 \\ x_3 = 1 \end{cases},\ S_2:\begin{cases} x_2 = 1 \\ x_3 = 0 \end{cases}$$

(2) 将解 S_1 与 S_2 分别代入(5.68)与(5.69)即知，S_1不是解，而由 S_2 得

$$\begin{cases} x_1 = 1 & (5.68') \\ x_4x_5 \cup x_1x_4 = 0 & (5.69') \end{cases} \quad (5.70)$$

(3) 再对(5.70)进行分支解法，得

$$\begin{cases} x_1 = 1 \\ x_4 = 0 \\ x_5 = 1 \end{cases},\ \begin{cases} x_1 = 1 \\ x_4 = 0 \\ x_5 = 0 \end{cases}$$

(4) 故方程组(5.66)的解集为

$$S = \{11001, 11000\}$$

由于卡诺图能直接给出 1 值集，因此可用卡诺图来求解简单布尔 1 方程

$$f(X) = 1$$

这种用卡诺图求解布尔方程的方法叫图解法.

例 5.16　解简单布尔方程

$$x_2x_3' \cup x_1'x_3 = 1 \quad (5.71)$$

解　(1) 画出

$$f(X) = x_2x_3' \cup x_1'x_3$$

的卡诺图(图 5.2).

(2) 由填 1 格的坐标(图 5.3)即得方程(5.71)的解集

$$S=\{001,011,010,110\}$$

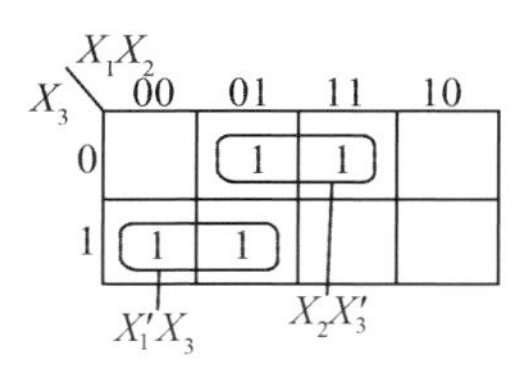

图 5.2

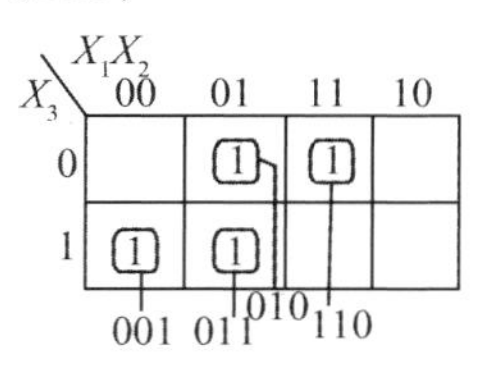

图 5.3

例 5.17 用卡诺图解简单布尔方程组

$$\begin{cases} x_1{}'x_3 \cup x_2x_3{}'=1 \\ x_3x_1x_4 \cup x_1x_2=1 \\ x_3x_1 \cup x_4x_5 \cup x_1x_4=0 \end{cases} \tag{5.72}$$

解 (1) 画出此方程组中的 1 方程的 1 值集及 0 方程的 0 值集(图 5.4 ~ 5.6).

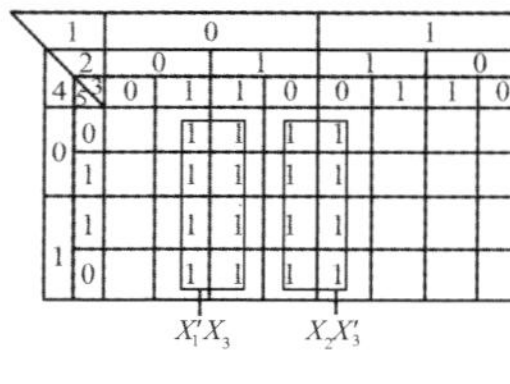

图 5.4

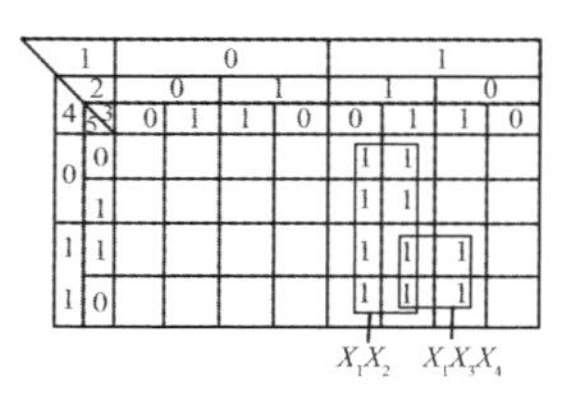

图 5.5

(2) 将三者合于同一个卡诺图[①](图 5.4、图 5.5、图 5.6,见图 5.7),取值为“111”的格(的坐标)即为所求的解

$$S=\{11001,11000\}$$

① 分成这四个图仅仅是为了说明原理,实际上前三个图无须画出.

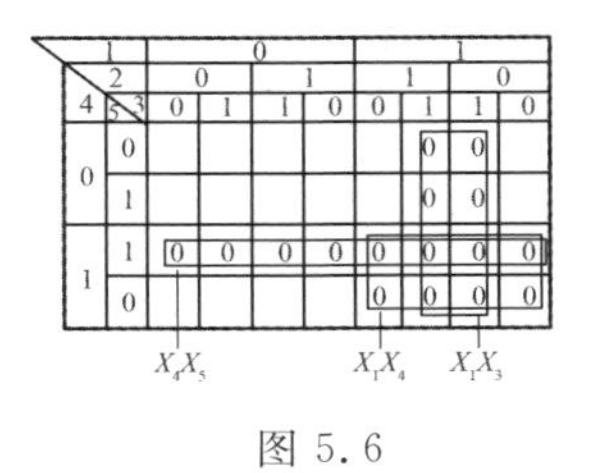

图 5.6

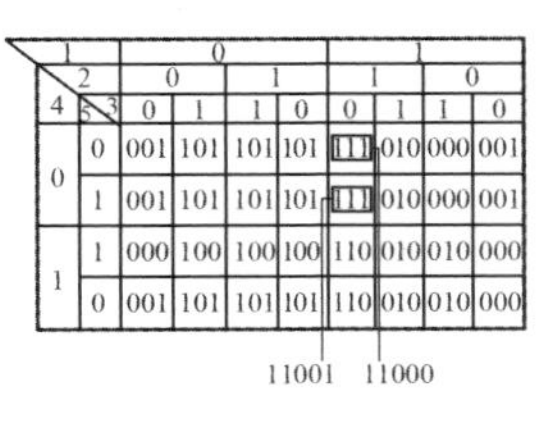

图 5.7

§6　参数布尔方程

由定义 5.8 易知，参数布尔方程

$$f(\boldsymbol{X}) = * \quad (* = 0 \text{ 或 } 1) \tag{5.73}$$

可以更明确记作

$$f(\boldsymbol{X},\boldsymbol{Y}) = * \tag{5.73'}$$

其中 $\boldsymbol{X} = (x_1,\cdots,x_n)$ 是待定元向量，而 $\boldsymbol{Y} = (y_1,\cdots,y_p)$ 是参数向量.

定义 5.9　若(5.73′)是布尔代数 $\langle \mathscr{B}, \cup, \cdot, ', 0, 1\rangle$ 上的参数布尔方程，$FB(\boldsymbol{Y})$ 是用这个方程的参数集 $\{y_1,\cdots,y_p\}$ 生成的简单布尔函数的全体作成的集

$$FB(\boldsymbol{Y}) = \{g(y_1,\cdots,y_p) \mid g \text{ 是简单布尔函数}\}$$

则 $\langle FB(\boldsymbol{Y}), \cup, \cdot, ', 0, 1\rangle$ 是用参数集自由生成的自由布尔代数，可简称为参生代数.

能给出(参数)布尔方程的所有解的参数解(或再生解)叫参数通解(或再生通解).

像例 5.1 及 5.2 那样的实际问题，要求解出的 $\boldsymbol{X}$ 是 $\boldsymbol{Y}$ 的简单布尔函数，叫在参生代数上求解. 在参生代数上求出的特解叫参上解，求出的通解(参数通解或再生通解)叫参上通解(参上参数通解或参上再生通

解).

应指出的是,前面的某些(由非简单的布尔函数构成的)布尔方程就是参数布尔方程,例如,1 元布尔方程

$$ax \cup bx' = 0$$

就是一个参数布尔方程,它的

$$\boldsymbol{X} = (x), \boldsymbol{Y} = (a, b)$$

因此,前面介绍的逐次消元法也就是能(在参生代数上)求解参数布尔方程的一个解法.

但是,如前所述,随着未知元的增多,逐次消元法的计算量增加得很快.例如,用此法解例 5.2 中的 3 元开关方程组

$$\begin{cases} xy = c \cup ab \\ yz = a \cup bc \\ zx = b \cup ac \end{cases}$$

时,计算量就已相当大了.因此,人们自然要寻找其他更简便的一般解法.

其中的一个办法就是先求一个特解,再用所谓的扩展定理求得其通解.

这一节先给出求特解的两个方法:图解法及或组解法,然后再介绍扩展定理.

所谓图解法,也就是用卡诺图求解布尔方程的方法.通常图解法只用来求解简单布尔方程,现将其推广,用它来求解参数布尔方程

$$f(\boldsymbol{X}, \boldsymbol{Y}) = 1 \tag{5.74}$$

的参上解.我们有如下定理:

定理 5.7　设 (5.74) 是参数布尔方程,若以 $X - Y$ 为坐标轴作 $f(\boldsymbol{X}, \boldsymbol{Y})$ 的卡诺图,则由此图中的

某些填 1 格可以找到方程(5.74) 的参上解.

证　取

$$\boldsymbol{Z}=(\boldsymbol{X},\boldsymbol{Y})=(x_1,\cdots,x_n,y_1,\cdots,y_p)\in\mathscr{B}^{n+p}$$

则参数布尔方程(5.74) 变成简单布尔方程

$$f(\boldsymbol{Z})=1 \tag{5.75}$$

以 $X-Y$ 为横竖坐标轴作卡诺框,作出 $f(\boldsymbol{Z})$ 的卡诺图. 由定理 5.6 知,方程(5.75) 的解集就是 $f(\boldsymbol{Z})$ 的 1 值集,也就是这个卡诺图上的那些填 1 格. 因此,由某个或某些填 1 格的并集就可以找到所要求的解.

例 5.18　用图解法求解参数布尔方程

$$ax\cup bx'=0$$

解　图解法仅适用于 1 方程,因此首先应对两边求补并将已知方程变成对应的 1 方程

$$a'x\cup b'x'=1$$

再作

$$f(x,a,b)=xa'\cup x'b'$$

的卡诺图(图 5.8). 由加圈的两个填 1 格即得方程(5.19)(也就是原方程) 的一个参上解

$$x=a'$$

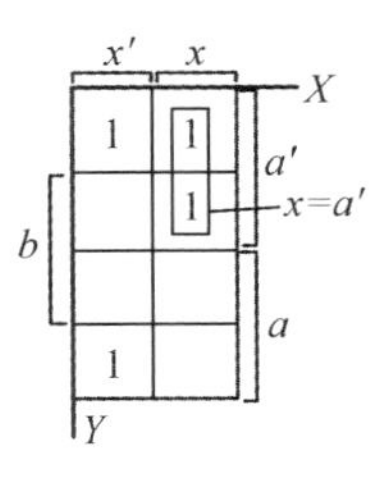

图 5.8

由另外加圈的两个填 1 格(图 5.9) 又得另一个参上解

$$x'=b'\quad(\text{即 } x=b)$$

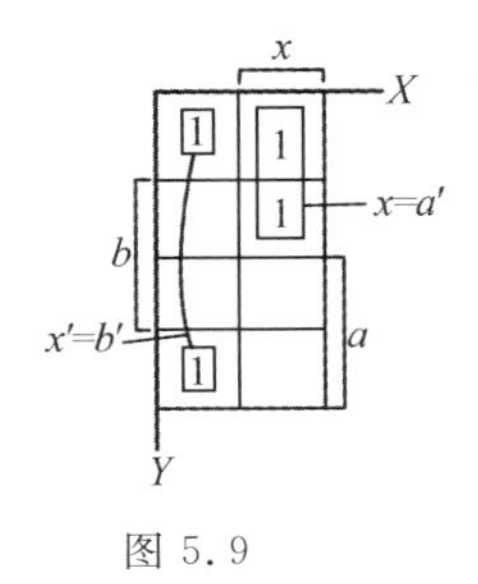

图 5.9

定理 5.8　用图解法解参数布尔方程组

$$f_i(\boldsymbol{X},\boldsymbol{Y})=g_i(\boldsymbol{X},\boldsymbol{Y})\quad(i\geqslant 1) \tag{5.76}$$

时,无须先变成1方程. 在 $X-Y$

卡诺框中直接作 f_ig_i 或 $f_i'g_i'$ 的卡诺图，即可求得(5.76)的参上解.

证 $f_i=g_i\Leftrightarrow(f_i'\cup g_i)(f_i\cup g_i')=1$

$$\Leftrightarrow f_ig_i\cup f_i'g_i'=1\overset{\text{定义5.11}}{\Leftrightarrow}\begin{cases}f_ig_i=1\\f_i'g_i'=1\end{cases}$$

例 5.19 仍以解参数布尔方程组

$$\begin{cases}xy'=ab'\\x'y=a'b\end{cases}$$

为例，用图解法求此方程组的参上解.

解 作函数

$$f_1g_1=(xy')(ab')$$

及

$$f_2g_2=(x'y)(a'b)$$

的卡诺图(图 5.10)，即得方程组(5.5)的参上解(图 5.11)

$$x=a,y=b$$

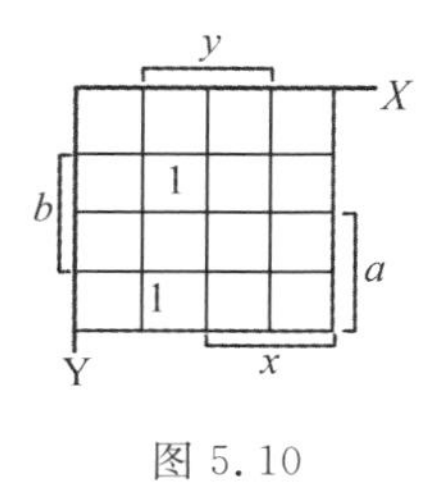

图 5.10

5.11

例 5.20 用图解法解例 5.2 中的参数开关方程组

$$\begin{cases}xy=c\cup ab\\yz=a\cup bc\\zx=b\cup ac\end{cases}\tag{5.77}$$

解　作

$$f_1g_1 = xy(c \cup ab)$$

$$f_2g_2 = yz(a \cup bc)$$

$$f_3g_3 = zx(b \cup ca)$$

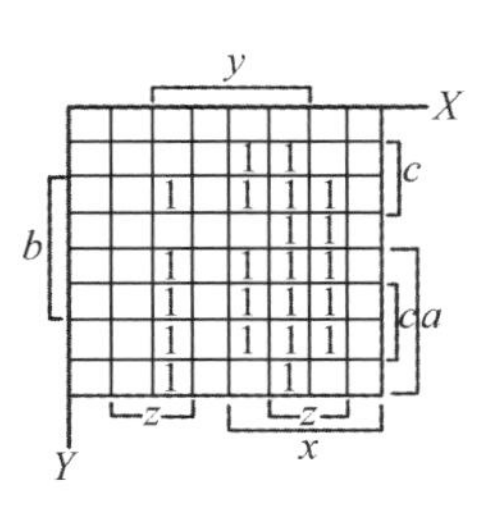

图 5.12

的卡诺图(图 5.12),即可从中分解出方程组(5.77)的参上解(图 5.13)

$$x = b \cup c, y = a \cup c, z = a \cup b$$

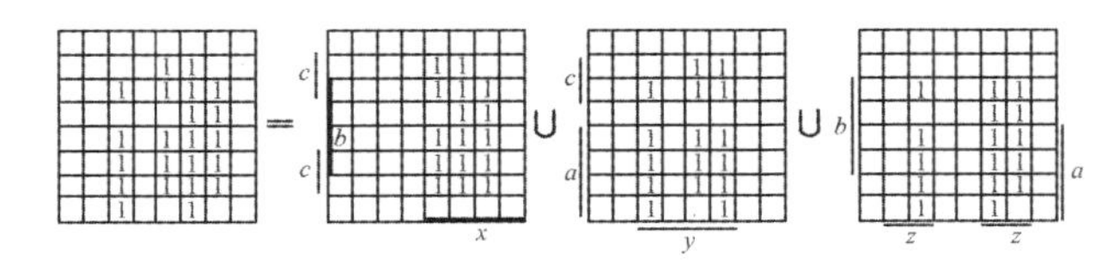

图 5.13

这个参上解的实际意义的图示见图 5.14.

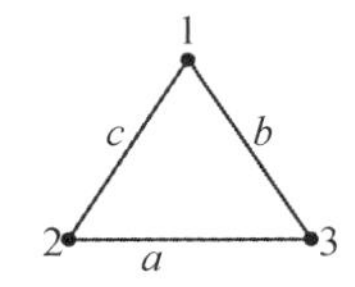

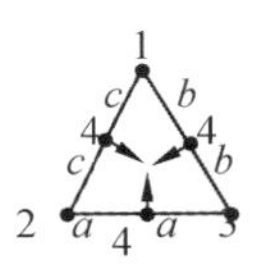

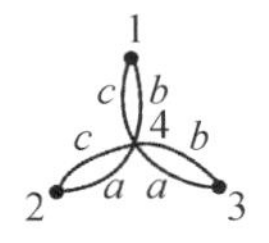

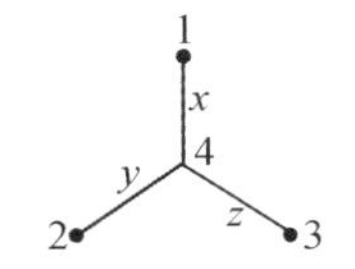

图 5.14

图解法的优点是直观,但对较大的 n 及 p,要直观地分解出它的参上解是有一定困难的.

下面我们把这种几何解法代数化,变成一个与之对应的或组解法. 由例5.18 容易想到:参数 1 方程

$$a'x \cup b'x' = 1$$

和或组方程组

$$\begin{cases} x = a' & (5.78.1) \\ x' = b' & (5.78.0) \end{cases} \quad (5.78)$$

等价. 所谓或组解法，就是用等价或组来求原方程(1 方程) 的参上特解，再用扩展定理求得其参上通解.

定义 5.10 若布尔方程组

$$\begin{cases} P_1 = F_1 \\ P_2 = F_2 \\ \vdots \\ P_m = F_m \end{cases} \tag{5.79}$$

的含义是指

$$P_1 = F_1 \text{ 或 } P_2 = F_2 \text{ 或 } \cdots\cdots \text{ 或 } P_m = F_m$$
$$\text{或 } P_1 \cup P_2 = F_1 \cup F_2 \text{ 或 } P_1 \cup P_3 = F_1 \cup F_3$$
$$\text{或 } \cdots\cdots \text{ 或 } P_{m-1} \cup P_m = F_{m-1} \cup F_m$$
$$\text{或 } \cdots\cdots \text{ 或 } P_1 \cup P_2 \cup \cdots \cup P_m = F_1 \cup F_2 \cup \cdots \cup F_m$$

且其中的"或"是不排他的逻辑或，则称方程组(5.79) 为(布尔方程) 或组；称

$$\begin{cases} P_{i_1} = F_{i_1} \\ P_{i_2} = F_{i_2} \\ \vdots \\ P_{i_k} = F_{i_k} \end{cases} \quad (1 \leqslant i_k \leqslant m)$$

为(5.79) 子或组；称

$$P_1 \cup P_2 \cup \cdots \cup P_m = F_1 \cup F_2 \cup \cdots \cup F_m$$

为(5.79) 的最大子或组. $F_1, F_2, \cdots, F_m$ 皆为 1 的或组

$$\begin{cases} P_1 = 1 \\ P_2 = 1 \\ \vdots \\ P_m = 1 \end{cases} \tag{5.80}$$

称为 1 或组. 所谓或组(5.79) 的解，就是它的所有可解子或组的解.

通常的方程组可叫与组，这种方程组的解必须适合它的每一个方程.或组则不同，或组的解至少适合它的某一个子或组，但也可适合每一个子或组(只有唯一解时)，关于或组方程，下面给出一种解法.

定理 5.9　1 或组(5.80)与其最大子或组

$$P_1 \cup P_2 \cup \cdots \cup P_m = 1 \qquad (5.81)$$

等价.

证　(5.81)是(5.80)的子或组，故(5.81)的解自然都是(5.80)的解.

反之，设

$$U=\{1,\cdots,m\},V=\{i_1,\cdots,i_k\}\subset U,W=U\backslash V$$

于是

$$\bigcup_{u\in U} P_u = \bigcup_{v\in V} P_v = \bigcup_{w\in W} P_w$$

因而所有使

$$\bigcup_{v\in V} P_v = 1$$

的值都是使

$$\bigcup_{u\in U} P_u = 1$$

的值，即(5.80)的解也都是(5.81)的解.

系　若参数布尔 1 方程

$$f(\boldsymbol{X},\boldsymbol{Y})=1$$

的小项标准型为

$$\bigcup_{\boldsymbol{A}} c_{\boldsymbol{A}}\boldsymbol{X}^{\boldsymbol{A}} = 1 \qquad (5.82)$$

其中 $c_{\boldsymbol{A}}=f(\boldsymbol{A},\boldsymbol{Y})$，则 1 方程(5.82)等价于或组

$$c_{\boldsymbol{A}}=\boldsymbol{X}^{\boldsymbol{A}}=1 \quad (\forall \boldsymbol{A}\in\{0,1\}^n\subset\mathscr{B}^n) \qquad (5.83)$$

证

$$(5.74) \overset{\text{定理5.9}}{\Longleftrightarrow} \text{或组 } c_{\boldsymbol{A}}\boldsymbol{X}^{\boldsymbol{A}}=1$$

$$(\forall \boldsymbol{A}\in\{0,1\}^n\subset\mathscr{B}^n)\Leftrightarrow(5.83)$$

定理 5.10　1 方程(5.82) 和与组

$$c_A \boldsymbol{X}^A = \boldsymbol{X}^A \quad (\forall \boldsymbol{A} \in \{0,1\}^n \subset \mathscr{B}^n) \tag{5.84}$$

等价.

证　此定理即

$$(5.82) \Leftrightarrow (5.84)$$

先证"⇐":若(5.84) 有解 $\boldsymbol{X} = \Xi$,且

$$c_A \Xi^A = \Xi^A \tag{5.85}$$

则

$$\bigcup_A c_A \boldsymbol{X}^A = \bigcup_A c_A \Xi^A \xlongequal{(5.85)} \bigcup_A \Xi^A = 1$$

故 $\boldsymbol{X} = \Xi$ 也是(5.82) 的解.

再证"⇒"(用反证法):若对确定的 $\boldsymbol{X}$,有 $\boldsymbol{B}$ 使(5.84) 不成立,则

$$c_B \boldsymbol{X}^B \neq \boldsymbol{X}^B \Leftrightarrow \boldsymbol{X}^B \leqslant c_B \Leftrightarrow \boldsymbol{X}^B \cdot c_B{}' \neq 0$$

则可证(5.82) 也不成立:设$\{\boldsymbol{C}\} = \{0,1\}^n \backslash \{\boldsymbol{B}\}$,则

$$\begin{aligned}(\bigcup_A c_A \boldsymbol{X}^A)' &= \bigcup_A c_A{}' \boldsymbol{X}^A \\ &= (\bigcup_B c_B{}' \boldsymbol{X}^B) \cup (\bigcup_C c_C{}' \boldsymbol{X}^C) \neq 0\end{aligned}$$

系　1 方程(5.82) 有解 $\boldsymbol{X} = \Xi$ 的充要条件是

$$c_A \Xi^A = \Xi^A \tag{5.86}$$

有了上面这几个定理及系理作为预备知识,我们就可以来推证下面这个关于或组解法的主要定理了.

定理 5.11　任意布尔代数上的参数布尔 1 方程

$$\bigcup_A c_A \boldsymbol{X}^A = 1$$

和下列或组

$$\begin{cases} X^0 = c_0 \\ X^1 = c_1 \\ \quad \vdots \\ X^{2^n - 1} = c_{2^n - 1} \end{cases} \tag{5.87}$$

等价.

证　显然有

$$(5.82)\overset{\text{系}5.9.1}{\Leftrightarrow}(5.83)\Leftrightarrow\begin{cases}\text{或组}(5.87)\\ \text{或组 }\boldsymbol{X}^{\boldsymbol{A}}=1\overset{\text{定理}5.9}{\Leftrightarrow}\bigcup\limits_{\boldsymbol{A}}\boldsymbol{X}^{\boldsymbol{A}}=1\end{cases}$$

由于

$$\bigcup_{\boldsymbol{A}}\boldsymbol{X}^{\boldsymbol{A}}=1$$

是恒成立的公式,故可不写,即得

$$(5.82)\Leftrightarrow(5.87)$$

布尔0方程

$$\bigcup_{\boldsymbol{A}}c_{\boldsymbol{A}}\boldsymbol{X}^{\boldsymbol{A}}=0$$

有唯一解时,其解即由(与组)

$$\begin{cases}X^0=c_0{}'\\ X^1=c_1{}'\\ \quad\vdots\\ X^{2^n-1}=c_{2^n-1}{}'\end{cases}$$

给出.定理5.11则证明了任意布尔1方程(5.82)的解都是由或组(5.87)所给出的.下面我们用两个简单的实例来说明,用等价或组(5.87)不仅能求唯一解,而且确实也能求出具有多个解的1方程(5.82)的诸解.

例5.21　设

$$a'x\cup b'x'=1$$

是无限布尔代数上的1方程(图5.15),试求其解.

解　由定理5.11知,1方程(5.19)和或组

$$\begin{cases}x=a'\\ x'=b'\end{cases}$$

等价.由该或组的子或组(5.78.1)求得

$$x=a'$$

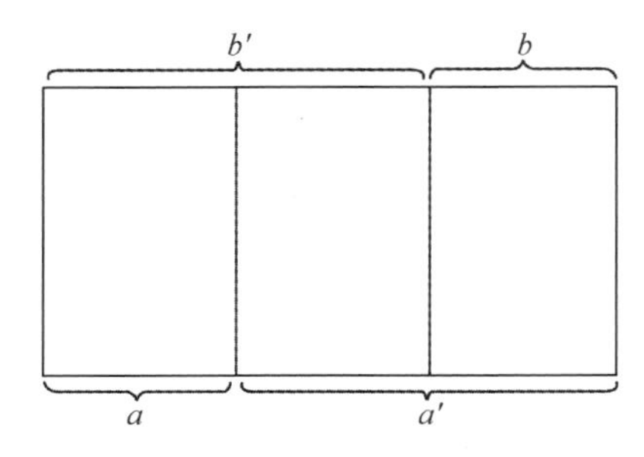

图 5.15

由其子或组(5.78.0) 又求得

$$x=b$$

将此二值分别代入原方程(5.19) 并应用(5.86) 得

$$a' \cdot a' \cup b' \cdot a \xlongequal{(5.86)} a' \cup a=1$$

$$a' \cdot b \cup b' \cdot b' \xlongequal{(5.86)} b \cup b'=1$$

即知它们确实都是原方程解. 但由于(5.19) 有解的充要条件是 $a' \cup b'=1$,即 $a'=b$,故此方程只有唯一解.

例 5.22 设 m 是大于 1 的不能被任意素数的平方除尽的整数,取

$$\mathscr{B}=\{b \mid b \text{ 是 } m \text{ 的因数}\}$$

并对所有的 $a,b \in \mathscr{B}$ 规定

$$a \cdot b=a \text{ 与 } b \text{ 的最大公因数}$$

$$a \cup b=a \text{ 与 } b \text{ 的最小公倍数}$$

$$a'=\frac{m}{a}$$

则$\langle \mathscr{B}, \cup, \cdot, ', 1, m\rangle$ 是一个有限布尔代数. 今取 $m=21$,则

$$\mathscr{B}=\{1,3,7,21\}$$

试求解此有限代数$\langle\{1,3,7,21\}, \cup, \cdot, ', 1, 21\rangle$上的 1 方程

$$3x \cup 21x' = 21 \tag{5.88}$$

解　此方程与或组

$$\begin{cases} x = 3 & (5.89.1) \\ x' = 21 & (5.89.0) \end{cases} \tag{5.89}$$

等价.由于或组(5.89.1)及(5.89.0)分别求得

$$x = 3$$

$$x = 21' = \frac{21}{21} = 1$$

分别代入原方程验算

$$3 \cdot 3 \cup 21 \cdot 3' = 3 \cup 21 \cdot 7 \xlongequal{(5.86)} 3 \cup 7 = 21$$

$$3 \cdot 1 \cup 21 \cdot 1' = 1 \cup 21 \cdot 21 \xlongequal{(5.86)} 1 \cup 21 = 21$$

即知它们是原方程(5.88)的两个不同的解.

系　若在1方程(5.82)中有某个系数$c_B = 1$,则方程(5.82)有特解$X = B$.

证　$c_B = 1$也就是在或组(5.37)中有一个方程为

$$X^B = 1$$

故或组(5.87)(因而原方程(5.82))有解$X = B$.

定义 5.11　若

$$c_{i_1} \cup c_{i_2} \cup \cdots \cup c_{i_k} = 1$$

则称$c_{i_1}, c_{i_2}, \cdots, c_{i_k}$互补.

系　若在1方程(5.82)中有k个小项的系数互补,则由与这些小项对应的方程所构成的子或组可求得方程(5.82)的特解.

证　设在(5.82)中互补的小项系数为c_{i_1},$c_{i_2}, \cdots, c_{i_k}$,且

$$c_{i_1} \cup c_{i_2} \cup \cdots \cup c_{i_k} = 1 \tag{5.90}$$

或组(5.87)中与$c_{i_1}, c_{i_2}, \cdots, c_{i_k}$对应的方程构成的子或组为

$$\begin{cases} X^{i_1} = c_{i_1} \\ X^{i_2} = c_{i_2} \\ \quad\vdots \\ X^{i_k} = c_{i_k} \end{cases}$$

由此得

$$X^{i_1} \cup X^{i_2} \cup \cdots \cup X^{i_k} = c_{i_1} \cup c_{i_2} \cup \cdots \cup c_{i_k} \overset{(5.90)}{=\!=\!=} 1$$

这是一个简单布尔 1 方程,因而有解

$$X = i_1 \text{ 或 } X = i_2 \text{ 或 } \cdots\cdots \text{ 或 } X = i_k$$

显然,它们也是原方程(5.82)的解.

定理 5.12 若方程(5.82)的小项表示记为

$$\bigcup_A c_A \boldsymbol{X}^A = \bigcup_{a_1 \cdots a_n} c_{a_1 \cdots a_n} \boldsymbol{X}^{a_1 \cdots a_n} = 1$$

其中 $A = a_1 a_2 \cdots a_n$,并标记

$$x^0 = x', x^1 = x, x^* = x^0 \cup x^1 = 1, c_* = c_0 \cup c_1$$

$c_{1(j)} = c_{* \cdots * 1 * \cdots *}$($c$ 的下标中仅第 j 位为 1,其余全为 $*$)

$c_{0(j)} = c_{* \cdots * 0 * \cdots *}$($c$ 的下标中仅第 j 位为 0,其余全为 $*$)

则 1 方程(5.82)有特解

$$x_j = c_{1(j)} \quad (j = 1, 2, \cdots, n) \tag{5.91}$$

或

$$x_j = c_{0(j)}{}' \quad (j = 1, 2, \cdots, n) \tag{5.92}$$

证 对任意的 $j \in \{1, 2, \cdots, n\}$ 有

$$\begin{aligned} x_j &= \bigcup_{a_1 \cdots a_n | a_j = 1} \boldsymbol{X}^{a_1 \cdots a_n} \overset{(5.87)}{=\!=\!=} \bigcup_{a_1 \cdots a_n | a_j = 1} c_{a_1 \cdots a_n} \\ &= c_{* \cdots * 1 * \cdots *} = c_{1(j)} \end{aligned}$$

同理可证

$$x_j{}' = c_{0(j)}$$

此定理中的(5.91)是说,方程(5.82)中的所有含 x_j 的小项的系数

$$c_{a_1\cdots a_{j-1}1a_{j+1}\cdots a_n}\quad (a_1,\cdots,a_{j-1},a_{j+1},\cdots,a_n\in\{0,1\})$$

的布尔和即为 x_j；同样，(5.92) 是说，方程(5.82) 中的所有含 x_j' 的小项的系数的布尔和的布尔补就是所求的 x_j.

例 5.23　求下列 1 方程的特解

$$(ab\cup a'b')xy\cup ab'xy'\cup a'bx'y\cup(ab\cup a'b')x'y'=1 \tag{5.93}$$

解　含 x 的小项是前两项，它们的系数的布尔和为 x，即

$$x=(ab\cup a'b')\cup ab'=a\cup b'$$

含 y 的小项是第 1 项与第 3 项，它们的系数的布尔和为 y，即

$$y=(ab\cup a'b')\cup a'b=a'\cup b$$

类似的，由第 3,4 项可求得 x'，由第 2,4 项可求得 y'，它们是 1 方程(5.93) 的另一个特解

$$x=a'b,y=ab'$$

为了由布尔 0 方程的特解求得其通解，给出了如下的扩展定理：

定理 5.13　若 $\boldsymbol{X}=\boldsymbol{\Xi}$ 是布尔 0 方程

$$g(\boldsymbol{X})=0 \tag{5.94}$$

的特解，则

$$\boldsymbol{X}=\boldsymbol{\Xi}g(\boldsymbol{T})\cup\boldsymbol{T}g'(\boldsymbol{T}) \tag{5.95}$$

是方程(5.94) 的再生通解.

证　先证如下两个结论：

(1) 在布尔代数中，若 $t,v_i,w_i\in\mathscr{B}$；$\boldsymbol{V}=(v_1,\cdots,v_n)$，$\boldsymbol{W}=(w_1,\cdots,w_n)$，$\boldsymbol{A}=(\alpha_1,\cdots,\alpha_n)\in\mathscr{B}_2^n$，则

$$(t\boldsymbol{V}\cup t'\boldsymbol{W})^{\boldsymbol{A}}=t\boldsymbol{V}^{\boldsymbol{A}}\cup t'\boldsymbol{W}^{\boldsymbol{A}} \tag{5.96}$$

事实上

$$(t\boldsymbol{V}\cup t'\boldsymbol{W})^{\boldsymbol{A}}=(tv_1\cup t'w_1)^{\alpha_1}\cdots(tv_n\cup t'w_n)^{\alpha_n}$$
$$=(tv_1^{\alpha_1}\cup t'w_1^{\alpha_1})\cdots(tv_n^{\alpha_n}\cup t'w_n^{\alpha_n})$$
$$=(tv_1^{\alpha_1}\cdots v_n^{\alpha_n})\cup(t'w_1^{\alpha_1}\cdots w_n^{\alpha_n})$$
$$=t\boldsymbol{V}^{\boldsymbol{A}}\cup t'\boldsymbol{W}^{\boldsymbol{A}}$$

(2) 在布尔代数中有

$$f(t\boldsymbol{V}\cup t'\boldsymbol{W})=tf(\boldsymbol{V})\cup t'f(\boldsymbol{W})\qquad(5.97)$$

事实上

$$f(t\boldsymbol{V}\cup t'\boldsymbol{W})=\bigcup_{\boldsymbol{A}}f(\boldsymbol{A})(t\boldsymbol{V}\cup t'\boldsymbol{W})^{\boldsymbol{A}}$$
$$\overset{(5.96)}{=\!=\!=}\bigcup_{\boldsymbol{A}}f(\boldsymbol{A})(t\boldsymbol{V}^{\boldsymbol{A}}\cup t'\boldsymbol{W}^{\boldsymbol{A}})$$
$$=t\bigcup_{\boldsymbol{A}}f(\boldsymbol{A})\boldsymbol{V}^{\boldsymbol{A}}\cup t'\bigcup_{\boldsymbol{A}}f(\boldsymbol{A})\boldsymbol{W}^{\boldsymbol{A}}$$
$$=tf(\boldsymbol{V})\cup t'f(\boldsymbol{W})$$

现在来证定理本身:由于对每一个 $\boldsymbol{T}\in\mathscr{B}^n$ 都有

$$f(\Xi f(\boldsymbol{T})\cup\boldsymbol{T}f'(\boldsymbol{T}))$$
$$\overset{(5.97)}{=\!=\!=}f(\boldsymbol{T})f(\Xi)\cup f'(\boldsymbol{T})f(\boldsymbol{T})=0$$

故(5.95)是(5.94)的参数通解;进一步,若 $\boldsymbol{X}$ 满足

$$f(\boldsymbol{X})=0$$

则

$$f'(\boldsymbol{X})=1$$

故有

$$\Xi f(\boldsymbol{X})\cup\boldsymbol{X}f'(\boldsymbol{X})=\boldsymbol{X}$$

所以(5.95)是方程(5.94)的再生通解.

但图解法及或组解法求得的特解是用 1 方程求得的,因此要由这种特解求得再生通解,需对此定理作如下变形:

定理 5.14　若 $\boldsymbol{X}=p(\boldsymbol{Y})$ 是参数布尔 1 方程

$$f(\boldsymbol{X},\boldsymbol{Y})=1$$

的特解,则

$$\boldsymbol{X}=p(\boldsymbol{Y})f'(\boldsymbol{X},\boldsymbol{Y})\cup \boldsymbol{T}f(\boldsymbol{T},\boldsymbol{Y}) \qquad (5.98)$$

是方程(5.82)的再生通解.

证　对(5.94)的两边同时求补,并令

$$f=g'$$

即由定理 5.13 得到此定理.

例 5.24　求解无限布尔代数上的 1 方程

$$\begin{cases} x_1x_2'=ab' \\ x_1'x_2=a'b \end{cases}$$

的再生通解.

解　由例 5.19 知,此方程有特解

$$x_1=a, x_2=b$$

由例 5.4 知,此方程组等价于 0 方程

$$(a'b\cup ab')x_1x_2\cup(a'\cup b)x_1x_2'\cup$$
$$(a\cup b')x_1'x_2\cup(a'b\cup ab')x_1'x_2'=0$$

两边同时求补,得与之等价的 1 方程

$$(ab\cup a'b')x_1x_2\cup ab'x_1x_2'\cup a'bx_1'x_2\cup$$
$$(ab\cup a'b')x_1'x_2'=1 \qquad (5.99)$$

再应用公式(5.98)即得再生通解

$$\begin{aligned} x_1=&a[(a'b\cup ab')t_1t_2\cup(a'\cup b)t_1t_2'\cup \\ &(a\cup b')t_1't_2\cup(a'b\cup ab')t_1't_2']\cup \\ &t_1[(ab\cup a'b')t_1t_2\cup ab't_1t_2'\cup \\ &a'bt_1't_2\cup(ab\cup a'b')t_1't_2'] \end{aligned}$$

$$\begin{aligned} x_2=&b[(a'b\cup ab')t_1t_2\cup(a'\cup b)t_1t_2'\cup \\ &(a\cup b')t_1't_2\cup(a'b\cup ab')t_1't_2']\cup \\ &t_2[(ab\cup a'b')t_1t_2\cup ab't_1t_2'\cup \\ &a'bt_1't_2\cup(ab\cup a'b')t_1't_2'] \end{aligned}$$

化简后得

$$x_1=a(t_1\cup t_2\cup b')\cup b't_1t_2$$
$$x_2=b(t_1\cup t_2\cup a')\cup a't_1t_2$$

第6章 布尔矩阵

这一章的内容是解释布尔向量和布尔矩阵的基本概念①.

为了开展布尔矩阵的讨论，我们必须首先从布尔代数的概念着手.

我们即将陈述的布尔代数的定义是以亨廷顿于1904年引进的一种结构为基础的.

一个布尔代数就是一个数学系统$(\beta, +, \cdot)$，它由一个非空集合β和两个定义在β上的二元运算"+"与"·"构成，它们满足下列条件：(1) 运算"+"和"·"都是交换的，即对于所有的$a, b \in \beta$，都有$a+b=b+a$，$a \cdot b=b \cdot a$；(2) 每一个

① 本章选自金基恒(K. H. Kim)的《布尔矩阵理论及其应用》.

运算对于另一个运算而言都是分配的,即对于所有的 $a,b,c\in\beta$ 都有 $a+(b\cdot c)=(a+b)\cdot(a+c)$,$a\cdot(b+c)=a\cdot b+a\cdot c$;(3) 对于运算"+"和"•",有互异的单位元素分别为 0 和 1,即对于所有的 $a\in\beta$,恒有 $a+0=a$,$a\cdot 1=a$;(4) 对于每个 $a\in\beta$ 都存在一个元素 $a^c\in\beta$,这个元素称为 a 的补元素,它满足 $a+a^c=1$,$a\cdot a^c=0$.

布尔代数是以英国数学家乔治 · 布尔命名的. 关于布尔代数的初等性质, 读者可参阅鲁狄阿努(S. Rudeanu)、霍恩(F. E. Hohn)和阿比安(A. Abian)的著作. 关于布尔代数在运筹学上的一种应用,请参阅哈默(P. L. Hammer)与鲁狄阿努的著作.

由两个元素所组成的布尔代数在应用中最常用到,所有其他的有限布尔代数只不过是二元布尔代数的摹本(copy)的直和. 不仅如此,我们还证明了:经过同态映射,任何一个布尔代数矩阵理论都能化为二元布尔代数的情况. 我们将用 β_0 表示具有三个运算"+""•""^{c}"的集合{0,1},这些运算的定义是:$0+0=0\cdot 1=1\cdot 0=0\cdot 0=0$,$1+0=0+1=1+1=1\cdot 1=1$,$0^c=1$ 以及 $1^c=0$. 通常我们把 $a\cdot b$ 中的点省略掉而把 $a\cdot b$ 写成 ab. 今后只要不另作声明,我们所说的向量或矩阵所指的就是 β_0 上的向量或矩阵. 矩阵用大写字母 $\boldsymbol{A}$,$\boldsymbol{B}$ 等表示,而向量则用小写字母表示.

二元布尔代数最为人熟知的用途是在符号逻辑学中,在符号逻辑学里,0 代表"伪",1 代表"真". 运算"+""•""^{c}"就代表"与""或""非". 然而二元布尔代数还有其他的解释:在开关电路中,1 和 0 可以表示有或没有电流,而"+"和"·"可以表示开关是并联的或是串联的.另外一个重要的解释是:0可以代表0这个数,而1代表由正数所组成的集合.因此,$1+1=1$就表示"一个正数加上一个正数还是一个正数".不但如此,0和1还以符号形式反映了中国的古书《易经》(一本关于变易的哲学经典著作,或者说是关于天意的书)中的宇宙的二元论哲学思想,这就是说,0代表"阴"(负力、地、坏、被动、破坏、黑夜、秋季、矮、水、寒冷等),而1代表"阳"(正力、天、好、主动、建设、白昼、春天、高、火、炎热等).

一个半群就是在满足结合律的二元运算之下封闭的一个集合.我们当然知道,β_0对于运算"+"和"·"而言都是交换半群.事实上,不难看出,两个分配律在β_0中都成立.

一个半环就是一个带有加法和乘法的系统,它对这两种运算都是封闭的而且是结合的,对加法而言是交换的而且还满足分配律.这样一个系统$(\beta_0,+,\cdot)$称为一个半环.

我们把β_0上的矩阵称为布尔矩阵.这样一个矩阵可以解释为一个二元关系.有很多论文、书籍、讲稿和学位论文讨论过二元关系,它是数学中的一个已经形成的很重要的分支.

(二元)关系的研究历史很悠久.作为逻辑学研究的主题,亚里士多德就已提到过关系这一概念,并把它作为他的所讨论的一个范畴.但是,除了提到它之外,他并没有做多少工作.关系的现代研究起始于德·摩根,但是,却是由皮尔斯最先充分发展起来的.皮尔斯的工作被施罗德所继承,并被系统地发展了怀特海德

和罗素在他们的著作《数学原理》(*Principia Mathematica*) 中给出了关系的逻辑的最有名的表述.

已经有许多文章讨论关系半群及其子半群的抽象特性,也还有许多文章讨论过可以表示为关系半群的半群. 研究这个课题可作为一般性参考的文献. 我们可以参看下列作者的著作:施瓦兹(S. Schwarz)、沙因(B. M. Schein)、普莱蒙斯(R. J. Plemmons) 与韦斯特(M. T. West)、华莱士(A. D. Wallace)、里基特(J. Riguet)、扎列茨基(K. A. Zaretski)、格卢斯金(L. M. Gluskin)、蒙塔古(J. S. Montague) 与普莱门斯、金基恒、马尔柯夫斯基以及辛普森(R. J. Simpson).

然而,关于布尔矩阵的工作相对来说还是很少的. 早在 1880 年,皮尔斯就已把矩阵概念应用于关系逻辑,当时他并不知道凯莱的工作. 他引进矩阵的一部分原因似乎是想把它作为关系分类的工具,另一部分原因似乎是想用它作为说明或例子. 伯格(C. Berge)、哈拉里(F. Harary)、哈拉雷、诺曼(R. Z. Norman) 与卡特赖特(D. Cartwright),还有一些其他作者在他们的著作中都用一两章的篇幅介绍布尔矩阵,把它作为图论和网络理论中的一种计算方法. 事实上,所有最新的工作都在数学和其他学科,例如,非负矩阵的贝龙-弗罗比尼乌斯(Perron-Frobenius) 理论、马尔柯夫链等方面有着应用.

定义$\underline{n}=\{1,2,\cdots,n\}$,用$|\underline{n}|$表示$\underline{n}$的基数(势). 有时候,如果指标所跑过的集合是不言而喻的,我们就把表达式加以简写,例如,我们不写

$$\sum_{i=0}^{k} a_i$$

而可以把它简写为

$$\sum_{\underline{m}} a_i$$

其中$\underline{m} < \underline{n}$,甚至写作

$$\sum a_i$$

§1 布尔向量

为了开展进一步的讨论,我们下一个要提出的结构就是布尔向量.一个布尔向量就是一个 n 元组,它的元素都属于一个布尔代数.这样一些 n 元组可以相加,可以与布尔代数的元素相乘,或者作为布尔矩阵的运算对象.虽然在本书中布尔向量与布尔矩阵的关系是主要的讨论对象,而在组合数学中布尔向量和布尔向量空间有着它本身的理论兴趣.譬如说,我们可以把一个集合的任意一个子集与一个布尔向量相联系.

这一节里的大部分材料都可以从金基恒和马尔柯夫斯基的著作中找到.

定义 6.1　设 V_n 表示 β_0 上的所有 n 元组$(a_1, a_2, \cdots, a_n)$的集合.V_n 的一个元素称为一个n维的布尔向量.带有按分量相加的运算的系统 V_n 称为n 维布尔向量空间.

应该提到,只要规定两个如下的运算"+"和"·",就可以把 V_n 作成一个布尔代数:对所有 $a_i, b_i \in \beta_0$,有

$$(a_1, a_2, \cdots, a_n) + (b_1, b_2, \cdots, b_n)$$
$$= (a_1 + b_1, a_2 + b_2, \cdots, a_n + b_n)$$
$$(a_1, a_2, \cdots, a_n)(b_1, b_2, \cdots, b_n) = (a_1 b_1, a_2 b_2, \cdots, a_n b_n)$$

定义 6.2　设 $V^n=\{\boldsymbol{v}^{\mathrm{T}} \mid \boldsymbol{v}\in V_n\}$，其中 $\boldsymbol{v}^{\mathrm{T}}$ 表示列向量

$$\begin{bmatrix} v_1 \\ v_2 \\ \vdots \\ v_n \end{bmatrix}$$

定义 6.3　向量 $\boldsymbol{v}$ 的互补向量 $\boldsymbol{v}^c$ 定义为这样的向量：当且仅当 $v_i=0$ 时，$v_i^c=1$，这里 v_i 表示 $\boldsymbol{v}$ 的第 i 个分量.

设 $\boldsymbol{u},\boldsymbol{v}\in V^n$，我们定义 $\boldsymbol{uv}=(\boldsymbol{v}^{\mathrm{T}}\boldsymbol{u}^{\mathrm{T}})^{\mathrm{T}}$，$\boldsymbol{u}+\boldsymbol{v}=(\boldsymbol{u}^{\mathrm{T}}+\boldsymbol{v}^{\mathrm{T}})^{\mathrm{T}}$，$(\boldsymbol{u}^c)^{\mathrm{T}}=(\boldsymbol{u}^{\mathrm{T}})^c$ 和 $\boldsymbol{u}_K=\boldsymbol{u}_K^{\mathrm{T}}$. 因此，作为一个布尔代数，$V^n$ 与 V_n 同构. 因而，我们通常将只讨论 V_n.

定义 6.4　设 $\boldsymbol{e}_i$ 是一个 n 元组，它的第 i 个坐标是 1，其余的坐标都是 0，我们还定义 $\boldsymbol{e}_i=\boldsymbol{e}_i^{\mathrm{T}}$.

我们通常把$(0,0,\cdots,0)$ 或$(0,0,\cdots,0)^{\mathrm{T}}$ 记作 $\mathbf{0}$，因为往往从上下文就能看清我们所指的是什么.

定义 6.5　V_n 的一个子空间就是 V_n 的一个子集，这个子集包含零向量，并对向量加法而言是封闭的. 一个向量集合 W 的生成空间就是包含 W 的所有的子空间的交集，记作 $\langle W\rangle$.

应该指出，只要我们接受空和(empty sum) 等于 $\mathbf{0}$ 的约定，$\langle W\rangle$ 就是 W 的元素的所有有限和的集合.

例 6.1　(1) 设 $W_1=\{(0\ 0\ 0),(1\ 0\ 0),(0\ 1\ 0),(0\ 0\ 1),(1\ 1\ 0),(0\ 1\ 1),(1\ 0\ 1),(1\ 1\ 1)\}$，那么 W_1 是 V_3 的一个子空间.

(2) 设 $W_2=\{(0\ 0\ 0),(1\ 0\ 0),(0\ 0\ 1),(1\ 1\ 0),(0\ 1\ 1),(1\ 1\ 1)\}$，那么 W_2 就不是 V_3 的子空间.

定义 6.6　设 $W\subset V_n$，我们说一个向量 $\boldsymbol{v}\in V_n$ 与

W 相关,当且仅当 $\boldsymbol{v} \in \langle W \rangle$. 一个集合 W 称为无关的,当且仅当对于所有 $\boldsymbol{v} \in W$,$\boldsymbol{v}$ 与 $W \backslash \{\boldsymbol{v}\}$ 不是相关的,这里"\"表示集合的差. 如果 W 不是无关的,我们就说它是相关的.

定义 6.7　设 $\boldsymbol{u},\boldsymbol{v} \in V_n$,我们说 $\boldsymbol{u} \leqslant \boldsymbol{v}$ 当且仅当对于每个使 $u_i = 1$ 的 i 都有 $v_i = 1$. 我们说 $\boldsymbol{u} < \boldsymbol{v}$,如果 $\boldsymbol{u} \leqslant \boldsymbol{v}$,但 $\boldsymbol{u} \neq \boldsymbol{v}$.

定义 6.8　设子空间 $W \subset V_n$,W 的一个子集合 B 称为 W 的一个基(basis)当且仅当 $W = \langle B \rangle$,而且 B 是一个无关的集合.

可以看出,$\{\boldsymbol{e}_1,\boldsymbol{e}_2,\cdots,\boldsymbol{e}_n\}$ 是 V_n 的基底. 而且,如果 B 是一个子空间 W 的一个基底,那么,W 的每个元素都是 B 的元素的有限和. 还应指出,V_n 的所有元素对于加法和乘法都是幂等的,因而,只可能有有限多个互异的和. 而且,如果 W 是一个子空间,就有 $W = \langle W \rangle$.

定理 6.1　设 W 是 V_n 的一个子空间,那么,存在 V_n 的一个子集合 B,这个 B 是 W 的一个基底.

证　设 B 是 W 中这样一些向量的全体的集合:它们不是 W 中小于本身的向量的和. 这样,B 就是一个无关集合. 假定 B 产生了 W 的一个真子空间,那么,令 $\boldsymbol{v}$ 是 $W \backslash \langle B \rangle$ 的一个极小向量. 这时,$\boldsymbol{v}$ 就可以表示成较小的一些向量的和,这是因为它不属于 B. 但是,这些较小的向量必定在 $\langle B \rangle$ 中,因为 $\boldsymbol{v}$ 是极小的. 因此,$\boldsymbol{v}$ 属于由 B 产生的子空间. 这就是一个矛盾,所以,B 产生了 W 并且是它的基底. 根据无关性,B 必定被包含在每个基底中. 设 B' 是另外一个基底,并且设 $\boldsymbol{u}$ 是 $B' \backslash B$ 的一个极小元素. 那么,按照上面的推理,$\boldsymbol{u}$ 是相关的. 这个矛盾证明了 $B' = B$,这样就证明了这个定理.

§2　布尔矩阵

这里我们将说明什么是一个布尔矩阵以及布尔矩阵怎样相加和相乘(实际上,除了各元素是按布尔法则相加和相乘之外,布尔矩阵的加法和乘法与复数矩阵是相同的).由于布尔代数对于加法不形成一个群,在本书的论述过程中将看到布尔矩阵的性质与域上的矩阵区别很大.V_n 上的每个线性变换可以用唯一的一个布尔矩阵表示.布尔矩阵可以由图(graph)产生,或者用把正项用 1 替换的办法从非负实矩阵中导出.但是,它们最经常出现于二元关系的表示中.在这一节的末尾,我们将提到三个特殊的应用.

研究布尔矩阵的最重要的方法之一就是考虑它的行空间,即由它的行向量所张成的 V_n 的子空间.行空间构成一种特殊类型的半序集合,这种集合称为格.

我们将说明关于布尔矩阵的基本情况.

定义 6.9　β_0 上的一个 $m\times n$ 矩阵称为一个阶数是 $m\times n$ 的布尔矩阵.所有这样的 $m\times n$ 矩阵的集合用 B_{mn} 表示.如果 $m=n$,我们就把它写作 B_n.B_{mn} 的元素常被称为关系矩阵、布尔关系矩阵、二元关系矩阵、二元布尔矩阵、0－1 布尔矩阵和 0－1 矩阵.

定义 6.10　设 $\mathbf{A}=(a_{ij})\in B_{mn}$,那么,元素 a_{ij} 称为 $\mathbf{A}$ 的(i,j)项.$\mathbf{A}$ 的(i,j)项有时也用 A_{ij} 表示.$\mathbf{A}$ 的第 i 行就是序列 $a_{i1},a_{i2},\cdots,a_{in}$,而 $\mathbf{A}$ 的第 j 列就是序列 $a_{1j},a_{2j},\cdots,a_{nj}$.我们用 $\mathbf{A}_{i*}$ $(\mathbf{A}_{*i})$ 表示 $\mathbf{A}$ 的第 i 行(列).

应该指出,一个行(列)向量就是 $B_{1n}(B_{m1})$ 的一个元素.

定义 6.11 一个 $n\times m$ 零矩阵就是一个所有项都是 0 的矩阵. 一个 $n\times n$ 单位矩阵就是矩阵(δ_{ij}),这里 $\delta_{ij}=1$,若 $i=j$;而 $\delta_{ij}=0$,若 $i\neq j$. 一个 $n\times m$ 全一矩阵(universal matrix)$\boldsymbol{J}$ 就是一个所有的项都是 1 的矩阵.

由于矩阵的阶数往往能从上下文清楚地看出,在大多数情况下,我们不写出矩阵的阶数. 矩阵的加法和乘法与复数矩阵相同,只不过元素的和与积都是布尔的而已. 至于转置、对称性、幂等性等概念都与实矩阵或复矩阵相同.

例 6.2 如果

$$\boldsymbol{A}=\begin{bmatrix}1&1&1\\1&0&1\\0&1&0\end{bmatrix},\boldsymbol{B}=\begin{bmatrix}1&1&1\\1&1&1\\0&1&1\end{bmatrix}$$

那么

$$\boldsymbol{A}+\boldsymbol{B}=\begin{bmatrix}1&1&1\\1&1&1\\0&1&1\end{bmatrix},\boldsymbol{AB}=\begin{bmatrix}1&1&1\\1&1&1\\1&1&1\end{bmatrix}$$

定义 6.12 我们用记法 $\boldsymbol{A}^2$ 表示乘积 $\boldsymbol{AA}$,$\boldsymbol{A}^3=\boldsymbol{AA}^2$,一般的,$\boldsymbol{A}^k=\boldsymbol{AA}^{k-1}$,$k$ 是任意正整数. 出于明显的理由,矩阵 $\boldsymbol{A}^k$ 称为 $\boldsymbol{A}$ 的 k 次幂. 符号 $a_{ij}^{(k)}$ 和 $\boldsymbol{A}_{ij}^{(k)}$ 表示 $\boldsymbol{A}^k$ 的(i,j)项和(i,j)块(block). 符号$(\boldsymbol{A}_{ij})^k$ 表示 $\boldsymbol{A}$ 的(i,j)块的 k 次幂.

定义 6.13 集合 X 上的一个二元关系(binary relation)就是 $X\times X$ 的一个子集合. 两个关系 ρ_1,ρ_2 的合成 r 是这样一个关系:$(x,y)\in r$,当且仅当存在一个 z,使得$(x,z)\in\rho_1$,而且$(z,y)\in\rho_2$.

两个二元关系的合成的矩阵就是两个关系的矩阵的布尔积. 此外,我们还可以把一个布尔矩阵解释为一个图.

定义 6.14　一个有向图 G 的邻接矩阵 $\mathbf{A}_G$ 是一个矩阵 $\mathbf{A}=(a_{ij})$,其中 $a_{ij}=1$,如果存在一个从顶点 v_i 到顶点 v_j 的弧,$a_{ij}=0$,如果不存在这样的弧. 一个有向图 G 确定一个布尔矩阵 $\mathbf{A}_G$,同时,一个 $\mathbf{A}_G$ 也确定一个 G.

具有共同顶点的两个有向图在通常意义下的乘积以矩阵 $\mathbf{A}_{G_1}$,$\mathbf{A}_{G_2}$ 作为其邻接矩阵. 由于存在这样一些对应关系,解布尔矩阵的问题时,自然可以采用二元关系理论和图论中的术语和符号.

例 6.3　设

$$\mathbf{A}=\begin{bmatrix}1 & 0 & 0\\1 & 1 & 1\\0 & 0 & 1\end{bmatrix}$$

这时,$\mathbf{A}$ 所表示的二元关系就是$\{(x_1,x_1),(x_2,x_1),(x_2,x_2),(x_2,x_3),(x_3,x_3)\}$,而相应于 $\mathbf{A}$ 的有向图如图 6.1 所示.

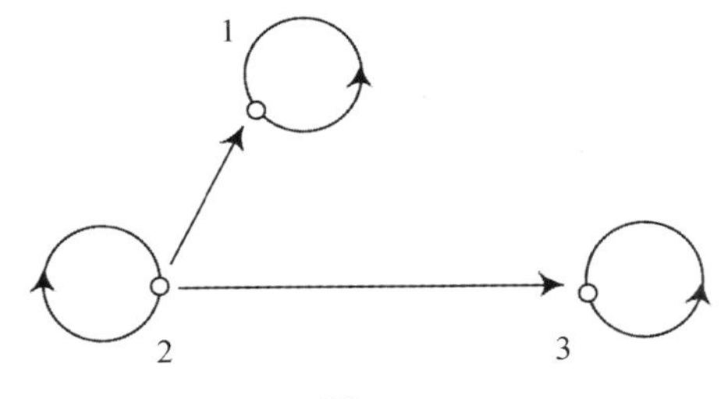

图 6.1

容易看出,对于乘法而言,B_n 形成一个半群. 然而,B_{mn} 对于乘法而言并不形成半群.

定义 6.15　一个方阵称为一个排列矩阵(permutation matrix),如果它的每一行和每一列中只包含一个1.设 P_n 表示所有的 $n \times n$ 的排列矩阵的集合.

定义 6.16　一个布尔矩阵的转置就是把它的行改写成列,把列改写成行而得出的矩阵. $\boldsymbol{A}$ 的转置用 $\boldsymbol{A}^{\mathrm{T}}$ 表示.

应该指出,如果 $\boldsymbol{A} \in P_n$,就有 $\boldsymbol{A}\boldsymbol{A}^{\mathrm{T}} = \boldsymbol{A}^{\mathrm{T}}\boldsymbol{A} = \boldsymbol{I}$. 而且集合 P_n 形成半群 B_n 的一个子群.

定义 6.17　一个矩阵称为一个部分排列矩阵(partial permutation matrix),如果它的每一行和每一列中最多包含一个1.

定义 6.18　设 $\boldsymbol{A}, \boldsymbol{B} \in B_{mn}$,我们用 $\boldsymbol{B} \leqslant \boldsymbol{A}$ 表示:对于所有的 i 和 j,如果 $b_{ij} = 1$ 就有 $a_{ij} = 1$.

我们要指出,如果 $\boldsymbol{A}$ 是一个部分排列矩阵,那么就有 $\boldsymbol{A}\boldsymbol{A}^{\mathrm{T}} \leqslant \boldsymbol{I}$ 和 $\boldsymbol{A}^{\mathrm{T}}\boldsymbol{A} \leqslant \boldsymbol{I}$.

定义 6.19　矩阵 $\boldsymbol{A}$ 的行空间就是由 $\boldsymbol{A}$ 的所有的行构成的集合所生成的空间. 可以类似地定义列空间. 用 $R(\boldsymbol{A})(C(\boldsymbol{A}))$ 表示 $\boldsymbol{A}$ 的行(列)空间.

例 6.4　设

$$\begin{bmatrix} 1 & 0 & 0 \\ 1 & 1 & 0 \\ 1 & 0 & 1 \end{bmatrix}$$

那么,$R(\boldsymbol{A}) = \{(0\ 0\ 0), (1\ 0\ 0), (1\ 1\ 0), (1\ 0\ 1), (1\ 1\ 1)\}$,而 $C(\boldsymbol{A}) = \{(0\ 0\ 0)^{\mathrm{T}}, (0\ 1\ 0)^{\mathrm{T}}, (0\ 1\ 1)^{\mathrm{T}}, (1\ 1\ 1)^{\mathrm{T}}\}$.

定义 6.20　集合 X 上的一个反身的、反对称的并且传递的关系,称为 X 上的一个半序关系(partial

order relation). 一个集合 X 连同 X 中的一个特定的半序关系 P，称为一个半序集合. 一个线性序(linear order)(也称为全序(total order)) 是这样一个半序关系：对于所有的 x,y 都有 $(x,y) \in P$ 或 $(y,x) \in P$.

定义 6.21　一个格就是这样一个半序集合：其中的每一对元素都有一个最小上界(并) 和一个最大下界(交). 运算并和交分别用"$\vee$"和"$\wedge$"表示.

例 6.5　带有关系"$\leqslant$"的实数集合，带有关系"$\subseteq$"的一个集合的所有子集构成的类，以及带有关系"$\subseteq$"的一个拓扑的开集类或闭集类都是格的实例.

定义 6.22　如果对于所有的元素 A,B,C 都有 $A \vee (B \wedge C) = (A \vee B) \wedge (A \vee C)$，我们就说这个格是分配的. 这个条件与对偶条件 $A \wedge (B \vee C) = (A \wedge B) \vee (A \wedge C)$ 是等价的.

例 6.6　由所有的集合构成的格是分配的. 一个拓扑的所有开集构成的集合也是分配的. 对这两种情况"$\wedge$"就是"$\cap$"，而"$\vee$"就是"$\cup$".

如果 $\mathbf{A} \in B_{mn}$，那么，$R(\mathbf{A})(C(\mathbf{A}))$ 是一个格. 在这种情况中，两个元素的并就是它们的和，而两个元素的交就是 $R(\mathbf{A})$ 中同时不大于这两个元素的元素之和. 当然，$\mathbf{0}$ 是公用的下界，而 $R(\mathbf{A})$ 中所有元素之和是公用的上界. 为了使表述更为清晰，当我们希望对 $R(\mathbf{A})(C(\mathbf{A}))$ 是格的事实予以注意时，常把 $R(\mathbf{A})(C(\mathbf{A}))$ 写成 $LaR(\mathbf{A})(LaC(\mathbf{A}))$.

到目前为止，还只有为数很少的作者企图指示格与二元关系之间的密切关系.

命题 6.1　如果 $\mathbf{A} \in B_{mn}$，那么 $R(\mathbf{A})(C(\mathbf{A}))$ 是 $V_n(V^m)$ 的一个子空间.

证 这个关系对于任意一个半环上的矩阵都成立,证明方法与 R 上的矩阵的情况相同.

例 6.7 设 $\boldsymbol{A}$ 与例 6.4 中相同,如图 6.2 所示.

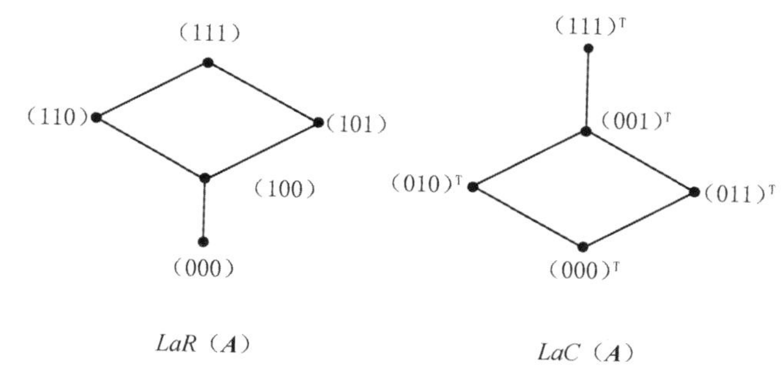

图 6.2

命题 6.2 设 $\boldsymbol{A}\in B_{mk}$,$\boldsymbol{B}\in B_{kn}$,就有 $R(\boldsymbol{AB})\subseteq R(\boldsymbol{B})$ 和 $C(\boldsymbol{AB})\subseteq C(\boldsymbol{A})$.

证 证明由下列事实立即得出:$\boldsymbol{AB}$ 的各行都是 $\boldsymbol{B}$ 的各行之和,等等.

定理 6.2 如果 $\boldsymbol{A}\in B_{mn}$,那么 $|C(\boldsymbol{A})|=|R(\boldsymbol{A})|$.

证 我们将要构造一个 $C(\boldsymbol{A})$ 与 $R(\boldsymbol{A})$ 之间的一一对应. 设 $\boldsymbol{v}\in C(\boldsymbol{A})$,那么就存在一个唯一的集合 $\underline{s}\subseteq\underline{m}\subseteq\underline{n}$,使得

$$\boldsymbol{v}=\sum_{\underline{s}}\boldsymbol{e}^i$$

设 $\underline{s}'=\underline{m}\backslash\underline{s}$(在这个证明中,我们将用"$'$"表示互补). 考虑由下式定义的映射 $f:C(\boldsymbol{A})\to R(\boldsymbol{A})$,有

$$f(\boldsymbol{v})=\sum_{\underline{s}'}\boldsymbol{A}_{i*}$$

其中 $\boldsymbol{v}\in C(\boldsymbol{A})$. 显然,$f$ 是确切定义的. 我们说,下列说法是成立的:

(1) f 是一一映射的. 假设有 $\boldsymbol{v},\boldsymbol{w}\in C(\boldsymbol{A})$,而且

$$\boldsymbol{v}=\sum_{\underline{s}}\boldsymbol{e}^i$$

$$\boldsymbol{w}=\sum_{\underline{t}}\boldsymbol{e}^i$$

其中 $f(\boldsymbol{v})=f(\boldsymbol{w})$,亦即

$$\sum_{\underline{s}'}\boldsymbol{A}_{i*}=\sum_{\underline{t}'}\boldsymbol{A}_{i*}$$

因为 $\boldsymbol{v}\neq\boldsymbol{w}$,我们可以假设存在一个 $p\in\underline{t}\backslash\underline{s}$. 但是,因为 $\boldsymbol{w}\in C(\boldsymbol{A})$,存在一个 $k\in\underline{n}$,使得 $a_{pk}=1$,而且 $\boldsymbol{A}_{*k}\leqslant\boldsymbol{w}$. 因为 $p\in\underline{s}'$,必定有 $(f(\boldsymbol{v}))_k=1$,这意味着存在一个 $q\in\underline{t}'$,使得 $a_{qk}=1$. 但是,因为 $\boldsymbol{A}_{*k}\leqslant\boldsymbol{w}$,这意味着 $\boldsymbol{e}^q\leqslant\boldsymbol{w}$. 然而这是不可能的,因为 $q\in\underline{t}'$,这样就得出 $f(\boldsymbol{v})\neq f(\boldsymbol{w})$.

(2) 因为存在了一个从行空间到列空间内的一一映射,而 f 又是映射的,于是,我们完成了这一证明.

推论　设 $\boldsymbol{A}$ 和 f 与定理 6.2 中的相同,而 $\boldsymbol{v},\boldsymbol{w}\in C(\boldsymbol{A})$,那么 $\boldsymbol{v}\leqslant\boldsymbol{w}$,当且仅当 $f(\boldsymbol{v})\geqslant f(\boldsymbol{w})$.

证　必要性是明显的,因为 $\underline{s}\subset\underline{t}$,当且仅当 $\underline{s}'\supset\underline{t}'$. 充分性可用证明 f 的一一对应性相同的方法予以证明. 假设 $\boldsymbol{w}\nleqslant\boldsymbol{v}$,但是 $f(\boldsymbol{w})\geqslant f(\boldsymbol{v})$,然后用完全相同的步骤证明.

根据上述推论,不失一般性,我们可以假定 f 是一个从 $R(\boldsymbol{A})$ 到 $C(\boldsymbol{A})$ 上的格的反同构.

命题 6.3　设 $\boldsymbol{A}_1,\boldsymbol{A}_2,\cdots,\boldsymbol{A}_k\in B_n$,并且设 $\boldsymbol{B}=\boldsymbol{A}_1\boldsymbol{A}_2\cdots\boldsymbol{A}_k$,那么对于所有的 i 都有 $|C(\boldsymbol{B})|=|R(\boldsymbol{B})|\leqslant|R(\boldsymbol{A}_i)|=|C(\boldsymbol{A}_i)|$.

证　根据命题 6.2,对于任意 $\boldsymbol{M},\boldsymbol{N}$ 都有 $|R(\boldsymbol{MN})|\leqslant|R(\boldsymbol{N})|$ 以及 $|R(\boldsymbol{MN})|=|C(\boldsymbol{MN})|\leqslant|C(\boldsymbol{M})|=|R(\boldsymbol{M})|$. 用归纳法即可由此证明本命题.

定义 6.23 设$\boldsymbol{A}\in\boldsymbol{B}_{mn}$，我们用$B_r(\boldsymbol{A})$表示$R(\boldsymbol{A})$的唯一基底，这个基底称为$\boldsymbol{A}$的行基底. 类似的，用$B_c(\boldsymbol{A})$表示$C(\boldsymbol{A})$的唯一基底，这个基底就称为$\boldsymbol{A}$的列基底. $B_r(\boldsymbol{A})(B_c(\boldsymbol{A}))$的基数称为$\boldsymbol{A}$的行(列)秩，用$\rho_r(\boldsymbol{A})(\rho_c(\boldsymbol{A}))$表示.

应注意$\rho_r(\boldsymbol{0})=\rho_c(\boldsymbol{0})=0$. 一般说来，$\rho_r(\boldsymbol{A})\neq\rho_c(\boldsymbol{A})$，如果$n>3$. 还应指出，一个矩阵的行秩和列秩不因左乘和右乘一个排列矩阵而改变，这就是所谓的矩阵变换或矩阵变形.

例 6.8 如果

$$\boldsymbol{A}=\begin{bmatrix}0&1&0\\0&0&1\\1&0&1\end{bmatrix}$$

就有$B_r(\boldsymbol{A})=\{(010),\ (001),\ (101)\}$，$B_c(\boldsymbol{A})=\{(001)^{\mathrm{T}},(100)^{\mathrm{T}},(011)^{\mathrm{T}}\}$，$\rho_r(\boldsymbol{A})=3$和$\rho_c(\boldsymbol{A})=3$.

例 6.9 如果

$$\boldsymbol{A}=\begin{bmatrix}1&0&1&0\\0&1&1&0\\1&1&0&0\\1&0&0&0\end{bmatrix}$$

那么，$\rho_r(\boldsymbol{A})=4$，而$\rho_c(\boldsymbol{A})=3$.

定义 6.24 格L的一个元素x称为并既约的(join-irreducible)，如果由$x\neq 0$和$b\vee c=x$即可推出$b=x$或$c=x$. 格L的一个元素称为交既约的(meet-irreducible)，如果x不是最大元素，而且由$b\wedge c=x$即可推出$b=x$或$c=x$. 交既约的概念与并既约的概念是对偶的.

应指出，如果$\boldsymbol{A}\in B_{mn}$，那么$B_r(\boldsymbol{A})(B_c(\boldsymbol{A}))$的元

素刚好就是 $LaR(\mathbf{A})(LaC(\mathbf{A}))$ 的并既约元素.

下面我们谈谈布尔矩阵乘法的三种重要应用：疾病诊断、符号逻辑和电路设计.

应用 6.1　(疾病诊断) 莱德累(R. S. Ledley) 考虑了疾病诊断问题，这个问题的数学提法如下：考虑症状 $S_1,S_2,\cdots,S_n$ 和疾病 $D_1,D_2,\cdots,D_m$. 布尔函数 $E(S_1,S_2,\cdots,S_n;D_1,D_2,\cdots,D_m)$ 描述出哪些症状的组合在哪些疾病中出现. 布尔函数 $G(S_1,S_2,\cdots,S_n)$ 表示某一个病人具有的症状. 例如 $G=S_1^cS_2$ 表示这个病人有症状 S_2 而没有症状 S_1. 需要寻求的诊断也是一个布尔函数 $f(D_1,D_2,\cdots,D_m)$，这个函数表明哪些疾病的组合与已有的症状相符.

在这个应用中，我们要把疾病和症状的所有的组合写出来，并把那些与 E 和 G 不一致的组合消除掉. 莱德累指出，一般说来需要有更先进的方法. 这些方法想来应该和应用 6.2 和 6.3 所用的布尔矩阵方法密切相关.

莱德累考虑的另一个问题是：为了得到准确诊断所需的附加检查的最小数目是多少？一般来说，我们可以设法找到一个检查方法，这种方法能够把所有的可能性分成数量大致相等的两部分. 如果我们主要关心的是想知道病人是否有某一个特定的疾病群，莱德累给出了一种可以用下面的例子说明的方法.

例 6.10　我们所说的疾病群是指这样的一些情况：一个病人既有肺炎又有感冒，或者既有心脏病又有肾脏病. 假定先前所做的检查已经把病人的疾病群的可能性压缩到五种情况. 假定我们再做某四项附加检查 T_1,T_2,T_3,T_4. 我们列一个下列形式的表：各行表示相应的检查,各列表示相应的疾病群,(i,j) 项是 1 当且仅当已知疾病群 j 能使检查 T_i 得出阳性结果

$$\begin{array}{c} \text{疾病群} \\ \begin{array}{cc} & \begin{array}{ccccc} 1 & 2 & 3 & 4 & 5 \end{array} \\ \begin{array}{c} T_1 \\ T_2 \\ T_3 \\ T_4 \end{array} & \begin{bmatrix} 1 & 0 & 0 & 1 & 0 \\ 0 & 1 & 1 & 0 & 0 \\ 1 & 0 & 0 & 0 & 1 \\ 1 & 1 & 0 & 0 & 1 \end{bmatrix} \end{array} \end{array}$$

假定我们希望找到一个只用尽可能少的检查就能确定病人是否患有疾病群 1.

如果第 1 列的所有的项都是 1,就转而进行下一步. 如果不是这样,只要表中的$(i,1)$ 项是 0 就把 T_i 改为 T_i^c,T_i^c 表示 T_i 的非.

把第 1 列删掉,我们就得到

$$\begin{array}{cc} & \begin{array}{cccc} 2 & 3 & 4 & 5 \end{array} \\ \begin{array}{c} T_1 \\ T_2^c \\ T_3 \\ T_4 \end{array} & \begin{bmatrix} 0 & 0 & 1 & 0 \\ 0 & 0 & 1 & 1 \\ 0 & 0 & 0 & 1 \\ 1 & 0 & 0 & 1 \end{bmatrix} \end{array}$$

其次,我们找出那些 0 的个数最少的列,这就是第 5 列. 然后找出在这些列中的 0 所在的那些行,这就是第 1 行. 于是 T_1 就是第 1 项检查.

现在删掉第 1 行以及在这一行中有 0 项的列

$$\begin{array}{cc} & 4 \\ \begin{array}{c} T_2^c \\ T_3 \\ T_4 \end{array} & \begin{bmatrix} 1 \\ 0 \\ 0 \end{bmatrix} \end{array}$$

重复这个过程.必须选取第4列,可以选取第3行或第4行.这样,最优的检查序列就是:$\{T_1,T_3\}$或$\{T_1,T_4\}$.这两个序列中的任何一个都一定能确定病人是否有疾病群1.

应用6.2(符号逻辑中的数字计算法)　莱德累用布尔矩阵来寻求一组给定的逻辑条件的前提解和推论解.假设$E_t(A_1,A_2,\cdots,A_i;X_1,X_2,\cdots,X_k)$,$t=1,2,\cdots,r$是这些$A$和$X$的一组逻辑组合,这些组合都是真的.这就是一些方程式.所谓一个前提解就是A和X的另外某一组逻辑组合,从它们的真可以推导出那些E是真的.所谓一个推论解,就是A和X的某一组逻辑组合,它们的真可以由那些E的真推导出来.

莱德累考虑了形如$F_u(f_1,f_2,\cdots,f_j;X_1,X_2,\cdots,X_k)$,$u=1,2,\cdots,s$的前提解和推论解,其中,这些$F$都是已知函数,而这些$f$都是那些$A$的未知函数.

根据E,F这些函数构造布尔矩阵(e_{ab})和(f_{ca}).其中指标a取X的所有的可能值的集合,b取A的所有的可能值的集合,而c取f的所有的可能值的集合.对于给定的$a,b,e_{ab}=1$当且仅当对于A和X的值所有E_t都是真的,对于给定的$a,c,f_{ca}=1$当且仅当对于X和f的那些值所有的F_u都是真的.

这时,解函数f就可以由下列布尔矩阵积得出

$$(f_{ca})(e_{ab})^c=R^c\quad\text{(前提解)}$$

$$(f_{ca})^c(e_{ab})=R^c\quad\text{(推论解)}$$

其中c表示把所有的0改为1并把所有的1改为0.

莱德累还证明了:解的个数以及诸如逻辑相关之类的性质都可以从R中得出.他把他的方法应用于酶化学中的复杂逻辑问题,并且证明他的方法也可以应

用于遗传密码.

例 6.11 对方程 $A_1^c X + A_1 A_2 X^c = 0$，求形如 $X = f(A_1, A_2)$ 的前提解，我们有

(A_1, A_2)

$E =$	00	01	10	11
$X=0$	1	1	1	0
$X=1$	0	0	1	1

X

	0	1
$f=0$	1	0
$f=1$	0	1

$R^c = FE^c = E^c =$

0	0	0	1
1	1	0	0

因此

$R =$	00	01	10	11
$f=0$	1	1	1	0
$f=1$	0	0	1	1

f 是 A 的函数这一条件意味着我们从 R 的每一列中选取一项. 要使 f 是一个前提解，这些项必须是 1.

因此，我们有 f 的两种选取方法

	00	01	10	11
$f=0$	*	*	*	
$f=1$				*
	01	01	10	11

$f=0$	*	*		
$f=1$			*	*

在第一种情况中，根据那些 X 的位置，除非 $A_1=A_2=1$，都有 $f=0$，因而 f 是 A_1A_2. 在第二种情况中，除非 $A_1=1$ 都有 $f=0$，因而 f 是 A_1.

我们的解就是 $x=A_1$ 和 $x=A_1A_2$. 因为 $A_1^cA_1+A_1A_2A_1^c=0+0=0$ 和 $A_1^c(A_1A_2)+(A_1A_2)(A_1A_2)^c=0+0=0$，从这些解就能推出已给的方程.

应用 6.3(数字电路设计)　1938 年，山农(C. E. Shannon) 最早把布尔代数应用于电路设计. 然而，计算方面的困难限制了布尔代数的实际应用. 为了设法消除某些困难，莱德累发展了一些新的数字计算方法，这些方法在医学科学中找到了应用.

莱德累采用了前一种应用中的方法. 假设我们想设计一个数字电路，其输出是它的输入的如图 6.3 形式的已知布尔函数.

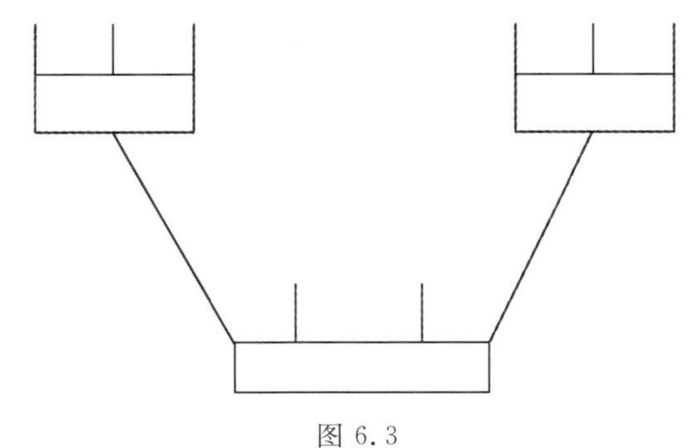

图 6.3

其中的那些 A 和 X 都是输入，F 是一个规定了的电路，而 f_1，f_2 是待求的未知电路.

如果 E 表示所需要的输出，和前面一样，构造矩阵

(e_{ab}) 和 (f_{ca})，其中 a 取 X 的所有的可能值，b 取 A 的所有的可能值，而 c 取 f 的所有的可能值. 令 $e_{ab}=1$ 当且仅当对于由 a，b 给出的那些 X 和 A 的值函数 E 等于 1 时，令 $f_{ca}=1$ 当且仅当对于由 c，a 规定的输入值电路产生一个信号时. 然后，构造由 $\boldsymbol{FE}^c=\boldsymbol{R}_1^c$，$\boldsymbol{F}^c\boldsymbol{E}=\boldsymbol{R}_2^c$ 定义的矩阵 $\boldsymbol{R}_1$，$\boldsymbol{R}_2$，这里的乘积都是布尔积，而 c 表示互补.

然后，取 $\boldsymbol{R}_1^c$ 与 $\boldsymbol{R}_2^c$ 的交 $\boldsymbol{R}$. $r_{ij}=1$ 当且仅当 $(\boldsymbol{R}_1)_{ij}=1$，而且 $(\boldsymbol{R}_2)_{ij}=1$. 考虑 1 一项在 $\boldsymbol{R}$ 中的位置，即可根据 $\boldsymbol{R}$ 作出一个 f_1，f_2 的可能值的表. 这个表给出了可能的解函数 f_1，f_2，而这些解函数就能够表述为电路的语言.

例 6.12 假定希望做出一个电路，其输出 $E=(A_1^cA_3^c+A_2^cA_3)X_1^cX_2^c+(A_1^cA_3^c+A_1A_2)X_1X_2^c+(A_1A_3^c+A_2A_3)X_1^cX_2+(A_1A_2^cA_3^c+A_1^cA_2A_3)X_1X_2$.

设电路 F 的输出是 $f_1^cf_2^cX_2^c+f_1f_2^cX_2+f_1^cf_2\cdot(X_1X_2^c+X_1^cX_2)+f_1f_2X_1^cX_2^c$.

矩阵 $\boldsymbol{E}$ 是

$$\begin{bmatrix}1&0&1&0&1&1&0&0\\1&0&1&1&0&0&0&1\\0&1&0&1&0&0&1&1\\0&1&0&0&0&0&1&0\end{bmatrix}$$

其中 $\boldsymbol{A}$ 的可能值已经按下列顺序排列了

$$\begin{bmatrix}0&1&0&1&0&1&0&1\\0&0&1&1&0&0&1&1\\0&0&0&0&1&1&1&1\end{bmatrix}$$

而 $\boldsymbol{X}$ 的可能值则是按下列顺序排列的

$$\begin{matrix} X_1 & X_2 \\ \end{matrix}$$
$$\begin{bmatrix} 0 & 0 \\ 1 & 0 \\ 0 & 1 \\ 1 & 1 \end{bmatrix}$$

矩阵 $\boldsymbol{F}$ 是

$$\begin{bmatrix} 1 & 1 & 0 & 0 \\ 0 & 0 & 1 & 1 \\ 0 & 1 & 1 & 0 \\ 1 & 0 & 0 & 0 \end{bmatrix}$$

其中 f 是按下列顺序排列的

$$\begin{matrix} f_1 & f_2 \\ \end{matrix}$$
$$\begin{bmatrix} 0 & 0 \\ 1 & 0 \\ 0 & 1 \\ 1 & 1 \end{bmatrix}$$

矩阵 $\boldsymbol{R}_1$，即 $\boldsymbol{FE}^c$ 的互补是

$$\begin{bmatrix} 1 & 0 & 1 & 0 & 0 & 0 & 0 & 0 \\ 0 & 1 & 0 & 0 & 0 & 0 & 1 & 0 \\ 0 & 0 & 0 & 1 & 0 & 0 & 0 & 1 \\ 1 & 0 & 1 & 0 & 1 & 1 & 0 & 0 \end{bmatrix}$$

矩阵 $\boldsymbol{R}_2$，即 $\boldsymbol{F}^c\boldsymbol{E}$ 的互补是

$$\begin{bmatrix} 1 & 0 & 1 & 0 & 1 & 1 & 0 & 0 \\ 0 & 1 & 0 & 0 & 0 & 0 & 1 & 0 \\ 0 & 0 & 0 & 1 & 0 & 0 & 0 & 1 \\ 0 & 0 & 0 & 0 & 1 & 1 & 0 & 0 \end{bmatrix}$$

$\boldsymbol{R}_1$ 与 $\boldsymbol{R}_2$ 的交（写出各行的编号的各种可能性）是

$$\begin{array}{cc} f_1 & f_2 \\ \end{array}$$
$$\begin{bmatrix} 0 & 0 \\ 1 & 0 \\ 0 & 1 \\ 1 & 1 \end{bmatrix}$$
$$\begin{bmatrix} 1 & 0 & 1 & 0 & 0 & 0 & 0 & 0 \\ 0 & 1 & 0 & 0 & 0 & 0 & 1 & 0 \\ 0 & 0 & 0 & 1 & 0 & 0 & 0 & 1 \\ 0 & 0 & 0 & 0 & 1 & 1 & 0 & 0 \end{bmatrix}$$

1 的位置给出了 f_1,f_2 的下列可能性. 例如,在 $\boldsymbol{R}$ 的第一列中,只在第一行有一个 1,这就是值 $f_1=0,f_2=0$. 在第二列中,只在第二行有一个 1,这就是 $f_1=1,f_2=0$ 的情况. 这样

$$\begin{array}{c} A_1 \\ A_2 \\ A_3 \end{array}\begin{bmatrix} 0 & 1 & 0 & 1 & 0 & 1 & 0 & 1 \\ 0 & 0 & 1 & 1 & 0 & 0 & 1 & 1 \\ 0 & 0 & 0 & 0 & 1 & 1 & 1 & 1 \end{bmatrix}$$

f_1	0	1	0	0	1	1	1	0
f_2	0	0	0	1	1	1	0	1

在这个情况中,函数 f_1 和 f_2 是唯一的,它们可以写成 $f_1=A_1A_2^c+A_1^cA_3$ 和 $f_2=A_1A_2+A_2^cA_3$. 我们可以构造表示这些函数的电路.

§3 格林关系

我们已经提到过,对于矩阵乘法布尔矩阵形成一个半群,这也就是说结合律成立. 这一点是基本的. 在域上,许多矩阵有逆,因而一般线性群的研究是重要

的. 但是，我们以后将证明，在一个布尔代数上，只有排列矩阵是可逆的. 对于绝大多数矩阵，不存在逆是一个很重要的事实.

这个事实在半群理论中也占有中心位置. 需要有某种途径使我们在诸如 $\boldsymbol{AX}=\boldsymbol{B}$，$\boldsymbol{XA}=\boldsymbol{B}$，$\boldsymbol{AXC}=\boldsymbol{B}$ 之类的方程的求解问题上能够知道究竟能做到如何的程度. 格林(Green) 等价类就提供了这样一种途径. 在 1951 年左右，格林在任意一个半群上定义了五种等价关系 R,L,H,D,J，这些关系可能是代数半群论中极为重要的概念. 例如，关系 R 的定义是：$\boldsymbol{A}R\boldsymbol{B}$ 当且仅当存在 $\boldsymbol{U},\boldsymbol{V}$ 使得 $\boldsymbol{AU}=\boldsymbol{B}$，$\boldsymbol{BV}=\boldsymbol{U}$. 一个与此等价的定义是对于所有的 $\boldsymbol{D}$，$\boldsymbol{AX}=\boldsymbol{D}$ 有解当且仅当 $\boldsymbol{BX}=\boldsymbol{D}$ 有解.

对布尔代数而言，这五种等价关系可以用行空间和列空间的说法表达. 这一节的最后一部分都是关于高等组合论方面的结果：确定各格林等价类的大小，并且证明 B_n 中的 D 一类的个数渐近地等于

$$\frac{2^{n^2}}{(n!)^2}$$

第一遍阅读本节的读者可以不管这些最终结果的证明.

定义 6.25　半群 S 的一个右(左) 理想是一个子集合 X，它具有性质 $XS\subseteq X(SX\subseteq X)$. S 的由 X 产生的(双边) 理想就是 $SXS\cup XS\cup SX$. 主理想、主左理想和主右理想都以类似的方式定义.

定义 6.26　半群 S 的两个元素称为是 L 等价的，如果由它们产生的 S 的主左理想相同. R 等价也可以相应地予以定义. L 等价关系与 R 等价关系的并用 D 表示，它们的交用 H 表示. 两个元素称为 J 等价的，如

果它们产生的双边主理想相同. 这五种关系就是所谓的格林关系.

设 S 是一个半群. 对于 $a,b \in S$,我们用 aLb 表示 a 和 b 产生相同的主左理想. 其他关系用类似的方法定义. 应注意,L 是一个右合同关系,即 aLb 意味着对于所有的 $c \in S$ 都有 $acLbc$. 也应指出,R 是一个左合同关系,即 aRb 意味着对所有的 $c \in S$ 都有 $caRcb$.

在一个 D 类里的所有 H 类都有个数相同的元素. 我们可以把一个 D 类里的各个 H 类排列成矩形的图式

$$\begin{matrix} H_{11} & H_{12} & \cdots & H_{1n} \\ H_{21} & H_{22} & \cdots & H_{2n} \\ \vdots & \vdots & & \vdots \\ H_{m1} & H_{m2} & \cdots & H_{mn} \end{matrix}$$

其中的各行都是 D 类中包含的 L 类,各列都是 D 类中包含的 R 类. 一个 H 类对半群乘法而言是一个群,当且仅当它包含一个幂等元素 x(即 $x^2=x$).

下列 n 个结果是关于用行空间和列空间的说法对格林关系作简单的代数刻画.

定义 6.27　一个向量 $\boldsymbol{v}$ 的权(weight) 就是 $\boldsymbol{v}$ 中的非零元素的个数,记作 $w(\boldsymbol{v})$. $\boldsymbol{v}$ 的权有时候也称为向量 $\boldsymbol{v}$ 的秩.

引理 6.1　两个矩阵 $\boldsymbol{A},\boldsymbol{B}$ 是 $L(R)$-等价的,当且仅当它们具有相同的行(列) 空间.

证　假定 $\boldsymbol{XA}=\boldsymbol{B}$ 且 $\boldsymbol{YB}=\boldsymbol{A}$,就有 $R(\boldsymbol{B})\subseteq R(\boldsymbol{A})$,且 $R(\boldsymbol{A})\subseteq R(\boldsymbol{B})$,因而 $R(\boldsymbol{A})=R(\boldsymbol{B})$. 假定 $R(\boldsymbol{B})\subseteq R(\boldsymbol{A})$,那么,只要考虑 $\boldsymbol{B}$ 的每一行,我们就能找到一个 $\boldsymbol{X}$ 使得 $\boldsymbol{XA}=\boldsymbol{B}$. 同样,我们可以找到一个 $\boldsymbol{Y}$ 使得 $\boldsymbol{YB}=\boldsymbol{A}$.

引理 6.2　设 U 是 V_n 的任意一个子空间，而 f 是一个从交换半群 U 到 V_n 的同态映射并满足 $f(0)=0$. 那么，存在一个矩阵 $\boldsymbol{A}$ 使得对所有的 $\boldsymbol{v}\in V_n$，$\boldsymbol{vA}=f(\boldsymbol{v})$.

证　设 $S(i)=\{\boldsymbol{v}\in U \mid v_i=1\}$. 定义 A_{i*} 为 $\inf\{f(\boldsymbol{v})\mid \boldsymbol{v}\in S(i)\}$. 我们来证明：对于所有的 $\boldsymbol{v}\in U$，$\boldsymbol{vA}=f(\boldsymbol{v})$. 假定 $(\boldsymbol{vA})_i=1$，那么，对于某个 k，$v_k=1$ 且 $a_{kj}=1$. 因此，对于所有的 $\boldsymbol{w}\in S(k)$，$(f(\boldsymbol{w}))_j=1$，因为 $\boldsymbol{v}\in S(k)$，$(f(\boldsymbol{v}))_j=1$. 这就证明了 $\boldsymbol{vA}\leqslant f(\boldsymbol{v})$.

假定 $(\boldsymbol{vA})_j=0$，那么，对于所有使 $v_k=1$ 的 k，我们有 $a_{kj}=0$. 因此，对于所有使 $v_k=1$ 的 k，我们可以找到一个向量 $\boldsymbol{x}(k)\in S(k)$ 使 $f(\boldsymbol{x}(k))_j=0$. 但是，对于每一个使 $v_k=1$ 的 k，$(\sum \boldsymbol{x}(k))_k=1$. 因而 $\sum \boldsymbol{x}(k)\geqslant \boldsymbol{v}$. 因而又有 $\sum f(\boldsymbol{x}(k))=f(\sum \boldsymbol{x}(k))\geqslant f(\boldsymbol{v})$，因为对于每个 $kf(\boldsymbol{x}(k))_j=0$，$f(\boldsymbol{v})_j=0$. 这就证明了 $\boldsymbol{vA}\geqslant f(\boldsymbol{v})$.

定理 6.3　B_n 中两个矩阵属于同一个 D 类当且仅当它们的行空间作为格是同构的.

证　一个矩阵的行空间就是这个矩阵作用在行向量上的象空间. 而且，这样两个空间作为格是同构的，当且仅当它们作为交换半群是同构的.

假定 $\boldsymbol{ADB}$，设 $\boldsymbol{C}$ 能使得 $\boldsymbol{ALC}$ 且 $\boldsymbol{CRB}$，那么，$\boldsymbol{A}$，$\boldsymbol{C}$ 就有相同的在行向量上的象空间. 设 $\boldsymbol{X}$，$\boldsymbol{Y}$ 能使 $\boldsymbol{CX}=\boldsymbol{B}$，且 $\boldsymbol{BY}=\boldsymbol{C}$，那么，我们就有映射 $f:V_n\boldsymbol{C}\to V_n\boldsymbol{B}$ 和映射 $g:V_n\boldsymbol{B}\to V_n\boldsymbol{C}$. 这两个映射是用 $\boldsymbol{X}$ 和 $\boldsymbol{Y}$ 右乘而给出的. 我们知道 fg 和 gf 都是恒同变换，所以，$\boldsymbol{B}$ 和 $\boldsymbol{C}$ 的象空间是同构的. 因而，如果 $\boldsymbol{ADB}$，那么 $R(\boldsymbol{A})\approx R(\boldsymbol{B})$.

假设 $R(\boldsymbol{A}) \approx R(\boldsymbol{B})$，设 h 是一个从 $V_n\boldsymbol{B}$ 到 $V_n\boldsymbol{B}$ 的同构映射. 根据引理 6.2 我们就有矩阵 $\boldsymbol{XY}$ 使得：对于 $\boldsymbol{v} \in V_n\boldsymbol{A}$，$\boldsymbol{vX} = h(\boldsymbol{v})$，而对于 $\boldsymbol{v} \in V_n\boldsymbol{B}$，$\boldsymbol{vY} = h^{-1}(\boldsymbol{v})$. 因此，$\boldsymbol{XY}$ 是 $V_n\boldsymbol{A}$ 上的单位元素，而 $\boldsymbol{YX}$ 是 $V_n\boldsymbol{B}$ 上的恒等元素. 于是 $\boldsymbol{A} = \boldsymbol{AXY}$ 且 $V_n\boldsymbol{AX} = V_n\boldsymbol{B}$. 因而 $\boldsymbol{A}R\boldsymbol{AX}$ 且 $\boldsymbol{AX}L\boldsymbol{B}$，所以 $\boldsymbol{A}D\boldsymbol{B}$. 这就证明了本定理.

定义 6.28　设 S 是一个半群，而 $a \in S$. 我们定义：$L_a = \{b \in S \mid aLb\}$，$R_a = \{b \in S \mid aRb\}$，$H_a = \{b \in S \mid aHb\}$，$D_a = \{b \in S \mid aDb\}$ 以及 $J_a = \{b \in S \mid aJb\}$.

定理 6.4　设 $\boldsymbol{A} \in B_n$，那么 $H_{\boldsymbol{A}}$ 的元素和 $R(\boldsymbol{A})$ 的格自同构是一一对应的.

证　设 $\boldsymbol{\alpha}$ 是一个从 $R(\boldsymbol{A})$ 到 $R(\boldsymbol{A})$ 的自同构变换. 那么，$\boldsymbol{A\alpha}$ 就给出一个从 V_n 到 V_n 的线性变换，这个变换把 $\boldsymbol{0}$ 变换到 $\boldsymbol{0}$. 这个变换的矩阵就是 $\boldsymbol{B}$. 矩阵 $\boldsymbol{A}$，$\boldsymbol{B}$ 的象空间都是 $R(\boldsymbol{A})$，因而它们是 L 等价的. 根据引理6.2 存在矩阵 $\boldsymbol{X}$，$\boldsymbol{Y}$ 使得在 $R(\boldsymbol{A})$ 上方程 $\boldsymbol{X} = \boldsymbol{\alpha}$ 和 $\boldsymbol{Y} = \boldsymbol{\alpha}^{-1}$ 成立. 于是对于任意一个向量 $\boldsymbol{vAX} = \boldsymbol{vA\alpha} = \boldsymbol{vB}$ 与 $\boldsymbol{vBY} = \boldsymbol{vB\alpha}^{-1} = \boldsymbol{vA\alpha\alpha}^{-1} = \boldsymbol{vA}$ 成立. 因而 $\boldsymbol{A}H\boldsymbol{B}$. 这就定义了一个从 $R(\boldsymbol{A})$ 的自同构到 $\boldsymbol{A}$ 的 H 类的函数. 两个不同的自同构导致两个不同的映射 $\boldsymbol{A\alpha}$，因而也导致不同的矩阵 $\boldsymbol{B}$. 所以，这个函数是一对一的. 设 $\boldsymbol{B}$ 是 $\boldsymbol{A}$ 的 H 类中的任意一个矩阵，那么 $R(\boldsymbol{A}) = R(\boldsymbol{B})$，而且存在矩阵 $\boldsymbol{X}$ 和 $\boldsymbol{Y}$ 使得 $\boldsymbol{AX} = \boldsymbol{B}$ 和 $\boldsymbol{BY} = \boldsymbol{A}$. 这意味着 $\boldsymbol{X}$ 和 $\boldsymbol{Y}$ 把 $R(\boldsymbol{A})$ 映射到它本身上去，而且 $\boldsymbol{X}$ 给出一个 $R(\boldsymbol{A})$ 的自同构. 这就证明了函数是映上的，因而完成了定理的证明.

现在，我们给出一些关于不同的格林等价类的大小和数目的结果.

引理 6.3　从 n 个事物中取出 p 个作可重复的排列，但要求每个排列中都包含预先选出的 k 个事物，这样的排列的总数是

$$\sum_{i=0}^{k}(-1)^{i}\binom{k}{i}(p-i)^{n}$$

证　虽然根据引理中规定的法则的排列的种类可以直接进行分析，从而证明本引理，但是我们将采用母函数方法证明这个引理.

对于所说的情况，母函数是

$$\begin{aligned}&\left(t+\frac{t^{2}}{2!}+\cdots\right)^{k}\left(1+t+\frac{t^{2}}{2!}+\cdots\right)^{p-k}\\ =&(\mathrm{e}^{t}-1)^{k}(\mathrm{e}^{t})^{p-k}\\ =&\sum_{i=0}^{k}(-1)^{i}\binom{k}{i}\mathrm{e}^{(k-i)t}\mathrm{e}^{(p-k)t}\\ =&\sum_{i=0}^{k}(-1)^{i}\binom{k}{i}\mathrm{e}^{(p-i)t}\end{aligned}$$

这样这个方程即可写成

$$\sum_{n=0}^{\infty}\sum_{i=0}^{k}(-1)^{i}\binom{k}{i}(p-i)^{n}\frac{t^{n}}{n!}$$

一旦有了母函数，我们的问题的答案就是 $\frac{t^{n}}{n!}$ 的系数，也就是

$$\sum_{i=0}^{k}(-1)^{i}\binom{k}{i}(p-i)^{n}$$

推论　对任意整数 $n!$ 有

$$n!=\sum_{i=0}^{n}(-1)^{i}\binom{n}{i}(n-i)^{n}$$

证　从一组 n 个事物中作 n 个事物（可重复）的排列，同时还从事先选定的 n 个事物在每个排列中都至少出现一次，以上等式的右端就是这种排列的个数. 但

是，这样的排列刚好就是 n 个事物不重复的排列.

定理 6.5　如果 $\boldsymbol{A}\in B_n,\rho_r(\boldsymbol{A})=s,\rho_c(\boldsymbol{A})=t$，$|H_{\boldsymbol{A}}|=h$，而且 $|R(\boldsymbol{A})|=|C(\boldsymbol{A})|=p$，就有：

(1) $|L_{\boldsymbol{A}}|=\sum_{i=0}^{s}(-1)^i\binom{s}{i}(p-i)^n$；

$$|R_{\boldsymbol{A}}|=\sum_{i=0}^{t}(-1)^i\binom{t}{i}(p-i)^n.$$

(2) $D_{\boldsymbol{A}}$ 中的 L 类的个数是 $h^{-1}|R_{\boldsymbol{A}}|$，类似的，$D_{\boldsymbol{A}}$ 中的 R 类的个数是 $h^{-1}|L_{\boldsymbol{A}}|$. H 类的个数等于 L 类的个数乘以 R 类的个数，即 $h^{-2}|L_{\boldsymbol{A}}||R_{\boldsymbol{A}}|$.

(3) $|D_{\boldsymbol{A}}|=h$(L 类的个数)(R 类的个数)$=h^{-1}|L_{\boldsymbol{A}}||R_{\boldsymbol{A}}|$.

证　由格林等价类的结构和引理 6.3 直接导出.

以下推论是定理 6.5 的直接推论.

推论　设 $\boldsymbol{A}\in B_n$ 且 $\rho_r(\boldsymbol{A})\rho_c(\boldsymbol{A})$，那么，$|L_{\boldsymbol{A}}|=|R_{\boldsymbol{A}}|$ 且 $D_{\boldsymbol{A}}$ 中 L 类的个数等于 $D_{\boldsymbol{A}}$ 中 R 类的个数.

由定理 6.5 容易看出，为了计算与 D 类有关的各种数值，了解其中的各个 H 类的大小是很重要的.

定理 6.6　对于矩阵 $\boldsymbol{A}$ 而言，设 $\boldsymbol{A}_o$ 是用下列方法从 $\boldsymbol{A}$ 得出的：把 $\boldsymbol{A}$ 的所有相关行和相关列以及除一个无关行和一个无关列之外的所有无关行和无关列都用零替换. 这样，$\boldsymbol{A}D\boldsymbol{A}_o$ 因而 $|\boldsymbol{H}_{\boldsymbol{A}}|=|\boldsymbol{H}_{\boldsymbol{A}_o}|$，而且 $\boldsymbol{H}_{\boldsymbol{A}_o}=\{\boldsymbol{P}\boldsymbol{A}_o\mid\boldsymbol{P}\boldsymbol{A}_o=\boldsymbol{A}_o\boldsymbol{Q}$ 对于某些排列矩阵 $\boldsymbol{P},\boldsymbol{Q}\}$.

证　在 $\boldsymbol{A}$ 的行空间与 $\boldsymbol{A}_o$ 的行空间之间存在一个自然的同构，因而 $\boldsymbol{A}$ 与 $\boldsymbol{A}_o$ 是 D 等价的. 因此 $|H_{\boldsymbol{A}}|=|H_{\boldsymbol{A}_o}|$. 上面所说的矩阵集合与 $\boldsymbol{A}_o$ 既是 R 等价的也是 L 等价的，因而包含在 $H_{\boldsymbol{A}_o}$ 内.

反之，设 $\boldsymbol{X}\in H_{\boldsymbol{A}_o}$，$\boldsymbol{X}$ 就有与 $\boldsymbol{A}_o$ 相同的行空间和列

空间. 假定 $\boldsymbol{X}_{i*} \neq \boldsymbol{0}$ 但 $(\boldsymbol{A}_o)_{i*} = \boldsymbol{0}$,那么,$\boldsymbol{X}$ 的某一列的第 i 项就是非零的. 但是,$\boldsymbol{A}$ 没有第 i 项非零的列,这就导致矛盾.

因此,$\boldsymbol{X}$ 不会有比 $\boldsymbol{A}_o$ 更多的非零行,但是,由于非零行都是互异的基底向量,$\boldsymbol{X}$ 必定包含 $\boldsymbol{A}_o$ 的所有非零行. 所以,$\boldsymbol{X}$ 的各行是 $\boldsymbol{A}_o$ 各行的排列. 因此,存在某个排列矩阵 $\boldsymbol{P}$ 使 $\boldsymbol{X} = \boldsymbol{P}\boldsymbol{A}_o$. 同样,存在某个排列矩阵 $\boldsymbol{Q}$,使得 $\boldsymbol{X} = \boldsymbol{A}_o\boldsymbol{Q}$. 这样就证明了本定理.

推论　如果 $\boldsymbol{A}$ 的行秩或列秩是 r,那么 $|H_{\boldsymbol{A}}|$ 能整除 $r!$.

例 6.13　如果

$$\boldsymbol{A} = \begin{bmatrix} 1 & 0 & 0 & 0 \\ 0 & 1 & 0 & 0 \\ 1 & 0 & 1 & 0 \\ 1 & 0 & 0 & 1 \end{bmatrix}$$

那么,显然有 $\rho_r(\boldsymbol{A}) = \rho_c(\boldsymbol{A}) = 4$,而 $|H_{\boldsymbol{A}}| = 2$.

设 $\boldsymbol{B}$ 表示一个 4×2^4 矩阵,其中的各列表示 $C(\boldsymbol{A})$ 的所有的可能的列向量. 就有

$$\boldsymbol{AB} = \begin{bmatrix} 0 & 1 & 0 & 0 & 0 & 1 & 1 & 1 & 0 & 0 & 0 & 1 & 1 & 1 & 0 & 1 \\ 0 & 0 & 1 & 0 & 0 & 1 & 0 & 0 & 1 & 1 & 0 & 1 & 1 & 0 & 1 & 1 \\ 0 & 1 & 0 & 1 & 0 & 1 & 1 & 1 & 1 & 0 & 1 & 1 & 1 & 1 & 1 & 1 \\ 0 & 1 & 0 & 0 & 1 & 1 & 1 & 1 & 0 & 1 & 1 & 1 & 1 & 1 & 1 & 1 \end{bmatrix}$$

因而 $\boldsymbol{AB}$ 包含了正好 10 个互异的列向量. 于是 $p = 10$. 类似的,$\boldsymbol{B}^{\mathrm{T}}\boldsymbol{A}$ 包含正好 10 个互异的行向量,于是 $p = 10$. 因此

$$|D_{\boldsymbol{A}}| = \frac{(10^n - 4(9)^n + 6(8)^n - 4(7)^n + 6^n)^2}{2}$$

定理 6.7　设 $\boldsymbol{A}, \boldsymbol{B} \in B_n$.

(1) 如果 $\boldsymbol{ALB}$,就有 $|C(\boldsymbol{A})|=|C(\boldsymbol{B})|$;

(2) 如果 $\boldsymbol{ARB}$,就有 $|R(\boldsymbol{A})|=|R(\boldsymbol{B})|$;

(3) 如果 $\boldsymbol{ADB}$,就有

$$|R(\boldsymbol{A})|=|R(\boldsymbol{B})|=|C(\boldsymbol{B})|=|C(\boldsymbol{A})|$$

证 根据定理 6.2 和引理 6.1 知定理是显然的.

我们要给出一个渐近数,它在下面几种情况下出现:非正方矩阵的 D 类,对并运算闭合的子集合族,有限格的同构的类型.

定义 6.29 $\underline{n}$ 的子集合的族 $\underline{m}$ 称为一个可加空间,如果 $\phi\in\underline{m}$ 而且 $\underline{s}\cup\underline{t}\in\underline{m}$,对 $\underline{s},\underline{t}\in m$ 均成立. 两个这样的族是同构的,是指它们作为加法半群是同构的.

定义 6.30 一个格称为属于 (n,m) 型的,如果它是作为 V_n 中某个由 m 个元素的并运算而产生(除了对于 0) 的一个子空间而出现的.(这就相当于说,这个格对并运算而言除了 0 以外最多有 m 个生成元,也可以说,这个格对交运算而言除了最大元素以外有 n 个生成元.)

引理 6.4 设 n,m 按下列方式趋于无穷

$$\frac{\log n}{m}\to 0,\frac{\log m}{n}\to 0$$

那么,在所有 $m\times n$ 矩阵中,同时有行秩为 m 而列秩为 n 的矩阵所占的百分比趋于 1.

证 设 $r(i,j)$ 表示具有性质 $\boldsymbol{A}_{i*}\geqslant\boldsymbol{A}_{j*}$ 的矩阵的个数,而 $C(i,j)$ 表示具有性质 $\boldsymbol{A}_{*i}\geqslant\boldsymbol{A}_{*j}$ 的矩阵的个数. 那么对于固定的 $i\neq j$ 我们有

$$\frac{r(i,j)}{k}=\left(\frac{3}{4}\right)^m,\frac{c(i,j)}{k}=\left(\frac{3}{4}\right)^m$$

其中 $k=2^{nm}$. 因此,没有某一行大于或等于任意其他一行,而且也没有某一列大于或等于任意其他一列的矩

阵的个数，至少是

$$\left[1-(n^2-n)\left(\frac{3}{4}\right)^m-(m^2-m)\left(\frac{3}{4}\right)^n\right]2^{nm}$$

所有这些矩阵的行秩都是 m，列秩都是 n. 在已给的假设下，这个数除以 2^{mn} 将趋于 1. 这样就完成了引理的证明.

根据这个引理我们导出 D 类的个数的渐近限. 这就是说，对于两个行秩都是 n 的矩阵而言，如果它们是 L 等价的，它们就有相同的行空间和相同的行基底. 但是行基底是由所有的行构成的. 因此，其中一个矩阵的各行就是另一个矩阵的各行的一个排列. 因此，$\boldsymbol{A}L\boldsymbol{B}$ 当且仅当对于某一个排列矩阵 $\boldsymbol{A}=\boldsymbol{PB}$. 类似的，$\boldsymbol{A}R\boldsymbol{B}$ 当且仅当 $\boldsymbol{A}=\boldsymbol{BQ}$. 因此，$\boldsymbol{A}D\boldsymbol{B}$ 当且仅当 $\boldsymbol{A}=\boldsymbol{PBQ}$. 所以这些 D 类最多有 $n!\ m!$ 个. 因而，这些行秩与列秩是 n 的元素的 D 类的个数，至少是

$$\frac{2^{nm}-0(2^{nm})}{n!\ m!}=\frac{2^{nm}}{n!\ m!}[1-0(1)]$$

这给出了一个下界. 为了找出上界，我们来证明包含一个使 $\boldsymbol{PXQ}=\boldsymbol{X}$ 的矩阵 $\boldsymbol{X}$（$\boldsymbol{P}$，$\boldsymbol{Q}$ 是非恒等排列矩阵）的 D 类的个数是

$$0\left(\frac{2^{nm}}{n!\ m!}\right)$$

这意味着绝大多数 D 类至少有 $n!\ m!$ 个组元. 因此，D 类的个数不能超过

$$\frac{2^{nm}}{n!\ m!}[1-0(1)]$$

最后，我们将推导出一些与 $\boldsymbol{PXQ}=\boldsymbol{X}$ 的解有关的条件. 是否 X 是一个投影平面，就意味着 X 有一个非恒等直射变换. 这是一个尚未解决的问题.

引理 6.5　如果 $\boldsymbol{P}$ 或 $\boldsymbol{Q}$ 的循环的个数不超过 k，$\boldsymbol{PXQ}=\boldsymbol{X}$ 的解 $\boldsymbol{X}$ 的个数分别不超过 2^{kn} 或 2^{km}.

证　设 $\boldsymbol{P}$ 的循环的个数不超过 k. 从每个循环中选出一行，并把它确定下来. 这可以有 2^{kn} 种作法，这些行确定了其余各行. 对 $\boldsymbol{Q}$ 而言也可作类似的论述.

引理 6.6　如果一个排列 P 至少有 k 个循环，它将能在 $\underline{m}$ 中固定至少 $m-2(m-k)$ 个数.

证　如果固定了 i 个数，$i+2(k-i)\leqslant m$.

引理 6.7　设有一个排列群 G 作用在一个字母集合 S 上. 如果对于 G 的某个元素 g 来说，g 固定了至少 $|S|-a$ 个字母，$a>0$，那么，就存在一个 $|S|-2a+1$ 个字母的集合，这些字母被 G 的每一个元素固定.

证　G 在 S 上的作用给出 G 的一个排列矩阵表示 R. 设 $O_1,O_2,\cdots,O_k,O_{k+1},\cdots,O_{k+t}$ 是包含在 S 中的群轨道，其中 $O_1O_2\cdots O_k$ 都只包含一个元素，其余的 O 则包含不止一个元素. 相应于这样一个轨道分解，我们就有一个直和分解

$$R=R_1\oplus R_2\oplus\cdots\oplus R_k\oplus R_{k+1}\oplus\cdots\oplus R_{k+t}$$

群表示论中的一个定理说

$$\sum_{g\in G}T_r(g)=(k+t)\,|G|$$

但是，对于任意一个 $g\in G$，$T_r(g)\geqslant|S|-a$，而且，若假定 $a>0$，就有 $T_r(\theta)>|S|-a$，其中 $T_r(g)$ 表示 g 的迹，θ 表示 G 的单位元素. 因此，$|S|-a>k+t$，然而 $|S|>k+2t$，因此

$$|S|-a<k+\frac{|S|-k}{2}$$

这样就能得出需要证明的不等式.

定理 6.8　设 n,m 以这样一种方式趋于无穷：$\frac{n}{m}$ 趋于一个非零常数. 那么，$m \times n$ 布尔矩阵的 D 类的个数渐近地等于

$$\frac{2^{nm}}{n!\ m!}$$

证　根据引理 6.4 以及它的证明后边的那些考虑，我们只需要证明这个公式给出了渐近上界就够了.

设 $k=\sup\{\lim \frac{n}{m}, \lim \frac{m}{n}\}$. 第一种情形：$D$ 类中包含某个 $\boldsymbol{X}$，满足 $\boldsymbol{PXQ}=\boldsymbol{X}$，其中 $\boldsymbol{P}$ 和 $\boldsymbol{Q}$ 是某两个矩阵，而且 $\boldsymbol{P}$ 中的循环的个数不超过 $m-(4k+1)\log m$（所有的对数都是以 2 为底的）. 对于一组固定的 $\boldsymbol{P},\boldsymbol{Q}$，只要 $\boldsymbol{P}$ 满足上述假设条件，那么，根据引理 6.5 最多有

$$2^{(m-(4k+1)\log n)n}$$

个 $\boldsymbol{X}$ 满足 $\boldsymbol{PXQ}=\boldsymbol{X}$. $\boldsymbol{P},\boldsymbol{Q}$ 的可能性的个数不能超过 $n!\ m!$. 所以，在这种情形中 $\boldsymbol{X}$ 的可能性的个数最多是

$$2^{(m-(4k+1)\log m)n}n!\ m!$$

因此，包含至少一个这样的 $\boldsymbol{X}$ 的 D 类的个数最多是

$$2^{(m-(4k+1)\log m)n}n!\ m!$$

这个数与

$$\frac{2^{nm}}{n!\ m!}$$

的比值趋于零.

第二种情形：D 类中包含某个 $\boldsymbol{X}$ 满足 $\boldsymbol{PXQ}=\boldsymbol{X}$，其中 $\boldsymbol{P}$ 和 $\boldsymbol{Q}$ 是某两个矩阵，而且 $\boldsymbol{Q}$ 中的循环的个数不超过 $n-(4k+1)\log n$. 这种情形可与第一种情形同样处理.

第三种情形：D 类中包含一个 $\boldsymbol{X}$ 使 $\boldsymbol{PXQ}=\boldsymbol{X}$，其中

$\boldsymbol{P},\boldsymbol{Q}$ 不都是单位矩阵，但是 $\boldsymbol{PXQ}=\boldsymbol{X}$ 不成立，如果 $\boldsymbol{P}$ 中的循环的个数不超过 $m-(4k+1)\log m$ 或者 $\boldsymbol{Q}$ 中的循环的个数不超过 $n-(4k+1)\log n$. 对于这样的 $\boldsymbol{X}$，选择一对 $\boldsymbol{P},\boldsymbol{Q}$ 满足 $\boldsymbol{PXQ}=\boldsymbol{X}$ 使得 sup{$m-\boldsymbol{P}$ 中的循环数，$n-\boldsymbol{Q}$ 中的循环数} 取极大值. 设 s 表示这个极大值，我们有 $0<s<(4k+1)[\sup\{\log m,\log n\}]$. 对于一个给定的 $\boldsymbol{X}$，集合 $\{\boldsymbol{P} \mid \boldsymbol{PXQ}=\boldsymbol{X}$ 对某个 $\boldsymbol{Q}$ 成立$\}$ 形成一个群. 根据引理 6.6，这个群的每一个元素至少固定 $m-2s$ 个字母. 因此，根据引理 6.4，整个群将至少固定 $m-4s$ 个字母，也存在一个由 $\boldsymbol{Q}$ 所组成的群，这个群至少固定 $n-4s$ 个字母.

固定了 s，我们选择一个由 $4s$ 个字母所组成的集合，其中包含在 $\{\boldsymbol{P} \mid \boldsymbol{PXQ}=\boldsymbol{Q}$ 对某个 $\boldsymbol{Q}$ 成立$\}$ 之下的未被固定的字母. 这种选择的个数是 $\binom{m}{4s}$. 对于 $\{\boldsymbol{Q} \mid \boldsymbol{PXQ}=\boldsymbol{X}$ 对某个 $\boldsymbol{P}$ 成立$\}$ 的一个类似的集合有 $\binom{n}{4s}$ 种选择方法. 如果这些集合都已选择好了，我们就有 $(4s)!$ 种方法选择 $\boldsymbol{P}$ 来作用到它的集合上，而且有 $(4s)!$ 种方法选择 $\boldsymbol{Q}$ 来作用到它的集合上. 一旦 $\boldsymbol{P}$，$\boldsymbol{Q}$ 已选定，根据引理 6.5 我们最多有

$$2^{nm-s(\min\{n,m\})}$$

种方法选择 $\boldsymbol{X}$. 因此，对于给定的 s，最多有

$$\binom{m}{4s}\binom{m}{4s}(4s)!\ (4s)!\ 2^{nm-s(\min\{n,m\})}$$

种方法选择 $\boldsymbol{X}$ 使之具有所需要的 s 值. 然而，这些 $\boldsymbol{X}$ 并不都在不同的 D 类中. 对于任意排列矩阵 $\boldsymbol{E},\boldsymbol{F},\boldsymbol{EXF}$ 也将在同一个 D 类中，而且有相同的 s 值.

对于一个给定的 $\boldsymbol{X}$，有多少个不同的矩阵 $\boldsymbol{EXF}$

呢？我们有一个在这些矩阵上的由两个对称群的乘积形成的群作用把 $\boldsymbol{Y}$ 变成 $\boldsymbol{EYF}^{-1}$，其中 $\boldsymbol{F}^{-1}$ 表示 $\boldsymbol{F}$ 的逆. $\boldsymbol{X}$ 的迷向群的阶数是 $(4s)!\ (4s)!$，这可由以上关于使 $\boldsymbol{PXQ}=\boldsymbol{X}$ 的 $\boldsymbol{P},\boldsymbol{Q}$ 的选择的论述得出. 因此，包含一个 $\boldsymbol{X}$ 的一个 D 类至少也包含

$$\frac{n!\ m!}{(4s)!\ (4s)!}$$

个具有相同的 s 值的不同的矩阵. 因此，对于给定的 s，包含这种类型的矩阵的 D 类的个数最多是

$$\frac{m^{4s}n^{4s}2^{nm-s(\min\{n,m\})}(4s)!\ (4s)!}{n!\ m!}$$

对于任意的 s 值，这个个数最多就是

$$\max_{1\leqslant s\leqslant(4k+1)n_1}\frac{m^{4s}n^{4s}2^{nm-sn}2((4s)!\ (4s)!\ )(4k+1)\log n_1}{n!\ m!}$$

其中 $n_1=\max\{n,m\}$，$n_2=\min\{n,m\}$. 这个数与

$$\frac{2^{nm}}{n!\ m!}$$

的比值趋于零.

第四种情形：所有的 $\boldsymbol{PXQ}$ 都不同，因而 D 类至少有 $n!\ m!$ 个元素. 至少有

$$\frac{2^{nm}}{n!\ m!}$$

个这种类型的 D 类. 这样就证明了本定理.

推论　设 k 是使 $\boldsymbol{PXQ}=\boldsymbol{X}$ 成立的矩阵 $\boldsymbol{X}$ 的个数，其中 $\boldsymbol{P},\boldsymbol{Q}$ 是某两个矩阵，而且不都是单位矩阵. 那么，如果 $n,m\to\infty$ 且使 $\frac{n}{m}$ 趋于一个非零常数

$$\frac{k}{2^{nm}}$$

趋于零.

定理 6.9　在引理6.4的假设之下，D类的个数和 B_{mn} 中 D 类的个数分别渐近地等于

$$\frac{2^{nm}}{n!},\frac{2^{nm}}{m!}$$

证　譬如对R类而言，对于列秩k，只要选出一组k个列向量使之构成列基底，我们就得出一个上限

$$\binom{2^m}{n}+\binom{2^m}{n-1}+\cdots+\binom{2^m}{1}$$

这个数不超过

$$\binom{2^m}{n}\sum_{i=1}^{\infty}\left(\frac{n}{2^m-1}\right)^i$$

这就给出了定理中的结果. 其他各种情形也可用类似的方法证明. 这样就完全证明了本定理.

应能看出，上述结果同时也给出带有 m 个生成元(不只是同构类) 的 V_n 的子空间的个数.

§4　秩与组合集合论

秩的概念对布尔代数上的矩阵而言，其重要性不亚于对域上的矩阵的重要性. 我们还记得，一个矩阵的行(列) 秩就是一个行(列) 基底中行(列) 向量的个数. 然而，对于维数大于 3 的矩阵行秩不一定等于列秩. 还有第三种秩的概念，即沙因秩，这种秩也很重要. 对于任意一个k，沙因秩不大于k的矩阵形成一个双边半群理想. 这个性质对行秩和列秩都不成立，尽管行秩和列秩都是 D 类的不变量. 在这一节里，我们将探讨这三种秩概念之间的精确关系. 从概念上来说，主要的结果是定理 6.10，然而，具体计算与克莱特曼

(D. Kleitman) 在组合集合论方面的比较高深的工作有关(在这方面一般性的问题尚未解决),我们还将考虑组合集合论与布尔向量集合之间的其他关系.第一遍阅读时,读者可以只阅读定理 6.10 的证明,其余的所有证明都可以越过不读.

在本节中我们将指出,布尔矩阵的秩与组合集合论之间存在着密切的关系.本节中的若干结果可以用组合集合论的语言予以解释.

定义 6.31　对于向量 $\boldsymbol{v},\boldsymbol{w}$ 而言,符号 $c(\boldsymbol{v},\boldsymbol{w})$ 表示矩阵 $(v_i w_j)$.这种矩阵称为交互向量(cross-vectors).

可以看出,对于一个矩阵 $\boldsymbol{A}$ 而言,$\rho_r(\boldsymbol{A})=1$ 当且仅当 $\rho_c(\boldsymbol{A})=1$,当且仅当存在某两个向量 $\boldsymbol{v},\boldsymbol{w}$ 使 $(a_{ij})=(v_i w_j)$.

下列定义是沙因给出的.

定义 6.32　一个矩阵 $\boldsymbol{A}$ 的沙因秩 $\rho_s(\boldsymbol{A})$ (Schein rank) 就是和数为 $\boldsymbol{A}$ 的交互向量的最小个数.

例 6.14　如果

$$\boldsymbol{A}=\begin{bmatrix}1 & 1 & 0 & 0\\ 1 & 1 & 1 & 0\\ 0 & 1 & 1 & 1\\ 0 & 0 & 1 & 1\end{bmatrix}$$

就有 $\rho_r(\boldsymbol{A})=\rho_c(\boldsymbol{A})=4$,但 $\rho_s(\boldsymbol{A})=3$.

定义 6.33　最大秩函数 (maximum rank function),此处用 $\rho_f(n)$ 表示,就是 V_n 的一个子空间的最大可能秩.

如何计算最大可能秩是极值集合论(extremal set theory) 中的一个问题.

定理 6.10　对任意一个矩阵 $\boldsymbol{A}$ 都有 $\rho_s(\boldsymbol{A})\leqslant$

$\rho_r(\mathbf{A}) \leqslant \rho_f(\rho_s(\mathbf{A}))$ 和$\rho_s(\mathbf{A}) \leqslant \rho_c(\mathbf{A}) \leqslant \rho_f(\rho_s(\mathbf{A}))$.

证 设 $B_r(\mathbf{A})=\{\boldsymbol{v}_1,\cdots,\boldsymbol{v}_k\}$,设 $\boldsymbol{M}_i$ 是这样一个矩阵:它的第 j 行是 $\boldsymbol{v}_i$ 当且仅当 $\boldsymbol{v}_i$ 小于或等于 $\mathbf{A}$ 的第 j 行. 于是

$$\mathbf{A}=\sum_{i=1}^{k}\boldsymbol{M}_i$$

这表明 $\rho_s(\mathbf{A}) \leqslant k=\rho_r(\mathbf{A})$. 另一方面,设

$$\mathbf{A}=\sum_{i=1}^{k}\boldsymbol{M}_i$$

其中各个 $\boldsymbol{M}$ 都是非零的交互向量. 设 $\boldsymbol{v}_i$ 是 $\boldsymbol{M}_i$ 的一个非零行向量. 于是 $R(\mathbf{A})$ 包含在由这些 $\boldsymbol{v}_i$ 张成的空间中,由 $\boldsymbol{v}_1,\boldsymbol{v}_2,\cdots,\boldsymbol{v}_k$ 生成的空间是 V_n 的一个商空间. 因此,$R(\mathbf{A})$ 是 V_n 的一个子空间的同态象. 这个子空间的秩必定至少与 $R(\mathbf{A})$ 的秩一样大,因为生成集的象仍然给出了生成元的一个集合. 于是 $\rho_r(\mathbf{A}) \leqslant \rho_f(\rho_s(\mathbf{A}))$. 根据对称性可以得出第二个不等式,这就证明了本定理.

应当指出,对于非零矩阵的沙因秩还有两个如下的等价定义:(i)ρ_s 是使 $\mathbf{A}$ 等于一个 $m\times\rho_s$ 矩阵与一个 $\rho_s\times n$ 矩阵的积的最小整数;(ii)ρ_s 是使 $R(\mathbf{A})$ 被包含在一个由 ρ_s 个向量张成的空间中的最小的整数 s.

还应当指出,对于一个正则矩阵关系式 $\rho_r=\rho_c=\rho_s$ 将可由以后的一些结果导出. 对于一个其行空间是一个模格的矩阵,$\rho_r=\rho_c$,这个结果可由迪尔沃思(R. P. Dilworth) 的一个结果导出. 对于$\binom{2n}{n}$ 维的矩阵 $\mathbf{A}=(a_{ij})$,如果$a_{ij}=0$ 当且仅当 $i\neq j$,那么这个矩阵就有行秩$\binom{2n}{n}$,列秩$\binom{2n}{n}$,但 $\rho_s\leqslant 2n$;对于这一结果我们将扼要地证明如下:设 $\mathbf{A}$ 的各行和各列的下标按照$\underline{2n}$ 的

所有 n 阶子集进行标记. 令 S_k 是所有包含数 k 的上述子集所构成的类,$k=1,2,\cdots,2n$. 设 $\boldsymbol{B}_k=(b_{ij})$ 是这样的矩阵:$b_{ij}=1$ 当且仅当 $i\in S_k, j\notin S_k$. 那么 $\boldsymbol{A}$ 就是这些秩为 1 的矩阵 $\boldsymbol{B}_k$ 的和.

定理 6.11　设 p_1,p_2,p_3 是这样一些正整数:$p_1\leqslant\rho_f(p_2),p_2\leqslant\rho_f(p_3),p_3=\min\{p_1,p_2\}$,那么对于任意一个 $n\geqslant\max\{p_1,p_2\}$,存在一个矩阵 $\boldsymbol{A}\in B_n$ 使得 $\rho_r(\boldsymbol{A})=p_1,\rho_c(\boldsymbol{A})=p_2,\rho_s(\boldsymbol{A})=p_3$.

证　根据对称性,假设 $p_1\leqslant p_2$. 设 $\{\boldsymbol{v}_1,\cdots,\boldsymbol{v}_{p_2}\}$ 是 V_{p_1} 中的 p_2 个无关向量的一个集合. 设 $\boldsymbol{A}_o$ 是一个其第 i 列是 $\boldsymbol{v}_i$ 的矩阵. 那么,$\boldsymbol{A}_o$ 就是一个列秩为 p_2 的 $p_1\times p_2$ 矩阵. 如果 $\boldsymbol{A}_o$ 的沙因秩比 p_1 小,我们就把 $\boldsymbol{A}_o$ 写 $\boldsymbol{A}_1\boldsymbol{A}_2$,其中 $\boldsymbol{A}_2$ 是一个行数较少而列秩仍为 p_2 的矩阵. 按这个办法继续做下去,我们又得到一个列秩为 p_2 具有 p_2 个列的矩阵 $\boldsymbol{A}_3$,使其沙因秩 q 等于其行数,而且这两个数都不超过 p_1. 如果我们在这个矩阵上添加 p_2-q 行,它的列秩既不能大于也不能小于 p_2.

我们将证明以下的归纳法假设:对于 $q\leqslant t\leqslant p_2$,存在一个 $t\times p_2$ 矩阵,其列秩为 p_2 而沙因秩为 t. 假定这个假设对 $t=k$ 成立. 设 $\boldsymbol{A}_4$ 是这样一类 $k\times p_2$ 矩阵中最小的一个. 假定存在 k 个向量 $\boldsymbol{b}_i$ 使得由这些 $\boldsymbol{b}_i$ 张成的空间以由 $\boldsymbol{A}_4$ 的各行 $\boldsymbol{a}_i$ 张成的空间为真子集合. 设 $\boldsymbol{B}$ 是以 $\boldsymbol{b}_i$ 为第 i 行的矩阵,那么,$\boldsymbol{B}$ 的沙因秩就是 k,而且,由于对某个 $\boldsymbol{C}$ 有 $\boldsymbol{CB}=\boldsymbol{A}_4$,$\boldsymbol{B}$ 的列秩就是 p_2. 如果存在这些 $\boldsymbol{b}$ 的一个集合 S_1 使得集合 $S_2=\{\boldsymbol{a}_i\mid$ 对于某个 $j,\boldsymbol{a}_i\geqslant\boldsymbol{b}_j\}$ 的元素个数比 S_1 少,S_1 就能够用 S_2 代替而给出一个小于 k 的沙因秩. 因此,根据匹配理论(matching theory),对每个 i 都存在一个匹配 $\boldsymbol{b}_i\rightarrow$

$\boldsymbol{a}_{\pi(i)}$ 使得 $\boldsymbol{b}_i \leqslant \boldsymbol{a}_{\pi(i)}$. 对 $\boldsymbol{B}$ 的各行施加一个排列，我们就得到一个矩阵 $\boldsymbol{M}$ 使得 $\boldsymbol{M} \leqslant \boldsymbol{A}_4$，而且 $\boldsymbol{M}$ 的沙因秩为 k，列秩为 p_2. 根据 $\boldsymbol{A}_4$ 的极小性有 $\boldsymbol{M}=\boldsymbol{A}_4$. 这就与子空间的真包含的假设发生矛盾.

设 $\boldsymbol{u}$ 是一个向量，它在每个使 $a_i=1$ 的 i 处都有一个零. 对于 $k<p_2$ 我们可以选择一个非零的 $\boldsymbol{u}$. 设 $\boldsymbol{A}_5$ 是一个把 $\boldsymbol{u}$ 作为一行添加到 $\boldsymbol{A}_4$ 上而得出的矩阵. 那么，$\boldsymbol{A}_5$ 的列秩为 p_2 且沙因秩至少是 k. 假定 $\boldsymbol{A}_5$ 的沙因秩是 k，那么，就存在 k 个向量 $\boldsymbol{v}_1,\cdots,\boldsymbol{v}_k$ 使得 $\boldsymbol{v}_1,\cdots,\boldsymbol{v}_k$ 所张成的空间包含 $a_1,\cdots,a_k$ 和 u_k. 由于上面关于 $b_1,\cdots,b_k$ 的说法，现在不可能了，那么这些 $\boldsymbol{v}$ 就一定等于这些 a，只不过次序不一定相同而已. 但这时将不可能用这些 $\boldsymbol{v}$ 来表示 u_k，因而 $\boldsymbol{A}_5$ 的沙因秩就是 $k+1$. 这样就证明了归纳法假设. 添加上一些 0 行和 0 列就证明了本定理.

例 6.15　可以证明 $\rho_f(n)\leqslant 2\rho_f(n-1)$ 以及对 1，2，3，4 这四个数 $\rho_f(n)$ 的值分别是 1，2，4，7.

定理 6.12　对于任意一个整数 $k\leqslant n-1$，$\rho_f(n)\geqslant\binom{n-1}{k}+\rho_f(n-1)$.

证　设 $\{\boldsymbol{v}_1,\cdots,\boldsymbol{v}_r\}$ 是 V_{n-1} 中 $r=\rho_f(n-1)$ 个无关向量的一个集合. 设 $\boldsymbol{u}_1,\cdots,\boldsymbol{u}_r$ 是在 $\boldsymbol{v}_i$ 的分量中添加一个最后一个 0 分量而得的 V_n 中的向量. 设 S 是 V_n 中恰好有 $k+1$ 个 1 分量，而且最后一个分量也是 1 的所有向量的集合. 这时 $S\cup\{\boldsymbol{u}_1,\cdots,\boldsymbol{u}_r\}$ 就是 V_n 中的一个无关向量集，其中向量的个数就是定理中不等式右端的数.

克莱特曼在较弱的假设条件下证明了不等式

$$\rho_f(n) \leqslant \left(1+\frac{1}{\sqrt{n}}\right)\begin{pmatrix} n \\ \left[\frac{n}{2}\right] \end{pmatrix}$$

所用的假设是:集合中没有任何两个向量的和是另外一个向量,其中$[x]$表示不超过x的最大整数.为了说明他的证明方法,我们证明他的结果的一个较弱的形式.

定理6.13　设V是V_n的一个子集合,V中的向量的权只取两个值a和b,而且V中没有任何一个向量是V中其他向量的和.那么

$$|V| \leqslant \max\left\{\binom{n}{b}+\frac{b-a}{b}\binom{n}{a},\binom{n}{a}\right\}$$

其中假定$a<b$.

证　设S是所有向量对$(\boldsymbol{u},\boldsymbol{v})$的集合,其中$\boldsymbol{u},\boldsymbol{v}\in V_n$,$\boldsymbol{u}\leqslant\boldsymbol{v}$,而且$\boldsymbol{u}$的权是$a$,$\boldsymbol{v}$的权是$b$.对于每个$\boldsymbol{v}\in V$,有

$$\sum_{\boldsymbol{u}<\boldsymbol{v}}\boldsymbol{u}<\boldsymbol{v}$$

于是存在一个$k\in \underline{n}$使得$v_k=1$,且

$$W=\left(\sum_{\boldsymbol{u}<\boldsymbol{v}}\boldsymbol{u}\right)_k=0$$

其中W是V中所有小于$\boldsymbol{v}$的向量$\boldsymbol{u}$的和的第k个分量.向量$\boldsymbol{v}$大于权为a的$\binom{b}{a}$个向量.然而,这些向量中只有$\binom{b-1}{a}$个可能包含在V中,这是因为对于那些在S中权为a且小于$\boldsymbol{v}$的向量而言,第k个分量一定是零.因此,对于固定的$\boldsymbol{v}\in V$,在S中所有可能的$(\boldsymbol{u},\boldsymbol{v})$对中,有$\boldsymbol{u}\in V$的向量对所占的比率充其量不过是

$$\frac{\binom{b-1}{a}}{\binom{b}{a}}=\frac{b-a}{a}$$

设 $n_a(n_b)$ 是 V 中权为 $a(b)$ 的向量的个数，那么，其较低元素在 V 中的对的个数是 $n_a\binom{n-a}{b-a}$，其较高元素在 V 中，而其较低元素不在 V 中的对的个数至少是

$$\left(1-\frac{b-a}{b}\right)n_b\binom{b}{a}$$

S 中的对的总数是 $\binom{n}{b}\binom{n}{a}$. 因此

$$\binom{n}{b}\binom{n}{a}\geqslant n_a\binom{n-a}{b-a}+n_b\binom{b}{a}\frac{a}{b}$$

$$1\geqslant\frac{n_a}{\binom{n}{a}}+\frac{n_b}{\binom{n}{b}}\frac{a}{b}$$

我们还有

$$0\leqslant n_a\leqslant\binom{n}{a},0\leqslant n_b\leqslant\binom{n}{b}$$

通过一个不长的线性规划计算即可证明从以上各关系式即可导出定理的结果. 证明至此完毕.

克莱特曼对于奇数的 n 基本上用以下方法得出一个下限

$$\left(1+\frac{1}{n}\right)\left(\begin{array}{c}n\\\left[\frac{n}{2}\right]\end{array}\right)$$

对于 $k\in\underline{n}$，设 $w\left(\left[\frac{n}{2}\right]\right)$ 由全部权为 $\left[\frac{n}{2}\right]$ 且满足下列条件的向量 $\boldsymbol{u}$ 所组成

$$\sum_{i=0}^{n-1} iu_i \equiv k(\bmod n)$$

这样，在 $w\left(\left[\frac{n}{2}\right]\right)$ 中任意两个向量都至少有四个分量不同. 因此，$w\left(\left[\frac{n}{2}\right]\right)$ 中没有两个向量其和数的权恰好是 $\left[\frac{n}{2}\right]+1$. 所以，$w\left(\left[\frac{n}{2}\right]\right)$ 连同所有权为 $\left[\frac{n}{2}\right]+1$ 的向量形成一个可能的集合 V. 在 n 个 $w\left(\left[\frac{n}{2}\right]\right)$ 集合中至少有一个包含

$$\frac{1}{n}\binom{n}{\left[\frac{n}{2}\right]}$$

个元素，这是由于这些集合的并有

$$\binom{n}{\left[\frac{n}{2}\right]}$$

个元素的缘故.

为简短起见，我们令 $m=\frac{n}{2}$. 对于偶数的 n 我们可以得到一个类似的下限

$$\binom{n}{m}+\frac{1}{n}\binom{n}{m-1}$$

$$=\binom{n}{m}\left(1+\frac{1}{n}+\frac{1}{n(n+2)}\right)$$

如果我们把这个下限与定理 6.12 结合起来，对于 $n=2k+1$ 我们就能得到一个改进的下限

$$\binom{2k}{k}+\binom{2k}{k}\left(1+\frac{1}{2k}-\frac{1}{k(k+2)}\right)$$

$$=\binom{n}{m}\left(1+\frac{3}{2n}-0(n^{-2})\right)$$

定义 6.34　一个半序集合的一个反链(antichain)就是这样一个子集合:在这个子集合中没有一个比这个子集合中所有其他元素都大的元素.

我们要提到,确定 $\rho_f(n)$ 的问题可以与已经研究过很多的在一个半序集合中寻求最大反链的问题发生关系.

定义 6.35　对于 2^n 的一个子集合 S 和一个使得 $h(X)\in X$ 对所有 X 成立的函数 $h:S\to \underline{n}$ 来说,$p(S,h)$ 是这样一个半序集合:它的元素是在序关系 $X<Y$ 之下的 S 的元素.这个序关系的定义是:$X<Y$ 当且仅当 $X\subset Y$,而且 $h(Y)\in X$.用 $g(S,h)$ 表示 $p(S,h)$ 中最大反链的势.

命题 6.4　$\rho_f=\max\limits_{S,h} g(S,h)$.

证　设 T 是这样一个集合:T 中没有一个集合是 T 中的一些真正更小的集合的并.那么,令 S 为 T,并且设 h 是任意一个这样的函数:对于每个 X,有

$$h(X)\in X\setminus \cup Y$$
$$Y\in T$$
$$Y\subset X$$

这时,$|T|\leqslant g(S,h)$.因此,$\max\limits_{S,h} g(S,h)\geqslant T$.

反之,对于任意 S,h,设 T 是 $p(S,h)$ 中势最大的反链.于是,T 中没有一个集合 X 是 T 中的较小的集合的并,因为没有较小的集合能包含 $h(x)$.

定理 6.14　在 V_n 中存在一个大小是 $\rho_f(n)$ 的无关向量集合,其中没有权大于 $\frac{n+1}{2}$ 的向量,而且最多

有一个权为 1 的向量.

证　设 S 是 V_n 中的一个 $|S|=\rho_f(n)$ 的无关向量集合,它满足这样的条件:S 中的向量的最大权是尽可能小的. 设这个最大权是 b 并设 $a=b-1$. 设 T 由 S 中权为 a 和 b 的向量以及 V_n 中权为 a 并且是 S 中的向量之和的所有向量所组成. 于是,T 也是一个无关向量集合. 把定理 6.13 应用到 T 上,我们就有

$$\binom{n}{a}\geqslant\binom{n}{b}+\frac{b-a}{b}\binom{n}{a}$$

其中作了假定 $b>\frac{n+1}{2}$. 因此,在这种情况下,$|T|\leqslant\binom{n}{a}$,因而我们就可以这样修改 S:把 S 中权为 a,b 的向量用 V_n 中所有权为 a 而又不是 S 中权较小的向量之和的向量代替. 由于 $|T|\leqslant\binom{n}{a}$,这样做不会减小 S 的大小,但能降低 S 中的向量的最大权数. 这个矛盾表明 S 中向量的最大权数不可能超过$\frac{n+1}{2}$.

如果在 S 中权为 1 的向量的个数多于一,譬如说,我们就可以用(100) 和(110) 代替(100) 和(010) 的办法降低这个个数. 这样就证明了本定理.

定理 6.15　前几个 $\rho_f(n)$ 的值由下表给出

n	1	2	3	4	5	6
$\rho_f(n)$	1	2	4	7	13	24

证　对于 $n=1,2,3$,这是很容易看出的. 我们可以利用前一个定理以及下面的克莱特曼的不等式

$$\sum_{k=j}^{2j}\frac{n_k}{\binom{n}{k}}\frac{j}{k}\leqslant 1,j=1,2,\cdots,\left[\frac{n}{2}\right]$$

其中 n_k 表示集合中权为 k 的向量的个数.

对于 $n=4$,这个结果可由前一定理直接得出.

对于 $n=5$,不等式中有一个给出 $3n_2+2n_3\leqslant 30$. 因此,对于 $n_4=n_5=0$,14 至多可能以下列两种方式实现

n_1	n_2	n_3
1	3	10
1	4	9

第一种情况是不可能的,因为任意三个权为 2 的向量至少有一个权为 3 的并. 假定第二种情况成立,我们有四个权为 2 的向量,而它们的并的权是 3. 这四个向量中的某一个将不会比这个并小. 因此,它将是与其他向量相脱离的,因而这四个向量就是(11000),(00110)(00101),(00011),顶多是次序不同. 然而,没有一种办法添加一个权为 1 的向量而不引进附加的权为 3 的并. 所以 $\rho_f(5)=14$ 是不可能的.

对于 $n=6$,由这一不等式和上面的定理知:对于 $\rho_f(n)\geqslant 25$ 只能容许下列几种可能性

n_1	n_2	n_3
1	5	20
0	5	20
1	4	20
1	5	19
1	6	18

采用处理 $n=5$ 的同样方法,前四种可能性都可以排除掉. 假定我们有 1,6,18 这个情况. 假定权为 2 的向量中的一个与其他相脱离. 那么,其余的就是 V_4 中的五

个权为 2 的向量的一个集合. 由于这是从 V_4 的全部权为 2 的向量中减去一个向量而形成的集合,然而,这是不可能发生的情况. 所以,每个权为 2 的向量都是一个和数的一项,这个和数是两个权为 3 的并中间的一个. 因而,六个权为 2 的向量刚好就是全部权为 2 的向量减去权为 3 的那些并中间的一个. 如果权为 3 的那些并有互相重叠的部分,我们将会有一个附加的权为 3 的并. 因此,权为 3 的那些并都是互相脱离的. 所以,权为 2 的向量就是(110000),(011000),(101000),(000011),(000110),(000101) 顶多相差一个排列. 没有办法添加一个权为 1 的向量而不给出另一个权为 3 的并. 这个矛盾证明了 $\rho_f(6)=24$(上面罗列的向量连同所有权为 3 的向量除去(111000) 与(000111) 外给出了一个有 24 元素的无关集合). 证明完毕.

组合集合论中与向量有关的另一个有趣的问题是由斯皮纳尔(E. Sperner) 引理所回答的问题:由 $\underline{n}$ 的子集构成的集类中,有一类具有这样的性质:这个集类中的任意一个子集都不被这个集类中另外某个子集所包含. 这种集类中最大的一个就是由恰好包含 $\left[\frac{n}{2}\right]$ 个元素的全体子集构成的集类. 斯皮纳尔引理断言:没有比这个集类更大的集类. 这个引理是斯皮纳尔于 1928 年证明的. 在那以后,又出现了几种另外的证明. 下面我们把斯皮纳尔引理表达成布尔向量形式. 这种表达形式是金基恒与劳什给出的

定理 6.16(斯皮纳尔)　从 V_n 中取出一个向量集合使得这个集合中没有任何一个向量小于另外某一个向量. 这种向量集合最大的大小就是

$$\binom{n}{\left[\frac{n}{2}\right]}$$

证 令 $S_{w(k)}$ 表示 V_n 中权为 k 的向量的集合. 我们按下列方式定义一个从 $S_{w(k)}$ 到 $S_{w(k-1)}$ 的函数 g: 对于 $S_{w(k)}$ 中的一个向量 $\boldsymbol{v}$, 令 a_i 表示 $\boldsymbol{v}$ 中第 i 个 1 以前的 0 的个数. 令 p 为与

$$\sum_{i=1}^{k} a_i (\mathrm{mod}\ k)$$

合同(congruent) 的最小正整数.

令 $g(\boldsymbol{v})$ 是把 $\boldsymbol{v}$ 中的第 p 个 1 改成 0 而得到的向量. 假定 $g(\boldsymbol{v})=g(\boldsymbol{v}')$, 于是 $\boldsymbol{v}$ 和 $\boldsymbol{v}'$ 中的每一个都与 $g(\boldsymbol{v})$ 相同, 除了在一个位置上的 0 被 1 替换了之外. 假定这种替换在 $\boldsymbol{v}$ 中发生在 x 位置上, 在 $\boldsymbol{v}'$ 中发生在 y 位置上. 这样, 位置 y 一定是 $\boldsymbol{v}'$ 中第 p' 个 1 的位置. 如果我们用 $a_i(\boldsymbol{v})$ 和 $a_i(\boldsymbol{v}')$ 来记两个向量中的 a 以示区别(根据对称性, 假设 $y > x$), $a_i(\boldsymbol{v})=a_i(\boldsymbol{v}')$ 除非 $p \leqslant i \leqslant p'$, $1+a_i(\boldsymbol{v})=a_{i-1}(\boldsymbol{v})$ 对 $p < i \leqslant p'$, $a_p(\boldsymbol{v})=x-p$, 以及 $a_{p'}(\boldsymbol{v}')=y-p'$. 因此, 把这些方程相加即得

$$\sum_{i=1}^{k} a_i(\boldsymbol{v}) + (p'-p) - (x-p) + (y-p') = \sum_{i=1}^{k} a_i(\boldsymbol{v}')$$

$$\sum_{i=1}^{k} a_i(\boldsymbol{v}) + y - x = \sum_{i=1}^{k} a_i(\boldsymbol{v}')$$

$$p - x \equiv p' - y (\mathrm{mod}\ k)$$

$$x - p \equiv y - p' (\mathrm{mod}\ k)$$

由于位置 x 是 $\boldsymbol{v}$ 中第 p 个 1 的位置, $x-p$ 是 $\boldsymbol{v}$ 中这个位置前的 0 的个数. 一个向量中第 p 个 1 以前的 0 的个数必定合同于另外向量中第 p 个 1 以前的 0 的个数. 这两个数的差 z 比每一个向量中位置 p 和位置 p' 之间的

0的个数多1. 因而 $z \equiv 0 \pmod{k}$，$1 \leqslant z \leqslant n-k$，这是因为总共只有 $n-k$ 个0. 对于 $n-k<k$，这是一个矛盾，因此 g 是一对一的.

现在令 C 为向量的规模最大的一个反链. 如果我们把 g 应用到 C 中权数最高的那些向量上去，只要这个权数 $k>n-k$，我们就得到一个新的反链，这个反链的元素个数与原来的反链相同. 重复这个做法，我们即可保证在反链中的一个向量的最高权数不再大于 $\left[\frac{n}{2}\right]$. 对权数最低的那些向量应用一个与 g 对偶的函数，我们就能保证不会出现权数小于 $\left[\frac{n}{2}\right]$ 的向量. 因此，C 的大小最多是

$$\binom{n}{\left[\frac{n}{2}\right]}$$

这样就证明了本定理.

我们接着来推广一个由图兰(P. Turán)给出的著名定理，这个定理通常所说的是：有 n 个顶点而没有三角形的图中边的个数的最大值[①]. 这个最大值就相当于这样一些权为 k 的向量的最小个数，使得每个权为 $k+1$ 的向量都至少大于其中一个权为 k 的向量. 设 $T(n,k)$ 是满足上述条件的这个最小个数. 图兰定理包括并推广了 $k=2$ 的情况.

---

① 图兰定理的通常说法是：有 n 个顶点而没有三角形的图最多有 $\left[\frac{n^2}{4}\right]$ 条边. —— 译者注

命题 6.5　对于固定的 k，$\frac{T(n,k)}{\binom{n}{k}}$ 对 n 而言是非减的.

证　设 $M_{w(k)}$ 是这样一些有 $n+1$ 个分量且权为 k 的向量的最小集合，使得每个权为 $k+1$ 的向量都大于这个集合中至少一个向量. 对于 $i=1,2,\cdots,n+1$，设 $V_0=\{\boldsymbol{v}\in M_{w(k)}\mid v_i=0\}$，而 $V_1=\{\boldsymbol{v}\in M_{w(k)}\mid v_i=1\}$. 我们有

$$\sum_{i=1}^{n+1}\mid V_1\mid=k\mid M_{w(k)}\mid$$

这是因为在上式左端，$M_{w(k)}$ 的每个元素都被计算了 k 次. 因此

$$\max_i\mid V_1\mid\geqslant\frac{k}{n+1}T(n+1,k)$$

另一方面，$\mid V_0\mid\geqslant T(n,k)$，而 $T(n+1,k)=\mid V_1\mid+\mid V_0\mid$，因而

$$\frac{n+1-k}{n+1}T(n+1,k)\geqslant T(n,k)$$

这样就得出命题中的结论.

定理 6.17　设 $g(k)=\lim\limits_{n\to\infty}\frac{T(n,k)}{\binom{n}{k}}$，那么对 k 而言就有渐近不等式 $g(k)\leqslant\frac{\log k}{k}$.

证　我们把各分量的集合分成尽可能相等的 j 个组 $c_1,\cdots,c_j$. 对于一个权为 k 的向量 $\boldsymbol{v}$，设 c_i 是它在 c_i 中的 1 分量的个数. 设 S 是这样一些权为 k 的向量的集合，使得或者某个 $c_i=0$，或者 $\sum ic_i\equiv d(\bmod j)$. 对任意一个 d，对于任何一个权为 $k+1$ 的向量，这个集合至

少包含一个小于它的向量，因为如果这个权为 $k+1$ 的向量在某个 c_i 中设有 1 分量，我们就拿掉它的 1 分量中的任意一个. 如果它在每个 c_i 中都至少有一个 1 分量，只要从各自的 c_i 中拿掉一个 1 分量，我们就能使得所有的 $\sum ic_i$ 值关于模 j 合同.

适当选择 d，我们就可以假定使 $\sum ic_i \equiv d(\mathrm{mod}\ j)$ 的向量的个数小于或等于 $\frac{1}{j}\binom{n}{k}$. 使某个 $c_i=0$ 的向量的个数小于或等于 $j\binom{n-q}{k}$，这里 $q=\left[\frac{n}{j}\right]$.

从渐近的意义上说

$$g(k)\leqslant \frac{1}{j}+j\left(1-\frac{1}{j}\right)^k \simeq \frac{1}{j}+je^{\frac{-k}{j}}$$

取 $j=\left[\frac{k}{\log k}\right]$ 就得出本定理.

卢瑟福(D. E. Rutherford) 与布莱斯(T. S. Blyth) 以特征值和特征向量的语言研究了 k－函数超图(k-function hypergraph).

§5　特征向量

虽然在域上的矩阵理论中特征值与特征向量起着很重要的作用，但在布尔矩阵理论中它们的作用就是非常次要的了.

格林恩(C. Greene) 提到，上述定理可以用任意布尔代数上的矩阵的特征值与特征向量来解释. 我们将

首先局限于 β_0 中讲述关于它们的结果，然后，我们再把这些结果推广到任意一个包含 β_0 的交换半环上去.

定义 6.36　一个交换半环 R_1 上的一个矩阵 $\boldsymbol{A}$ 的一个特征向量就是这样一个向量 $\boldsymbol{x}$：对于某个 $\lambda \in R_1$，$\boldsymbol{xA} = \lambda\boldsymbol{x}$，或者对于某个 $\lambda \in R_1$，$\boldsymbol{Ax} = \lambda\boldsymbol{x}$，元素 λ 称为相应的特征值.

在 β_0 这种情况下，$\boldsymbol{x}$ 是 $\boldsymbol{A}$ 的一个行特征向量，当且仅当 $\boldsymbol{xA} = \boldsymbol{0}$ 或 $\boldsymbol{xA} = \boldsymbol{x}$. 对这两种情况，我们将分别称为 0 — 特征向量和 1 — 特征向量.

引理 6.8　设 $\boldsymbol{A} \in B_n$，而且 $m > n$，那么 $(\boldsymbol{A} + \boldsymbol{A}^2)^m = (\boldsymbol{A} + \boldsymbol{A}^2)^m\boldsymbol{A}$.

证　因为 $(\boldsymbol{A} + \boldsymbol{A}^2)^m = \boldsymbol{A}^m + \cdots + \boldsymbol{A}^{2m}$ 和 $(\boldsymbol{A} + \boldsymbol{A}^2)^m\boldsymbol{A} = \boldsymbol{A}^{m+1} + \cdots + \boldsymbol{A}^{2m+1}$，所以，只要证明 $\boldsymbol{A}^m \leqslant \boldsymbol{A}^{m+1} + \cdots + \boldsymbol{A}^{2m+1}$ 和 $\boldsymbol{A}^{2m+1} \leqslant \boldsymbol{A}^m + \cdots + \boldsymbol{A}^{2m}$ 就够了. 假定 $a_{ij}^{(m)} = 1$，这时就存在一个序列 $i(1), i(2), \cdots, i(m-1)$ 使得 $a_{i,i(1)}, a_{i(1),i(2)}, \cdots, a_{i(m-1),j}$ 都是 1. 因为 $m \geqslant n$，在 $i, i(1), \cdots, i(m-1), j$ 这些整数中必定有某一对数相等. 譬如说，假定 $i(r)$ 与 $i(s)$ 相等，其中 $s > r$. 我们就取序列 $i, i(1), \cdots, i(r), \cdots, i(s), i(r+1), \cdots, i(s), i(s+1), \cdots, i(m-1), j$. 于是，$a_{ij}^{(m+s-1)} = 1$. 幂次 $s-r$ 至少是 1 且不大于 m(即使在 i, j 是相等对的情况也如此). 因此，$m+1 \leqslant m+r-s \leqslant 2m$. 所以，$(\boldsymbol{A} + \boldsymbol{A}^2)^m\boldsymbol{A}$ 的 (i, j) 项等于 1. 这就证明了 $\boldsymbol{A}^m \leqslant \boldsymbol{A}^{m+1} + \boldsymbol{A}^{m+2} + \cdots + \boldsymbol{A}^{2m+1}$.

设 $\boldsymbol{v} \in V_n$，就有

$$\boldsymbol{0} \leqslant \boldsymbol{v}\boldsymbol{A}^m \leqslant \boldsymbol{v}(\boldsymbol{A}^m + \boldsymbol{A}^{m+1}) \leqslant \cdots \leqslant \boldsymbol{v}(\boldsymbol{A}^m + \cdots + \boldsymbol{A}^{2m+1})$$

如果这一个链中的所有元素都互不相等，那么 V_n 就会包含一个由 $m+2 > m+1$ 个向量构成的链. 但这是不

可能的，所以，在这个链中必有某一对向量是相等的.譬如假定

$$v(A^m + \cdots + A^{m+s}) = v(A^m + \cdots + A^{m+s+1})$$

这样

$$vA^{m+s+1} \leqslant v(A^m + \cdots + A^{m+s})$$

因而还有

$$vA^{m+s+2} \leqslant v(A^{m+1} + \cdots + A^{m+s+1})$$

用归纳法

$$vA^{2m+1} \leqslant v(A^m + \cdots + A^{2m})$$

由于 v 是任意的，$A^{2m+1} \leqslant A^m + \cdots + A^{2m}$. 这就证明了本定理.

定理 6.18　设 $A \in B_n$，就有：

(1)A 的 0－特征向量的集合是 V_n 的一个子空间，其基底为 $\{e_i \mid A_{i*} = \mathbf{0}\}$.

(2)A 的 1－特征向量的集合是 V_n 的一个子空间，其基底为 $B_r((A + A^2)^m)$ 对于 $m \geqslant n$.

(3) 设 $x \in V_n$，设 $M(x, \lambda) = \{A \in B_n \mid xA = \lambda x\}$. 设 $M(x) = M(x, 0) \backslash M(x, 1)$. 那么，$M(x, 0)$，$M(x, 1)$ 和 $M(x)$ 都是 B_n 的子半群.

(4)$M(x, 0)$ 中的最大矩阵是 $Z = (z_{ij})$，其中 $z_{ij} = 1$ 当且仅当 $x_i = 0$.

(5)$M(x, 1)$ 中的最大矩阵是 $W = (w_{ij})$，其中 $w_{ij} = x_i^c + x_j$.

证　定理的第(1) 部分可以用计算方法证明. 第(3)(4)(5) 这三部分也一样.

对于第(2) 部分，我们首先证明 $xA = x$ 当且仅当 $x(A + A^2)^m = x$. 如果 $xA = x$，那么，对任意 i 都有 $xA^i = x$. 这意味着 $x(A + A^2)^m = x$. 假定 $x(A + A^2)^m = x$，这时

由引理 6.8 有

$$xA = (x(A + A^2)^m)A = x(A + A^2)^m = x$$

其次,引理 6.8 意味着$(A+A^2)^m A^i=(A+A^2)^m$ 对任意 i 成立,这表示$(A+A^2)^m$ 是幂等的. 对于任意一个幂等矩阵 E,我们有 $xE=x$ 当且仅当 $x \in R(E)$. 因此,$\{x \mid xA = x\}$ 与 $R((A + A^2)^m)$ 相同. 所以,$B_r((A + A^2)^m)$ 给出一个基底. 我们要指出,根据转置的对称性,上述定理对于列特征向量也同样成立.

§6 二次方程

这里我们将考虑布尔矩阵的二次方程. 作为一种特殊情况,如何求一个布尔矩阵的平方根还是一个著名的尚未解决的问题. 我们将证明,当 n 趋近于无穷大时,一个随机布尔矩阵有一个平方根的解的概率趋近于零,而且,将给出平方根和立方根的特例. 一个布尔矩阵方程有解的充分但不必要的条件是:同样的方程对于实数的 0—1 矩阵可解. 这个理论已在组合数学中被广泛地研究过,例如在投射平面的理论中,我们将叙述一些关于实数的 0—1 矩阵的二次方程的初等结果. 顺便说明,本节中的内容对本书的其余部分并不是必需的.

设

$$AA^{\mathrm{T}} = J \tag{6.1}$$

$$A^2 = J \tag{6.2}$$

$$A^2 = J \ominus I \tag{6.3}$$

其中 $J \ominus I$ 表示这样一个矩阵:主对角线下方的项均

为 0,其他项均为 1. 这里将考虑两种类型的矩阵乘法:在 β_0 上的乘法和在 R 上的乘法.

命题 6.6　设 $\boldsymbol{A}$ 是以实数为元素的矩阵,方程 $\boldsymbol{A}\boldsymbol{A}^{\mathrm{T}}=\boldsymbol{J}$ 的所有的解都具有这样的性质:$\boldsymbol{A}$ 的每一行都等于范数为 1 的同一个向量.

证　设各行用 $\boldsymbol{u}_i$ 表示,那么 $\boldsymbol{u}_i\boldsymbol{u}_j=1=\boldsymbol{u}_i\boldsymbol{u}_i$. 根据赫尔德(Hölder) 不等式即可引出这个结果.

应注意,每个布尔解,如果看作 β_0 上的一个矩阵,也是这种形式的.

命题 6.7　对于通常的矩阵乘法,对 $n>1$ 的情形,方程(6.3) 在{0,1} 上不存在解.

证　设 $\boldsymbol{A}=(a_{ij})$. 如果 $\boldsymbol{A}^2=\boldsymbol{J}\ominus\boldsymbol{I}$ 成立,首先可以证明 $a_{11}=1,a_{i1}=0,i=2,\cdots,n$. 采用分块矩阵的性质和上述同样方法可以得到 $a_{ii}=0,a_{ji}=0,i<j,i=2,\cdots,n$. 考虑 a_{12},如果 $a_{12}=0$,那么 $(\boldsymbol{A}^2)_{12}=0$;如果 $a_{12}=1$,那么 $(\boldsymbol{A}^2)_{12}=2$;均与假设矛盾.

定义 6.37　如果 $\boldsymbol{A}^2=\boldsymbol{B}$,那么方阵 $\boldsymbol{A}$ 就称为 $\boldsymbol{B}$ 的平方根.

对于布尔代数上或域上的一个给定的矩阵,至今还没有一个通用的准则可以用来判断这个矩阵是否有平方根,对于存在平方根的情况,迄今为止,也还没有一种很快的方法把它求出来.

德奥里维拉(De Oliveira) 提出了一种求布尔矩阵的平方根的方法.

定义 6.38　B_n 的一串矩阵 $\boldsymbol{A}_1,\boldsymbol{A}_2,\cdots,\boldsymbol{A}_n$ 称为一个可接受系统(admissible system) 是指:(i) 没有一个 $\boldsymbol{A}_i$ 恒等于零;(ii) 在每个 $\boldsymbol{A}_i$ 中所有的非零行都是相同的和;(iii)$\boldsymbol{A}_k$ 的第 i 行为零当且仅当 $\boldsymbol{A}_i$ 的第 k 列为

零.

例 6.16

$$\begin{bmatrix}1 & 1 & 0\\1 & 1 & 0\\0 & 0 & 0\end{bmatrix},\begin{bmatrix}1 & 0 & 1\\0 & 0 & 0\\1 & 0 & 1\end{bmatrix},\begin{bmatrix}0 & 0 & 0\\0 & 1 & 1\\0 & 1 & 1\end{bmatrix}$$

定理 6.19　如果布尔矩阵 $\boldsymbol{B}$ 没有零行或零列，那么，$\boldsymbol{B}$ 的平方根与和为 $\boldsymbol{B}$ 的可接受系统之间存在一个一一对应. 为了从一个可接受系统 $\boldsymbol{A}_i$ 得到一个平方根 $\boldsymbol{C}$，只要令 $\boldsymbol{C}$ 的第 j 行为 $\boldsymbol{A}_j$ 的任一个非零行即可.

证　假定 $\boldsymbol{A}_i$ 是一个可接受系统，并且有

$$\sum_{i=1}^{n}\boldsymbol{A}_i=\boldsymbol{B}$$

设 $\boldsymbol{C}$ 是按照定理所讲的方式定义的，那么，$C_{ik}\neq 0$ 的充分必要条件是 $\boldsymbol{A}_i$ 的某一行的第 k 项不等于零，这等价于 $\boldsymbol{A}_i$ 的第 k 列不为零，即 $\boldsymbol{A}_k$ 的第 i 行不为零. 而 $C_{kj}\neq 0$ 的充分必要条件是 $\boldsymbol{A}_k$ 的某一行的第 j 项不等于零，这等价于 $\boldsymbol{A}_k$ 的第 j 列不为零. 因此，$C_{ik}C_{kj}\neq 0$ 当且仅当 $\boldsymbol{A}_k$ 的第 i 行和第 j 列均不为零，这等价于 $\boldsymbol{A}_k$ 的 (i,j) 项等于 1，因此

$$C_{ij}^{(2)}=\sum_k(\boldsymbol{A}_k)_{ij},\boldsymbol{C}^2=\boldsymbol{B}$$

假定 $\boldsymbol{C}$ 是 $\boldsymbol{B}$ 的平方根. 设 $(\boldsymbol{A}_k)_{ij}=C_{ik}C_{kj}$，由于 $\boldsymbol{B}$ 没有零行或零列，$\boldsymbol{C}$ 也一定如此. 所以对于每一个 i 而言，$\boldsymbol{A}_i$ 都是非零的. 这些 $\boldsymbol{A}$ 的集合构成一个可接受系统. 因此，$\sum(\boldsymbol{A}_k)_{ij}=\sum C_{ik}C_{kj}=C_{ij}^{(2)}=b_{ij}$. 由此可知系统的和数等于 $\boldsymbol{B}$.

可以验证，根据 $\boldsymbol{A}_i$ 构造 $\boldsymbol{C}$ 和根据 $\boldsymbol{C}$ 构造 $\boldsymbol{A}_i$，这两个过程是互逆的，因而就给出了一一对应.

定理 6.19 对于实数域是成立的. 设(S,f,g)是一个三元组,其中S是一个集合,f是从笛卡儿乘积$S\times S$的一个子集合X到S内的一个映射,g是从笛卡儿积$S\times\cdots\times S$(n次)的一个子集合Y到S内的一个映射. 假定S至少包含称为0和1的两个元素,这两个元素分别用θ和α表示并使得(θ,α),(θ,θ),(α,θ),$(\alpha,\alpha)\in X$,而且$f(\theta,\alpha)=f(\alpha,\theta)=f(\alpha,\alpha)=\theta$,$f(\alpha,\alpha)=\alpha$. 如果$s_1,\cdots,s_n\in S$,$(s_1,\cdots,s_n)\in Y$,而且$(s_i,s_j)\in X$,令$s_1+\cdots+s_n=g(s_1,\cdots,s_n)$和$s_is_j=f(s_i,s_j)$. 在适当的条件下,我们可以用一种自然的方式定义$S$上两个$n\times n$矩阵的乘积以及$n$个矩阵的和. 因此,定理 6.19 在结构$(S,f,g)$中成立.

定义 6.39　设

$$\boldsymbol{P}=\begin{bmatrix}0&1&0&\cdots&0&0\\0&0&1&\cdots&0&0\\\vdots&\vdots&\vdots&&\vdots&\vdots\\0&0&0&\cdots&0&1\\1&0&0&\cdots&0&0\end{bmatrix}\in P_n$$

如果$\boldsymbol{A}=c_0\boldsymbol{I}+c_1\boldsymbol{P}+c_2\boldsymbol{P}^2+\cdots+c_{n-1}\boldsymbol{P}^{n-1}$,其中$\boldsymbol{I}=\boldsymbol{P}^0$,并对每个$i$,$c_i\in\beta_0$,我们就说$\boldsymbol{A}\in B_n$是一个循环矩阵(circulant).

定理 6.20　布尔矩阵$\boldsymbol{J}\ominus\boldsymbol{I}$有一个平方根当且仅当它的维数至少是 7 或是 1.

证　设$\boldsymbol{M}$是$\boldsymbol{J}\ominus\boldsymbol{I}$的一个维数小于 7 的平方根. 于是$\boldsymbol{M}$的所有对角项都是零,而且对于每一对$i,j$,$m_{ij}$和$m_{ji}$中至少有一个是 1. 因此,对每个$i$而言,三元集合$\{i\}$,$\{j\mid m_{ij}=1\}$,$\{j\mid m_{ji}=1\}$互不相同. 因而,后两个集合中的一个最多有两个元素. 需要时可对$\boldsymbol{M}$加以

转置，我们可以假设第三个集合最多有两个元素.

如果$\{j \mid m_{ji}=1\}=\{a,b\}$，那么$m_{ai}=1$，而且对于$j\neq a,b,m_{ji}=0$. 由于所有的对角项都是零，还有$i\neq a$和$i\neq b$. 由于$\boldsymbol{M}^2=\boldsymbol{J}\ominus\boldsymbol{I}$，我们有$\sum m_{ax}m_{xi}=1$. 但是，这个和数中的唯一的非零项是$m_{ab}m_{bi}$，所以$m_{ab}=1$. 同样有$\sum m_{bx}m_{xi}=1$. 这个和数中的仅有的非零项是$m_{ba}m_{ab}$，所以$m_{ab}=m_{ba}=1$. 但这意味着$m_{aa}^{(2)}=1$，而这是错误的. 同样的，对于$\{j \mid m_{ji}=1\}=\{a\}$的情况，又可以推出$\{j \mid m_{ji}=1\}=\varnothing$，这也是不可能的，除非维数是1.

对于n值大的情况，有一些循环矩阵是$\boldsymbol{J}\ominus\boldsymbol{I}$的平方根. 如果$S$是一个循环矩阵$\boldsymbol{M}$的最后一行中的1的集合. $\boldsymbol{M}^2=\boldsymbol{J}\ominus\boldsymbol{I}$当且仅当$\{a+b \mid a,b\in S\}$包括除0以外的每一个模$n$的同余类中的那些数.

如果n是奇数并且至少是q，$S=\{1,2,\cdots,\left[\frac{n}{2}\right]-2,\left[\frac{n}{2}\right],\left[\frac{n}{2}\right]+2\}$就行了. 如果$n=7$，$S=\{1,2,4\}$就行了.

如果n是偶数并且至少是12，令$S=\{1,2,\cdots,\frac{n}{2}-3,\frac{n}{2}-1,\frac{n}{2}+2\}$. 对于$n=8,10$我们采用一种不同的构造方法，如图6.4所示. 其中顶端和底端的对角块都是1×1的，而边缘块正如标出的那样完全是1或者完全是0，中央部分的四个块都是循环的. 对于$n=8$和$n=10$，我们可以用解算的方法求出适用的循环块.

对于$n=7$，如果不考虑排列的差别，$\boldsymbol{M}$是唯一的. 然而，对于更大的n，这个性质并不成立. 证明完毕.

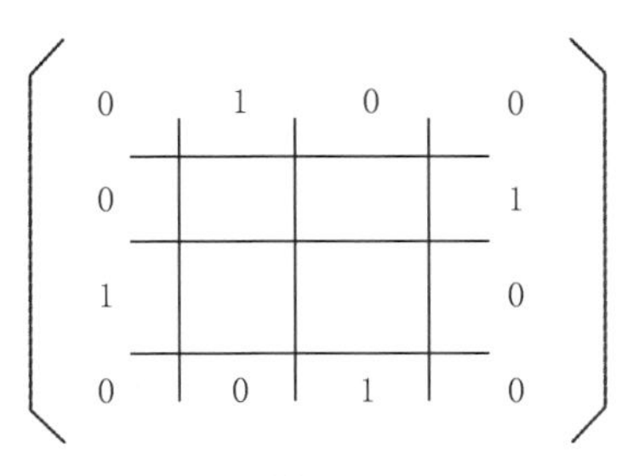

图 6.4

定理 6.21 当维数至少是30时，布尔矩阵 $\boldsymbol{J} \ominus \boldsymbol{I}$ 有一个对称而且循环的立方根.

证 设 n 表示维数. 如果 $n \equiv k \pmod 5$，$k=0,1,3$. 取这样的循环矩阵，它的最后一行中的1的位置，对于满足 $5a+3<\frac{n}{2}$ 的非负整数 a 而言，同余于 ± 1，$\pm(5a+3)$.

如果 $n=10x+17$，取这样的循环矩阵，在它的最后一行中，1的位置是 $1,3,8,\cdots,3+5(x-1),3+5x,5+5x,10+5x,n-(10+5x),\cdots,n-1$.

如果 $n \equiv 4 \pmod 5$，取这样的循环矩阵：在它的最后一行中1的位置是 $1,3,8,\cdots,3+5(x-1),3+5x,5+5x,10+5x,n-(10+5x),\cdots,n-1$，其中 x 是使 $3+5x<\frac{n}{3}$ 的最大整数. 这就证明了本定理.

下面我们将证明：当 n 趋于无穷大时，一个随机布尔矩阵有一个平方根的概率趋于零.

定义 6.40 我们用随机布尔矩阵这个名词表示这样一个随机变量：它以概率 2^{-n^2} 取 B_n 中的某一个矩阵为其实现值.

定义 6.41 设 X 是一个可以取 m 个互异的值

$X_1,\cdots,X_m$ 的随机变量. 它取这些值的概率分别是 $p_1,\cdots,p_m$. 那么,X 的熵(entropy) 就是

$$\sum_{i=1}^{m} p_i \log p_i$$

我们将使用关于熵的这样一个定理:如果 $Y_1,\cdots,Y_k$ 是不一定互相独立的任意一组随机变量,那么,$(Y_1,\cdots,Y_k)$ 的熵小于或等于 Y_i 的熵的和数. 我们把这个定理应用到 $k=n^2$ 的情况,每个 Y_i 是一个随机布尔矩阵的一个特定的项,并且 $(Y_1,\cdots,Y_k)$ 是布尔矩阵本身(用一种不同于寻常的方式写出的).

引理 6.9　如果 $i\neq j$,$\mathbf{A}^2$ 的(i,j) 项是 1 的概率是 $1-\left(\frac{5}{8}\right)\left(\frac{3}{4}\right)^{n-2}$,如果 $i=j$,这个概率就是 $1-\left(\frac{1}{2}\right)\left(\frac{3}{4}\right)^{n-1}$(这里,所有的布尔矩阵服从等概率分布).

证　如果 $i\neq j$,我们可假定 $i,j=1,2$. 这时把 $\mathbf{A}$ 分划(partition) 成

$$\begin{bmatrix} \mathbf{A}_1 & \mathbf{A}_2 & \mathbf{A}_3 \\ \mathbf{A}_4 & \mathbf{A}_5 & \mathbf{A}_6 \\ \mathbf{A}_7 & \mathbf{A}_8 & \mathbf{A}_9 \end{bmatrix}$$

其中 $\mathbf{A}_1$ 和 $\mathbf{A}_5$ 是 1×1 矩阵,而 $\mathbf{A}_9$ 是一个$(n-2)\times(n-2)$ 矩阵. 然后,根据$\mathbf{A}_2=\mathbf{0}$ 或 $\mathbf{A}_2=\mathbf{1}$ 分成两个情况考虑.

对于 $i=j$,假定$(i,j)=(1,1)$,把 $\mathbf{A}$ 分划成四个块. 这样就证明了本引理.

定理 6.22　一个随机的 $n\times n$ 布尔矩阵是一个平方的概率是 $0\left(n\left(\frac{3}{4}\right)^{n}\right)$.

证　根据引理 6.9，$\boldsymbol{A}^2$ 的一个特定项的熵是 $O\left(n\left(\frac{3}{4}\right)^n\right)$. 所以，随机变量 $\boldsymbol{A}^2$ 的熵就是 $O\left(n^3\left(\frac{3}{4}\right)^n\right)$. 对于 $n\times n$ 矩阵集合上的任意一个随机变量，这个变量的每个可能值的概率至少是 2^{-n^2}. 这意味着如果 $n\times n$ 矩阵集合上的一个随机变量有 m 个可能值，它的熵至少是 $(m-1)n^2 2^{-n^2}$（考虑定义熵的和数，即可得出这个结论）. 因此，随机变量 $\boldsymbol{A}^2$ 可以取最多 $O\left(n\left(\frac{3}{4}\right)^n 2^{n^2}\right)$ 个值. 这就证明了本定理.

我们现在来考虑方程(6.2)，而假定所用的是通常的矩阵乘法. 这些结果都是熟知的.

定理 6.23　如果方程(6.2)在 $\{0,1\}\subset\mathbf{Z}$ 上有解，那么解的维数必定是某个整数 k 的平方，而且，每一行或每一列的和数都是 k.

证　假定 $\boldsymbol{AJ}=\boldsymbol{JA}$，这就意味着所有的行和所有的列都有着相同的和数 S，而且 $\boldsymbol{AJ}=S\boldsymbol{J}$. 这时，只要分析一下 $\boldsymbol{A}^2\boldsymbol{J}$ 就能证明 S^2 等于 $\boldsymbol{J}$ 的维数. 这就证明了本定理.

把 $\boldsymbol{A}$ 分划为 k^2 个 $k\times k$ 块的作法常常是很方便的. 可以用下列方法给出一个解：令 $a_{xk+y,zk+w}=1$ 当且仅当 $x+1=w$，其中 $x,z\in\{0,1,\cdots,n-1\}$ 而 $y,w\in \underline{n}$.

引理 6.10　设 $\boldsymbol{A}$ 是(6.2)在 $\{0,1\}\subset\mathbf{Z}$ 上的一个解，那么，通过一个排列矩阵可以得到 $\boldsymbol{A}$ 的某个变形，它具有下列性质：当 $z=0$，$x+1=w$ 时以及当 $y=1$，$x+1=w$ 时，$a_{xk+y,zk+y}=1$.

证　由于 $\boldsymbol{A}$ 的本征值是 $k,0,\cdots,0$，$T_r\boldsymbol{A}=k$. 选择对角项非零的一个列，通过变形把这一列移为第一列，于是(1,1)项是 1. 再通过一个排列矩阵把第 1 行固定，而这一列中的其他 k 个非零项被移到位置 $2,3,\cdots,k$ 上去. 然后，再把第二列的 1 移到位置 $k+1,k+2,\cdots,2k$ 上去，依此类推. 在这个过程中，先前的位置都固定不动. 因此，前 a 列就有了所要求的形式

$$\begin{bmatrix} 1 & 0 & 0 & \cdots & 0 \\ 1 & 0 & 0 & \cdots & 0 \\ 1 & 0 & 0 & \cdots & 0 \\ 0 & 1 & 0 & \cdots & 0 \\ 0 & 1 & 0 & \cdots & 0 \\ 0 & 1 & 0 & \cdots & 0 \\ 0 & 0 & 1 & \cdots & 0 \\ 0 & 0 & 1 & \cdots & 0 \\ \vdots & \vdots & \vdots & & \vdots \end{bmatrix}$$

现在，用这些列乘每一行，于是在每一块中每一行都只有一个非零项. 余下的变形只影响块内部的位置，把每一块变到它自己上去，用这种变形，我们可以把第 1 行的项安置到它们的恰当位置上去. 用第 1 行相乘，就能证明在第 $1,k+1,2k+1,\cdots,(k-1)k+1$ 行中的 1 的位置都是相异的. 那么，把第 1 行中的 1 固定，把第 $k+1$ 行中的 1 移到它们的位置上去，等等.

定理 6.24　具有引理 6.10 的形式的每一个解都是由一个三元积(tertiary product) $f(a,b,c)$ 产生出来的：只要把 (a,b) 和 $(c,f(a,b,c))$ 规定为 1 的位置就可以了. 这样一个三元积能给出一个解 $\boldsymbol{A}$ 当且仅当 $f(x,f(a,b,x),d)$ 对任意 a,b,d 来说都是 x 的一对一的函数. 一个解是标准解的变形当且仅当 $\boldsymbol{AA}^{\mathrm{T}}$ 的所有项或者等于 0 或者等于 a.

证　定理的第一部分是说在每一块中的任意一

行上恰好有一个 1. 这可由以前 a 列相乘而得到. 定理的最后一部分的假设意味着 **A** 的任意多行或者相同或者相分离. 把这一点与引理 6.10 的形式相结合就意味着解是标准的. 定理的第二部分可用计算方法证明. 定理证明完毕.

事实上有很多不同的公式给出标准解. 为了寻求非标准解看来用下列方法比较容易：从引理 6.10 出发，设法填入一些 0 和一些 1，而不使用三元环 (tertiary ring).

例 6.17

$$\left[\begin{array}{ccc|ccc|ccc}
1 & 0 & 0 & 1 & 0 & 0 & 1 & 0 & 0 \\
1 & 0 & 0 & 1 & 0 & 0 & 0 & 0 & 1 \\
1 & 0 & 0 & 0 & 1 & 0 & 1 & 0 & 0 \\
\hline
0 & 1 & 0 & 0 & 1 & 0 & 0 & 1 & 0 \\
0 & 1 & 0 & 0 & 1 & 0 & 0 & 1 & 0 \\
0 & 1 & 0 & 1 & 0 & 0 & 0 & 1 & 0 \\
\hline
0 & 0 & 1 & 0 & 0 & 1 & 0 & 0 & 1 \\
0 & 0 & 1 & 0 & 0 & 1 & 1 & 0 & 0 \\
0 & 0 & 1 & 0 & 0 & 1 & 0 & 0 & 1
\end{array}\right]$$

第7章 布尔表示的极小化

§1 基本概念

只依赖于当前时刻 n 个输入、一个输出的电路叫作开关电路或组合电路，作为函数看就叫作开关函数. 详言之，记

$$Q=\{0,1\},Q^n=\underbrace{Q\times\cdots\times Q}_{n\text{个}}$$

则将 Q^n 映入 Q 的映射 f 称为 n 元开关函数，即定义在一切 n 塔 $\underline{x}=(x_1,\cdots,x_n)$，$x_i\in Q$ 上的取值 0 或 1 的函数为

$$f:Q^n \to Q \text{ 或 } f(x_1,\cdots,x_n)$$

例如，n级移位寄存器的反馈逻辑C_f，间接法中的外部逻辑C_g都是n元开关函数．考虑2^{2^n}个n元开关函数（即全体）作成的集合Φ反其通过“与”“或”“非”三种门后的输出用数学的语言就是在Q上引进了三个运算，逻辑乘“∧”，逻辑和“∨”，逻辑补“／”，如下表

∧	0	1
0	0	0
1	0	1

∨	0	1
0	0	1
1	1	1

/	
0	1
1	0

这里“∧”“∨”是二元函数，“/”是一元函数（我们看到∧表和二元域F_2中的乘法表一致．故$x_1 \wedge x_2 = x_1 \cdot x_2$，即逻辑乘与二元域中的数乘可不加区别）．又对$f \in \Phi, g \in \Phi$定义

$$(f \wedge g)(\underline{x}) = f(x) \wedge g(\underline{x})$$

$$(f \vee g)(\underline{x}) = f(x) \vee g(\underline{x})$$

$$(f')(\underline{x}) = (f(\underline{x}))'$$

其中$\underline{x} \in Q^n$．

容易验算下列规律成立：

L_1．（幂等律）$f \vee f = f, f \wedge f = f$；

L_2．（交换律）$f \vee g = g \vee f, f \wedge g = g \wedge f$；

L_3．（结合律）$(f \vee g) \vee h = f \vee (g \vee h), (f \wedge g) \wedge h = f \wedge (g \wedge h)$；

L_4．（吸收律）$f \vee (f \wedge g) = f, f \wedge (f \vee g) = f$；

L_5．（分配律）$f \vee (g \wedge h) = (f \vee g) \wedge (f \vee g)$，$f \wedge (g \vee h) = (f \wedge g) \vee (f \wedge h)$；

L_6．（互补律）$f \vee f' = 1, f \wedge f' = 0$；

L_7. 德·摩根法则 $(f \wedge g)' = f' \vee g'$，$(f \vee g)' = f' \wedge g'$.

我们看到除去 L_6 外将左边一列的 $\vee$，$\wedge$ 互换就得出右边的一系列等式，而在 L_6 中当交换 $\vee$，$\wedge$ 的同时交换 1，0（注意这是 Φ 中的 0 与 1，即 $f(\underline{x})$ 恒取 0 或 1 者，称为常值函数）也如此，这种现象称为对偶原理.

考虑一个集合（如单位圆）及其所有的子集合，以及它们的交（$\cap$）、并（$\cup$）、补（$/$）. $L_1 \sim L_7$ 均成立（此时 1 取作全空间，即单位圆，0 取作空集（$\varnothing$），可作图验证）.

一般的，我们有下列定义：若集合 B 中的元素含于 $L_1 \sim L_7$，则称 B 对 $\wedge$，$\vee$，$/$ 构成一个布尔代数（0，1 是 B 中的定元）.

称 $\wedge$，$\vee$，$/$ 为布尔积、和、补运算（或称逻辑乘、加、反运算），特别的，在开关函数中常称为或、与、非.

将开关函数的小项表示中的模 2 和"$\oplus$"改为"$\vee$"就得到了它的布尔表示，用到小项值恰一点上为 1，从而模 2 和与布尔和相等. 一般的，布尔表示是指由基本开关函数

$$e_i(\underline{x}) = x_i$$

简记为 x_i，与常值函数 0，1 有限步布尔运算的表达式. 布尔表达式显然不唯一，此由观察常值函数立得.

基本函数或其补的布尔积称为布尔单项式，其因子个数称为这个单项式的次数（记为 $\partial°$）. 如 x_1x_2，x_1x_3' 均可看作 $n(n \geqslant 3)$ 的布尔单项式，$\partial°(x_1x_2) = \partial°(x_1x_3') = 2$，约定 $\partial°(0) = \partial°(1) = 0$.

布尔单项式的布尔和称为布尔多项式，如小项表示的布尔和.

§2　极小化问题

所谓布尔表示的极小化问题就是寻求它的最简单的多项式表示(即寻求最少与门及最少抽头的网络).详言之,设 f 的多项式表示为 $p(\underline{x})$,即

$$f(x_1,\cdots,x_n)=p(\underline{x})$$

$$p(\underline{x})=\bigvee_{i=1}^{N}\mu_i(\underline{x})\ \bigvee_{i=N+1}^{M}\mu_i(\underline{x})$$

$$\partial^\circ\mu_i\geqslant 2,i=1,2,\cdots,N$$

$$\partial^\circ\mu_i=1,i=N+1,N+2,\cdots,M$$

又设 $f(\underline{x})$ 的任一多项式表示为 $Q(\underline{x})$,而

$$Q(\underline{x})=\bigvee_{i=1}^{U}\nu_i(\underline{x})\ \bigvee_{i=U+1}^{\overline{V}}\nu_i(\underline{x})$$

$$\partial^\circ\nu_i\geqslant 2,i\leqslant U;\partial^\circ\nu_i=1,U<i\leqslant\overline{V}$$

则

$$N\leqslant U$$

更进一步,当 $N=U$ 时还有

$$\sum_{i=1}^{M}\partial^\circ\mu_i\leqslant\sum_{i=1}^{V}\partial^\circ\nu_i$$

则称 p 是 f 的极小化表示.

易见这与寻求最简单、最经济的网络密切相关,虽然它们有所区别.

$\varphi(\underline{x})=1$ 的原象作成的集合为 $\varphi^{-1}(1)$,即

$$\varphi^{-1}(1)=\{\underline{x}\mid\varphi(\underline{x})=1,\underline{x}\in Q^n\}$$

则如前的 f,p,μ 含于

$$f^{-1}(1)=p^{-1}(1)=\bigcup_{i=1}^{N}\mu_i^{-1}(1)$$

换言之，$\mu_i^{-1}(1)\subset f^{-1}(1)$，而 $\bigcup\mu_i^{-1}(1)$ 覆盖 $f^{-1}(1)$.
更进一步考虑 n 元布尔代数的一个单项 $\mu(\underline{x})$，可记作

$$\mu(\underline{x})=x_1^{\alpha_1}x_2^{\alpha_2}\cdots x_n^{\alpha_n}$$

式中 α_i 记作 1，0，* 视 x_i，或 $\overline{x}_i$，或均不出现而定，显见

$$\mu^{-1}(1)=\{\underline{x}\mid x_i=\alpha_i,\text{此处 * 表示任取值 }0,1\}$$

换言之，三元集 $Q^*=\{0,1,*\}$ 上的 n 塔 $\underline{\alpha}=(\alpha_1,\alpha_1,\cdots,\alpha_n)$ 与 Q^n 中的立方体 $\mu^{-1}(1)$ 是一一对应的，故称 $\underline{\alpha}$ 为立方体的坐标表示，也记这个立方体为 $\underline{\alpha}$. 和通常一样，称 α_i 为立方体 α 第 $i(i=1,\cdots,n)$ 个坐标，又称 * 出现的次数为 α 的维数，记为 $\dim\underline{\alpha}$，为简便起见亦可略去 $\underline{\alpha}$ 的向量标记，记立方体为 α，称

$$n——\dim\alpha$$

为 α 的补维数，简记 $\overline{\dim}\,\alpha$.

n 塔 α 亦可视作单项式 $\mu(\underline{x})$ 的指数组，和前相仿，α_i 亦称作 μ 的坐标表示. 于是 μ 与 $\mu^{-1}(1)$ 有相同的坐标表示（我们称 μ 为立方体 α 的特征函数，记为 χ_2. 显有 $\partial^\circ\mu=\overline{\dim}\,\alpha$）.

这样一来，布尔多项式表示的极小化问题就化成了求集合的极小覆盖的问题. 下面再作精确的表述.

记号与定义. $K_\gamma(F)$ 表示 Q^n 中给定集合 F 中的所有 γ 维立方体

$$K(F)=\bigcup_{\gamma=0}^{n}K_\gamma(F)$$

设 α 是 $K(F)$ 中的立方体. 若 $K(F)$ 中不存在真包含 α 的立方体，则称 α 是 $K(F)$ 的极大立方体.

$F\subset\gamma$，设 $F\subset K(\gamma)$，则称 γ 是 F 的立方体覆盖. F 中全部立方体的集合显然是 F 的一个覆盖，以 $M(F)$ 记下的一个极大立方体覆盖（可能不唯一）.

D 表示 $f(x_1,\cdots,x_n)$ 的无关点集（即 $D\subset Q^n$，当 $\underline{x}\in D$ 时，$f(\underline{x})$ 取值任意）.

取 $F=f^{-1}(1)$，记 $F^*=F\cup D$，$\gamma\subset F^*F\subset K(\gamma)$，则称 γ 为具有无关点集 D 的 $f(x_1,\cdots,x_n)$ 的立方体覆盖，简称 γ 是 f 的覆盖.

记

$$\mu(\gamma)(\underline{x})=\bigvee_{\alpha\in\gamma} z_\alpha(\underline{x})$$

$f(x_1,\cdots,x_n)\equiv g(x_1,\cdots,x_n)(\mathrm{mod}\ D)\Leftrightarrow$

$f(\underline{x})=g(\underline{x}),\underline{x}\in Q^n\backslash D\Leftrightarrow$

$f^{-1}(1)\backslash D=g^{-1}(1)\backslash D$

注意 $Q^n\backslash D=(\varphi^{-1}(1)\backslash D)\cup(\varphi^{-1}(0)\backslash D)$ 即得.

定理 7.1　γ 是 f 的覆盖 $\Leftrightarrow f(\underline{x})\equiv\mu(\gamma)(\underline{x})(\mathrm{mod}\ D)$.

证　$\mu^{-1}(\gamma)(1)=\bigcup_{\alpha\in\gamma} x_\alpha^{-1}(1)=\bigcup_{\alpha\in\gamma}\alpha$

而（图 7.1）

$$F^*\supset\bigcup_{\alpha\in\gamma}\alpha\supset F=f^{-1}(1)$$

故覆盖 $\Leftrightarrow f^{-1}(1)\backslash D=\mu^{-1}(\gamma)\backslash D$.

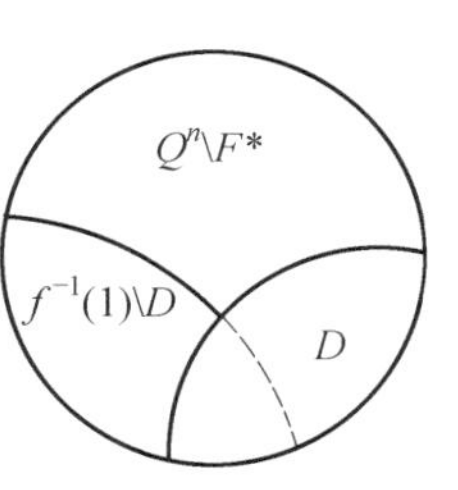

图 7.1

定理 7.2　$f(x_1,\cdots,x_n)$ 的极小覆盖 γ 由 $K(F^*)$ 中的极大立方体所组成.

证　否则（反证法），设 $C\in\gamma$，C 在 $K(F^*)$ 中非极大，即有 $C\subsetneq D\in K(F^*)$ 用代替的 C 得到 f 的另一覆盖，而 $\overline{\dim C}>\overline{\dim D}$，即相应于 γ 的总次数非极小.

这样 f 的极小覆盖 γ，只需在大大缩小了范围的 $M(F^*)$ 中去寻找.

§3 $M(F^*)$ 求法

3.1 当 $n\leqslant 4$ 时,最方便的办法是卡诺图法

我们仅就 $n=4$ 的情形加以讨论.

例 7.1 略去表 7.1 所列值 $f(\underline{x})$ 不看,将上下边黏合,左右边黏合,就得到一个环面. 此时 Q^4 中的一、二、三维立方体分别是图中具有公共边的两个零维、一维、二维立方体,如 $*011$, $*0*1$, $*0**$ 分别是 (0011,1011)[简记(3,11)],[(3,11),(1,9)] 及{[(3,11),(1,9)],[0,8],[2,10]}.

表 7.1

$f(\underline{x})$ \ x_3x_4 / x_1x_2	0 0	0 1	1 1	1 0
0 0	1		1	
0 1	*	*	*	*
1 1			1	
1 0	*	*	*	*

本例

$$f^{-1}(1)=\{0,3,15\}$$
$$D=\{4,5,6,7,8,9,10,11\}$$

故 $M(F^*)$ 中不含三维立方体,而所有二维立方体是 $01**$, $10**$, $**11$,不在上述二维立方体中的一维立方体是 $0*00$, $*000$.

例 7.2　由表 7.2 知

$M(F^*)=\{**11,*1*1,001*,010*,1000\}$

表 7.2

$f(\underline{x})$ \ x_3x_4 / x_1x_2	0 0	0 1	1 1	1 0
0 0			1	*
0 1	1	*	1	
1 1		1	*	
1 0	*		1	

例 7.3　设 $f(\underline{x})$ 的卡诺图如表 7.3 所示.

表 7.3

1	1	*	1
1		1	1
		1	
1	1	*	

则

$$M(F^*)=\{00**,**11,0*1*,*00*,*0*1,0**0\}$$

3.2　制表法

当 $n>4$ 时,卡诺图无效.

观察卡诺图寻求极小覆盖的基本点就是将相邻的体加以合并,将此原则应用于 $n\geqslant 5$ 的情形就得到了制表法,我们将 3.1,3.2 统称为并体法.

称恰有一个坐标分量互补的两个 r 维体为紧邻

体. 显然，它们的并集就是一个 $r+1$ 维的体. 如 $(01*0)\cup(11*0)=(*1*0)$，且任何一个 $r\geqslant 1$ 维的体总可以分成两个紧邻体，于是依序合并一切 $r=0$，$1,\cdots,n$ 的紧邻体就得出 $M(F^*)$.

注意到两个紧邻体中 1 的个数恰好差一个就得如下制表法.

1. 列出 $F^*=F\cup D$ 中的一切 0 维体(点)，并从上到下依点中 1 的个数分组排列.

2. 依序合并 $r=0,1,\cdots$ 维紧邻体(仅在相邻组中出现，为清楚起见将已合并的紧邻体在标记列注明"√"). 在所有紧邻体均合并完毕后一切没有标记的体就组成 $M(F^*)$.

例如

$$f:Q^5\to Q$$

$$F=\{0,2,4,6,12,16,18,19,30\}$$

$$D=\{7,8,10,11,13,14,29\}$$

表 7.4 中 $r=0$(2 以后略去 0 不记，标记栏在构作表 7.5 时补填入，以下各表类同).

表 7.4

C	x_1	x_2	x_3	x_4	x_5	标记
0	0	0	0	0	0	√
2				1		√
4			1			√
8		1				√
16	1					√

续表 7.4

C	x_1	x_2	x_3	x_4	x_5	标记
6			1	1		✓
10		1		1		✓
12		1	1			✓
18	1			1		✓
7			1	1	1	✓
11		1		1	1	✓
13		1	1		1	✓
14		1	1	1		✓
19	1	0	0	1	1	✓
29	1	1	1		1	✓
30	1	1	1	1		✓

表 7.5 中 $r=2$.

表 7.5

C	x_1	x_2	x_3	x_4	x_5	标记
(0,2)				*		✓
(0,4)			*			✓
(0,8)		*				✓
(0,16)	*					✓
(2,6)			*	1		✓
(2,10)		*		1		✓
(2,18)	*			1		✓
(4,6)			1	*		✓
(4,12)		*	1			✓

续表 7.5

C	x_1	x_2	x_3	x_4	x_5	标记
(8,10)		1		*		√
(8,12)		1	*			√
(16,18)	1			*		√
(6,7)			1	1	*	
(6,14)		*	1	1		√
(10,11)		1		1	*	
(10,14)		1	*	1		√
(12,13)		1	1		*	
(12,14)		1	1	*		√
(18,19)	1			1	*	
(13,29)	*	1	1	*	1	
(14,30)	*	1	1	1		

表 7.6 中 $r=2$.

表 7.6

C	x_1	x_2	x_3	x_4	x_5	标记
(0,2,6,4)			*	*		√
(0,2,8,10)		*		*		√
(0,2,16,18)	*			*		
(0,4,12,18)		*	*			√
(2,6,10,14)		*	*	1		√
(4,6,12,14)		*	1	*		√
(8,10,12,14)		1	*	*		√

表 7.7 中 $r=3$.

表 7.7

C	x_1	x_2	x_3	x_4	x_5	标记
(0,2,6,4,8,10,12,14)		*	*	*		

故

$$M(F^*)=\{0011*,0101*,0110*,1001*,*1101,*1110,*00*0,0***0\}$$

3.3　直接法

将并体法稍加变化,即可不经真值表,而直接从一个布尔多项式表示求出 $M(F^*)$.

如果两个立方体恰有一个坐标分量互补,而其余分量或者相同,或者有一个是任意的(即为 *),则称此两体为交邻体.

在 $Q^*=\{0,1,*\}$ 中定义求交运算 $\otimes$,即

$$q\otimes q'=\begin{cases}q, q=q'\\ *, q\neq q'\end{cases}$$

称 α,β 对应分量求交而得的体为 α 与 β 的交积,记为 $\alpha\otimes\beta$,又用 $\alpha\times\beta$ 专记交邻体的交积.

显然有

$$\alpha\times\beta\not\subset\alpha, \alpha\times\beta\not\subset\beta, \alpha\times\beta\subset\alpha\cup\beta$$

定理 7.3　若 $\tau\not\subset\alpha,\tau\not\subset\beta,\tau\subset\alpha\cup\beta$,则:

①α,β 是交邻体;

②$\tau\subset\alpha\times\beta$.

证　可设

$$\alpha = a_1 a_2 \cdots a_{r_1} b_1 b_2 \cdots b_{r_2} c_1 c_2 \cdots c_{r_3} \underbrace{* \cdots *}_{r_4\text{个}} \underbrace{* \cdots *}_{r_5\text{个}}$$

$$\beta = \bar{a}_1 \bar{a}_2 \cdots \bar{a}_{r_1} b_1 b_2 \cdots b_{r_2} \underbrace{* \cdots *}_{r_3\text{个}} d_1 d_2 \cdots d_{r_4} \underbrace{* \cdots *}_{r_5\text{个}}$$

$$\tau = t_1 t_2 \cdots t_{r_1} t_{r_1+1} \cdots t_{r_1+r_2} \cdots t_n, n = \sum_{i=1}^{5} r_i$$

1. $t_1 = t_2 = \cdots = t_{r_1} = *$，否则可设 $t_1 = a_1$，故 τ 中任一点 $\underline{x}$ 均不属于β，但 $\tau \subset \alpha \cup \beta$，故 $\tau \subset \alpha$，与题设矛盾.

2. $r_1 > 0$，否则，$t_{r_1+i} = b_i, i = 1, 2, \cdots, r_2$. 由 $\tau \not\subset \alpha$ 知 $r_3 > 0$，且有某 $i, t_{r_2+i} = \bar{c}_i$. 同理有某 $j, t_{r_3+j} = \bar{d}_j$，此时 τ 中点

$$b_1 \cdots b_{r_2} \cdots \bar{c}_i \cdots \bar{d}_j \cdots t_n \notin \alpha \cup \beta$$

与题设矛盾.

3. $r_1 = 1$，否则 $r_1 \geqslant 2$，τ 中点

$$\bar{a}_1 a_2 t_3 \cdots t_n \in \tau \backslash (\alpha \cup \beta) = \varnothing$$

综合 1,2,3 就证明了 ①.

今往证 ②，即 $t_{r_2+i} = c_i, i = 1, 2, \cdots, r_3, t_{r_3+j} = d_j$，$j = 1, 2, \cdots, r_4$，否则可设有某 i，令 $t_{r_2+i} = *$ 或 $\bar{c}_i$，则 τ 中点

$$a_1 b_1 \cdots b_{r_2} \cdots \bar{c}_i \cdots t_n \in \tau \backslash (\alpha \cup \beta) = \varnothing$$

此不可能.

定理 7.4　设 $F^* \subset Q^n$，γ 是 F^* 的立方体覆盖，则 $\gamma = M(F^*)$ 的充分必要条件是：

①γ 中的立方体 α, β 互不包含；

② 又设 α, β 是交邻体，则 γ 中有 τ，令

$$\tau \supset \alpha \times \beta$$

证　先证必要性. $\gamma = M(F^*)$ 由极大立方体组成，故 α, β 互不包含. 更进一步，交积 $\alpha \times \beta$ 中的点均在

γ 中，含于 $\tau \in \gamma$.

必要性. 只需证明 $K(F^*)$ 中任意 l 维立方体均包含在 γ 的某个立方体之中(此时，由 ① 知 $\gamma = M(F^*)$). 今对 l 归纳.

当 $l=0$ 时，由 γ 为覆盖得证.

设 $\tau \in K(F^*)$，$\dim \tau = l \geqslant 1$，将 τ 分为紧邻体得

$$\tau = \tau_1 \cup \tau_2, \dim \tau_i = l-1, i=1,2$$

由归纳假设

$$\tau_1 \subset \alpha, \tau_2 \subset \beta, \alpha \cup \beta \subset \gamma$$

若 $\tau \subset \alpha$ 或 β，证明完毕，否则 $\tau \not\subset \alpha$，$\tau \not\subset \beta$，但 $\tau \subset \alpha \cup \beta$. 由定理 7.3 及 ②，$\tau \subset \alpha \times \beta \subset \gamma$.

定理 7.4 表明从 F^* 的任一立方体覆盖 γ 出发，合并包含关系，加入 γ 中交邻体的交积，经有限步，($M(F^*)$ 中元素有限) 就得到 $M(F^*)$.

检查 γ 中的体 α，β 有无包含关系或交邻关系的一个办法是下列事实：作 $\alpha \otimes \beta$ 满足

$$\alpha \otimes \beta = \alpha \Leftrightarrow \alpha > \beta$$

$$(\alpha \otimes \beta \text{中}) 0 \otimes 1 = * \text{ 的个数为 } 1 \Leftrightarrow \alpha, \beta \text{ 是交邻体}$$

例如 $\qquad f: x \otimes^5 \to Q$

$$f \equiv x_1{}'x_5{}' \vee x_2{}'x_3{}'x_5{}' \vee x_1x_2{}'x_3{}'x_4 \vee x_1x_2x_3x_4x_5{}' (\bmod D)$$

$$D = \{00111, 010*1, 0101*, 01*10, *1101\}$$

在表 7.8 中，由 $\gamma = \bigcup_{i=1}^{9} \gamma_i$ 表示 $M(F^*)$.

表 7.8

i	γ_i					源于	含于
1	0	*	*	*	0		
2	*	0	0	*	0		
3	1			1	*		
4	1	1	1	1			γ_{10}
5			1	1	1		γ_{11}
6		1		*			γ_1
7		1		1	*		
8		1	*	1			γ_1
9	*	1	1	1			
10	*	1	1	1	0	$\gamma_1\times\gamma_4$	
11			1	1	*	$\gamma_1\times\gamma_5$	
12		1	1		*	$\gamma_1\times\gamma_9$	

制表过程如下：

检查 γ_1 与 γ_2　　没有包含、交邻关系(简记无)

γ_1 与 γ_3 交邻　$\gamma_1\times\gamma_3\subset\gamma_2$

γ_1 与 γ_4 交邻　$\gamma_1\times\gamma_3\not\subset\gamma_j,j=1,2,\cdots,9$，记作 $\gamma_{10}\supset\gamma_4$

γ_1 与 γ_5 交邻　$\gamma_1\times\gamma_5\not\subset\gamma_j,j=1,2,\cdots,10$，记作 $\gamma_{11}\supset\gamma_5$

γ_1 与 γ_6 包含

γ_1 与 γ_7 无

γ_1 与 γ_8 无

γ_1 与 γ_9 交邻　$\gamma_1\times\gamma_9\not\subset\gamma_j,j=1,2,\cdots,11$，记作 γ_{12}

重复上面的过程 γ_i 与 $\gamma_j,i\neq j,i,j=1,2,6,7,9,10,11,12$，均无关系得

$$M(F^*)=\bigcup_{i\neq 4,5,6,8}\gamma_i$$

即

$$M(F^*)=\{0***0,*00*0,1001*,0101*,\\ *1101,*1110,0011*,0110*\}$$

即上节中同一开关函数的结果，相比之下，本节方法简单多了，这正是由于已知一个覆盖的关系.

§4　对极大立方体集合 $M(F^*)$ 的处理

这节的主要目的是从开关函数 f 的所有极大立方体集合 $M(F^*)$ 去求得 f 的极小覆盖，从而得到 f 的极小布尔多项式表示.

具体作法如下：

1. 列出极大立方体的表.

设开关函数 f 的集合 $F=f^{-1}(1)$ 由 N 个元素所组成，f 的所有极大立方体的集合 $M(F^*)$ 由 N 个元素所组成. 我们列一个有 $M+2$ 行、$N+2$ 列的表. 在第 1 列的第 2 行到第 $M+1$ 行记入 $M(F^*)$ 的 M 个元素，在第 1 行的第 2 列到第 $N+1$ 列记入 F 的 N 个元素. 对 $C\in M(F^*)$ 所在行称为 C 行，对于 $P\in F$ 所在列称为 P 列. α_{CP} 表示表中 C 行 P 列位置的内容

$$\alpha_{CP}=\begin{cases}1,当\ F\in C\\ 0,当\ P\in C\end{cases}$$

第 $N+2$ 列和 $M+2$ 行分别是标记列和标记行. 我们把这表去掉第 1 行和第 1 列及第 $M+2$ 行和第 $N+2$ 列剩下的部分称为开关函数 f 的关联矩阵.

例 7.4　对 5 元开关函数 f，它的定义由 3.2 制表

法的例中给出. 在 3.2 中已求得 $M(F^*)$, f 的极大立方体的表如表 7.9 所示.

表 7.9

$M(F^*)$ \ F	0	2	4	6	12	16	18	19	30	标记
0 0 1 1 *				1						
0 1 0 1 *										
0 1 1 0 *					1					
1 0 0 1 *							1	1		
* 1 1 0 1										
* 1 1 1 0									1	
* 0 0 * 0	1	1				1	1			
0 * * * 0	1	1	1	1	1					
标记										

表 7.9 中空白位置表示 0.

2. 求出 f 的第一次化简表.

观察表 7.9, F 中元素 4,16,19,30 所对应的列只有一个 1,其余全是 0. 这说明这些列所对应的 f 中的元素只包含在 $M(F^*)$ 的一个极大立方体之中,当然这样的极大立方体在 f 的覆盖中是必不可少的. 在表 7.9 中, 必不可少的极大立方体为集合 {1001 *, * 1110, * 00 * 0, 0 * * * 0}, 一般说来,先在 f 的关联矩阵中找出只有一个 1 的列,为清楚起见,可将这样的 1 用圈圈起,然后将这样的 1 相应行的极大立方体构成集合,用 $E(f)$ 表示. $E(f)$ 中的元素在 f 的极小覆盖中

是必不可少的，再把 $E(f)$ 所包含的 F 中元素的集合记为 B. 把 $E(f)$ 中元素在标记列标记"△"，把 B 中元素在标记行标记"√". 表 7.9 经过这样的手续化为表 7.10.

表 7.10

F / $M(F^*)$	0	2	4	6	12	16	18	19	30	标记
0 0 1 1 *				1						
0 1 0 1 *										
0 1 1 0 *					1					
1 0 0 1 *							1	①		△
* 1 1 0 1										
* 1 1 1 0									①	△
* 0 0 * 0	1	1				①	1			
0 * * * 0	1	1	①	1	1					△
标记	√	√	√	√	√	√	√	√	√	

在这例中，F 中元素全被标记，表明 $B = F$，即 $E(f)$ 已经构成了 f 的一个极小覆盖. 但在一般情况下，$B \neq F$，$E(f)$ 不构成 f 的极小覆盖，因此为求 f 的极小覆盖还需要再从 $M(F^*) \setminus E(f)$ 中找出某些极大立方体.

例 7.5　开关函数 f 的极大立方体的表如表7.11 所示.

表 7.11

$M(F^*)$ \ F	1	3	10	11	12	15	18	19	21	23	26	标记
0 * 100					①	1						△
* 01 * *									①	1		△
00 * * 1	①	1										△
0 * * 11		1		1		1						
* 0 * 11		1						1		1		
* * 011		1		1				1				
01 * 1 *			1	1		1						
* 101 *			1	1							1	
10 * 1 *							1	1		1		
1 * 01 *							1	1			1	
110 * 1												
标记	✓	✓			✓	✓			✓	✓		

由表 7.11 得

$$E(f)=\{0*1**,*01**,00**1\}$$

$$B=\{1,3,12,15,21,23\}$$

观察表 7.11,110 * 1 所对应的行全为 0,说明它不含有 F 中任何一点(即它只包含无关点),这样的立方体在 f 的极小覆盖中是不应出现的,我们把对应全 0 行的立方体称为无用立方体. 在极大立方体的表中,去掉 $E(f)$ 中立方体及其相应的行,去掉 B 中的点及其相应的列,去掉无用立方体及其相应的行便得到一个新表,称新表为 f 的第一次化简表.

例 7.5 的第一次化简表如表 7.12 所示.

表 7.12

M_1 \ F_1	10	11	18	19	26	标记
0 * * 11		1				✓
* 0 * 11				1		✓
* * 011		1		1		
01 * 1 *	1	1				✓
* 101 *	1	1			1	
10 * 1 *			1	1		✓
1 * 01 *			1	1	1	
标记		✓		✓		

标记的行与列有下面的解释.

开关函数的极小覆盖由 $E(f)$ 及 F_1 在 M_1 中的极小覆盖所组成. 下面的工作就是求出 F_1 在 M_1 中的极小覆盖,从而得到 f 的极小覆盖.

3. 求 f 的第二次化简表.

观察表 7.12 中 F_1 的元素 10 和 11 所对应的两列,有性质

$$\alpha_{C_{10}} \leqslant \alpha_{C_{11}}, \forall C \in M_1$$

即在 M_1 中的立方体. 若包含点 10,必包含点 11. 这时 F_1 在 M_1 中的极小覆盖与 $F_1\backslash\{11\}$ 在 M_1 中的极小覆盖相同. 这时又可能将表化简. 一般说来,对于 $S,T \in F_1$,若

$$\alpha_{CS} \leqslant \alpha_{Ct}, \forall C \in M_1$$

则说 S 与 T 是相关点对,t 是可删点,F_1 在 M_1 中的极小覆盖与 $F_1\backslash\{t\}$ 在 M_1 中的极小覆盖相同. 在表 7.12 中,18 和 19 也是相关点对,19 是可删点. 对表中可删

点在标记行加标记"√".

再观察表 7.12 中立方体 $C_1 = 0**11, C_2 = **011$,所对立的行具有性质

$$\alpha_{C_1P} \leqslant \alpha_{C_2P}, \forall P \in F_1$$

即 F_1 中的点若被 C_1 包含,必被 C_2 包含,而且 $\dim C_1 = \dim C_2$. 这时,可认为 F_1 在 M_1 中的极小覆盖不包含 C_1. 因为,如果在极小覆盖中含有 C_1,可用 C_2 代替 C_1,所得覆盖仍是极小覆盖. 一般说来,对于 $C, D \in M_1$,若

$$\alpha_{CP} \leqslant \alpha_{DP}, \forall P \in F_1$$
$$\dim C = \dim D$$

满足,称 C 与 D 是相关立方体,C 可为可删立方体. 表 7.12 中 $*0*11$ 与 $**011$ 也是相关立方体,$*0*11$ 是可删立方体,$10*1*$ 与 $1*01*$ 也是相关立方体,$10*1*$ 是可删立方体. 在标记列将可删立方体加以标记"√". 在第一次化简表中,去掉被标记的行与列,即去掉可删点与它对应的行,去掉可删立方体和它对应的行,得到一个新的极大立方体表,称为 f 的第二次化简表. 对第二次化简表求极小覆盖就是第一次化简表的一个极小覆盖. 上面表 7.12 的第二次化简如表 7.13 所示.

表 7.13

M_2 \ F_2	10	18	26	标记
$**011$				
$*101*$	①		1	△
$1*01*$		①	1	△
标记	√	√	√	

4. 对第二次化简表反复重复步骤2与3，或者得到极小覆盖，或者步骤2与3对表不能再化简.

在表7.13中，重复步骤2，得到 $E_1(f)=\{*101*, 1*01*\}$，$B_1=\{10,18,26\}$，有 $B_1=F_2$，于是得到 F 在 $M(F^*)$ 中的极小覆盖 γ，γ 由 $E(f)$ 及 $E_1(f)$ 所组成，即由标记为"△"的立方体所组成，其中 $\gamma=\{0*1**, *01**, 00**1, *101*, 1*01*\}$

再看一个例子，它将产生4的第二种情况，即步骤2与3对表不能再化简.

例 7.6　$f:Q^5\rightarrow Q$.

对表7.14反复施行步骤2与3之后得表7.15.

表 7.14

$M(F^*)$ \ F	0	4	12	16	24	28	29	31	标记
00*00	1	1							
*0000	1			1					
0*100		1	1						
1*000				1	1				
*1100			1			1			
11*00					1	1			
1*011									✓
1110*						1	1		✓
11*11								1	✓
111*1							1	①	△
标记							✓	✓	

表 7.15

M_1 \ F_1	0	4	12	16	24	28	标记
00 * 00	1	1					
* 0000	1			1			
0 * 100		1	1				
1 * 000				1	1		
* 1100			1			1	
11 * 00					1	1	
标记							

对表 7.15,步骤 2 与 3 不能起作用了,我们称这种表为循环表.

§5　循环表的处理

5.1　分枝方法

分枝方法的主要思想是将循环表想办法化成非循环表,然后再采用步骤 2 与 3. 为讨论方便起见,引进一些概念.

设 F 表示循环表的点的集合,M 表示循环表的极大立方体的集合.

定义　对循环表中 F 的点 P,说 P 是 r 阶点,如果 P 恰属于 M 中的 r 个极大立方体,即 $\sum\limits_{C\in M}\alpha_{CP}=r$,点 P 的阶用符号表示为 $\mathrm{Order}(P)=r$.

显然,循环表中每一点的阶都大于或等于 2,取一阶为最小的点 P,设 $\text{Order}(P)=r$,即点 P 含在 M 的 r 个立方体之中,设这 r 个立方体的 $C_1,C_2,\cdots,C_r$. 对于 $P\in C_i,i=1,2,\cdots,r$ 这 r 种情况分别进一步讨论. 对于每种情况分别求极小覆盖,最后再比较这 r 个结果,选出一个极小的,即为所求.

在表 7.15 中,F 的各点阶均为 2. 取 $P=0$ 为最小阶的点. P 包含在 $C_1=00*00$ 和 $C_2=*0000$ 之中,分两种情况进行讨论.

① 设 $P\in C_1=00*00$,得到表 7.16.

表 7.16

M \ F	0	4	12	16	24	28	标记
00 * 00	①	1					△
* 0000				1			✓
0 * 100		1	1				✓
1 * 000				1	1		△
* 1100			1			1	△
11 * 00					1	1	✓
标记	✓	✓	✓	✓	✓	✓	

对表 7.16 反复施行步骤 2 与 3,得到 F 在 M 中的覆盖

$$\delta=\{00*00,1*000,*1100\}$$

② 设 $P\in C_2=*0000$.

对表 7.17 反复施行步骤 2 与 3,得到 F 在 M 中的覆盖

$$\delta=\{*0000,0*100,11*00\}$$

通过表 7.16 和表 7.17 求得的覆盖 δ 与 δ' 均为表 7.17 的极小覆盖,由此例也可看到,极小覆盖并不唯一.

表 7.17

M \ F	0	4	12	16	24	28	标记
00 * 00		1					✓
* 0000	①			1			△
0 * 100		①	1				△
1 * 000				1	1		✓
* 1100			1			1	✓
11 * 00					①	1	△
标记	✓	✓	✓	✓	✓	✓	

一般说来,用分枝方法把循环表打破后还可能出现新的循环表.对新的循环表再重复用分枝方法,最后便可求得极小覆盖.

5.2 布尔代数方法

F 与 M 的意义同 5.1.布尔代数方法的基本思想就是求出 F 在 M 中的一切覆盖,而后找出 F 在 M 中的极小覆盖.

为方便起见,令

$$F=\{P_1,P_2,\cdots,P_m\}$$

$$M=\{C_1,C_2,\cdots,C_l\},\alpha_{C_iP_j}=\alpha_{ij}$$

$$i=1,2,\cdots,m;j=1,2,\cdots,l$$

对于 $\underline{x}\in Q^l$，$\underline{x}=(x_1,x_2,\cdots,x_l)$ 可定义 M 的一个子集合 r_x，即

$$r_x=\{C_j\in M\mid x_j=1\}$$

于是可以定义一个 l 元开关函数 g，即

$$g:Q^l\to Q$$

$$g(\underline{x})=\begin{cases}1,\text{如果 } r_x \text{ 覆盖 } F\\0,\text{如果 } r_x \text{ 不覆盖 } F\end{cases}$$

如果求出 $g(\underline{x})$ 的集合 $g^{-1}(1)$，便可得到 F 的一切覆盖.

为求出 $g(\underline{x})$ 的表达式，再引进 m 个 l 元开关函数 g_k，$k=1,2,\cdots,m$，即

$$g_k:Q^l\to Q$$

$$g_k(\underline{x})=\begin{cases}1,\text{如果 } r_x \text{ 覆盖点 } P_k\\0,\text{如果 } r_x \text{ 不覆盖点 } P_k\end{cases}$$

显然有

$$g(\underline{x})=g_1(\underline{x})g_2(\underline{x})\cdots g_m(\underline{x})$$

下面求 $g_k(\underline{x})$ 的布尔表达式.

由定义知，$g_k(\underline{x})=1$，当且仅当 r_x 覆盖 P_k，当且仅当 r_x 中有一个立方体覆盖 P_k，即存在一个整数 j，使得 $x_j=1$，$\alpha_{jk}=1$. 于是

$$g_k(\underline{x})=\bigvee_{\alpha_{jk}=1}x_j$$

由 $g=g_1g_2\cdots g_m$ 可得 $g(x)$ 的布尔多项式表示. $g(x)$ 的布尔多项式表示中的每一单项式对应着 F 在 M 中的一个覆盖，比较这些覆盖，便得到一个极小覆盖.

例如，对表 7.15 进行布尔代数方法的处理

$$g_1(x)=x_1\vee x_2$$

$$g_2(x)=x_1 \vee x_4$$
$$g_3(x)=x_2 \vee x_3$$
$$g_4(x)=x_4 \vee x_5$$
$$g_5(x)=x_3 \vee x_6$$
$$g_6(x)=x_5 \vee x_6$$
$$g(x)=(x_1 \vee x_2)(x_1 \vee x_4)(x_4 \vee x_5)(x_2 \vee x_3)(x_3 \vee x_6)(x_5 \vee x_6)= x_1x_3x_5 \vee x_2x_4x_6 \vee x_1x_4x_5x_6 \vee x_1x_3x_4x_6 \vee x_2x_3x_4x_5$$

显然，在 $g(x)$ 的布尔多项式中，次数高的单项式对应的覆盖不是极小覆盖. 因此我们只需比较次数最低的单项式所对应的覆盖.

在 $g(x)$ 中，$x_1x_3x_5$ 对应的是 C_1,C_4,C_5，即为前面所求的 δ；x_2,x_4,x_6 对应的是 C_2,C_3,C_6，即为前面所求的 δ'.

到现在为止，对于开关函数的多项式表示的极小化算法已完全给出. 对于开关函数的多项式表示的对偶表示（在其多项式表示中，把“$\vee$”用“$\wedge$”代替，把“$\wedge$”用“$\vee$”代替，得到对偶表示），其极小化问题可利用补函数将其化为多项式表示来讨论，这里不作详细叙述了.

偏序集上的相似关系与社会福利函数

第8章

§1 偏序集上的相似关系

相似关系是一种关系，它按某种方式与一个偏序关系相联系. 一个相似关系是一个自反的、对称的二元关系 R，并且如果 xRy，而且 z 在偏序中介于 x 和 y 之间，那么 xRz 和 zRy. 与 $\underline{n}$ 上通常的序相联系的相似关系矩阵沿着主对角线方向上是满的. 例如，布尔矩阵

$$\begin{bmatrix} 1 & 1 & 0 & 0 \\ 1 & 1 & 1 & 0 \\ 1 & 1 & 1 & 1 \\ 0 & 0 & 1 & 1 \end{bmatrix}$$

是一个相似关系的矩阵.有限线性序集合上的相似关系已是大家所熟知的,但是对于两个线性序集合的乘积上的相似关系就知之甚少了.我们还将给出一个偏序集上半序关系的数目的估计,这里所说的偏序集是一个笛卡儿乘积.

定义 8.1　设 P 是一个有限偏序集,xPy 表示在这一偏序关系中 $x<y$.则 P 上的一个相似关系是一个自反的、对称的二元关系 R,并且如果 xRy,xPy,xPz,zPy,那么 xRz,zRy.

罗杰斯(D. G. Rogers)证明了在一个有 m 个元素的线性序集合上,相似关系数为 C_m,即第 m 个卡塔兰数(Catalan number),亦即

$$C_m=\frac{1}{m+1}\binom{2m}{m}$$

我们考虑在一个任意有限偏序集中的相似关系数,并且证明这个数可以用一个有关的偏序集上反链的数目来表示.这些结果是由金基恒和劳什得到的.

此外,我们还给出了在下列偏序集上相似关系的数目的估计:其一是所有 m 分量布尔向量的偏序集 V_m;另一个是由一个固定的偏序集和一个线性序集的乘积构成的偏序集.

定义 8.2　设 $<L$ 是基础集 P 上的一个线性序,它加细了 P 的偏序关系.偏序集 $S_q(P)$ 的定义如下:$S_q(P)$ 的元素是所有满足 $x<Ly$ 的有序对 $(x,y)\in P$,我们说 $(x,y)\leqslant(w,z)$ 是指 $w\hat{P}x$,$x\hat{P}y$,$y\hat{P}z$ 时,其中 $\hat{P}$ 是集 P 的偏序结构中的小于或等于关系(可以验证这个关系是自反的、反对称的和传递的).

我们接着将给出一个 $S_q(P)$ 的定义,它不依赖于

线性序 $<L$.

定义 8.3　$S_q(P)$ 的元素是满足 $x \neq y$ 的所有无序对(x,y). 我们说$(x,y) \leqslant (w,z)$,当且仅当下列条件之一成立:(1)$w\hat{P}x, x\hat{P}y, y\hat{P}z$;(2)$w\hat{P}y, y\hat{P}x, x\hat{P}z$;(3)$z\hat{P}x, x\hat{P}y, y\hat{P}w$;(4)$z\hat{P}y, y\hat{P}x, x\hat{P}w$.

定义 8.4　一个偏序集中的一个理想 K 是一个子集合,使得 $x \in K, y \leqslant x$,则 $y \in K$.

定义 8.5　一个偏序集中的一个反链 C 是一个子集合 C,使得对任何 $x,y \in C, x \nless y$.

定理 8.1　设 P 是一个偏序集,设 $<L$ 是使 P 上的偏序关系成为线性关系的一个加细. 那么,对于 P 上任何相似关系 R,满足 $x<Ly$ 和 xRy 的有序对(x,y)的集合是 $S_q(P)$ 中的一个理想. 反之,设 K 是 $S_q(P)$ 中的任何理想,设 R 是一个二元关系,xRy,当且仅当 $x=y$ 或$(x,y) \in K$ 或$(y,x) \in K$,则 R 是一个相似关系. 这两个映射在 P 上的相似关系和 $S_q(P)$ 中的理想之间建立了一个一一对应关系.

证　第一个论断是由相似关系的定义得出的. 设 K 是 $S_q(P)$ 中的一个理想. 定理中所定义的关系 R 将是自反的和对称的. 设 xRy, xPy, xPz, zPy,那么 $x<Ly$,所以$(x,y) \in S_q(P)$. 同样,$(x,z),(z,y) \in S_q(P)$,且在 $S_q(P)$ 中,$(x,y)>(x,z)$和$(z,y)<(x,y)$. 因此,$(x,z),(z,y) \in K$. 所以,xRz 和 zRy.

定理中给出的两个映射是互逆的,所以就建立了一个一一对应关系.

我们看到,在一个偏序集上,理想和反链之间存在一个一一对应关系,因为每一个理想的所有极大元可以构成一个反链.

推论　一个偏序集 P 上的相似关系数等于 $S_q(P)$ 上的反链数.

我们能够把 $S_q(P)$ 分成两部分.

定义 8.6　设 S_1 是 $S_q(P)$ 的一个子集,它由所有使 xPy 不成立的元素对 (x,y) 所组成. 设 S_2 是 $S_q(P)$ 的一个子集,它由所有满足 xPy 的元素对 (x,y) 所组成. S_1 的元素称为不可比对,而 S_2 的元素称为可比对. 没有一个 S_1 的元素能够大于或是小于 $S_q(P)$ 的任何元素.

两个偏序集的基数和是偏序集的不相交并集的自然观念,所以 $S_q(P)=S_1+S_2$,其中 S_1,S_2 被看作继承了 P 的偏序结构的偏序集.

推论　设 S 是偏序集 P 中不可比元素的集合. 设 P' 是倒换 P 的序关系所得到的偏序集. 设 T 表示所有满足 aPb 的元素对 (a,b) 所组成的 $P'\times P$ 的偏序子集,这时 P 上的相似关系的数目是 $2^{|S|}$ 乘以 T 上的反链的数目.

证　偏序集的基数和之中的反链的数目是各个被加的偏序集中反链的数目的积. 可以验证 T 确实是 $P'\times P$ 的偏序子集.

注　当设 $(x_1,\cdots,x_m)\leqslant(y_1,\cdots,y_m)$ 是指对于每个 i,$x_i\leqslant y_i$ 时,集合 V_m 就可以是一个偏序集.

命题 8.1　V_m 中不可比对的数目为

$$2^{2m-1}-3^m+2^{m-1}$$

证明　满足 $\boldsymbol{u}\leqslant\boldsymbol{v}$ 的 $(\boldsymbol{u},\boldsymbol{v})$ 对的数目是 3^m,使 $\boldsymbol{u}=\boldsymbol{v}$ 的 $(\boldsymbol{u},\boldsymbol{v})$ 对的数目是 2^m. 因此 $(\boldsymbol{u},\boldsymbol{v})$ 可比对的数目是 3^m-2^m. V_m 中全部对的数目为 $\binom{2^m}{2}$.

命题 8.2　设 S 记作偏序集 $\{a,b,1\}$，在 S 中 $x>y$ 是指 $x=1$ 和 $y=a$ 或 $y=b$，这时 $S_q(V_m)$ 的由可比对所组成的偏序子集与 S^m 的一个偏序子集同构，这个偏序子集是由至少含有一个 1 元素的 m 元组所组成的.

证　$S_q(V_m)$ 的由可比对构成的偏序子集具有所有这样的向量对 $(\boldsymbol{u},\boldsymbol{v})$：它们满足 $\boldsymbol{u}<\boldsymbol{v}$，并且具有下列序关系：$(\boldsymbol{u}',\boldsymbol{v}')\leqslant(\boldsymbol{u},\boldsymbol{v})$ 当且仅当 $\boldsymbol{u}\leqslant\boldsymbol{u}'\leqslant\boldsymbol{v}'\leqslant\boldsymbol{v}$ 时，它是满足 $\boldsymbol{u}\leqslant\boldsymbol{v}$ 的所有向量对 $(\boldsymbol{u},\boldsymbol{v})$ 这个偏序集的子集. 而这个偏序集恰和 S 的 m 次幂同构，因为可以设 S 中 1 元素表示 $u_i=0$，$v_i=1$. 所以，没有 1 元素当且仅当 $\boldsymbol{u}=\boldsymbol{v}$.

命题 8.3　V_m 上的相似关系的数目至少是

$$2^{2^{2m-1}-3^m+2^{m-1}}\binom{m}{\left[\frac{m}{3}\right]}2^{m-\left[\frac{m}{3}\right]}$$

证　前三项来自定义 8.6 的推论和命题 8.1. 恰有 $\left[\frac{m}{3}\right]$ 个 1 的所有 m 元组组成的 S^m 的子集是 S^m 中的一个反链. 这个反链包含在至少有一个 1 元素的 m 元组这个偏序子集中. 它的任何子集都给出一个 T 中的反链，其中 T 就是定义 8.6 的推论中的 T. 这就给出了上面式子中的最后一项.

注　偏序集 S^m 有一个大的对称群. 根据克莱特曼、埃德贝格(M. Edelberg) 和卢贝尔(D. Lubell) 的结果，可以证明

$$\binom{m}{\left[\frac{m}{3}\right]}2^{m-\left[\frac{m}{3}\right]}$$

是 S^m 中最大反链的大小.

设 P 是一个固定的、有限的偏序集，L_n 记一个有 n 个点的线性序集. 设 $n_P(a,b)$ 是满足 P 上偏序关系 $a \leqslant b$ 的有序对(a,b) 的数目.

命题 8.4　$P \times L_n$ 中不可比对的数目最多不过是 2 的

$$\binom{|P| n}{2} + n_P(a,b)\binom{n+1}{2} + |P|^n$$

次幂.

证　这是根据下列事实：满足 $a \leqslant b$ 的有序对$(a,b) \in P \times L_n$ 的数目是 $n_P(a,b)\binom{n+1}{2}$.

命题 8.5　$P \times L_n$ 上相似关系的数目至多为

$$\binom{|P| n}{2} - n_P(a,b)\binom{n+1}{2} + |P| n + n_P(a,b)(\log_2 c_{n+1})$$

其中 c_{n+1} 是第 $n+1$ 个卡塔兰数.

证　作为练习.

引理 8.1　设 $n_{\underline{n}}(f)$ 是从 $\underline{n}$ 到它本身的对所有 x 来说满足 $x+d \geqslant f(x) \geqslant x$ 这样的非降函数 f 的数目. 当固定 d 时，$n_{\underline{n}}(f) = \lambda_1^{n+0(n)}$，其中 λ_1 是$(d+1) \times (d+1)(0,1)$ 矩阵 $\overline{\boldsymbol{M}}$ 的最大特征值，$\boldsymbol{M}$ 即

$$\boldsymbol{M} = \begin{bmatrix} 1 & 1 & 0 & \cdots & 0 \\ 1 & 1 & 1 & \cdots & 0 \\ 1 & 1 & 1 & \cdots & 0 \\ \vdots & \vdots & \vdots & & \vdots \\ 1 & 1 & 1 & \cdots & 1 \end{bmatrix}$$

证　设 $n_{\underline{n}}(f,r)$ 为从 $\underline{n}$ 到 $\underline{n+d}$ 的这样一些非降

函数的数目：它们对于每个 x 来说满足 $x+d \geqslant f(x) \geqslant x$，并且对于 $r=0,1,\cdots,d$，$f(n)=n+r$. 那么

$$\sum_{r=0}^{d} n_{\underline{n-d}}(f,r) \leqslant n_{\underline{n}}(f) \leqslant \sum_{r=0}^{d} n_{\underline{n}}(f,r)$$

因此，这就足以证明对每个 r，$n_{\underline{n}}(f,r)=\lambda_1^{n+0(n)}$.

这里有一个递推关系

$$n_{\underline{n+1}}(f,r)=\sum_{i=0}^{r+1} n_{\underline{n}}(f,i)$$

因此，通过 $(n_{\underline{n}}(f,0), n_{\underline{n+1}}(f,1),\cdots,n_{\underline{n+1}}(f,d))$ 乘上引理 8.1 中所给的矩阵的转置，可得到 $(n_{\underline{n+1}}(f,0), n_{\underline{n+1}}(f,1),\cdots,n_{\underline{n+1}}(f,d))$. 因为 $\lim\limits_{k\to\infty} \boldsymbol{M}^k > \boldsymbol{0}$，所以它的第 n 次幂中的每个元素具有形如 $\lambda_1^{n+0(n)}$ 的形式. 因此，对每个 r 来说，$n_{\underline{n}}(f,r)$ 也将具有这种形式.

注　我们注意到在证明上述引理中，矩阵的特征值已知为

$$4\cos^2 \frac{2k\pi}{2d+b}$$

定理 8.2　$P \times L_n$ 上的相似关系的数目是

$$\begin{bmatrix} |P|n \\ 2 \end{bmatrix} - n_P(a,b)\begin{bmatrix} n+1 \\ 2 \end{bmatrix} + |P|n + 2n_P(a,b)n + 0(n)$$

证　设 S_1, S_2, S_3 分别表示由元素 (a,b,c,d) 组成的 $(P\times L_n)' \times (P \times L_n)$ 的三个偏序子集：(1) 对 S_1 来说，满足 $(a,b)<(c,d) \in P\times L_n$；(2) 对 S_2 来说，满足 $(a,b) \leqslant (c,d) \in P \times L_n$；(3) 对 S_3 来说，满足 $a \leqslant c \in P, b<d \in L_n$. 所以，$S_3$ 是 S_1 的全偏序子集，S_1 是 S_2 的全偏序子集. 这里 S' 表示颠倒 S 的序关系所得到的偏序集.

命题 8.5 证明了存在一个这种形式的上界. 为得到下界,我们只需证明偏序集 S_3 上反链的对数至少是 $2n_P(a,b)n+0(n)$. 偏序集 S_3 是 $S_q(L_n)$ 和 $n_P(a,b)$ 个元素的偏序集的乘积. 为简单起见,设 $k=n_P(a,b)$. 把后面的那个偏序加细成一个线性序 L,我们得到的结果是:$S_q(L_n)\times L_k$ 上的每一个反链给出 S_3 上的一个反链. $S_q(L_n)\times L_k$ 上的反链一一对应于从 $\underline{n}$ 到它本身的非降函数的 k 元组$(f_1,\cdots,f_k)$,其中这些函数对所有的 x 和使不等式有意义的所有 i 来说,满足 $f_i(x)\geqslant x$ 和 $f_{i+1}(x)\geqslant f_i(x)$.

对任何 $h>0$,选择足够大的 d,使得引理 8.1 中所考虑的特征值 $\lambda_1>4-h$. 从引理 8.1 可得到:存在一个数 t,当 $n>t$ 时,从 $\underline{n}$ 到它本身的对所有 x 来说,满足 $x+jd\geqslant g(x)\geqslant \min\{x+(j-1)d,n\}$ 的非降函数 g 的数目至少是$(4-2h)^n$,其中 j 是从 1 到 k 的任意数. 因此,使得 $x+jd\geqslant f_i(x)\geqslant \min\{x+(j-1)d,n\}$ 的 k 元组$(f_1,\cdots,f_k)$ 的数目至少是$(4-2h)^{kn}$. 于是,对于所有的 $n>t$,$S_q(L_n)\times L_n$ 上的反链的数目是$(4-2h)^{kn}$. 因为 h 是任意的,所以,$S_q(L_n)\times L_n$ 上的反链数大于或等于下述式的某个函数

$$4^{kn+0(n)}$$

这就证明了这一定理.

在结束这一节时,我们将提出半序的概念,它也与卡塔兰数有关.

定义 8.7　半序是一个非自反的、传递的二元关系 R,满足:(1)xRy 和 sRt,则 xRt 或 sRy;(2)xRy 和 yRz,则对所有的 w 来说 wRz 或 xRw.

定理 8.3　一个非自反的布尔矩阵 $\mathbf{A}$ 是一个半序

矩阵当且仅当存在一个置换矩阵 $\boldsymbol{P}$，使 $\boldsymbol{P}^{\mathrm{T}}\boldsymbol{A}\boldsymbol{P}=\boldsymbol{B}$ 满足 $b_{ii}=0$，$\boldsymbol{B}^2\leqslant\boldsymbol{B}$ 并且对 $i<j$ 来说，$\boldsymbol{B}_{i*}\leqslant\boldsymbol{B}_{j*}$ 和 $\boldsymbol{B}_{*i}\geqslant\boldsymbol{B}_{*j}$.

证　把半序关系的第一个条件用于任何矩阵可以得到：按照布尔向量的通常的偏序结构，这个矩阵的所有的行和列都具有线性序结构. 即对于所有的 $\boldsymbol{A}_{i*}$，$\boldsymbol{A}_{j*}$，或 $\boldsymbol{A}_{i*}\leqslant\boldsymbol{A}_{j*}$ 或 $\boldsymbol{A}_{j*}\leqslant\boldsymbol{A}_{i*}$. 因为如果 $\boldsymbol{A}_{i*}\nleqslant\boldsymbol{A}_{j*}$ 和 $\boldsymbol{A}_{j*}\leqslant\boldsymbol{A}_{i*}$，我们就有 s,t，使得 $a_{is}=1$，$a_{js}=0$，$a_{jt}=1$，$a_{is}=0$. 这就违背了第一个条件.

我们将接着证明，如果 $\boldsymbol{A}_{i*}<\boldsymbol{A}_{j*}$，那么 $\boldsymbol{A}_{*i}\geqslant\boldsymbol{A}_{*j}$. 假定 $\boldsymbol{A}_{*i}<\boldsymbol{A}_{*j}$，设 s,t 使得 $a_{is}=0$，$a_{js}=1$，$a_{ti}=0$，$a_{tj}=1$，那么，从 $a_{tj}=1$ 和 $a_{js}=1$，根据第二个条件，对所有 h 来说，或者是 $a_{th}=1$，或者是 $a_{hs}=1$. 设 $h=i$，我们就得到了一个矛盾的结果. 因此，如果 $\boldsymbol{A}_{i*}<\boldsymbol{A}_{j*}$，那么 $\boldsymbol{A}_{*i}\geqslant\boldsymbol{A}_{*j}$. 同样，$\boldsymbol{A}_{*i}>\boldsymbol{A}_{*j}$，那么 $\boldsymbol{A}_{i*}\leqslant\boldsymbol{A}_{j*}$.

定义关系 Q 为：iQj 当且仅当 $\boldsymbol{A}_{i*}<\boldsymbol{A}_{j*}$ 或 $\boldsymbol{A}_{*i}>\boldsymbol{A}_{*j}$. 则 Q 是非自反的和传递的，所以是一个严格的偏序. 选择一个置换 $\boldsymbol{P}$，使 $\boldsymbol{PAP}^{\mathrm{T}}$ 的非零元素严格地处在主对角线的上部，也就是说 $i\boldsymbol{PQP}^{\mathrm{T}}j$ 意味着 $i<j$. 设 $\boldsymbol{B}=\boldsymbol{PAP}^{\mathrm{T}}$，则 $i>j$ 是指 $i\boldsymbol{PQP}j$ 不成立，这又意味着 $\boldsymbol{A}_{\pi(i)*}\geqslant\boldsymbol{A}_{\pi(j)*}$ 和 $\boldsymbol{A}_{*\pi(i)}\leqslant\boldsymbol{A}_{*\pi(j)}$，其中 π 使得 $\boldsymbol{P}_{i,\pi(i)}=1$，即 $\boldsymbol{B}_{i*}\geqslant\boldsymbol{B}_{j*}$ 和 $\boldsymbol{B}_{*i}\geqslant\boldsymbol{B}_{*j}$. 这就证明了必要性.

如果 $\boldsymbol{B}$ 满足给定条件，$\boldsymbol{B}$ 将是一个半序关系矩阵，$\boldsymbol{A}$ 也将是一个半序关系矩阵. 定理到此证毕.

斯科特(D. Scott)和苏普斯(P. Suppes)证明了一个有限集上的二元关系 R 是一个半序，当且仅当存在一个实值函数 f，使得 xRy 的充分必要条件是 $f(x)\geqslant f(y)+1$. 这一定理的其他证明是由斯科特、苏普斯、津斯(J. Zinnes)、拉宾诺维奇所做出的.

定理 8.4　$\underline{n}$ 上的二元关系 R 是一个半序当且仅当存在一个$\underline{n}$ 的置换 π 和一个从$\underline{n}$ 到$\underline{n}$ 的非降函数 g，使得对于每个 x，有 $g(x) \geqslant x$，并且 xRy，当且仅当 $\pi(x) > g(\pi(y))$.

证　作为练习.

推论 1　半序的同构类与从$\underline{n}$到$\underline{n}$的对于每个x 满足 $f(x) \geqslant x$ 的非降函数 f 一一对应.

推论 2　$\underline{n}$上半序存在C_n 个同构类，其中 C_n 是第 n 个卡塔兰数.

§2　一般偏序集上的联结关系

联结关系也是与偏序有关的、对称的、自反的二元关系. 但是对联结关系来说，如果 xRy，而且 a，b 之一介于x，y之间，另一个不介于 x，y 之间，那么 aRb 不成立. 因此，既然相似关系已经被提出来讨论了，联结关系在这里就不能不谈谈. 下面是一个联结关系的矩阵

$$\begin{bmatrix} 1 & 0 & 0 & 1 \\ 0 & 1 & 1 & 0 \\ 0 & 1 & 1 & 0 \\ 1 & 0 & 0 & 1 \end{bmatrix}$$

对于一个线性序集合来说，相似关系和联结关系之间存在着一个一一对应关系. 而一般说来，这是不对的，但是，我们将建立与上一节类似的结果.

定义 8.8　设 P 是一个有限的偏序集，xPy 表示在偏序中的关系$x \leqslant y$. P 上的二元关系R 是一个联结

关系(connective relation),当且仅当 R 是自反的、对称的,并且只要 xPz,zPy,yPw,$x \neq y$,$y \neq w$ 和 xRy,我们就有 zRw.

如果 P 是一个线性序集合,罗杰斯已经证明了联结关系、平面押韵格式(planar rhyming schemes)和相似关系之间存在一一对应关系. 在一个 n 元的线性序集合上,这三种类型中的任何一种关系的数目是 C_n,即第 n 个卡塔兰数. 这些关系在数学语言学中是很有用的,而且还有一些其他应用.

我们首先证明:对于任意的偏序集来说联结关系和相似关系之间的一一对应关系并不成立. 下面的结果是由金基恒、罗杰斯和劳什所得到的.

命题 8.6　设 P 是在 $n+m+1$ 个元素 $x_1,\cdots,x_n$,y,$z_1,\cdots,z_m$ 上的偏序集,我们说 $a>b$ 是指 a 是某个 x_i,b 是 y 或是某个 z_j,或者 a 是 y,b 是某个 z_j. 这时,P 上的联结关系数是

$$2^{t-n}-2^{t-n-m}+2^{t-n-m}(1+2^{-m})^n$$

其中 $t=\begin{bmatrix} n+m+1 \\ 2 \end{bmatrix}$.

证　数 t 是 P 的元素的无序对的个数. 作为一个联结关系的条件与下面的说法是等价的:如果 $(x_i, y) \in R$,那么没有一对 (y, z_j) 或 (x_i, z_j) 属于 R,其中 R 与定义 8.8 给出的一样.

不包含形为 (x_i, y) 的元素对的联结关系的个数为 2^{t-n}. 恰恰具有 s 对这种形式的元素对的联结关系数为

$$\begin{bmatrix} n \\ s \end{bmatrix} 2^{t-n-m-sm}$$

求一下和，就证明了这一命题.

我们注意到，在这个公式中，n，m 是不对称的，但是，对于相似关系来说，相应公式应该是对称的.

在上一节中我们估计了在某些偏序集上的相似关系数. 首先，我们将证明对于这些偏序集上的联结关系来说，这些估计是成立的.

定义 8.9　如果 D 是一个二元关系，集合 S 相对于 D 来说是一个无关集(independent set) 是指对任何 $x, y \in S$，xDy 不成立.

定义 8.10　D 是 $S_q(P)$ 上的二元关系，$(x, y)D(a, b)$ 是指下列各条件之一成立：(1)xPa，aPy，yPb 和 $y \neq b$；(2)yPa，aPx，xPb 和 $x \neq b$；(3)xPb，bPy，yPa 和 $y \neq a$；(4)yPb，bPx，xPa 和 $x \neq a$.

定理 8.5　设 R 是一个联结关系，S 是满足 $(x, y) \in R$ 的无序对 $(x, y) \in S_q(P)$ 的集合，则 S 是一个 $D-$ 无关集合；反之设 S 是任一 $D-$ 无关集合，$(x, y) \in R$ 是指 $x = y$ 或 $(x, y) \in S$，则二元关系 R 是一个联结关系.

证　证明可由定义 8.8 和定义 8.9 得出.

推论　设 S_1 是在一个偏序集 P 中不可比对的集合，设 S_2 是 P 中可比对的集合. 这时 P 上联结关系数是 $2^{|S_1|}$ 乘上 S_2 的 $D-$ 无关子集数.

证　把不可比对加到 S 的任何子集上对它是不是一个独立集合没有影响.

命题 8.7　V_m 上联结关系数至少是

$$2^{2^{2m-1}} - 3^m + 2^{m-1} + C_m - 1$$

其中 C_m 是 $(1 + x + x^2)^m$ 中 x^m 的系数.

证　设 K 是所有满足关系 $x \leqslant y$ 的有序对$(x,$

$y) \in V_m$ 的集合，$S_q(V_m)$ 中可比对的集合 H 可以看作由元素对 (x, y) 所构成的 K 的子集，其中 $x < y$，我们也可以把 K 看作集合 $(0,0)$，$(0,1)$，$(1,1)$ 的第 m 次幂. 对于满足 $j > 0$ 和 $i = k$ 的所有的 i, j, k 来说，i 分量为 $(0,0)$ 和 j 分量为 $(0,1)$ 和 k 分量为 $(1,1)$ 的元素的 K 的子集，当 $j > 0$ 和 $i = k$ 时，是 D－独立的，且包含在 H 的象中. 这个集的基数是 $C_m - 1$ 或 C_m.

下面考虑与一个线性序的积. 我们在这方面所得的结果与相似关系在这方面所得的结果相比是不够完整的.

定理 8.6　$P \times L_n$ 上的联结关系数，可被下式整除

$$2^{\left[\begin{smallmatrix}|P|n\\2\end{smallmatrix}\right] - n_P(a,b)\left[\begin{smallmatrix}n+1\\2\end{smallmatrix}\right] + |P|n}$$

且至多为

$$2^{\left[\begin{smallmatrix}|P|n\\2\end{smallmatrix}\right] - n_P(a,b)\left[\begin{smallmatrix}n+1\\2\end{smallmatrix}\right] + |P|n + n_P(a,b)(\log_2 C_{n+1})}$$

其中 C_{n+1} 是第 $n+1$ 个卡塔兰数.

证　上述第一部分可以通过计算 $P \times L_n$ 中不可比的对数来证明.

设 T_1 表示 $P \times L_n$ 中可比对的集合，设 T_2 表示有序对 (a, b) 的集合，其中 $(a, b) \in P \times L_n$，并满足 $a \leqslant b$.

为了证明定理的第二部分，只要证明 T_1 的 D－无关集合数最多为

$$C_{n+1}^{n_P(a,b)}$$

就足够了. T_1 上的关系 D 可以扩展为 T_2 上的关系，其中 $(a,b)D(c,d)$ 是指：$a \leqslant c \leqslant b < d$. 设 Q 为 T_2 上的一个关系，$((P_1, n_1), (P_2, n_2))Q((P_3, n_3), (P_4, n_4))$ 是指：$P_1 = P_3$，$P_2 = P_4$，$n_1 \leqslant n_3 \leqslant n_2 < n_4$，其中 $P_i \in$

$P, n_i \in L_n$. 这时,每个 $D-$无关集合将是 $Q-$无关集合.

在关系 Q 下, T_2 分裂成集合 M 的 $n_P(a,b)$ 个摹本的一个不相交的并集. 集合 M 是由元素对(n_1, n_2)所组成的,其中 $n_1 \leqslant n_2$. 在这个不相交的并集上 Q 是这样定义的:$(n_1, n_2)Q(n_3, n_4)$ 当且仅当 $n_1 \leqslant n_3 \leqslant n_2 < n_4$. 如果我们把所有的元素对$(n_1, n_2)$对应于$(n_1, n_2+1)$,我们就得到了 $S_q(L_{n+1})$ 中的一个 $D-$独立集合. 根据罗杰斯的结果,在 $S_q(L_{n+1})$ 中 $D-$独立集合数等于 C_{n+1}. 这就证明了这一定理.

看来为了建立一个好的下界,必须考虑两个集合 $S_q(L_{n+1})$ 和 M 的不相交并集. 在这个并集上, D 不是一个受它两部分限制的不相交并集. 为清楚起见,我们考虑由(a,b,c)三元组构成的集合 S_T,其中 $1 \leqslant a \leqslant b \leqslant n$,和 $C=0$ 或 $C=1$. 我们在 S_T 中定义一个关系 D, $(a,b,c)D(a',b',c')$ 当且仅当 $a \leqslant a' \leqslant b \leqslant b'$ 和 $c \leqslant c'$. 这时,希望计算 S_T 中的 $D-$独立对的数目. 这个数小于或等于$(C_n)^2$,因为如果我们要求在 D 的定义中 $c=c'$,那么这个数将恰恰就是$(C_n)^2$.

为了研究 S_T,我们将应用一些适合于平面押韵格式(planar rhyming scheme)的一些几何语言. $\underline{n}$ 上的一个联结关系 R 可以通过在任何两个具有 R 关系的数之间画一个弧来表示. 这些弧不能相交,也不能相遇,除非在一个数上,这个数是这两个弧的共同的右端点. 例如图 8.1 表示一个联结关系. 如果能在 1,2,3,4,5 的左端加一元素 0,并从 0 到 i 画一个弧,其结果将是一个联结关系,那么我们就说数 i 是开的. 通常至少有一个开数,就是链中最大的那一个.

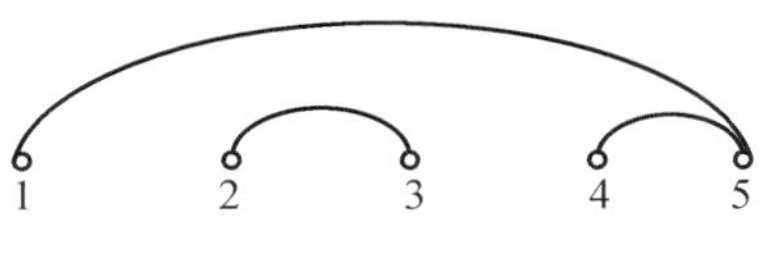

图 8.1

对 S_T，我们有一对这样的图，例如，图 8.2. 在 S_T 中是允许的，即使 $c=0$ 和 $c=1$ 图互相交换，其结果将不是一个联结关系.

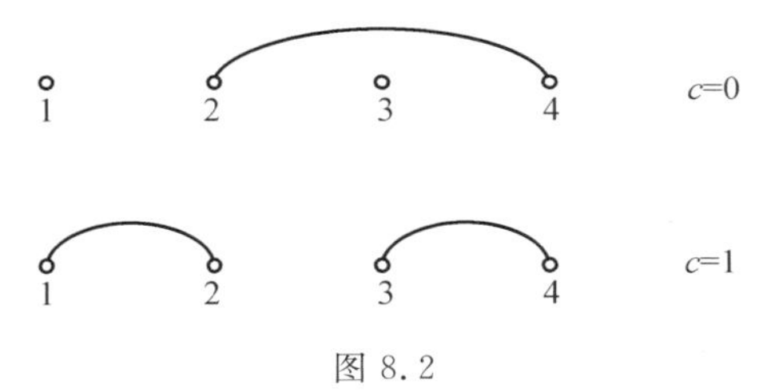

图 8.2

下面我们来考虑到底有多少种途径使得用加两个 0 的方法把一个图加以扩展. 下面的 0 能被联到任何 i，这个 i 对图来说是开的（我们称这样的 i 为 s — 开）. 上面的 0 能被联到任何 j，使 $j \geqslant i$，而且 j 在两个图中都是开的（我们称它为 t — 开）.

我们给每一对图配一个用 t 和 s 组成的字，这个字给出 t — 开和 s — 开数字的序列. 例如，对上面的图，我们给出字 st，因为数 2 是 s — 开，数 4 是 t — 开. 这里，t — 开和 s — 开数字的实际值可以不考虑.

我们接着要问，如果加一点 0 来扩展一对图，什么样的联系图的字的扩展是可能的呢？如果没有箭头从 0 画出来，其效果是给这个字增加 t. 如果在上图中仅仅只有一个箭头从 0 出现，那么 t 被变成 s，而且在这个字中，原来 t 的左边都改为 s. 如果从 0 到 i 画一个下部的箭，且从 0 到 j 画一个上部的箭，$j\geqslant i$，那么在这个字中所有出现在 i 左边的字母全删去，而且所有出现在 j 左边的字母都改成 s. 因此，我们证明了下面的结果.

命题 8.8　从字 t 开始，经过 $n-1$ 步的一连串步骤，每次加一个 t，然后删掉某字右面的所有的字母，接着把某个 t 的右边的所有的字母变成 s. 计算所得到的字数，如果一个字已经由 k 种方法得到，那么计算这个字 k 次. 这个数就是 S_T 的 D — 独立子集数.

这个过程也可以用矩阵来表示. 我们给一个无限维矩阵的行和列用 t，s 组成的字来加指数，它的最右端的字母是 t. 当且仅当 j 可以由 i 用加 t，删掉所有的字母以及把某个字的右边的所有的字改为 s 的方法得到，我们在位置(i,j)处引进一个 1. 设 $\boldsymbol{W}$ 是由此而得到的矩阵. 设 $\boldsymbol{v}$ 是一个向量，在位置 t 处是 1，其他地方是 0. 这时，$\boldsymbol{v}\boldsymbol{W}^{n-1}$ 的权等于 S_T 的 D — 独立子集数.

如果我们能够得到 $\boldsymbol{W}$ 的有限子阵的最大特征值的极限，或者我们能够找到 $\boldsymbol{W}$ 本身的一个特征值，对这个特征值来说，$\boldsymbol{W}$ 有一个非负的特征向量都可能有助于取代引理 8.1.

在结束这一节以前，我们应该指出施赖德(J. A. Schreider)曾经从各种各样序关系的观点出发研究了数学的语言学.

§3　经济学中的应用

由于集团和个人的偏爱关系，二元关系在经济学中是相当重要的. 一个市场的动态取决于各个参与者

的财源和偏爱，而且，货物布置得好坏也是由个人的偏好来衡量的.这些想法涉及博弈论，这里，局中人对不同的支付的偏爱是至关重要的，这还涉及政策科学，这时选举方法必须在某种程度上反映选举人的偏好.

在经济学中个人的偏爱关系经常由弱序关系来表示，弱序关系是自反的、传递的和完备的关系.这些关系是拟序关系，它们的等价类是线性序.

通常，集团的偏爱要求是传递的和自反的，有时也要求是完备的.此外，集团的偏爱应是柏雷多式的（如果集团中的每个人都更喜欢 x 而不是 y，那么这个集团的偏爱就是 x）、非独裁的，或者说，集团对二者择一对象 x，y 的选择应当仅仅取决于集团中各个人对这两个对象的偏爱.阿罗（K. Arrow）证明了对于多于两个被选对象的情况，如果个人的偏爱的所有组合是允许的话，那么这种集团偏爱关系就不存在.

吉巴特（A. Gibbard）和舍特尔斯韦特（M. Satterthwaiter）又证明了每一个至少有三种不同的被选对象作为函数值的非独裁的社会选择函数是可操纵的.这意味着对于个人偏爱的某种组合，有人必须改变他的实际偏爱，才可以得到一个比较满意的选择对象作为这个集团的选择.

我们将在这里证明：如果我们允许选择一个以上的对象，而且在子集之中按某种方法定义偏好，这就不需要如此了.基莱（J. Kelly）曾经做了类似的工作.吉巴特也曾经把他的理论推广到买彩票的问题上.实际上，这意味着可操纵性对于多于一个元素的集合和选择单独一个对象可能是同一个规则.

定义 8.11　设 X 是包含 n 个元素的一个集合.偏

好关系(preference relation)是 X 上的一个二元关系 R,它满足:(1) 对所有 x 来说,$(x,x)\in R$;(2) 如果 $(x,y)\in R$ 和 $(y,z)\in R$,那么 $(x,z)\in R$;(3) 对于所有的 (x,y) 来说,或者是 $(x,y)\in R$,或者是 $(y,x)\in R$.

这样的关系能够解释如下:$(x,y)\in R$ 意味着当事人认为 x 至少和 y 一样好,其中 $x,y\in X$. 因此,一个线性序是一种偏好关系 R,而且还满足反对称性. 这就是说,X 上的一个线性序可以简单地看作把 X 的元素排列成为第一、第二、第三 …… 第 n.

定义 8.12　设 E 是 X 上的一个等价关系,设 R_E 是 E 的等价类的集合上的一个(偏好) 关系. 在关系 E 之下 R_E 的膨胀(inflation) 是 X 上的关系 R,$(X,Y)\in R$,当且仅当 $(\bar{x},\bar{y})\in R_E$,其中 $\bar{x}$ 表示 x 的等价类. 关系 E 有时称作 R 的无差别关系 (indifference relation). X 上的关系 P,$(x,y)\in P$ 是指:$(x,y)\in R$,但是 $(x,y)\notin E$,这个关系叫作严格偏好(strict preference).

下面的命题说明了布尔矩阵和偏好关系之间的一种联结,这个结果是由金基恒和劳什得到的.

命题 8.9　布尔矩阵 $\boldsymbol{A}$ 是一个偏好关系的矩阵,当且仅当:(1)$\boldsymbol{A}^2=\boldsymbol{A}$;(2)$\boldsymbol{A}+\boldsymbol{A}^{\mathrm{T}}=\boldsymbol{J}$.

证　计算一下即证.

命题 8.10　X 上的严格偏好关系 P,其矩阵 $\boldsymbol{B}=(\boldsymbol{A}^{\mathrm{T}})^{C}$,其中 $\boldsymbol{A}$ 是偏好关系 R 的矩阵. 反之,$\boldsymbol{A}=(\boldsymbol{B}^{\mathrm{T}})^{C}$. 矩阵 $\boldsymbol{B}$ 是一个严格偏好关系的矩阵,当且仅当:(1)$\boldsymbol{B}\odot\boldsymbol{B}^{\mathrm{T}}=\boldsymbol{0}$;(2)$(\boldsymbol{B}^{C})^2=\boldsymbol{B}^{C}$. 这里“$\odot$”是按元素的乘积.

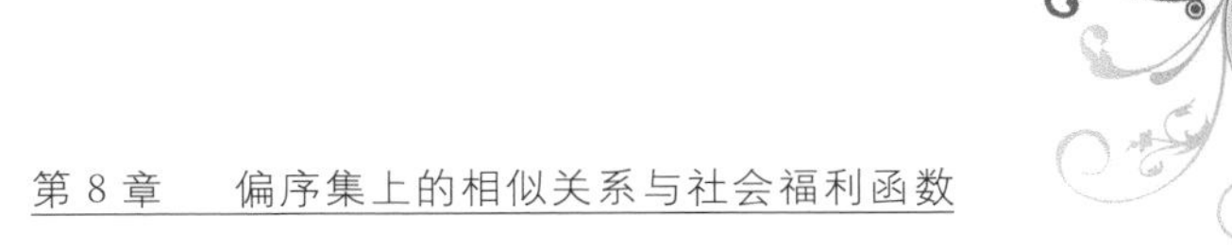

证　设 $\boldsymbol{M}$ 记作等价关系 E 的矩阵，则 $\boldsymbol{B}\odot\boldsymbol{A}^{\mathrm{T}}=\boldsymbol{B}\odot\boldsymbol{A}\odot\boldsymbol{A}^{\mathrm{T}}=\boldsymbol{B}\odot\boldsymbol{M}=\boldsymbol{0}$. 因此 $\boldsymbol{B}\leqslant(\boldsymbol{A}^{\mathrm{T}})^{C}$. 同时

$$\begin{aligned}\boldsymbol{B}+\boldsymbol{A}^{\mathrm{T}}&=\boldsymbol{B}+(\boldsymbol{M}+\boldsymbol{B})^{\mathrm{T}}\\&=\boldsymbol{B}+\boldsymbol{M}+\boldsymbol{B}^{\mathrm{T}}\\&=\boldsymbol{B}+\boldsymbol{M}+\boldsymbol{M}^{\mathrm{T}}+\boldsymbol{B}^{\mathrm{T}}\\&=(\boldsymbol{B}+\boldsymbol{M})+(\boldsymbol{M}+\boldsymbol{B})^{\mathrm{T}}\\&=\boldsymbol{A}+\boldsymbol{A}^{\mathrm{T}}=\boldsymbol{J}\end{aligned}$$

因此，$\boldsymbol{B}=(\boldsymbol{A}^{\mathrm{T}})^{C}$，这意味着 $\boldsymbol{A}=(\boldsymbol{B}^{\mathrm{T}})^{C}$. 因此，应用这些表达式，本命题的(1) 和(2) 就与命题 8.9 的(1) 和(2) 等价.

下面的命题是定义 8.12 的直接结果.

命题 8.11　设 R 是 X 上的一个偏好关系，设 E 是一个二元关系. $(x,y)\in E$ 是指 $(x,y)\in R$，而且 $(y,x)\in R$. 那么 E 是一个等价关系，R 是在 E 下一个线性序的膨胀. 反之，一个线性序的每一个膨胀是一个偏好关系.

定义 8.13　设 P_x 记作 X 上偏好关系的集合，设 P_x^k 记作 X 上偏好关系的所有有序的 k 元组的集合. 则一个社会福利函数(social welfare function)(选举过程，聚合方法)，就是一个从 P_x^k 到 P_x 的函数，其中 $k\in\underline{n}$.

因此，如果 f 是一个社会福利函数，对于 k 个当事者的偏爱 $P_1,\cdots,P_k$ 的任何集合来说，f 将给出这一集团的偏爱.

用布尔矩阵理论的述语来说，设 A_n 记所有满足以下条件的布尔矩阵 $\boldsymbol{A}\in B_n$ 的集合：(1)$\boldsymbol{A}\odot\boldsymbol{A}^{\mathrm{T}}=\boldsymbol{0}$；(2)$(\boldsymbol{A}^{C})^{2}=\boldsymbol{A}^{C}$. 设 A_n^k 记作 A_n 的所有有序的 k 元组的集合，则一个社会福利函数等价于一个从 A_n^k 到 A_n 的

函数. 我们将用$(A(1),\cdots,A(k))$来表示A_n^k的一个典型的元素.

下面我们将用布尔矩阵来提出著名的阿罗不可能性定理. 这个结果是由金基恒和劳什得到的.

定理 8.7　对于$n\geqslant 3$来说,没有一个社会福利函数f在线性序矩阵的所有n元组上满足下列条件:

(1)(柏雷多原理)矩阵$f(A(1),\cdots,A(k))$大于或等于$A(1),\cdots,A(k)$的按元素的乘积,小于或等于它们的按元素的和.

(2)(不相关的选择的独立性)假定对某些i,j来说,$A(m)_{ij}=A'(m)_{ij}$,其中$m=1,\cdots,k$. 则$f(A(1),\cdots,A(k))$和$f(A'(1),\cdots,A'(k))$具有相同的同等(i,j)个元素.

(3)(非独裁的)对所有的m来说,函数f不是函数$(A(1),\cdots,A(k))\to A(m)$.

证明可参考卢斯(R. D. Luce)和雷法(H. Raiffa)的文章. 下面的两种方法是明显的,用它们可以找到某些类似社会福利函数的东西:(1)把上面的条件减弱;(2)要求f仅仅定义在一个A_n^k的子集上. 布莱克(D. Black)、稻田(K. Inada)、沃德(B. Ward)、森(A. K. Sen)、鲍曼(V. J. Bowman)和科兰托尼(C. S. Colantoni)曾经提出过合适的A_n^n的子集. 例如,布莱克证明了对于奇数个选举者来说,多数表决制是单峰偏好子集上的一个社会福利函数.

定义 8.14　$\underline{n}$上的一个偏好关系是单峰的(single peaked),当且仅当对于任何$i,j,k\in\underline{n}$,其中$i<j<k$,或者是所有三种被选择对象是没有差别的,或者是j严格地比其他任何一个更被偏爱.

从几何上来看，如果人们根据大小和确定被选对象序关系的图上的等级来安排被选择对象的话，那么结果曲线将上升到一极大值，然后下降.

对于有三个被选对象的情况，加曼(M.B.Garman)和卡米恩(M.H.Kamien)证明了吉尔伯德(G.Guilbaud)的猜想：当 n 趋于无穷大时，不具有过半数取胜者的概率趋于0.087 7⋯.

看来，定理8.7的第一个和第三个条件是必不可少的，而第二个条件的必要性就不那么明显了.例如，有三个当事人，三个被选对象的情况，共中 a 当事人把被选对象排为123，当事人 b 排为231，当事人 c 排为321.由于对称，集团的偏爱矩阵应当是

$$\begin{bmatrix} 1 & 1 & 1 \\ 1 & 1 & 1 \\ 1 & 1 & 1 \end{bmatrix}$$

如果不相干的被选对象的独立性成立，那么关于1，2的结果和 a：123；b：213；c：123的情况一样.因此在这后一种情况下，很自然地可将1当作集团的偏爱.有一种替代的方法已经被证明是满意的，它假定没有一个当事人能够操纵决策，也就是为得到一个更好的社会决策他必须改变自己的偏爱.当然这种事情发生在民主政体中：一个具有极端观点的选举者可能会这样选；好像他真正喜爱的是一个更受群众欢迎的候选人，这个候选人比较倾向于他的主张.有些作者最近已经证明关于不可操纵的社会选择函数的不可能性定理，例如，巴伯拉(S.Barbera).

另一个可能不是必要的条件是 f 的象是传递的.就是说，集团喜欢 x 胜过喜欢 y，这可以这样理解：如

果仅仅面对 x 和 y，那么集团将选择 x. 因此如上所述，所有其他的被选对象可能是有关的.

因此，从某种程度上来说，考虑社会福利函数还不如考虑下面的函数来得自然.

定义 8.15　被选择对象 X 的一个集合上的选择函数(choice function)是一个从 X 的子集到 X 的子集的映射 g，它满足对于所有 $S \subset X$ 来说，有 $g(S) \subset S$.

定义 8.16　设 S_x^k 记作 X 上反对称偏爱关系的 k 元组的集合. 对于 k 个当事人和有 n 个被选择对象的集合 X，一个社会选择函数(social choice function)是从 S_x^k 到 X 上选择函数的集合的一个映射(我们假定反对称性仅仅为了证明定理 8.8. 除此之外，没有理论上的原因).

社会选择函数代表被选对象的 $g(S)$，当集团面对被选对象的一个子集合 S 时，$g(S)$ 就是集团认为最好的对象. 集团对于 $g(S)$ 中所喜爱的被选对象是一致的(他们被当作第一位的整体看待). 实际上，当 S 是非空时，$g(S)$ 也是非空的. 常要求 g 仅仅定义在 X 的所有子集的全体的一个子集上.

定义 8.17　设 R 是 X 上的一个偏好关系. 从 X 到 R 的函数 h 称作 X 上权的非降系统(nondecreasing system of weight)是指：只要 $(x,y) \in R$，$h(x) \geqslant h(y)$. 设 $S, T \subset X$，则 S 被 * 一偏好胜过 T，当且仅当对每个权非降系统 $h(x)$ 来说，S 的一个元素的平均权比 T 的一个元素的平均权大.

设 X 是被选对象的一个集合，m 为一个正整数，设 mX 记一个 $m|X|$ 阶的集合. 我们把 mX 看作包含 X 的每个被选对象的 m 份摹本的集合. 对于 X 上的一个

偏好关系 R，可以这样定义 mX 上的一个偏好关系：赋予被选对象的摹本具有和这个被选对象同样的序．对于 X 的一个子集 S 和一个整数 $0 < r \leqslant m$，记 rS 为 X 的任何一个子集，这个子集恰恰包含 S 中每个被选对象的 r 个摹本．

命题 8.12　*－偏好关系是自反的和传递的．对于任何 $r, S > 0$，S 被*－偏好胜过 T，当且仅当 rS 被*－偏好胜过 sT．假设 $|S|=|T|$，则 S 被*－偏好胜过 T，当且仅当存在一个一对一的从 S 到 T 之上的函数 ψ，使得对每个 R 有 $(x, \psi(x)) \in R$．

证　第一个论断可由*－偏好的定义得证．关于 rS 和 rT 的论断也可从定义得证．假设 $|S|=|T|$，同时 S 被*－偏好胜过 T．把 S 和 T 的元素排一个序，使得如果 x 是严格地被偏好胜过 y，那么 x 就放在 y 的前面．设 ψ 是从 S 到 T 的函数，对于每个 i 它将 S 的第 i 个元素对应于 T 的第 i 个元素．假设对某个 $x(x, \psi(x)) \in R$，我们对所有满足 $(z, \psi(x)) \in R$ 的元素 $z \in X$ 指定权数为 1，而对 X 的所有其他元素指派权 0．则 S 的平均权小于 T 的平均权数，这是矛盾的．所以如果 S 被*－偏好胜过 T，那么满足 $(x, \psi(x)) \in R$ 的函数 ψ 是存在的．反之，根据定义，如果存在一个 ψ，那么 S 被*－偏好胜过 T．

定义 8.18　一个社会选择函数是非独裁的 (nondictatorial) 是指：它不是单独某个当事人的选择的函数．

定义 8.19　X 的一个子集 S 严格地被*－偏好 (strictly*-preferred) 胜过 X 的子集 T，是指 S 被*－偏好胜过 T，但是 T 不被*－偏好胜过 S．

定义 8.20　一个社会选择函数满足柏雷多条件(Pareto condition)是指：只要 $S \subset Y$，同时存在 $T \subset Y$，使得集团中的每个人都*－偏好 T，胜过 S，而且有人严格地*－偏好 T 胜过 S，就有 $g(Y) \neq S$，其中 $Y \subset X$.

定义 8.21　一个社会选择函数不能被操纵(nonmanipulable)是指：如果不存在一个当事人 i 和 X 的一个子集 Y，使得如果所有其他的当事人都是诚实的，而 i 用某种方法歪曲了他的偏爱，则由此产生的集合 $g(Y)$ 将严格地*－偏好胜于每个人都是诚实的所得的集合.

定义 8.22　一个社会选择函数对于所有的当事人是对称的，是指：在任何置换 π 之下，用 $A(\pi(i)),\cdots,A(\pi(k))$ 替代$(A(1),\cdots,A(k))$，它是不变的.

定义 8.23　一个社会选择函数对于所有的被选择对象是对称的，当且仅当对任何置换矩阵 $\boldsymbol{P}$，$g(\boldsymbol{P}^{\mathrm{T}}A(1)\boldsymbol{P},\cdots,\boldsymbol{P}^{\mathrm{T}}A(k)\boldsymbol{P}) = \pi(A(1),\cdots,A(k))$，其中 π 是这样的置换，它使得 $P_{i}\pi(i) = 1$，其中 $i = 1, 2,\cdots,n$.

定理 8.8　设 $Y \subset X$，对任何至少有两个当事人的集合来说，存在一个社会选择函数，它是柏雷多的、非独裁的、可操纵的、非空的$(Y \neq \varnothing)$，对于当事人和被选对象都是对称的. 特别的，取 $g(Y)$ 为所有的 $a \in Y$ 就是这样的一个函数，其中 a 满足：存在某个当事人不能把 Y 中的任何其他元素严格地排在 a 的上面.

证　可以验证：这个社会选择函数是非独裁的，当 $Y \neq \varnothing$ 时是非空的，并且对于当事人和被选对象是

对称的. 下面我们将证明它是柏雷多的. 相反, 假设存在一个偏好$(A(1),\cdots,A(k))$的集合和 X 的子集 Y 以及一个 Y 的子集 S, 使每个当事人* — 偏好 S 胜过 $g(Y)$. 假设 x 是被选对象, 它在某个当事人的表上排行第一, 也就是 $x \in g(Y)$. 那么当这个当事人* — 偏好 S 胜过 $g(Y)$. 假设 x 是被选对象, 它在某个当事人的表上排行第一, 也就是 $x \in g(Y)$. 那么当这个当事人* — 偏好 S 胜过 Y 时, x 必须在 S 中. 因此 $g(Y) \subset S$. 由命题 8.12, $|S|g(Y)$ 将被每个当事人所* — 偏好胜过 $|g(Y)|S$. 但是, 如果 $|S| > g(Y)$, 那么 $|g(Y)|S$ 将包含 X 的少于 $|S|g(Y)$ 个摹本, 当事人就不能* — 偏好 $|g(Y)|S$ 胜过 $|S|g(Y)$. 因此 $|S| = |g(Y)|$. 所以 $S = g(Y)$, 使得对于任何一个人来说, S 都不是严格地被* — 偏好胜过 $g(Y)$. 这就证明了柏雷多条件.

现在我们来证明, 这个给定的社会选择函数是不能被操纵的. 假定当事人 i 谎报了他的偏好后能得到一个严格的* — 偏好选择集合. 那么他必须在 Y 的元素中改变他当作第一选择的提名, 否则 $g(Y)$ 不能被改变. 但是, 如果他这样做的话, 就不能得到一个* — 偏好集. 定理由此得证.

下面是满足这一定理的某些其他社会选择函数.

(1) 设 $g(R)$ 如定理 8.8 中所设, 除非当事人中的大多数喜欢 Y 中的某个对象胜过 Y 中的所有其他对象. 在这种情况下选择大多数当事人喜欢的对象作社会选择函数.

(2) 设 $g(Y)$ 如定理 8.8 中所设, 除非存在两个对象, 其中每一个对象都被超过 $\frac{1}{3}$ 的选择者所喜爱胜过

Y 中的所有其他对象. 在这种情况下选择由第二个对象所构成的集合作为社会选择函数.

(3) 设 $g(Y)$ 是 Y 中这样一些被选对象的集合,它们在任何人关于 Y 中的对象的表中都不是最不重要的,除非这个集合是空的. 如果这个集合是空的,那么取 $g(Y)=Y$.

把上面的结果推广到下面的情况看来是很困难的;这里当事人的偏爱不是反对称的,也就是当事人可以这样说:这几个对象我一样喜欢. 例如,如果我们有两个当事人 a,b 和三个对象 1,2,3 且排序为

a	b
1,2	1,3
3	2

则 $g(\{1,2,3\})=\{1,2,3\}$ 不满足柏雷多条件,因为 $g(\{1,2,3\})=\{1\}$ 对两个当事人来说都是严格地* — 偏爱.

我们可以采用* — 偏好的一个不同的定义,也就是可以假定每个当事人有他自己的权数系统,他完全根据集合的平均权作出他喜欢某个集合胜过其他集合的抉择. 这个情况已由吉巴特在买彩票问题上的一个定理所讨论过了.

米尔金(B. G. Mirkin) 也曾经在社会选择的研究中利用布尔矩阵,特别用它来说明三元集合上的各种序关系.

§4 霍尔关系

在结束这章的时候我们将简单地提一下另一种重要的序关系，称作霍尔关系. 霍尔关系在组合论、运筹学和布尔矩阵理论中是非常重要的.

定义 8.24 设 $X=\{x_1,\cdots,x_m\}$，设 $X_1,\cdots,X_n$ 是 X 的子集. 一个相异代表组 (system of distinct representative)(SDR) 是一个序列 $s_1,\cdots,s_n$，使得对于每个 i，$s_i\in X_i$ 以及 $i\neq j$ 时，$s_i\neq s_j$.

定义 8.25 X 上的二元关系 H 是一个霍尔关系，当且仅当集合 $x_1H,\cdots,x_nH$ 有一个 SDR.

关于 SDR 的一般参考文献可以参看赖塞和伯格的文章.

一个布尔矩阵 $\boldsymbol{A}$ 是一个霍尔矩阵，当且仅当它是霍尔关系的矩阵，当且仅当对某些置换矩阵 $\boldsymbol{P}$ 有 $\boldsymbol{A}\geqslant\boldsymbol{P}$，这立即可得出结论：霍尔矩阵构成一个半群. 金基恒在这个半群中以 L,R,H,D,J 类为特征发现了它们的基数并证明了幂等的霍尔矩阵与拟序一一对应.

金基恒和劳什又把 SDR 与半群的结构联系了起来. 考虑一个矩阵 $\boldsymbol{A}$ 的里斯矩阵半群，它具有 0 元素和群 $G=\{1\}$. 当一个布尔矩阵 $\boldsymbol{B}$ 被看作为 H 类的一个集合时它可以表示一个子半群的充分必要条件是 $\boldsymbol{BAB}\leqslant\boldsymbol{B}$. 他们证明了这个结果.

定理 8.9 假定当 $\boldsymbol{A}$ 的所有列被看作 $\underline{n}$ 的子集时，$\boldsymbol{A}$ 有一个相异代表组 SDR，假定 $\boldsymbol{A}$ 没有一行或一列包含少于两个 1. 那么对于满足 $\boldsymbol{BAB}\leqslant\boldsymbol{B}$ 的矩阵 $\boldsymbol{B}$，它必

须包含 nm 个 1 或至多有 $nm-n$ 个 1,这里 m 是 $\mathbf{A}$ 的列数.

渐近形式与信息的散布

第9章

我们现在来介绍布尔矩阵的幂的渐近形式(asymptotic forms). 这里所说的一个给定矩阵的幂的渐近形式本质上是指在它的所有的幂的渐近展开的过程中对于零元的位置的完整描述.

这里所讨论的有限阶矩阵渐近形式的特征是由关系理论的研究所提出来的. 我们先讨论这种渐近形式在图论方面的特征.

在这一章中,我们将从几个不同的角度来看待一个矩阵的幂级数. 当我们用不同的方法处理同一个对象时,不可避免地会有一些相重合的部分. 定理 9.28 给出了有关矩阵渐近形式的结果的概括介绍. 我们以一些应用作为本章的结束,包括:社会学中的小群体结构、聚类、信息的传布、通讯网、组合继电器电路设计，以及有限状态的非确定性自动机.

§1　图论特征

在这一节中，我们研究如何使用矩阵来获取有关图的连通性方面的信息. 回顾前文知一个有向图和一个布尔矩阵实际上是同样的概念. 在这一章中我们将假设所有的图都是有向图.

这一节的结果取自哈拉雷、诺尔曼和卡特瑞特的著作.

定义 9.1　一个图的可达性矩阵是指这样的一个矩阵 $\boldsymbol{R}$，它的元素 $r_{ij}=1$ 是指可以通过一系列有向边从顶点 V_i 到达顶点 V_j（每一个顶点都被看作可以从它自身到达自身）.

定义 9.2　一个图中的一条道路（path）是指：由不同顶点 $V_0,V_1,\cdots,V_n$ 所组成的一个序列，使得对于每一个 $i,i=0,1,2,\cdots,n-1$，图中都存在从 V_i 到 V_{i+1} 的有向边.

命题 9.1　对于给定的邻接矩阵 $\boldsymbol{A}$，可达性矩阵 $\boldsymbol{R}$ 可以通过公式 $\boldsymbol{R}=(\boldsymbol{I}+\boldsymbol{A})^{p-1}$ 得到，其中 p 是这个图中顶点的个数，而矩阵的运算是布尔矩阵的运算.

证　在布尔矩阵代数中

$$(\boldsymbol{I}+\boldsymbol{A})^{p-1}=\boldsymbol{I}+\boldsymbol{A}+\cdots+\boldsymbol{A}^{p-1}$$

并且从 V_i 出发通过一条长度为 k 的有向边序列可以达到 V_j 的充分必要条件是 $\boldsymbol{A}^k$ 的第 i 行第 j 列元素为 1. 因为这个元素为 1 是指：存在一个序列 $i_1,i_2,\cdots,i_{k+1}$，使得 $a_{i_1i_2}a_{i_2i_3}\cdots a_{i_ki_{k+1}}=1$.

注　还有所谓的 k－可达性矩阵 $\boldsymbol{R}_k$，它的第 i 行第 j 列元素为 1 的充分必要条件是存在一条从 V_i 到 V_j 的长度小于或等于 k 的有向路. 由此，$\boldsymbol{R}_k=(\boldsymbol{I}+\boldsymbol{A})^k$.

定义 9.3　一个图是强连通的(strongly connected)是指：对于任意两个顶点 V_i 和 V_j，从 V_i 到 V_j 是可达的. 一个图是弱连通的(weakly connected)是指：当不考虑边的方向时，从任何一个顶点到其他顶点都有路. 一个图是单向连通的(unilaterally connected)是指：对于它的任意两个顶点，可以从其中的一个到达另一个(用布尔矩阵的术语来说，一个图是单向连接的是指：$\boldsymbol{R}+\boldsymbol{R}^{\mathrm{T}}=\boldsymbol{J}$，其中 $\boldsymbol{R}$ 是它的可达性矩阵).

定义 9.4　一个图的强支(strong components)是指：它们是强连通的子图，并且不被任何其他的强连通子图真包含.

命题 9.2　对于任意 i，包含 V_i 的强支是使 $(\boldsymbol{R}\odot\boldsymbol{R}^{\mathrm{T}})_{ij}=1$ 的那些点组成的，其中“$\odot$”记元素相乘(element-wise product).

定义 9.5　一个图 C 的凝聚(condesation)C^* 是一个图，它的顶点同 C 的所有强支有一一对应关系，使得在 C^* 中有一条从 V_i 到 V_j 的边当且仅当在 C 中有一条有向边从第 i 个强支中的某点到第 j 个强支中的某个点.

如果顶点是按这样一种方法排序的，使得在同一个强支中的顶点是互相紧挨的，那么 C^* 的邻接矩阵可以根据强支和对于 C 的邻接矩阵进行分块而得到，即：使每个至少包含一个 1 的块用 1 来代替，对于每一个全为 0 的块用 0 来代替(除此之外，C^* 的主对角线元素全部假设为 0).

定义 9.6　一个图的点基(point basis)是一个极小的点集,从这些点出发可以到达图中的每一点.一个点反基(point contrabasis)是这样的一个极小的点集,使得从图中的任何一点出发,这个点集中至少有一个点是可以达到的.一个源(source)是图中的一个点,从这一点出发可以到达图中的每一点.一个汇(sink)是图中的一个点,从图中任何一点出发都可到达这一点.

定理 9.1　从组成 C^* 的一个点基的那些强支中每一个里面取一个点便组成了 C 的一个点基. C^* 只有唯一的一个点基. C^* 的一个点在这个基中,当且仅当在 C^* 中它所相应的一列的和为 0.

证　第一个结论可以从定义 9.5 和定义 9.6 中得到.可达性关系使得 C^* 成为一个偏序集,并且一个点属于 C^* 的点基当且仅当它是此偏序集的一个极大元.在图 C^* 中没有任何有向边是进入这点的,这就证明了定理.

定义 9.7　图的顶点的一个集合 V 是一个基本集(fundamental set)是指:存在某个点上的 V,从它出发 V 的每一点都是可达的,并且不存在这样的顶点 V,从它出发可以到达真包含 V 的某个集合 S.一个点被称为原点(origin)是指:从它出发基本集的每一个点都是可达的.与此对偶的概念是反基本的(contrafundamental)和终点(terminus).

定理 9.2　一个集合是点基当且仅当它由所有的基本集的原点所组成.

证　我们再来考察回顾凝聚 C^*. C^* 中一个点是

一个原点，当且仅当它是那个偏序集中的极大元，即是它在一个点集中.

定理 9.3　顶点 V_i 是某个基本集的一个原点，当且仅当可达性矩阵 $\boldsymbol{R}$ 的第 i 列中 1 的数目等于矩阵 $\boldsymbol{R}\odot\boldsymbol{R}^{\mathrm{T}}$ 的第 i 列中 1 的数目. 如果它是一个原点，那么它的基本集就是所有在 $\boldsymbol{R}$ 的第 i 行上为 1 的那些顶点的集合.

证　第一个条件是指 V_i 仅仅从它的强支出发才是可达的，这即是说这个强支是 C^* 中的一个极大点. 基本集就是所有从 V_i 可达的点，这等价于第二部分叙述中的条件.

定理 9.4　顶点 V_i 是某个基本集的原点，当且仅当可达性矩阵 $\boldsymbol{R}$ 的第 i 列中 1 的数目等于矩阵 $\boldsymbol{R}\odot\boldsymbol{R}^{\mathrm{T}}$ 的第 i 列中 1 的数目. 如果 V_i 是一个原点，那么在矩阵 $\boldsymbol{R}$ 的第 i 行中元素为 1 的位置所对应的顶点组成了 V_i 的基本集.

证　第一个条件意味着 V_i 仅仅从它的强支中的其他点出发才是可达的，这就是说这一强支是 C^* 中的一个极大点. 第二个条件等价于基本集是从 V_i 出发的可以达到的所有的点.

注　应当注意一个图是强连通的当且仅当它的可达性矩阵是一个全一矩阵.

命题 9.3　图 G 的包含顶点 V_i 的弱支是由矩阵 $\boldsymbol{R}_W=(\boldsymbol{I}+\boldsymbol{A}+\boldsymbol{A}^{\mathrm{T}})^{p-1}$ 的第 i 行中元素为 1 的顶点所组成的集合，其中 $\boldsymbol{A}$ 是图 G 的邻接矩阵.

图的连通性的一个总的标记可以通过连通性矩阵 $\boldsymbol{C}$ 来表示，其中：(1) $C_{ij}=0$ 是指：即使不考虑边的方向从 V_i 到 V_j 也没有道路；(2) $C_{ij}=1$ 是指：如果不考虑边

的方向从 V_i 到 V_j 有一条道路，但是没有一条有向的路；(3)$C_{ij}=2$ 是指：从 V_i 和 V_j 中的一个到另一个存在一条有向的路，但是反过来却没有；(4)$C_{ij}=3$ 是指：存在一条有向的路从 V_i 到 V_j，也存在一条有向的路从 V_j 到 V_i.

矩阵 $\boldsymbol{C}$ 是这样确定的：如果 V_i 和 V_j 在同一个弱支中，那么 $C_{ij}=r_{ij}+r_{ji}+1$(按整数加法)，否则 $C_{ij}=0$. 这里 r_{ij} 是可达性矩阵 $\boldsymbol{R}$ 中的元素.

定义 9.8　一个有向图的距离矩阵 $\boldsymbol{D}$(distance matrix) 是这样一个矩阵：它的元素 d_{ij} 是从 V_i 到 V_j 的最短的有向路的长度.

有一个办法确定距离矩阵 $\boldsymbol{D}$，即

$$d_{ii}=0, d_{ij}=\infty$$

当且仅当 $r_{ij}=0$，否则 d_{ij} 是 S 中最小的数，其中 S 是使得邻接矩阵 $\boldsymbol{A}$ 的第 S 次幂中第 i 行第 j 列元素为 1 的正整数.

另一个公式是

$$\boldsymbol{D}=k\boldsymbol{R}_{\infty}-\boldsymbol{R}_0-\boldsymbol{R}_1-\cdots-\boldsymbol{R}_{k-1}$$

其中 k 是使得 $\boldsymbol{R}_k=\boldsymbol{R}$ 的最小整数，$\boldsymbol{R}_{\infty}$ 是这样的一个矩阵，它是由 $\boldsymbol{R}$ 把其中的 0 换成 ∞ 而得到的，并且其中的运算是整数运算. 另外，还存在一个与动态规划有关的非布尔的方法.

通过矩阵 $\boldsymbol{D}$，从 V_i 到 V_j 的最短路径也可以被确定了. 一个顶点 V_k 在这条最短路径上的充分必要条件是：$d_{ik}+d_{kj}=d_{ij}$.

在布尔矩阵的某种类型的应用中，帕塔萨拉蒂所提出的一个算法可能是有用的.

定理 9.5　设 $\boldsymbol{M}_G^n$ 是由图 G 确定的一个矩阵，其元

素(i,j)是从顶点V_i到V_j的长度为n的路的数目.设$\boldsymbol{A}$是G的邻接矩阵,G_j是G的一个子图,它的邻接矩阵是由G的邻接矩阵的第j行和第j列都换成零所得到的.那么,矩阵$\boldsymbol{M}_G^n$的第j列等于矩阵乘积$(\boldsymbol{M}_{G_j}^{n-1})\boldsymbol{A}$的第$j$列.

证　在这样的列中第j个元素的相等性:$\boldsymbol{M}_G^n$的元素(j,j)是零,那么,在矩阵乘积$(\boldsymbol{M}_{G_j}^{n-1})\boldsymbol{A}$的第$j$列中第$j$个元素也是零.

第$i(i \neq j)$个元素的相等性:设$V = V_i \cdots V_t$是长度为$n-1$的一条道路,并且假设在G中存在边V_tV_j.那么,$V_i \cdots V_tV_j$是一条道路的充分必要条件是:V_j不在V中,也就是说V在G_j中是一条路.反之,G中长度为n的每一条路也是能用这种方法表示的.这个表示的矩阵解释就是这里所谈的相等性.

§2　收敛矩阵和振荡矩阵

在这一节,我们介绍矩阵幂的渐近形式的种种性质,我们将从渐近形式的图论特征谈起,这些工作属于罗森布赖特.

首先,考虑不可分解的矩阵的渐近性质.一个矩阵是不可分解的,是指:它的图是强连通的.不可分解的矩阵的周期是它的图中所有圈的长度的最大公因子.因此,周期大于1的不可分解矩阵可以被表示为特殊的分块排列形式的每一块或者完全由1所组成或者完全由0所组成(定理9.13).一个周期为1的不是幂零的可分解矩阵收敛到一个幂等阵$\boldsymbol{E}$;它满足$\boldsymbol{0} < \boldsymbol{E} <$

$\boldsymbol{J}$(命题 9.5). 给出了矩阵周期大于 1 的某些充分条件(定理 9.9 和定理 9.10). 每一行中都存在一个 1(行是非空的),这一性质可以在矩阵的幂中保存下来,这一点在这些证明中是重要的. 一个矩阵是幂零的,其充分必要条件是它的图没有圈(定理 9.8),其充分必要条件也是它和一个下三角矩阵共轭(命题 9.6).

这一节的最后一部分讨论了本原循环矩阵和本原友阵.

定义 9.9　一个矩阵 $\mathbf{A} \in B_n (n \geqslant 2)$ 是所谓收敛的(convergent 指它的幂),是指:在序列 $\{\mathbf{A}^k \mid k=1, 2, \cdots\}$ 中存在 $\mathbf{A}$ 的一个幂 $\mathbf{A}^m$ 使得 $\mathbf{A}^m = \mathbf{A}^{m+1}$,并称矩阵 $\mathbf{A}$ 收敛于矩阵 $\mathbf{A}^m$. 一个矩阵 $\mathbf{A}$ 是所谓振荡的(oscillatory 指它的幂),是指:在序列 $\{\mathbf{A}^k \mid k=1,2,\cdots\}$ 中存在 $\mathbf{A}$ 的一个幂 $\mathbf{A}^m$ 使得 $\mathbf{A}^m = \mathbf{A}^{m+1}$,其中 p 是使得这个式子成立的大于 1 的最小整数. 一个矩阵是所谓本原的,是指:对于某个 m 有 $\mathbf{A}^m = \boldsymbol{J}$.

由此,很清楚对于一个收敛的矩阵 $\mathbf{A}$,所有的矩阵元素 $a_{ij}^{(k)}$ 都一定有其极限值. 然而,在一个周期矩阵的所有的幂中,其矩阵元素的某个子集一定在数值上是周期的,而其余的可能具有极限值. 因此,为了方便起见,任何一个矩阵 $\mathbf{A}$ 只要它在 $\mathbf{A}$ 的幂序列中出现无限多次,我们就将它看作为一个极限矩阵(limit matrix). 对于一个矩阵 $\mathbf{A} \in B_n$,它的幂序列中不同矩阵的个数至多为 2^r,其中 $r = n^2$. 这样 $\mathbf{A}$ 一定或者是有限收敛的,或者是有限振荡的.

引理 9.1　一个收敛的布尔矩阵收敛于一个幂等矩阵.

注　收敛矩阵分为三种类型:(1) 本原矩阵,它收

敛于全一矩阵;(2) 幂零矩阵,它收敛于零矩阵;(3) 收敛于不同于全一矩阵和零矩阵的一个幂等矩阵.

我们将要用到克利福德和普雷斯顿关于有限循环半群的下列结果:

定理 9.6　设 S 是一个具有生成元 a 的有限的循环半群,设 k 是使得 $a^k=a^{k+m}$ 的最小正整数,其中 m 为某个正整数,设 d 是使得 $a^k=a^{k+d}$ 的最小正整数. 那么,$\{a^x \mid x \geqslant k\}$ 是一个阶为 d 的循环群. 如果 a^e 是这个群的单位元,那么,d 可以整除 e.

下面我们证明一个结论,它实质上曾是由罗森布赖德用图论的术语,由施瓦兹用关系理论的术语证明的,可能还有其他人作了证明.

定义 9.10　布尔矩阵 $\boldsymbol{A}$ 的振荡周期(period of oscillation)是满足 $\boldsymbol{A}^k=\boldsymbol{A}^{k+d}$ 的最小正整数 d,其中 k 为某一个正整数. 对于某个正整数 d 满足 $\boldsymbol{A}^k=\boldsymbol{A}^{k+d}$ 的最小正整数 k,被称作矩阵 $\boldsymbol{A}$ 的指数(index).

定义 9.11　如果对于矩阵 $\boldsymbol{A} \in B_n$,存在矩阵 $\boldsymbol{P} \in P_n$ 使得

$$\boldsymbol{PAP}^{\mathrm{T}}=\begin{bmatrix}\boldsymbol{B} & \boldsymbol{0}\\ \boldsymbol{C} & \boldsymbol{D}\end{bmatrix}$$

其中 $\boldsymbol{B},\boldsymbol{D}$ 是方阵,那么,称 $\boldsymbol{A}$ 为可分解的(decomposable),否则 $\boldsymbol{A}$ 被称为不可分解的(indecomposable). 如果存在 $\boldsymbol{P},\boldsymbol{Q} \in P_n$ 使得

$$\boldsymbol{PAQ}=\begin{bmatrix}\boldsymbol{B} & \boldsymbol{0}\\ \boldsymbol{C} & \boldsymbol{D}\end{bmatrix}$$

其中 $\boldsymbol{B},\boldsymbol{D}$ 是方阵,这时,$\boldsymbol{A}$ 是所谓部分可分解的(partly decomposable),否则 $\boldsymbol{A}$ 就是完全不可分解的(fully indecomposable).

注 应当注意一个矩阵 $\mathbf{A} \in B_n$ 是不可分解的，当且仅当不存在 $\underline{n}$ 的一个非空真子集 $\underline{m}$ 使得 $a_{ij}=0$，只要 $i \in \underline{m}, j \in \underline{n} \backslash \underline{m}$. 如果 $\mathbf{A}$ 是周期的，那么 $\mathbf{A}$ 或者是可以分解的，或者是部分可分解的（这是由下面的引理 9.5 得到的）.

命题 9.4 一个布尔矩阵 $\mathbf{A}$ 是不可分解的，当且仅当对于任意 $i, j \in \underline{n}$，存在某个序列 $i_1, \cdots, i_k$ 使得 $a_{ii_1}=1, a_{i_1 i_2}=1, \cdots, a_{i_k j}=1$（包括空序列，即 $a_{ij}=1$）.

证 假设这个条件成立，并设 $\underline{m}$ 使得对于 $i \in \underline{m}$，$j \in \underline{n} \backslash \underline{m}, a_{ij}=0$. 令 $\underline{m}, \underline{n} \backslash \underline{m}$ 是非空的，设 $x \in \underline{m}, y \in \underline{n} \backslash \underline{m}$，设 $i_1, \cdots, i_k$ 是一个链，使得 $a_{xi_1}, \cdots, a_{i_k y}$ 都等于 1，设 i_j 是上述链在 $\underline{m}$ 的最后一个元. 那么，$a_{i_j i_{j+1}}=1$，而 $i_j \in \underline{m}, i_{j+1} \notin \underline{m}$，这是矛盾的.

假设不存在这样的子集 $\underline{m}$，固定 x. 设 S 是这样的所有 $y \in \underline{n}$ 的集合，对于它存在一个链 $i_1, \cdots, i_k$，具有 $a_{xi_1}=1, \cdots, a_{i_k y}=1$.

如果 $S \neq \underline{n}$，设 $z \notin S$. 如果 $S=\varnothing$，那么 $\underline{m}=\{x\}$ 给出了 $\mathbf{A}$ 的一个分解，因此令 $S \neq \varnothing$. 假设存在 $w \in S$，使得 $a_{wz}=1$，那么，设 $i_1, \cdots, i_k$ 是从 x 到 W 的一个序列，具有 $a_{xi_1}=\cdots=a_{i_k w}=1$. 这样，$z \in S$，这是矛盾的. 于是，对于任意 $w \in S, z \notin S, a_{wz}=\phi$，$S$ 给出了 A 的一个分解. 这和我们的假设没有这样的 $\underline{m}$ 存在矛盾. 因此，对于所有的 $x, S=\underline{n}$. 因此，命题中的条件是对的.

定义 9.12 如果 $\mathbf{A} \in B_n, x, y \in \underline{n}$，序列 $i_1, \cdots, i_r$，其中 $i_j \in \underline{n}$，对于 $\mathbf{A}$ 是一个从 x 到 y 的连接序列（connecting sequence）是指：$a_{xi_1}=\cdots=a_{i_j i_{j+1}}=\cdots=a_{i_r y}=1$. 这时，这个连接序列的长度称为 $r+1$. 如果 $a_{xy}=1$，我们认为 ϕ 是从 x 到 y 长度为 1 的连接序列.

引理 9.2　设 $\boldsymbol{A}^e$ 是一个不可分解的布尔矩阵的一个一个幂等的幂,那么,$\boldsymbol{A}^e \geqslant \boldsymbol{I}$.

证　设 $i \neq j$,设 S_1, S_2 分别是从 i 到 j 和从 j 到 i 的连接序列,那么,S_2, i, S_1 就构成了从 j 到 j 的一个连接序列.设它的长度为 m,那么,这个连接序列的存在意味着 $a_{jj}^{(m)}=1$.于是,$a_{jj}^{(em)}=1$,但是,因为 $\boldsymbol{A}^e$ 是幂等的,所以,$\boldsymbol{A}^{em}=\boldsymbol{A}^e$.这就证明了对任意 j,$a_{jj}^{(e)}=1$.

引理 9.3　设 K 是不可分解矩阵 $\boldsymbol{A}$ 的指数,设 t 是一个不小于 K 的整数.如果对于某个 t 有 $a_{ii}^{(t)}=1$,那么,对于所有的 j 都有 $a_{jj}^{(t)}=1$.

证　假设 $a_{ii}^{(t)}=1, t \geqslant K$,我们可以找到从 1 到 1 的一个连接序列 S,使得 n 中的每一个数都在 S 中的某一个地方出现.为此,首先寻找一个从 1 到 2 的连接序列,然后寻找从 2 到 3 的连接序列,等等.最后,把这些序列连在一起就组成了 S.设 r 是 S 的长度.

设 $\boldsymbol{A}^e$ 是 $\boldsymbol{A}$ 的一个幂等的幂.把 e 个 S 连在一起,并且在 S 中出现 i 的地方插入一个长度为 t 的连接序列,因为 $a_{ii}^{(t)}=1$,这样的序列是存在的.我们考察这样的一个长度为 $er+t$ 的连接序列.

因为在上述连接序列中出现了,我们可以把它写成 S_1, j, S_2.那么,重新排列这个连接序列,得到 S_2, i, S_1,这个序列把 j 和 j 连接起来了.于是,$a_{jj}^{(er+t)}=1$,但是,因为 $\boldsymbol{A}^e$ 是幂等的,t 是不小于指数 K 的整数,因此,$\boldsymbol{A}^{(er+t)}=\boldsymbol{A}^t$.

引理 9.4　设 $\boldsymbol{A}$ 是一个布尔矩阵,K 和 t 是引理 9.3 中所给出的整数.如果 $\boldsymbol{A}^t \geqslant \boldsymbol{I}$,那么,$\boldsymbol{A}^t$ 是幂等的.

证　由定理 9.6,对于 $t \geqslant K$,$\boldsymbol{A}^t$ 是一个循环子群中的元素.因此,存在某个 m 使得 $\boldsymbol{A}^{tm}=\boldsymbol{A}^t$.但是,如果

$\boldsymbol{A}^t \geqslant \boldsymbol{I}$，那么 $\boldsymbol{A}^t \leqslant \boldsymbol{A}^{2t} \leqslant \cdots \leqslant \boldsymbol{A}^{mt}$. 这样，所有这些不等式都必须是等式，于是，$\boldsymbol{A}^t$ 是幂等的.

引理 9.5 如果 $\boldsymbol{A}$ 是一个不可分解的布尔矩阵，那么，$\{x \mid x>0$，且对于某个 $ia_{ii}^{(x)}=1\}$ 的最大公因子等于 $\{x \mid x \geqslant K$，且对于某个 $ia_{ii}^{(x)}=1\}$ 的最大公因子.

证 设 $\boldsymbol{A}^e$ 是 $\boldsymbol{A}$ 的一个幂等的幂. 如果 $a_{ii}^{(x)}=1$，那么，$a_{ii}^{(x+e)}=1$，其中 $x+e>e \geqslant K$，而 $\{x,\cdots,e,\cdots\}$ 的最大公因子等于 $\{x+e,\cdots,e,\cdots\}$ 的最大公因子.

引理 9.6 设 $\boldsymbol{A}$ 是一个不可分解的布尔矩阵，d 是 $\boldsymbol{A}$ 的振荡周期. 对于 $y=0,1,\cdots,d-1$，设 S_y 是数 x 的集合，使得存在从 1 到 x 的长度关于模 d 与 y 同余的连接序列. 那么，S_y 构成了 $\underline{n}$ 的一个分划，并且，如果 $a_{ij}=1, i \in S_y$，那么，$j \in S_z$，其中，$z \equiv y+1 \pmod{d}$.

证 $\boldsymbol{A}$ 的不可分解性意味着 $\underline{n}$ 中的每一个 S_y 中，假设：当 $y \neq w$ 时，$S_y \cap S_w \neq \varnothing$. 设 $i \in S_y \cap S_w$，设 S_1 是从 1 到 i 的一个连接序列，长度为 $t_1 \equiv y \pmod{d}$，并且，设 S_2 是长度为 $t_2 \equiv w \pmod{d}$ 的从 1 到 i 的一个连接序列，设 S_3 是从 i 到 1 且长度为 t_3 的连接序列，其中 $t_3 \geqslant k$，k 为 $\boldsymbol{A}$ 的指数. 那么，S_1, i, S_3 和 S_2, i, S_3 是从 1 到 1 的长度分别为 t_1+t_3 和 t_2+t_3 的连接序列. 于是，$a_{11}^{(t_1+t_3)}=a_{11}^{(t_2+t_3)}=1$. 由引理 9.3 和引理 9.4 知 $\boldsymbol{A}^{(t_1+t_3)}$ 和 $\boldsymbol{A}^{(t_2+t_3)}$ 是幂等的. 由定理 9.6，$d \mid t_1+t_3$，并且，$d \mid t_2+t_3$，但 t_2 和 t_1 并不是关于模 d 同余的，这是矛盾的. 因此，当 $y \neq w$ 时，$S_y \cap S_w=\varnothing$，并且，S_y 是 $\underline{n}$ 的一个分划.

如果 $a_{ij}=1$，并且 $i \in S_y$，我们能找到一个从 1 到 i 的连接序列，其长度为其个数 $m \equiv y \pmod{d}$，那么，把 j 加到这个序列上就得到了一个从 1 到 j 的长度为

$m+1$ 的连接序列.

定理 9.7　设 $\boldsymbol{A}$ 是一个不可分解的布尔矩阵,$\boldsymbol{A}$ 的振荡周期 d 是使得 $a_{ii}^{(x)}=1$ 的所有整数 x 的最大公因子.存在一个排列矩阵 $\boldsymbol{P}$ 使得 $\boldsymbol{PAP}^{\mathrm{T}}$ 能写成形式

$$\begin{bmatrix} \mathbf{0} & \boldsymbol{A}_1 & \mathbf{0} & \cdots & \mathbf{0} \\ \mathbf{0} & \mathbf{0} & \boldsymbol{A}_2 & \cdots & \mathbf{0} \\ \mathbf{0} & \mathbf{0} & \mathbf{0} & \cdots & \mathbf{0} \\ \vdots & \vdots & \vdots & & \vdots \\ \boldsymbol{A}_d & \mathbf{0} & \mathbf{0} & \cdots & \mathbf{0} \end{bmatrix}$$

其中这些 $\boldsymbol{A}_i$ 是某些确定的矩阵,$\mathbf{0}$ 是零矩阵,行的划分和列的划分是相同的.

证　定理的第一部分可由引理 9.5 以及引理 9.2～9.4 得到.

因为 S_y 是 $\underline{n}$ 的一个分划,我们可以选择一个排列 π 使得 π 作用到 $1,2,\cdots,|S_0|$ 上得到集合 S_0,π 作用到 $|S_0|+1,\cdots,|S_0|+|S_1|$ 上得到集合 S_1,等等.其中 S_y 见引理 9.6.那么,设 $\boldsymbol{PAP}^{\mathrm{T}}$ 是由排列 π 所得到的.事实上,仅当 $i\pi\in S_y, j\pi\in S_w$ 时才有 $(\boldsymbol{PAP}^{\mathrm{T}})_{ij}=1$,其中 $w\equiv y+1(\bmod d)$,而这恰是指:i,j 是在上面所列出的矩阵中某个 $\boldsymbol{A}_h(1\equiv h\leqslant d)$ 所处的位置.因此,$\boldsymbol{PAP}^{\mathrm{T}}$ 即是所要求的形式.

应当注意,$\boldsymbol{A}$ 的振荡周期可以由相应的 $G_{\boldsymbol{A}}$ 来确定.在上述定理中所提到的最大公因子,即是 $G_{\boldsymbol{A}}$ 中所有闭合的路的长度的最大公因子,这里所说的闭合的路是指:顶点的序列 $V_0,V_1,\cdots,V_r$,其中 $V_0=V_r$,并且对于任意 $i=0,1,\cdots,r-1$,存在从 V_i 到 V_{i+1} 的边.这里我们可以不去看每一个闭合回路,而仅仅考察那些相应于不同的顶点的极小闭合回路,因为每一个闭合的路都可以被分解为一些极小回路，以及在这些回路上的重复运动.

如果 $\boldsymbol{A}$ 是可分解的，那么，可以知道它的振荡周期是那些不可分解的子矩阵的振荡周期的最小公倍数，而它们恰是 $G_{\boldsymbol{A}}$ 的所有强支的邻接矩阵.

定义 9.13　图的一个圈(cycle)是一个顶点序列 $V_0, V_1, \cdots, V_r$，其中 $V_0 = V_r$，而其余的所有顶点是不同的，并且对于 $i = 0, 1, \cdots, r-1$，都存在从 V_i 到 V_{i+1} 的有向边.

定理 9.8　如果 $\boldsymbol{A} \in B_n$，它所相应的图是 $G_{\boldsymbol{A}}$，那么，$\boldsymbol{A}$ 收敛于 $\boldsymbol{0}$ 的充分必要条件是 $G_{\boldsymbol{A}}$ 不包含圈.

证　一般来说，$\boldsymbol{A}^r$ 的元素(i,j)为 1 当且仅当存在一个长度严格为 r 的，从顶点 i 到顶点 j 的边序列. 如果在 $G_{\boldsymbol{A}}$ 中没有圈，那么，在每一个这样的边序列中，顶点都一定是不同的. 于是，就没有一个边的序列长度可以大于 $n-1$，因此，$\boldsymbol{A}^n = \boldsymbol{0}$.

如果存在一个圈，那么，这个圈的重复出现就可以给出一个足够长的边序列，于是，$\boldsymbol{A}$ 就没有一个幂是 $\boldsymbol{0}$.

下面，我们将介绍矩阵幂的渐近形式的理论特征.

定义 9.14　一个矩阵 $\boldsymbol{PAP}^{\mathrm{T}}$ 是所谓三角形的(triangular form)，其中 $\boldsymbol{P} \in P_n$ 是指：它为

$$\begin{bmatrix} \boldsymbol{A}_{11} & \boldsymbol{0} & \cdots & \boldsymbol{0} \\ \boldsymbol{A}_{21} & \boldsymbol{A}_{22} & \cdots & \boldsymbol{0} \\ \vdots & \vdots & & \vdots \\ \boldsymbol{A}_{k1} & \boldsymbol{A}_{k2} & \cdots & \boldsymbol{A}_{kk} \end{bmatrix}$$

其中主对角线上的矩阵都是方阵，并且 $k \geqslant 2$. 子矩阵 $\boldsymbol{A}_{ii}$ 称为 $\boldsymbol{A}$ 的组成成分(constituents).

对于用乘以置换矩阵的方法把矩阵化成分块三角

形,克里给出过一种算法.

定理 9.9　如果 $\boldsymbol{A}\in B_n$ 是一个 k 分块三角矩阵,并且 $\boldsymbol{A}$ 中至少存在一个组成成分等于非单位排列矩阵,那么,$\boldsymbol{A}$ 是周期的.

证　$\boldsymbol{A}$ 的 r 次幂的组成成分中将有定理中所说的那个排列阵的 r 次幂.因为这一部分是决不会不变的,因此,$\boldsymbol{A}^r$ 作为一个矩阵将不收敛.

定义 9.15　一个矩阵 $\boldsymbol{A}\in B_n$ 被称为 k — 分块可分划的(k-block partitionable) 是指:如果存在 $\boldsymbol{P}\in P_n$ 使得 $\boldsymbol{PAP}^{\mathrm{T}}$ 为

$$\begin{bmatrix}\boldsymbol{A}_{11} & \boldsymbol{A}_{12} & \cdots & \boldsymbol{A}_{1k}\\ \boldsymbol{A}_{21} & \boldsymbol{A}_{22} & \cdots & \boldsymbol{A}_{2k}\\ \vdots & \vdots & & \vdots\\ \boldsymbol{A}_{k1} & \boldsymbol{A}_{k2} & \cdots & \boldsymbol{A}_{kk}\end{bmatrix}$$

其中每一个组成成分都是方阵,且 $k\geqslant 0$.

定义 9.16　一个矩阵 $\boldsymbol{A}\in B_n$ 被称为行非空的(或列非空的)(row nonempty 或 column nonempty)是指:$\boldsymbol{A}$ 的每一行(或每一列) 至少包含一个 1.

定理 9.10　设 $\boldsymbol{A}\in B_n$ 是一个 k — 分块可分划的矩阵.如果存在一个周期矩阵 $\boldsymbol{B}$,其阶数 $m>2$,使得:如果 $\boldsymbol{A}_{ij}\neq\boldsymbol{0}$,$b_{ij}=1$;如果 $\boldsymbol{A}_{ij}=\boldsymbol{0}$,则 $b_{ij}=0$,并且,或者所有非零子矩阵 $\boldsymbol{A}_{ij}$ 是行非空矩阵,或者所有的非零子矩阵 $\boldsymbol{A}_{ij}$ 是列非空矩阵,那么,$\boldsymbol{A}$ 是周期的.

证　假设所有非空子矩阵 $\boldsymbol{A}_{ij}$ 是行非空的矩阵.我们将建立如下的归纳假设,$\boldsymbol{A}$ 具有性质

$$b_{ij}^{(t)}=\begin{cases}1,\text{如果}(\boldsymbol{A}^t)_{ij}\ \text{是行非空的}\\ 0,\text{如果}(\boldsymbol{A}^t)_{ij}=\boldsymbol{0}\end{cases}$$

其中 t 是正整数.

这一假设在$t=1$时是真的. 假设它在$t=m$时也是真的,那么

$$b_{ij}^{(m+1)}=\sum b_{ik}^{(m)}b_{kj},(\boldsymbol{A}^{m+1})_{ij}=\sum(\boldsymbol{A}^{m})_{ik}\boldsymbol{A}_{kj}$$

如果$b_{ij}^{(m+1)}=0$,那么,对于每一个k,或者$b_{ik}^{(m)}=0$,或者$b_{kj}=0$,这样根据归纳假设,对于每一个k,或者$(\boldsymbol{A}^{m})_{ik}=\boldsymbol{0}$,或者$\boldsymbol{A}_{kj}=\boldsymbol{0}$. 于是,$(\boldsymbol{A}^{m+1})_{ij}=\boldsymbol{0}$.

设$\boldsymbol{M}=\boldsymbol{ST}$是两个行非空布尔矩阵的乘积. 对于任意$i$,$\boldsymbol{S}$的第$i$行将在某个位置$(i,j)$处包含一个1,那么,$m_{ik}\geqslant S_{ij}t_{ik}>0$. 于是,对于任意$i$,$M_i^*\neq 0$,并且,这样的$\boldsymbol{M}$是一个行非空的矩阵.

假设$b_{ij}^{(m+1)}=1$,使得对于某个k,$b_{ik}^{(m)}=1$和$b_{kj}=1$,那么,$(\boldsymbol{A}^{m})_{ik}$和$\boldsymbol{A}_{kj}$是行非空的矩阵,这就使得$(\boldsymbol{A}^{m})_{ij}\geqslant(\boldsymbol{A}^{m})_{ik}\boldsymbol{A}_{kj}$将是一个行非空的矩阵. 这就完成了这一归纳证明. 因为$\boldsymbol{B}$毕竟不是不变的,因此,$\boldsymbol{A}$也不是不变的.

命题 9.5　如果$\boldsymbol{A}\in B_n$是可分解的,并且是非振荡的,那么,$\boldsymbol{A}$收敛到某个幂等矩阵$\boldsymbol{E}$使得$\boldsymbol{0}\leqslant\boldsymbol{E}<\boldsymbol{J}$.

证　如果$\boldsymbol{A}$是非振荡的, 那么,它有极限$\boldsymbol{L}$. 如果

$$\boldsymbol{A}^t=\boldsymbol{L},\boldsymbol{A}^{t+1}=\boldsymbol{A}^{t+2}=\cdots=\boldsymbol{A}^{2t}=\boldsymbol{L}^2$$

其中t是一个正整数,这样$\boldsymbol{L}$就是一个幂等矩阵. 如果$\boldsymbol{A}$是可分解的,那么,这一分解也同样适用于$\boldsymbol{L}$,于是$\boldsymbol{L}<\boldsymbol{J}$.

命题 9.6　如果$\boldsymbol{A}\in B_n$,那么$\boldsymbol{A}$收敛于$\boldsymbol{0}$的充分必要条件是存在$\boldsymbol{P}\in P_n$,使得$\boldsymbol{PAP}^{\mathrm{T}}$等于一个严格的下三角矩阵(strictly lower triangular matrix).

定义 9.17　一个矩阵$\boldsymbol{A}\in B_n$被称为行非空的分块排列矩阵(row nonempty and block permutation matrix)是指:(1)$\boldsymbol{A}$是$k-$分块可分划的;(2) 存在一

个阶数 $m \geqslant 2$ 的非单位的排列矩阵 $\boldsymbol{P}$，使得当 $\boldsymbol{A}_{ij}$ 是一个行非空矩阵时，$P_{ij}=1$，当 $\boldsymbol{A}_{ij}=\boldsymbol{0}$ 时，$P_{ij}=0$.

命题 9.7　如果 $\boldsymbol{A} \in B_n$ 是一个行非空矩阵，那么，$\boldsymbol{A}$ 收敛于 $\boldsymbol{J}$，当且仅当 $\boldsymbol{A}$ 既不是可分解的又不是行非空的分块排列矩阵.

证　必要性. 如果 $\boldsymbol{A}$ 是可分解的，那么，$\boldsymbol{A}$ 的所有的幂将是可分解的. 于是，$\boldsymbol{A}$ 是不能收敛于 $\boldsymbol{J}$ 的. 如果 $\boldsymbol{A}$ 是行非空的分块排列矩阵，那么，由定理 9.10 知，$\boldsymbol{A}$ 是周期的.

充分性. 假设 $\boldsymbol{A}$ 是不可分解的，如果振荡周期大于 1，那么，根据定理 9.7，$\boldsymbol{A}$ 是 k — 分块可分划的

$$\boldsymbol{PAP}^{\mathrm{T}}=\begin{bmatrix} \boldsymbol{0} & \boldsymbol{A}_{12} & \boldsymbol{0} & \cdots & \boldsymbol{0} \\ \boldsymbol{0} & \boldsymbol{0} & \boldsymbol{A}_{23} & \cdots & \boldsymbol{0} \\ \vdots & \vdots & \vdots & & \vdots \\ \boldsymbol{0} & \boldsymbol{0} & \boldsymbol{0} & \cdots & \boldsymbol{A}_{k-1,k} \\ \boldsymbol{A}_{k1} & \boldsymbol{0} & \boldsymbol{0} & \cdots & \boldsymbol{0} \end{bmatrix}$$

因为 $\boldsymbol{A}$ 是不可分解的，这个矩阵必须是行非空的. 一个不可分解的并且又不是一个行非空的分块排列矩阵，它的振荡周期为 1，于是，收敛于 $\boldsymbol{J}$.

现在，我们用非负矩阵的语言来重述一下上面这个结果.

注　我们可以用一个显而易见的方法，使一个 n 阶的非负矩阵和一个布尔矩阵联系起来，即使得：当 $a_{ij}>0$ 时，$b_{ij}=1$，否则，$b_{ij}=0$. 用这种表现方法可以清楚地看出：对于 $\boldsymbol{A}$ 的有限次幂 $\boldsymbol{A}^p$ 和 $\boldsymbol{B}$ 的有限次幂 $\boldsymbol{B}^p$，$b_{ij}^{(p)}=1$ 当且仅当 $a_{ij}^{(p)}>0$.

定义 9.18　如果 $\boldsymbol{A}$ 是一个 n 阶的非负方阵，$\boldsymbol{B}$ 是它的布尔矩阵表现，那么，$G_{\boldsymbol{B}}(\boldsymbol{A})$ 就是所谓 $\boldsymbol{A}$ 的图.

定义 9.19　图 G 的一个子图 H 是一个 m 阶的循环网络是指：H 包含了 G 的 m 个点($m>0$)，并且，H 的每一个点都和 H 的所有的点相连通.

定理 9.11　如果 $\boldsymbol{A}$ 是一个 n 阶非负矩阵($n\geqslant 2$)，那么，$\boldsymbol{A}$ 是不可分解的，当且仅当图 $G_{\boldsymbol{B}}(\boldsymbol{A})$ 是一个循环网络.

证　直接证明.因为如果我们把 $G_{\boldsymbol{B}}(\boldsymbol{A})$ 的点的标号和 $\boldsymbol{A}$ 的行与列的标号联系起来，很清楚，$\boldsymbol{A}$ 是不可分解的，当且仅当 $G_{\boldsymbol{B}}(\boldsymbol{A})$ 的每一点和 $G_{\boldsymbol{B}}(\boldsymbol{A})$ 的所有点都相连通，于是 $G_{\boldsymbol{B}}(\boldsymbol{A})$ 就是一个循环网络.

我们顺便强调一下，这些概念的对应对于不可分解的非负方阵的标准型来说是很显然的.

定义 9.20　两个阶数相同的布尔(非负)矩阵 $\boldsymbol{A}$ 和 $\boldsymbol{B}$ 具有相同的零模式(zero pattern)是指：当 $b_{ij}=0$ 时，$a_{ij}=0$，并且反之，当 $a_{ij}=0$ 时，$b_{ij}=0$.

定义 9.21　一个非负方阵和一个行非空矩阵(行非空分块排列矩阵)具有相同的零模式，那么，它就被称为广义行非空矩阵(generalized row nonempty matrix)(广义行非空分块排列矩阵).

定理 9.12　如果 $\boldsymbol{A}$ 是一个 n 阶非负方阵($n\geqslant 2$)，并且是一个广义行非空的矩阵，那么，$\boldsymbol{A}$ 是本原的当且仅当 $\boldsymbol{A}$ 既不是可分解的，又不是一个广义行非空分块排列矩阵.

证　这一证明可从下面这个事实得到：同阶的布尔矩阵和非负矩阵之间存在一个同态映射.

定理 9.13　设 $\boldsymbol{A}$ 是任一布尔矩阵，那么，存在一个排列矩阵 $\boldsymbol{P}$ 和一个 $\boldsymbol{PAP}^{\mathrm{T}}$ 的一个分划(对行和列是相同的)，使得 $\boldsymbol{A}$ 的对角线上的块或者是不可分解的，

或者是零，并且主对角线以上的块都是零. 假设 $\boldsymbol{A}$ 是周期的，并且 $\boldsymbol{A}$ 的第(i,i) 块或(j,j) 块是非零的，那么，$\boldsymbol{A}^m$ 的第(i,j) 块等于$(\boldsymbol{A}^{m-1})_{ii}\boldsymbol{A}_{ij}$ 或者等于 $\boldsymbol{A}_{ij}(\boldsymbol{A}^{m-1})_{jj}$. 如果 $\boldsymbol{A}$ 是周期的，并且是不可分解的，那么，存在一个排列矩阵 $\boldsymbol{Q}$ 和 $\boldsymbol{QAQ}^{\mathrm{T}}$ 的一个分划(对行和列是相同的)，使得 $\boldsymbol{QAQ}^{\mathrm{T}}$ 具有形式

$$\begin{bmatrix} \boldsymbol{0} & \boldsymbol{J}_1 & \boldsymbol{0} & \cdots & \boldsymbol{0} \\ \boldsymbol{0} & \boldsymbol{0} & \boldsymbol{J}_2 & \cdots & \boldsymbol{0} \\ \boldsymbol{0} & \boldsymbol{0} & \boldsymbol{0} & \cdots & \boldsymbol{0} \\ \vdots & \vdots & \vdots & & \vdots \\ \boldsymbol{J}_d & \boldsymbol{0} & \boldsymbol{0} & \cdots & \boldsymbol{0} \end{bmatrix}$$

其中 $\boldsymbol{J}_d$ 是全一矩阵.

证　$(\boldsymbol{I}+\boldsymbol{A})^n$ 是自反的幂等矩阵，因此也是一个拟序关系矩阵. 由把拟序加细成相同等价类上的线性序的方法可以把一个拟序关系矩阵变成所要求的形式，而且如果 $\boldsymbol{P}$ 是把$(\boldsymbol{I}+\boldsymbol{A})^n$ 变成所要求形式的一个置换矩阵，那么，$\boldsymbol{P}$ 也将会变成所要求的形式. 这就证明了定理的第一部分.

设 $\boldsymbol{A}$ 是周期的，$\boldsymbol{A}$ 的第(i,i) 块是非零的. 对于任意 m，设 k 使得 $\boldsymbol{A}^{m+k}=\boldsymbol{A}$. 那么，我们有

$$(\boldsymbol{A}^m)_{ij} \geqslant (\boldsymbol{A}^{m-1})_{ii}\boldsymbol{A}_{ij}, \boldsymbol{A}_{ij} \geqslant (\boldsymbol{A}^k)_{ii}(\boldsymbol{A}^m)_{ij}$$

由这些不等式，对于任意 $x>1$，有

$$(\boldsymbol{A}^m)_{ij} \geqslant (\boldsymbol{A}^{k+m-1})_{ii}(\boldsymbol{A}^m)_{ij} \geqslant (\boldsymbol{A}^{x(k+m-1)})_{ii}(\boldsymbol{A}^m)_{ij}$$

其中，第三个不等式是由第一个不等式通过归纳得到的. 因为 $\boldsymbol{A}_{ii}$ 是非零的，由定理的前一部分知它将是不可分解的. 因此，对于某个 $x>1$，$(\boldsymbol{A}^x)_{ii} \geqslant \boldsymbol{I}$. 这意味着上面的不等式是个等式. 这样证明了定理的第二部分.

设 $\boldsymbol{A}$ 是周期的和不可分解的，并且周期为 d. 由定

理 9.7, $\boldsymbol{A}$ 可以写作

$$\begin{bmatrix} \mathbf{0} & \boldsymbol{A}_1 & \mathbf{0} & \cdots & \mathbf{0} \\ \mathbf{0} & \mathbf{0} & \boldsymbol{A}_2 & \cdots & \mathbf{0} \\ \mathbf{0} & \mathbf{0} & \mathbf{0} & \cdots & \mathbf{0} \\ \vdots & \vdots & \vdots & & \vdots \\ \boldsymbol{A}_d & \mathbf{0} & \mathbf{0} & \cdots & \mathbf{0} \end{bmatrix}$$

其中,第 i 块表示 $G_{\boldsymbol{A}}$ 的这样一些顶点,它们可以通过一条从第 d 块中的顶点 v_0 出发的,长度关于 d 与 i 同余的边的序列达到, $G_{\boldsymbol{A}}$ 是 $\boldsymbol{A}$ 所相应的图. 因为 $\boldsymbol{A}$ 具有周期 d, $\boldsymbol{A}^d = \boldsymbol{A}^d + \boldsymbol{A}^{2d} + \cdots$. 因为在同一块中的任意两个顶点可以用一条长度能被 d 整除的边序列连起来(根据不可分解性它们是可以被一条边序列连起来的,如果它的长度不能被 d 整除,那么,这两个顶点就会在不同的块里),所以,等式右边的主对角线上的块中没有零元素. 于是, $\boldsymbol{A}^d$ 是不同维的全一矩阵的直和,这表明 $\boldsymbol{A} = \boldsymbol{A}^d\boldsymbol{A}\boldsymbol{A}^d$ 具有所要求的形式.

下面我们介绍特殊的布尔矩阵的本原性.

正如我们已经知道的,每一个循环矩阵 $\boldsymbol{C}$ 可以被写作

$$\boldsymbol{C} = \boldsymbol{C}_0\boldsymbol{I} + \boldsymbol{C}_1\boldsymbol{P} + \boldsymbol{C}_2\boldsymbol{P}^2 + \cdots + \boldsymbol{C}_{n-1}\boldsymbol{P}^{n-1}$$

删去 $\boldsymbol{C}_i \in B_0$, 并定义 $\boldsymbol{P}^0 = \boldsymbol{I}$, 我们有

$$\boldsymbol{C} = \boldsymbol{P}^{i_1} + \boldsymbol{P}^{i_2} + \cdots + \boldsymbol{P}^{i_m}$$

其中 $0 \leqslant i_1 < \cdots < i_m \leqslant n-1$.

定理 9.14 一个循环矩阵 $\boldsymbol{C} \in B_n$ 是本原的,当且仅当 g. c. d. $(i_2 - i_1, i_3 - i_1, \cdots, i_m - i_1, n) = 1$.

证 记 $\boldsymbol{C} = \boldsymbol{P}^{i_1}(\boldsymbol{I} + \boldsymbol{P}^{i_2 - i_1} + \cdots + \boldsymbol{P}^{i_m - i_1}) = \boldsymbol{P}^{i_1}\boldsymbol{T}$, 其中 $\boldsymbol{T}$ 的含义是显然的. 我们有

$$\boldsymbol{C}^j = \boldsymbol{P}^{j i_1}\boldsymbol{T}^j$$

因为 $\boldsymbol{P}^{j i_1}$ 仅仅是对于 $\boldsymbol{T}^j$ 的行与列重新排列，我们得出结论：$\boldsymbol{C}^j=\boldsymbol{J}$ 当且仅当 $\boldsymbol{T}^j=\boldsymbol{J}$.

因为 $\boldsymbol{I}\leqslant\boldsymbol{T}$，$\boldsymbol{T}$ 是本原的，当且仅当 $\boldsymbol{J}=\boldsymbol{T}+\boldsymbol{T}^2+\cdots+\boldsymbol{T}^n$. 为了方便起见，上面的等式可写作

$$\sum_{k=1}^{r}\boldsymbol{T}^k=\boldsymbol{J}$$

对于任意 $r\geqslant n$. 因此，$\boldsymbol{T}$ 是本原的，当且仅当对于任意 $r\geqslant n$，有

$$\sum_{k=1}^{r}(\boldsymbol{I}+\boldsymbol{P}^{i_2-i_1}+\cdots+\boldsymbol{P}^{i_m-i_1})^k=\boldsymbol{J} \qquad (9.1)$$

注意：$\boldsymbol{I}+\boldsymbol{P}+\cdots+\boldsymbol{P}^{n-1}=\boldsymbol{J}$ 和左边的每个被加项都是重要的，即删去任意 $\boldsymbol{P}^i(0\leqslant i\leqslant n-1)$ 其和就不再等于 $\boldsymbol{J}$.

把 $(\boldsymbol{I}+\boldsymbol{P}^{i_2-i_1}+\cdots+\boldsymbol{P}^{i_m-i_1})^k$ 逐项相乘展开，利用加法的幂等性和 $\boldsymbol{P}^n=\boldsymbol{I}$，式(9.1)的左边最后变成 $\boldsymbol{P}$ 的不同幂的和. 而式(9.1)成立，当且仅当(9.1)的左边包含每个幂 $\boldsymbol{P}^k(k=0,1,\cdots,n-1)$ 作为它的被加项. 因为这个表达式一定包含 $\boldsymbol{I}$，我们可以这样叙述：(9.1)成立，当且仅当对于任意整数 $t=1,2,\cdots,n-1$，存在非负整数 $x_{2k},x_{3k},\cdots,x_{mk}$ 使得

$$x_{2k}(i_2-i_1)+x_{3k}(i_3-i_1)+\cdots+x_{mk}(i_m-i_1)\equiv t(\bmod n)$$

而

$$x_2(i_2-i_1)+x_3(i_3-i_1)+\cdots+x_m(i_m-i_1)\equiv 1(\bmod n)$$

有解 $x_{21},x_{31},\cdots,x_{m1}$，当且仅当

$$\text{g. c. d.}(i_2-i_1,i_3-i_1,\cdots,i_m-i_1,n)=1$$

另一方面，如果这个条件是满足的，那么，对于任意 $t=$

$2,3,\cdots,n-1$,有

$$y_2(i_2-i_1)+y_3(i_3-i_1)+\cdots+$$
$$y_m(i_m-i_1)\equiv t(\bmod n)$$

具有解 $y_{2t},y_{3t},\cdots,y_{mt}$(只要设 $y_{2t}=tx_{21},\cdots,y_{mt}=tx_{m1}$ 就足够了).这就证明了这个定理.

C-Y.赵和维诺格拉德把上面的结果推广到友阵的情况.

定理 9.15 设布尔矩阵

$$\begin{bmatrix} 0 & 0 & 0 & \cdots & 0 & b_0 \\ 1 & 0 & 0 & \cdots & 0 & b_1 \\ 0 & 1 & 0 & \cdots & 0 & b_2 \\ \vdots & \vdots & \vdots & & \vdots & \vdots \\ 0 & 0 & 0 & \cdots & 1 & b_{n-1} \end{bmatrix}$$

设 $0\leqslant j_1<\cdots<j_t\leqslant n-1$ 是矩阵 $\boldsymbol{C}$ 最后一列中 1 元素的位置的全体,设 $\boldsymbol{A}=\boldsymbol{C}^{i_1}+\boldsymbol{C}^{i_2}+\cdots+\boldsymbol{C}^{i_k}$,那么,$\boldsymbol{A}$ 是本原的当且仅当 $b_0=1$,并且

$$\text{g. c. d}(i_2-i_1,\cdots,i_k-i_1,j_2-1,\cdots,j_t-1)=1$$

定理 9.16 设 $n\geqslant 5$ 是一个奇数,设 $\boldsymbol{A}\in B_n$ 是这样的一个矩阵,它使得

$$a_{12}=a_{23}=\cdots=a_{m-1,m}=a_{1m}=1$$

并且

$$a_{2,m+1}=a_{m+1,m+2}=\cdots=a_{2m-4,2m-3}=a_{2m-3,1}=1$$

其余元素为零,其中 $n=2m-3$.那么,$\boldsymbol{A},\boldsymbol{A}^2,\cdots,\boldsymbol{A}^n$ 中没有一个是完全不可分解的.

证 设 $\boldsymbol{V}_1$ 记仅仅在位置 4 为 1 的向量,设 $\boldsymbol{V}_2$ 记仅仅在位置 $m+1$ 为 1 的向量.

那么,对于 $i=1,2,\cdots,n$,$\boldsymbol{V}_1\boldsymbol{A}^i$ 是一个这样的向量序列,它的 1 元素在位置

$$5,\cdots,1,2,\{3,m+1\},\cdots,\{1,2\}$$

并且对于 $i=1,2,\cdots,n$，$\boldsymbol{V}_2\boldsymbol{A}^i$ 是这样的一个向量序列，它的 1 元素在位置

$$m+2,\cdots,1,2,\{3,m+1\},\cdots,\{1,2\}$$

于是，对于 $i=1,2,\cdots,n$，$(\boldsymbol{V}_1+\boldsymbol{V}_2)\boldsymbol{A}^i$ 的权小于或等于 $\boldsymbol{V}_1+\boldsymbol{V}_2$ 的权. 因此，$\boldsymbol{A},\boldsymbol{A}^2,\cdots,\boldsymbol{A}^n$ 不是完全不可分解的.

对于 n 是偶数，并且大于 5，C-Y・赵给出了类似的结构.

§3　本原矩阵

在这一节中我们将更细致地研究本原矩阵. 首先，我们证明，当 $n\rightarrow\infty$ 时，一个随机布尔矩阵是完全不可分解的概率趋于 1. 因为每个完全不可分解的矩阵是本原的，这就建立了大多数大的布尔矩阵是本原的. 计算所有霍尔矩阵的个数是一个尚未解决的问题，但是，我们的方法产生了一个估计.

接着，我们证明了一系列结果，它们引出了定理 9.19，这个定理说：所有非奇异的积和式非零的布尔矩阵和所有在每行每列上有一个 1 元素的幂等的布尔矩阵都是本原矩阵的积. 在这个过程中，我们导出了关于幂等矩阵的另一个重要结果(引理 9.7).

极小的完全不可分解矩阵被称为几乎可分解矩阵，在定理 9.20 中，我们概述了关于这些矩阵的已知结果.

定义 9.22　一个矩阵 $\boldsymbol{A}\in B_n$ 是所谓 r — 可分解

的(r-decomposable),当且仅当存在非空集合 $\underline{s},\underline{t}\subset\underline{n}$ 使得 $a_{ij}=0$,只要当 $i\in\underline{s},j\in\underline{t}$,并且 $|\underline{s}|+|\underline{t}|=n+1-r$. 很清楚,一个 0－可分解的矩阵就是一个完全不可分解的矩阵. 设 $\mathrm{Dec}(B_n^r)$ 记 B_n 中所有 r－可分解的矩阵的全体.

和下面这个定理类似的一个结果是由艾尔多士和伦内在 1968 年得到的.

定理 9.17

$$2n\sum_{i=0}^{r}\begin{bmatrix}n\\i\end{bmatrix}2^{n^2-n}+2\begin{bmatrix}n\\2\end{bmatrix}\begin{bmatrix}n\\r+1\end{bmatrix}2^{n^2-2(n-r-1)}+$$

$$2\begin{bmatrix}2n\\n-r+1\end{bmatrix}2^{n^2-3(n-r-2)}\geqslant|\mathrm{Dec}(B_n^r)|\geqslant$$

$$2\begin{bmatrix}n\\1\end{bmatrix}\sum_{i=0}^{r}\begin{bmatrix}n\\i\end{bmatrix}2^{n^2-n}-2\begin{bmatrix}n\\2\end{bmatrix}\sum_{j=0}^{r}\sum_{i=0}^{r}\begin{bmatrix}n\\i\end{bmatrix}\begin{bmatrix}n\\j\end{bmatrix}2^{n^2-2n}-$$

$$n^2\sum_{i=0}^{r}\sum_{j=0}^{r}\begin{bmatrix}n\\i\end{bmatrix}\begin{bmatrix}n\\j\end{bmatrix}2^{n^2-2n+1}$$

证 设 $M(S,T)$ 是所有这样的矩阵 $\mathbf{A}\in B_n$ 的集合,它具有 $a_{ij}=0$,只要 $i\in S\subset\underline{n},j\in T\subset\underline{n}$,且 $|S|+|T|=n-r+1$. 于是 $|M(S,T)|=2^{n^2-|S||T|}$,而 $\mathrm{Dec}(B_n^r)$ 就是所有这样的集合 $M(S,T)$ 的并.

我们将把所有的 $M(S,T)$ 根据 S,T 中元素的数目进行分类.

情况 1:$|S|=1$ 或 $|T|=1$;

情况 2:$|S|=2$ 或 $|T|=2$,且都不是 1;

情况 3:$|S|\geqslant 3$ 并且 $|T|\geqslant 3$.

在情况 1 中首先考虑集合 S,T,其中 $|S|=1$. 对于一个固定的 k,$\bigcup\limits_{S=\{k\}}M(S,T)$ 是所有这样的 n 阶矩阵,其第 k 行至少包含 $n-r$ 个零. 如果这一行具有 i 个

1 元素,其中 $i \leqslant r$,我们就可以有 $\begin{bmatrix} n \\ i \end{bmatrix}$ 种分配方式,并且,可以有 2^{n^2-n} 种方式选择其他的元素. 于是

$$\left| \bigcup_{S=(k)} M(S,T) \right| = \sum_{i=0}^{r} \begin{bmatrix} n \\ i \end{bmatrix} 2^{n^2-n}$$

于是

$$\left| \bigcup_{|S|=1} M(S,T) \right| \leqslant n \sum_{i=0}^{r} \begin{bmatrix} n \\ i \end{bmatrix} 2^{n^2-n}$$

由对称性

$$\left| \bigcup_{|T|=1} M(S,T) \right| \leqslant n \sum_{i=0}^{r} \begin{bmatrix} n \\ i \end{bmatrix} 2^{n^2-n}$$

在第 2 种情况,集合 S,T 可以有 $\begin{bmatrix} n \\ 2 \end{bmatrix} \begin{bmatrix} n \\ r+1 \end{bmatrix}$ 种方法来选择,其中 $|T|=2$. 于是

$$\left| \bigcup_{\text{情况2}} M(S,T) \right| \leqslant 2 \begin{bmatrix} n \\ 2 \end{bmatrix} \begin{bmatrix} n \\ r+1 \end{bmatrix} 2^{n^2-2(n-r-1)}$$

在第 3 种情况,$|M(S,T)|$ 将小于或等于 $2^{n^2-3(n-r-2)}$. 选择集合 S,T 的方式小于

$$\sum_{j=0}^{r} \begin{bmatrix} n \\ j \end{bmatrix} \begin{bmatrix} n \\ n+1-r-j \end{bmatrix} = \begin{bmatrix} 2n \\ n+1-r \end{bmatrix}$$

于是

$$\left| \bigcup_{\text{情况3}} M(S,T) \right| \leqslant \begin{bmatrix} 2n \\ n+1-r \end{bmatrix} 2^{n^2-3(n-r-2)}$$

这就证明了第一个不等式.

为了证明第二个不等式,我们只需考虑情况 1. 设

$$M_k = \left| \bigcup_{S=\{k\}} M(S,T) \right|, N_k = \left| \bigcup_{T=\{k\}} M(S,T) \right|$$

那么

$$|M_k| = \sum_{i=0}^{r} \begin{bmatrix} n \\ i \end{bmatrix} 2^{n^2-n} = |N_k|$$

对于 $p \neq q$，有

$$|M_p \cap M_q| = \sum_{i=0}^{r} \sum_{j=0}^{r} \begin{bmatrix} n \\ i \end{bmatrix} \begin{bmatrix} n \\ j \end{bmatrix} 2^{n^2-2n}$$

首先选择第 p 行中的 1 元素，然后选择第 q 列中的 1 元素，然后再选择其余的元素. 于是，根据这个容斥(inclusion-exclusion) 公式的前两项，第二个不等式成立(这两项对任何元素的计数都不超过一次). 类似的，这个不等式的最后一项，可来自 $|M_p \cap N_q|$.

注 从定义 9.22 可以注意到 $r-$ 可分解性这一概念，对于 R 上的(0,1) 矩阵也是一样的，因此，定理 9.17 中的渐近结果，对于 R 上的 $n \times n$ 阶(0,1) 矩阵也是成立的.

推论 1 对于固定的 r，$r-$ 可分解的布尔矩阵的个数渐近等于

$$2n \begin{bmatrix} n \\ r \end{bmatrix} 2^{n^2-n}$$

推论 2 对于固定的 r，$r-$ 可分解的布尔矩阵的个数是

$$2^{n^2} \left(1 - 0\left(\frac{n^{r+1}}{n^2}\right)\right)$$

推论 3 当 $n \to \infty$ 时，非负矩阵中完全不可分解的矩阵所占的比例趋于 1.

推论 4 当 $n \to \infty$ 时，本原的布尔矩阵所占的比例趋于 1.

设 Q_n 表示所有这样的布尔矩阵：它们包含一个置换矩阵和一个不在这个置换矩阵中的 1 元素. 于是，

$\boldsymbol{A} \in Q_n$ 当且仅当对于任意 $\boldsymbol{P}, \boldsymbol{Q} \in P_n$ 有 $\boldsymbol{PAQ} \in Q_n$.

设 $\boldsymbol{E}(i,j)$ 表示元素 (i,j) 为 1,其余元素为 0 的布尔矩阵.

命题 9.8　如果 $\boldsymbol{P}+\boldsymbol{E}(i,j) \in Q_n$,其中 $\boldsymbol{P} \in P_n$,那么,$\boldsymbol{P}+\boldsymbol{E}(i,j)$ 是本原的当且仅当:(1)$\boldsymbol{P}$ 是一个 $n-$循环置换;(2)$d_{\boldsymbol{P}}(V_j,V_i)+1$ 和 n 互素,其中 V_i,V_j 是 $\boldsymbol{P}$ 所相应的图中的两个顶点,$\boldsymbol{E}(i,j)$ 相应于从 V_i 到 V_j 的一条弧,$d_{\boldsymbol{P}}(V_j,V_i)$ 是在图 $\boldsymbol{P}$ 上从 V_j 到 V_i 的有向距离的长度,即使得 $V_j\boldsymbol{P}^m=V_i$ 的最小的 m.

证　由定理 9.7 知,一个矩阵是本原的,其充分必要条件是它们所相应的图是强连通的,并且,图中所有极小圈的长度的最大公因子是 1.

假设 $\boldsymbol{P}$ 包含不止一个循环置换,那么,在 $\boldsymbol{P}$ 所相应的图中添加进去的一条,或者连接了一个圈中的两个顶点,或者从一个圈到另一个圈. 因此,$\boldsymbol{P}+\boldsymbol{E}(i,j)$ 所相应的图是弱连通的,而不是强连通的.

因此可以假设 $\boldsymbol{P}$ 是一个 $n-$循环置换. 在 $\boldsymbol{P}+\boldsymbol{E}(i,j)$ 所相应的图中存在两个极小圈:长度为 n 的圈 $\boldsymbol{P}$ 和长度为 $d_{\boldsymbol{P}}(V_j,V_i)+1$ 的圈 $a \to b \to b\boldsymbol{P} \to \cdots \to a$. 于是,这两个极小圈长度的最大公因子是 1 的充分必要条件是 $\boldsymbol{P}+\boldsymbol{E}(i,j)$ 是本原的.

注　应当注意:如果 $\boldsymbol{P}$ 是一个 $n-$循环置换,$\boldsymbol{P}+\boldsymbol{E}(a,a)$ 和 $\boldsymbol{P}+\boldsymbol{E}(a,a\boldsymbol{P}^2)$ 将总是本原的.

命题 9.9　Q_n 中的元素 $\boldsymbol{P}_1+\boldsymbol{E}(a,b)$ 和 $\boldsymbol{P}_2+\boldsymbol{E}(c,d)$ 的乘积属于 Q_n 当且仅当 $c=a\boldsymbol{P}_1, a=b\boldsymbol{P}_2$.

证　为使这个乘积属于 Q_n,$\boldsymbol{P}_1\boldsymbol{E}(c,d)$ 必须等于 $\boldsymbol{E}(a,b)\boldsymbol{P}_2$. 因此,$\boldsymbol{E}(c\boldsymbol{P}_1^{\mathrm{T}},d)=\boldsymbol{E}(a,b\boldsymbol{P}_2)$. 这时 $\boldsymbol{E}(a,b)\boldsymbol{E}(a,d)=\boldsymbol{0}$,因为,若不然应有 $b=c=a\boldsymbol{P}_1$,这与 Q_n 的

定义矛盾. 于是,这个乘积属于 Q_n 当且仅当 $c = a\boldsymbol{P}_1$, $d = b\boldsymbol{P}_2$.

定理 9.18　设 S 是所有形如 $\boldsymbol{A}_1\boldsymbol{A}_2\cdots\boldsymbol{A}_k$ 的矩阵乘积所构成的集合,其中 $\boldsymbol{A}_1, \boldsymbol{A}_2, \cdots, \boldsymbol{A}_k$ 是 Q_n 中的任意 k 个本原的元素,并且,其乘积 $\boldsymbol{A}_1\boldsymbol{A}_2\cdots\boldsymbol{A}_k$ 仍然属于 Q_n. 那么,对于 n 是偶数有 $S = Q_n$;对于 n 是奇数,S 是 Q_n 中所有置换矩阵属于 n 阶交错群的元素的全体.

证　我们首先研究这样一些元素 $\boldsymbol{T} + \boldsymbol{E}(a,b)$,其中 $\boldsymbol{T}$ 是一个 3 - 循环置换. 这时,我们假设 $n \geqslant 6$.

设

$$\boldsymbol{P} = (123\cdots n), \boldsymbol{Q} = (1324\cdots n)^{-1} = (n\cdots 4231)$$

那么

$$(\boldsymbol{P} + \boldsymbol{E}(5,5))(\boldsymbol{Q} + \boldsymbol{E}(6,4)) = (132) + \boldsymbol{E}(5,4)$$

并且等式左边的两个元素都是本原的. 因为 Q_n 中的元素经置换矩阵变换得到的共轭元素仍在 Q_n 中,所以,S 包含所有形如$(abc) + \boldsymbol{E}(d,e)$ 这样的矩阵,其中 a,b,c,d,e 是互不相同的.

对于 $n = 5$,这时,可以有

$$(\boldsymbol{P} + \boldsymbol{E}(4,4))(\boldsymbol{Q} + \boldsymbol{E}(5,2)) = (132) + \boldsymbol{E}(4,2)$$

其等式左边的两个元素都是本原的. 由它在置换矩阵变换下的共轭元素以及进行转置就可给出所有形如$(abc) + \boldsymbol{E}(d,e)$ 的矩阵,其中 d 和 e 中有一个等于 a,b,c 中的一个元素,并且,其余元素是互不相同的.

对于 $n = 4$,可以有

$$(\boldsymbol{P} + \boldsymbol{E}(2,2))(\boldsymbol{Q} + \boldsymbol{E}(3,3)) = (132) + \boldsymbol{E}(2,3)$$

其等式左边两个矩阵都是本原的. 可以给出所有形如$(abc) + \boldsymbol{E}(d,e)$ 这样的元素,其中 $d \neq e$, d,e 都是 a,b,c 中的元素,并且置换(abc) 不会使得 d 变为 e. 对于

$n=3$，有

$$(\boldsymbol{P}+\boldsymbol{E}(1,3))(\boldsymbol{Q}+\boldsymbol{E}(2,1))=(132)+\boldsymbol{E}(1,1)$$

其等式左边两个矩阵都是本原的. 它给出了所有形如 $(abc)+\boldsymbol{E}(d,d)$ 这样的矩阵，其中 d 是 a,b,c 中的一个. 于是，对于 $n\geqslant 3$，所有的矩阵 $(abc)+\boldsymbol{E}(d,e)$ 都能由本原矩阵的乘积形式得到，其中 $d(abc)\neq e$. 因此，这种形式的矩阵的全体都在 S 中.

假设我们有一个乘积 $(\boldsymbol{P}+\boldsymbol{E}(a,b))(\boldsymbol{Q}+\boldsymbol{E}(a\boldsymbol{P},b\boldsymbol{Q}))$，那么，$a\boldsymbol{P}\neq b$ 等价于 $(a\boldsymbol{P})\boldsymbol{Q}\neq b\boldsymbol{Q}$，也等价于 $a(\boldsymbol{PQ})\neq b\boldsymbol{Q}$. 于是，如果 $\boldsymbol{E}(a,b)$ 跑遍所有允许对，上述的乘积也在 Q_n 中，并且其 $\boldsymbol{E}$ 项也跑遍所有的允许对. 于是从 3 — 循环置换，我们可以得到 Q_n 中所有置换矩阵在交错群中的元素.

如果 n 是奇数，因为 n — 循环置换也在交错群中，而交错群中的元素又都是可以通过乘积形式得到的置换矩阵，故得证. 如果 n 是一个偶数以及 $n=4$，我们可以得到所有形如 $\boldsymbol{H}+\boldsymbol{E}(a,b)$ 这样的元素，其中 $\boldsymbol{H}$ 是 $(n-1)$ — 循环置换.

设

$$\boldsymbol{P}'=(1234\cdots n)$$

$$\boldsymbol{Q}'=(1234\cdots(n-1))^{-1}=((n-1)\cdots 4321)$$

那么

$$(\boldsymbol{P}'+\boldsymbol{E}(1,1))(\boldsymbol{Q}'+\boldsymbol{E}(2,n-1))$$
$$=(n(n-1))+\boldsymbol{E}(1,n-1)$$

$$(\boldsymbol{P}'+\boldsymbol{E}(n,n))(\boldsymbol{Q}'+\boldsymbol{E}(1,n))=(n(n-1))+\boldsymbol{E}(n,n)$$

$$(\boldsymbol{P}'+\boldsymbol{E}(1,3))(\boldsymbol{Q}'+\boldsymbol{E}(2,n))=(n(n-1))+\boldsymbol{E}(1,2)$$

于是，通过共轭和转置，我们可以得到一切形如 $(ab)+\boldsymbol{E}(d,e)$ 的矩阵，其中 $d(ab)\neq e$.

那么采用如同前面 3 — 循环置换所采用的办法推理得知,我们可以得到 Q_n 中的所有的元素. 对于 $n=2$ 的情况,定理可以通过直接寻找所需要的乘积来证明.

下面,我们概述一下关于幂等矩阵的一些结果.

引理 9.7 (1) 具有强连通图的幂等矩阵,等于全一矩阵.

(2) 设 $\boldsymbol{E}$ 是一个幂等矩阵,那么,存在置换矩阵 $\boldsymbol{P}$ 使得 $\boldsymbol{PEP}^{\mathrm{T}}$ 是一个分块三角矩阵,其中每一块或者完全是 1,或者完全是 0.

(3) 写成上述形式后,对于每一行或者只有在主对角线上有一个 1 元素,或者存在另一行小于或等于它.

(4) 写成上述形式后,如果在主对角线上有零元素,那么 $\boldsymbol{E}$ 的秩小于 n;如果这些块中有一块不是 1×1 阶的,$\boldsymbol{E}$ 的秩也小于 n.

(5) 如果不在主对角线上的两个 1 元素分别位于 (a,b) 和 (b,d),那么,在主对角线外的位置 (a,d) 上也是 1.

(6) 如果写成分块三角后,所有的块都是 1×1 阶的,并且这个幂等矩阵不是单位阵,但在每行每列上都至少有一个 1 元素,那么,存在一个置换矩阵 $\boldsymbol{P}$ 使得 $\boldsymbol{PEP}^{\mathrm{T}}$ 仍然是三角形矩阵;并且它所包含的 1 元素的布局为以下这些布局中的一种

a)
$$\begin{matrix} & (i,i) \\ (i+1,i) & (i+1,i+1) \end{matrix}$$

b)
$$\begin{matrix} (i,i) \\ (i+1,i) \\ \vdots \end{matrix}$$

$$\begin{array}{ccc} & (j,i)(j,i+1)\cdots(j,i+1) & \\ \text{c)} & (j,j) & \\ & \vdots & \\ & (i,j) & \\ & (i+1,j)\cdots(i+1,i)(i+1,i+1) & \end{array}$$

证　(1) 可由定理9.7得出，并且它的极小圈的长度的最大公因子是1.

(2) 这个命题可以这样证明：把这个图中的强支和所有不属于这些强支而本身可以看作一块的那些顶点一起作为矩阵的块. 然后，在这个块集上定义一个偏序关系 $S_i < S_j$，$S_i < S_j$ 是指：存在从 S_j 的一个元素到 S_i 的一个元素的一条有向边. 排列这些块使得 $i<j$ 时，$S_i \not< S_j$. 首先选择所有的极小块，然后选择那些仅仅和极小块有联系的块，如此进行下去就得到了一个分块三角形.

幂等矩阵的图论特征是：如果存在从 i 到 j 的一条有向通道，那么这条路的长度就是1，这表明矩阵中所有的块或者完全由1元素所组成，或者完全由0元素所组成.

(3) 如果在主对角线外位置 (i,j) 上有一个1元素，那么 $\boldsymbol{E}_{i*} \geqslant \boldsymbol{E}_{j*}$. 如果主对角线外没有1元素，那么这个结论显然也是对的.

(4) 可以看出，主对角线上为0的最下面一行和它上面的那些行是相关的.

(5) 可以直接从矩阵方程 $\boldsymbol{E}^2=\boldsymbol{E}$ 得出.

(6) 设 (a,b) 是任意一个不在主对角线上的元素. 因为对于所有的 n，$\boldsymbol{E}^n=\boldsymbol{E}$，所以存在任意长的序列 (a,a_1)，(a_1,a_2)，…，(a_{n-1},b)，其中每一对所相应的位置

都是一个 1 元素. 因为这个序列长度为 n,必定存在某一对(a_i,a_{i+1}) 有 $a_i=a_{i+1}$. 于是我们知道在位置(a,a_i),(a_i,a_i) 和(a_i,b) 是 1 元素,这里 a_i 可以等于 a,或者 a_i 等于 b.

现在我们考虑 $\boldsymbol{E}$ 中的这样一些位置(a,b),它们不在主对角线上,并且是 1 元素,它们还具有一种极小性:对于 $c\leqslant a,d\geqslant b$,在位置$(c,d)$ 上不是 1 元素,除非$(c,d)=(a,b)$ 或者它在主对角线上. 如果存在不在主对角线的 1 元素,必定存在具有这种极小性质的位置.

情况 1:在位置(a,a),(b,b) 上是 1 元素. 对 $\boldsymbol{E}$ 矩阵进行置换变换,把 $x\rightarrow x$ 除非 $b\leqslant x\leqslant a$;$b\rightarrow b$;$a\rightarrow b+1$;$c\rightarrow c+1$ 当 $b<c<a$. 这时三角形将是继续保持的,并且得到布局 a) 的形式.

情况 2:在位置(a,a) 上是 1,在位置(b,b) 上是 0. 因为在每一行上至少存在一个 1,因此必定存在一个位置(b,c),在它上面是 1 元素. 取 c 为最小的情况,假设(c,c) 的元素不是 1,那么由上述可知必定存在一个 x,$b>x>c$,使得在位置(b,x),(x,x) 和(x,c) 上是 1. 这和 c 的最小的假设矛盾,因此元素(c,c) 为 1. 由于元素(a,b) 和(b,c) 是 1,元素(a,c) 也是 1. 同样进行上面的那种置换可以得到布局 c) 的形式.

情况 3:元素(a,a) 是 0,元素(b,b) 是 1. 这就可以得到布局 b).

情况 4:位置(a,b) 和(b,b) 都是 0. 因为存在 x,$a>x>b$ 使得在位置(a,x),(x,x) 和(x,b) 上是 1,因此(a,b) 不是极小的. 这就证明了(6).

本定理全部证毕.

定义 9.23　一个非奇异的布尔矩阵是偶的(even)或奇的(odd)，是指它所包含的置换是偶的或奇的.

设 $\mathrm{Pmt}(B_n)$ 记 B_n 的由所有本原矩阵生成的子半群.

引理 9.8　$\mathrm{Pmt}(B_n)$ 在以下任何一种运算下都变为它本身：(i)$\boldsymbol{A}\to\boldsymbol{PAP}^{\mathrm{T}}$，其中 $\boldsymbol{P}\in P_n$；(ii)$\boldsymbol{A}\to\boldsymbol{A}^{\mathrm{T}}$；(iii)$\boldsymbol{A}\to\boldsymbol{PAQ}$. 如果 $\boldsymbol{A}$ 有某一行大于或等于另外某一行，有某一列大于或等于另一列，并且如果 n 是奇数，$\boldsymbol{PQ}$ 是偶的；(iv) 行运算：$\boldsymbol{A}_{i*}\to\boldsymbol{A}_{i*}$，$\boldsymbol{A}_{j*}\to\boldsymbol{A}_{j*}+\boldsymbol{A}_{k*}$ $(i\neq j)$，k 为某个数. 另外，如果 $\mathrm{Pmt}(B_n)$ 中的一个矩阵的元素全部用矩阵代替，1 元素用全为 1 的矩阵代替，0 元素用全为 0 的矩阵代替，使得最后结果是一个分块矩阵. 这个矩阵将属于相应维数的 $\mathrm{Pmt}(B_n)$.

证　(i) 和 (ii) 以及最后一段叙述可以由 $\mathrm{Pmt}(B_n)$ 的生成元，即本原矩阵的定义得到.

(iv) 由定理 9.18，(iv) 的行运算相当于乘上一个矩阵 $\boldsymbol{Q}$，它的置换矩阵取为单位阵.

(iii) 令 $\boldsymbol{P}'$ 是进行和 $\boldsymbol{P}$ 一样的行置换，但同时把某一行加到比它大的那一行上去，令 $\boldsymbol{Q}'$ 也是和 $\boldsymbol{Q}$ 一样进行列置换，但同时把某一列加到比它大的那一列上去，因此 $\boldsymbol{PAQ}=\boldsymbol{P}'\boldsymbol{AQ}'$，并且 $\boldsymbol{P}'$，$\boldsymbol{Q}'$ 属于 Q_n.

定理 9.19　(1) 如果一个非奇异的矩阵不是一个置换矩阵，并且当 n 是奇数时，它是偶的，那么它属于 $\mathrm{Pmt}(B_n)$(当 n 是奇数时，也有某些奇的非奇异矩阵属于 $\mathrm{Pmt}(B_n)$).

(2) 一个幂等矩阵属于 $\mathrm{Pmt}(B_n)$，当且仅当它在每一行、每一列上都有 1 元素，并且它不是单位阵.

证 我们首先证明(2). 根据共轭性，我们可以假设 $\boldsymbol{A}$ 可以写成引理 9.7 所给出的分块三角形，其中 $\boldsymbol{A}$ 是幂等矩阵. 并且假设它的所有的块都是 1×1 阶的，同时满足引理 9.7(6) 中所给出的一种布局形式.

设 $\boldsymbol{P}=(n(n-1)\cdots 1)$ 是一个置换，它把 $\boldsymbol{A}$ 的最下面一行移到了顶上，其他行都向下移了一位. 我们将证明 $\boldsymbol{PA}$ 是本原的.

首先我们证明 $\boldsymbol{PA}$ 的图是强连通的. 考虑图 $\boldsymbol{PA}$ 上从顶点 V_1 可以达到的所有点. 矩阵 $\boldsymbol{A}$ 是幂等的三角形矩阵，在它的每一行、每一列上至少有一个 1 元素. 因此 $a_{nn}=1$. 于是在图 $\boldsymbol{PA}$ 上 V_n 是从 V_1 可达的顶点. 假设 $V_{n-1},\cdots,V_k$ 也是从 V_1 出发可以达到的顶点，其中 $k>1$. 在列 $\boldsymbol{A}_{*k-1}$ 上应该有一个 1 元素，设 $a_{m,k-1}=1$，其中 $n\geqslant m\geqslant k$，那么在 $\boldsymbol{PA}$ 图上从 V_1 可以达到 V_m，因此也可以达到 V_{k-1}. 因此，从 V_1 可以达到所有的顶点.

下面我们考虑图 $\boldsymbol{PA}$ 上所有可以达到 V_1 的顶点. 因为 $\boldsymbol{A}$ 上每行都有 1，因此 $a_{11}=1$. 于是在 $\boldsymbol{PA}$ 的图上从 V_2 可以达到 V_1. 假设从 $V_k,V_{k-1},\cdots,V_2$ 可以达到 V_1. 在 $\boldsymbol{A}_{k*}$ 行上应有一个元素 a_{km} 为 1，其中 $k\geqslant m$. 于是在 $\boldsymbol{PA}$ 的图上，从 V_k 到 V_m 有一条有向路，因此从 V_k 到 V_1 也有一条有向路. 这样从任何一个顶点都可达到 V_1. 故 $\boldsymbol{PA}$ 的图是强连通的.

最后，我们注意在前述的三种布局中，任何一个都表明所有圈的长度的最大公因子是 1.

例如第二种布局，从 V_{j+1} 到 V_i 有两条路，一条长为 1，另一条长为 2. 因此 $\boldsymbol{PA}$ 是本原的.

由引理 9.8(iii)，$\boldsymbol{A}$ 是包含在 $\mathrm{Pmt}(B_n)$ 中的. 再应用引理 9.8(iii) 知，满足条件(i) 的所有非奇异矩阵都

属于 $\mathrm{Pmt}(B_n)$.

当 n 是奇数时,奇非奇异矩阵是本原的一例子如下

$$\begin{bmatrix}1&0&0&0&0\\1&1&0&0&0\\1&1&1&0&0\\1&1&1&1&0\\1&1&1&1&1\end{bmatrix}\begin{bmatrix}0&0&0&0&1\\0&0&0&1&0\\1&0&0&0&0\\0&1&0&0&0\\0&0&1&0&0\end{bmatrix}=\begin{bmatrix}0&0&0&0&1\\0&0&0&1&1\\1&0&0&1&1\\1&1&0&1&1\\1&1&1&1&1\end{bmatrix}$$

定理证毕.

例 9.1　设

$$\boldsymbol{A}=\begin{bmatrix}1&0&0&0\\0&1&1&0\\0&0&1&1\\0&1&0&1\end{bmatrix}$$

那么 $\boldsymbol{A}\notin\mathrm{Pmt}(B_4)$,因为对于它的任何一种因子分解,其因子中必有一个是置换矩阵.

例 9.2　设

$$\boldsymbol{A}=\begin{bmatrix}0&1&1\\1&0&0\\1&0&0\end{bmatrix}$$

$\boldsymbol{A}\notin\mathrm{Pmt}(B_3)$,因为把它进行因子分解,使得其因子矩阵的每一行、每一列都至少有一个 1 元素,这些因子中必有一个和它同步,和它同步的矩阵没有一个是本原的.

柯尼希(König) 定理说:每一个霍尔矩阵都大于或等于某一个置换矩阵,即所有极小的霍尔矩阵是置换矩阵. 极小的完全不可分解矩阵称为几乎可分解的矩阵(nearly decomposable),并且它们的形式是比较

复杂的.

定义 9.24 一个布尔矩阵是几乎可分解的是指：它是完全不可分解的，并且每一个小于它的矩阵都是部分可分解的.

定理 9.20 一个完全不可分解的矩阵是几乎可分解的当且仅当对于每个 i，或者它的第 i 行的和为 2，或者它的第 2 列的和为 2. 在任一几乎可分解的矩阵中，没有全为 1 的 2×2 阶的矩形块存在. 一个 $n\times n$ 阶的几乎可分解的矩阵的权重介于 $2n$ 和 $3n-3$ 之间. 每一个几乎可分解的布尔矩阵是和具有如下形式的矩阵同步的，其中 $\boldsymbol{H}$ 也是一个几乎可分解的矩阵，除非 $\boldsymbol{H}$ 是 1×1 阶的，$\boldsymbol{H}$ 中的元素 (a,b) 是 0，并且当 $h_{ib}=1$ 时，$\boldsymbol{H}_{i*}$ 的行和是 2；当 $h_{aj}=1$ 时，$\boldsymbol{H}_{*j}$ 的列和是 2. 反之，任何这样的矩阵都是几乎可分解的.

定义 9.25 非负实数上的矩阵叫作双随机的(doubly stochastic)是指：它所有的行和和列和都是 1.

每一个双随机矩阵是置换矩阵的凸和. 于是这个问题可以简化成为对于能够表示成为置换矩阵和的矩阵的研究.

下面我们叙述一个熟知的定理.

定理 9.21 一个布尔矩阵 $\boldsymbol{A}$ 是置换矩阵的和当且仅当存在置换矩阵 $\boldsymbol{P},\boldsymbol{Q}$ 使得 $\boldsymbol{PAQ}$ 是完全不可分解的矩阵的直和.

证 我们首先证明完全不可分解的矩阵是置换矩阵的直和. 这等价于证明对于一个完全不可分解矩阵，如果 $a_{ij}=1$，那么 a_{ij} 进入某个非零的对角积. 这也等价于这么个事实：如果我们删掉了第 i 行和第 j 列，

我们就得到了一个霍尔矩阵.假设不是这样的,那么在被删改了的矩阵中,我们就会有一个全为 0 的 $r\times s$ 阶的矩形块,其中 $r+s=n$;这是由柯尼希定理得知的.但是矩阵 $\boldsymbol{A}$ 不是一个完全不可分解的矩阵,这是矛盾的.于是每一个完全不可分解的矩阵都是置换矩阵的和.同样,每一个完全不可分解的矩阵的直和是置换矩阵的和.这就证明了充分性.

假设 $\boldsymbol{A}$ 是一个置换矩阵和,这样置换矩阵 $\boldsymbol{P},\boldsymbol{Q}$ 使得 $\boldsymbol{PAQ}$ 具有的相加项最多,并且使得在每一个被加项中我们具有如下的分块形,其中 $\boldsymbol{A}_{ii}$ 是不可分解的或者是零.

$$\begin{bmatrix}\boldsymbol{A}_{11} & \boldsymbol{0} & \cdots & \boldsymbol{0}\\ * & \boldsymbol{A}_{22} & \cdots & \boldsymbol{0}\\ \vdots & \vdots & & \vdots\\ * & * & \cdots & \boldsymbol{A}_{kk}\end{bmatrix}$$

这是可以做到的,或者取 $\boldsymbol{A}$ 的图中的所有强支,或者用施瓦兹的关于布尔矩阵渐近形式的结果,或者采用归纳法和不可分解的矩阵的定义.因为 $\boldsymbol{PAQ}$ 是置换矩阵的和,$\boldsymbol{PAQ}$ 的某个幂必然是自反的.于是 $\boldsymbol{PAQ}$ 中没有一个主对角线上的块可以是零.设 $\boldsymbol{B}=\boldsymbol{PAQ}$,当 $b_{ij}=1$ 时,必有某个置换矩阵 $\boldsymbol{T}\leqslant\boldsymbol{B}$ 使得 $t_{ij}=1$.设 m 使得 $\boldsymbol{T}^m=\boldsymbol{T}^{-1}$,其中 $\boldsymbol{T}^{-1}$ 是指 $\boldsymbol{T}$ 的逆,那么 $\boldsymbol{B}^m\geqslant\boldsymbol{T}^{-1}$,于是 $B_{ji}^{(m)}=1$.这说明上面的所有标以"$*$"号的块都是零.

于是 $\boldsymbol{PAQ}$ 是不可分解的矩阵的直和.假设某个加项不是完全不可分解的,那么我们可以限制 $\boldsymbol{P},\boldsymbol{Q}$ 仅仅作用到这一个加项上,使这个加项具有形式

$$\begin{bmatrix}\boldsymbol{A}_{11} & \boldsymbol{0}\\ * & \boldsymbol{A}_{22}\end{bmatrix}$$

如上证明可知"*"必是零.那么原来选择的 $\boldsymbol{P},\boldsymbol{Q}$ 就不是产生最多的被加项的,这是矛盾的.因此完成了这个定理的证明.

定义 9.26 一个问题是所谓 NP 的(nondeterministic polynomial),粗略地说就是,它的任何一个解法不能经过一个多项式次的算法被证明是有效的.一个问题 x 是 NP 完全的是指:x 是 NP 的,并且如果 x 能够用一个多项式次的算法解决,那么任何一个 NP 问题就也都能用多项式次的算法解决了.一般认为 NP 完全问题不能用一个多项式次的算法解决.

琼特(M. Tchuente)已经证明下面这个问题是 NP 完全的:对于给定的 $\boldsymbol{A},\boldsymbol{B}\in B_n$,确实存在 $\boldsymbol{P},\boldsymbol{Q}\in P_n$ 使得 $\boldsymbol{PAQ}$ 是小于或等于 $\boldsymbol{B}$ 的布尔矩阵的乘积.

§4 布尔矩阵的幂级数

在前面几节我们主要研究了布尔矩阵的周期和循环的幂.这里我们将注意到指数的问题.首先我们研究与传递闭包有关的一些幂的和;命题 9.13 将证明总的指数和周期可由序列 $\boldsymbol{e}_i\boldsymbol{A}^n$ 的指数和周期计算出来,其中 $\boldsymbol{e}_i$ 是第 i 个分量为 1,其余为 0 的向量.命题 9.14 证明了这些新的周期 d_i 也满足以前关于总的周期所讨论的一些性质.定理 9.24 和命题 9.15 合起来给出了定理 9.25 的主要结论,这个结论是说一个 $n\times n$ 阶的布尔矩阵的指数小于或等于 $(n-1)^2+1$.紧接着金基恒和富乐德(劳什)的一个结论对于某些矩阵改善了

这个界.我们还不加证明直接引用了施瓦兹的一些结果.本节的最后我们讨论了普尔曼提出的关于指数的一种推广,这时所考虑的不是一个单个矩阵的幂,而是不同矩阵的乘积.如果这些矩阵是可以交换的,定理9.27成立.

定义 9.27　二元关系R的幂序列$R,R^2,R^3,\cdots$组成了一个半群,如果k是使得R^k等于无限多个R的幂的最小正整数,那么,由R^k的不同幂所组成的集合是一个群,它是一个循环群.这个群的阶数将被记作d,并被称为R的振荡周期.这个群的生成元记作g,于是这个群的所有元素为$g,g^2,\cdots,g^d$.这个群记作$G_r(R)$.

注　上面这个定义中如果用“布尔矩阵”代替“二元关系”这个定义仍然可以有意义,于是我们以后可把施瓦兹的结果转为布尔矩阵的相应结果.

定义 9.28　设$\mathbf{A}\in B_n$,矩阵$\mathbf{A}+\mathbf{A}^2+\mathbf{A}^3+\cdots$($\mathbf{A}$的所有不同幂的和)称为$\mathbf{A}$的传递闭包.设$T_c(\mathbf{A})$记$\mathbf{A}$的传递闭包.

命题 9.10　设$\mathbf{A}\in B_n$,则$T_c(\mathbf{A})=\mathbf{A}+\mathbf{A}^2+\cdots+\mathbf{A}^n$.

证　在$T_c(\mathbf{A})$的图上,两个顶点i和j通过一条边相连通的充分必要条件是在某个$\mathbf{A}^i$的图上有一条边把它们连起来,也就是说,在$\mathbf{A}$的图上存在某个边的序列把顶点i和j连起来.因为我们可以假设这个边的序列包含每个顶点至多一次,所以,在这两个顶点之间的边的序列的长度就必然小于或等于n.这就是说,这两个顶点在$\mathbf{A}^i$的图上是相连的,而$i\leqslant n$.

定义 9.29　一个图G是W_G^t图是指:对于G的任

意两个顶点 V_1 和 V_2，在 G 中确实存在一条从 V_1 到 V_2 的路径，它的长度 c 满足 $s \leqslant c \leqslant t$.

这个定义等价于方程 $\boldsymbol{A}^s + \boldsymbol{A}^{s+1} + \cdots + \boldsymbol{A}^t = \boldsymbol{J}$，其中 $\boldsymbol{A}$ 是 G 的邻接矩阵.

命题 9.11　存在一个 $n \times n$ 阶布尔矩阵 $\boldsymbol{A}$ 使得 $\boldsymbol{A}^s + \boldsymbol{A}^{s+1} + \cdots + \boldsymbol{A}^t = \boldsymbol{J}$ 的充分必要条件是 $n = d^s + d^{s+1} + \cdots + d^t$，$d$ 为某一整数，并且：(1)$t = s, d \geqslant 1, n = d^s$；(2)$t = s+1, d \geqslant 1, n = d^s + d^t$；(3)$t \geqslant s+2, d = 1, n = t-s+1$；(4)$t \geqslant s = 0, d = 0, n = 1$. 在(3)和(4)中实际上只有图 G_{t-s+1} 和 G_1，其中 G_{t-s+1} 是 $t-s+1$ 个顶点上的单独一个有向圈，G_1 是只有一个顶点没有边的图.

B_n 的任意子集是一个偏序集. B_n 的许多重要的子集在这种偏序结构之下构成一个格，即对于任意两个元素都存在最小上界和最大下界. 例如，自反矩阵、对称矩阵以及这些矩阵的任意组合. 对于上述的每一个例子，最大的下界是通过交得到的，最小上界则是所有大于或等于给定矩阵对的交.

施姆莱已经指出由所有幂等的布尔矩阵所组成的集合也是一个格.

定理 9.22　对于 B_n 中的幂等矩阵 $\boldsymbol{E}_1, \boldsymbol{E}_2, \cdots, \boldsymbol{E}_k$，$T_c(\boldsymbol{E}_1 + \cdots + \boldsymbol{E}_k)$ 是幂等的，并且是 $\boldsymbol{E}_1, \boldsymbol{E}_2, \cdots, \boldsymbol{E}_k$ 的上确界. 矩阵 $\boldsymbol{E}_1 \odot \cdots \odot \boldsymbol{E}_k$ 的幂收敛于 $\boldsymbol{E}_1, \boldsymbol{E}_2, \cdots, \boldsymbol{E}_k$ 的下确界 $\boldsymbol{E}$，其中 $\boldsymbol{E}$ 也是幂等的.

证　因为 $T_c(\boldsymbol{E}_1 + \cdots + \boldsymbol{E}_k)$ 是传递闭包，因此它是传递的

$$T_c^2(\boldsymbol{E}_1 + \cdots + \boldsymbol{E}_k) \leqslant T_c(\boldsymbol{E}_1 + \cdots + \boldsymbol{E}_k)$$

对于式子

$$T_c(\boldsymbol{E}_1+\cdots+\boldsymbol{E}_k)=\sum \boldsymbol{E}_i+(\sum \boldsymbol{E}_i)^2+\cdots$$

我们把两边取平方将会有各种可能的形为 $\boldsymbol{E}_{i_1}^{k_1}\boldsymbol{E}_{i_2}^{k_2}\cdots\boldsymbol{E}_{i_r}^{k_r}$ 的式子出现. 这个式子等于 $\boldsymbol{E}_{i_1}\boldsymbol{E}_{i_2}\cdots\boldsymbol{E}_{i_r}$. 于是 $T_c(\boldsymbol{E}_1+\cdots+\boldsymbol{E}_k)$ 中的每一项都有 $T_c^2(\boldsymbol{E}_1+\cdots+\boldsymbol{E}_k)$ 中的一项和它相等,即

$$T_c^2(\boldsymbol{E}_1+\cdots+\boldsymbol{E}_k)\geqslant T_c(\boldsymbol{E}_1+\cdots+\boldsymbol{E}_k)$$

得到

$$T_c^2(\boldsymbol{E}_1+\cdots+\boldsymbol{E}_k)=T_c(\boldsymbol{E}_1+\cdots+\boldsymbol{E}_k)$$

对于每一个 i,$T_c(\boldsymbol{E}_1+\cdots+\boldsymbol{E}_k)\geqslant\boldsymbol{E}_i$. 任何一个大于或等于 $\boldsymbol{E}_i$ 的传递关系必然大于或等于 $\boldsymbol{E}_1+\boldsymbol{E}_2+\cdots+\boldsymbol{E}_k$,也大于或等于 $T_c(\boldsymbol{E}_1+\cdots+\boldsymbol{E}_k)$,这就证明了定理的第一个结论.

传递矩阵的交是传递的,因此 $\boldsymbol{F}=\boldsymbol{E}_1\odot\cdots\odot\boldsymbol{E}_k$ 是传递的,且 $\boldsymbol{F}^2\leqslant\boldsymbol{F}$. 于是 $\boldsymbol{F}$ 的幂组成了一个递减的链 $\boldsymbol{F}\geqslant\boldsymbol{F}^2\geqslant\boldsymbol{F}^3\geqslant\cdots$. 这个链必然会终止,使得 $\boldsymbol{F}$ 的幂最后都等于一个矩阵 $\boldsymbol{E}$. 由定义 $\boldsymbol{E}$ 是幂的极限,并且它是幂等的.

因为 $\boldsymbol{E}$ 总是小于或等于 $\boldsymbol{F}$ 的,所以也总是小于或等于 $\boldsymbol{E}_i$. 设 $\boldsymbol{H}$ 是任意一个小于或等于每个 $\boldsymbol{E}_i$ 的幂等矩阵,则 $\boldsymbol{H}\leqslant\boldsymbol{F}$. $\boldsymbol{H}$ 是幂等的,故 $\boldsymbol{H}\leqslant\boldsymbol{F}^k$ 对任意 k 成立. 于是 $\boldsymbol{H}\leqslant\boldsymbol{E}$. 定理证毕.

以下这些结果是属于施瓦兹的,其中一部分也曾由罗森布赖特得到.

定理 9.23　对于任意 $\boldsymbol{A}\in B_n$,存在一个最小的整数 r 使得 $\boldsymbol{A}^r\in \mathrm{Idem}(B_n)$,存在一个最小的整数 t 使得 $\boldsymbol{A}^t$ 是传递的. 因此:(i) 只要 $\boldsymbol{A}^s$ 是传递的,则有 $d\mid s$,其中 d 是 A 的振荡周期;(ii) $\boldsymbol{A}^r$ 是群 $G_r(\boldsymbol{A})$ 中仅有的传递

矩阵(参看定义 9.27);(iii) 总有 $t \geqslant \frac{r}{n}$;(iv) 如果 $t < r$,则 $\boldsymbol{A}^r \leqslant \boldsymbol{A}^t \odot \boldsymbol{A}^{t+d} \odot \cdots \odot \boldsymbol{A}^{r-d}$.

证 我们首先证明(ii). 如果 $\boldsymbol{A}^r \in G_r(\boldsymbol{A})$,并且它是传递的,那么存在某个 m 使得 $(\boldsymbol{A}^r)^m = \boldsymbol{A}^r$. 由传递性我们有 $\boldsymbol{A}^r \geqslant \boldsymbol{A}^{2r} \geqslant \cdots \geqslant \boldsymbol{A}^{mr}$,于是所有这些不等号应该是等号,这就是说 $\boldsymbol{A}^r \in \mathrm{Idem}(B_n)$. 但是 $G_r(\boldsymbol{A})$ 作为一个群只有唯一一个幂等元.

(i) 如果 $\boldsymbol{A}^s$ 是传递的,那么 $\boldsymbol{A}^{sm}$ 也是传递的,其中 m 为任意正整数. 对于任意足够大的 m,$\boldsymbol{A}^{sm}$ 必然在群 $G_r(\boldsymbol{A})$ 中,于是它也必然是幂等的. 由定理 9.6 对于任意足够大的 m,有 $d \mid sm$,于是 $d \mid s$.

(ii) 对于任意向量 $\boldsymbol{V}$,我们有

$$\boldsymbol{VA}^t \geqslant \boldsymbol{VA}^{2t} \geqslant \cdots \geqslant \boldsymbol{VA}^{nt} \geqslant \boldsymbol{VA}^{(n+1)t}$$

但是在 V_n 中任意严格的递减链至多只有 n 项. 因此最后一个不等号应是等号. 这意味着对于任意 $\boldsymbol{V}$,$\boldsymbol{VA}^{nt} = \boldsymbol{VA}^{2nt}$. 于是 $\boldsymbol{A}^{nt} \in \mathrm{Idem}(B_n)$,即 $r \leqslant nt$.

(iii) 因为 $\boldsymbol{A}^t \geqslant \boldsymbol{A}^{2t} \geqslant \cdots \geqslant \boldsymbol{A}^{mt}$,由(ii) 对于足够大的 m,有 $\boldsymbol{A}^{mt} = \boldsymbol{A}^r$. 于是 $\boldsymbol{A}^t \geqslant \boldsymbol{A}^r$. 同时 $\boldsymbol{A}^{t+d} \geqslant \boldsymbol{A}^{r+d} = \boldsymbol{A}^r\boldsymbol{A}^d = \boldsymbol{A}^r$,等等,即证明了这一定理.

命题 9.12 对于任意 $\boldsymbol{A} \in B_n$,$\boldsymbol{g} + \boldsymbol{g}^2 + \cdots + \boldsymbol{g}^d = (\boldsymbol{A} + \boldsymbol{A}^2 + \cdots + \boldsymbol{A}^n)^n$,其中 $\boldsymbol{g}$ 如定义 9.27 所给出.

下面我们来研究布尔矩阵各次幂的同一行所构成的序列的性质. 序列 $\boldsymbol{e}_i\boldsymbol{A}, \boldsymbol{e}_i\boldsymbol{A}^2, \cdots$ 是矩阵 $\boldsymbol{A}, \boldsymbol{A}^2, \cdots$ 的第 i 行所构成的序列,共中 $\boldsymbol{e}_i$ 是第 i 个分量为 1,其余分量为 0 的 n 阶行向量.

记号 设 k_i 是使向量 $\boldsymbol{e}_i\boldsymbol{A}^{k_i}$ 等于序列中无限多个元素的最小整数,设 d_i 是使得 $\boldsymbol{e}_i\boldsymbol{A}^{k_i+d_i} = \boldsymbol{e}_i\boldsymbol{A}^{k_i}$ 成立的最

小正整数.

命题 9.13　d 是所有 d_i 的最小公倍数.

证　从行的角度来看,由 $\boldsymbol{A}^k=\boldsymbol{A}^{k+d}$ 我们得到 $k\geqslant k_i$ 对每个 i 成立. 进而 $\boldsymbol{e}_i\boldsymbol{A}^{p+q}=\boldsymbol{e}_i\boldsymbol{A}^p$ 成立的充分必要条件是 $p\geqslant k_i$ 和 $d_i\mid q$. 于是 d_i 必须能整除 d. 从行的角度来看我们可以发现对于 $p=\max k_i, q=\mathrm{l.c.m.}\, d_i$ 方程 $\boldsymbol{A}^{p+q}=\boldsymbol{A}^p$ 成立.

命题 9.14　设 $\boldsymbol{A}\in B_n$, 并且 $\boldsymbol{A}+\boldsymbol{A}^2+\cdots+\boldsymbol{A}^n$ 的第(i,i) 个元素是 1, 则 d_i 是所有使得 $\boldsymbol{A}^m$ 的第(i,i) 个元素为 1 的这样的 m 的最大公约数.

证　设 p 满足 $a_{ii}^{(p)}=1$, 那么对于任意足够大的 q, $\boldsymbol{e}_i\boldsymbol{A}^p\boldsymbol{A}^q\geqslant\boldsymbol{e}_i\boldsymbol{A}^q$. 于是 $\boldsymbol{e}_i\boldsymbol{A}^q\leqslant\boldsymbol{e}_i\boldsymbol{A}^{p+q}\leqslant\cdots\leqslant\boldsymbol{e}_i\boldsymbol{A}^{d_ip+q}$ 只要 q 足够大. 但由 d_i 的定义, 所有这些不等号都应该是等号, 因此 $\boldsymbol{e}_i\boldsymbol{A}^q=\boldsymbol{e}_i\boldsymbol{A}^{p+q}$ 只要 q 足够大. 于是 $d_i\mid p$.

同时, 如果 p 是这样一个整数, 并且它足够大, 那么 $p+d_i$ 也满足 $a_{ii}^{(p+d_i)}=1$. 于是 d_i 是所有这样的整数的最大公约数.

定理 9.24　如果 $\boldsymbol{A}\in B_n$ 并且 $\boldsymbol{A}+\boldsymbol{A}^2+\cdots+\boldsymbol{A}^n$ 的第(i,i) 个元素是 1, 那么 $K_i\leqslant(n-1)^2+1$, 同时 $d_i\leqslant n$.

证　第二个结论可由命题 9.14 得到. 设 S 是 $\boldsymbol{e}_i\boldsymbol{A}$ 的权, 设 h 是满足 $\boldsymbol{e}_i\leqslant\boldsymbol{e}_i\boldsymbol{A}^h$ 的最小正整数.

情况 1: 设 $h=n, s=1$, 并设

$$V(m)=\sum_{j=1}^{m}\boldsymbol{e}_i\boldsymbol{A}^j, m=1,2,\cdots,n$$

则 $V(1)\leqslant\cdots\leqslant V(n)$. 假设对于某个 $m\leqslant n-1$ 有 $V(m)=V(m+1)$, 那么

$$\boldsymbol{e}_i\boldsymbol{A}^{m+1}\leqslant\sum_{j=1}^{m}\boldsymbol{e}_i\boldsymbol{A}^j$$

$$e_iA^{m+2}\leqslant\sum_{j=2}^{m}e_iA^j+e_iA^{m+1}\leqslant\sum_{j=1}^{m}e_iA^j$$

这样$V(m+t)=V(m)$，其中t为大于0的任何整数．于是$e_i\leqslant e_iA^m$，$h\leqslant n-1$．这和我们所假设的情况是矛盾的，因此$V(m)<V(m+1)$．这就是说$V(m+1)$所包含的，$V(m)$所没有的1元素不能超过一个，或者说有严格的上升链$V(1)<\cdots<V(n)$．

对于这种情况我们的假设是$e_i\leqslant e_iA^n$，因此如果e_iA^n只有一个1，那么$e_i=e_iA^n$．这样$k_i=1$并且定理的结论是对的．

因此我们可以假设e_iA^n的权大于1．假设p是满足e_iA^p权数大于1的最小正整数．根据我们对于S的假设，有$p\geqslant 2$．因为$V(p)$只能含有一个$V(p-1)$所没有的1元素，任何其他的1元素一定包含在某些e_iA^{p-t}中，其中$0<t<p$．因为p是最小的，e_iA^{p-t}只含有这一个1元素，因此$e_iA^{p-t}\leqslant e_iA^p$．于是

$$e_iA^{p-t}\leqslant e_iA^p\leqslant\cdots\leqslant e_iA^{p+(n-1)t}$$

这个链的长度为$n+1$，因此不是所有的不等号都是严格不等的．就有$e_iA^{p+qt}=e_iA^{p+ct}$，其中$q\leqslant n-2$．于是

$$k_i\leqslant p+qt\leqslant n+(n-2)(n-1)$$

情况2：无论$S>1$或$h<n$．在系列

$$e_iA\leqslant e_iA^{h+1}\leqslant\cdots\leqslant e_iA^{(n-s+1)h+1}$$

中有$n-s+2$个项，其第一个向量权为s．因此不是所有的不等号都是严格不等的，这样就有$e_iA^{qh+1}=e_iA^{ch+1}$，其中$q\leqslant n-s$．那么

$$k_i\leqslant qh+1\leqslant(n-s)h+1\leqslant(n-1)^2+1$$

定理证毕．

命题 9.15　如果$A\in B_n$，$A+A^2+\cdots+A^n$的第

(i,i) 个元素是 0,那么 $k_i \leqslant (n-2)^2+2$.

证　设 S 是 $\boldsymbol{e}_i\boldsymbol{A}$ 中 1 元素的集合,设 $\boldsymbol{A}'$ 为由 $\boldsymbol{A}$ 删去第 i 行第 i 列后得到的 $(n-1)\times(n-1)$ 阶矩阵.则 $\boldsymbol{A}$ 作用到向量 $\boldsymbol{e}_j$ 和 $\boldsymbol{A}'$ 作用到相应的向量效果是一样的,其中 $j \in S$.根据定理 9.24 我们可以有 $k_j \leqslant (n-2)^2+1$.从 S 的定义可以得出 $k_i \leqslant \max_{j\in S} k_j + 1$.

和下面这一定理相类似的结果曾经也有其他一些作者得到过:参看罗森布赖特、杜尔马施、门德尔松,以及马尔柯夫斯基的著作.

定理 9.25　对于任意矩阵 $\boldsymbol{A} \in B_n$,$k \leqslant (n-1)^2+1$,其中 k 是使得 $\boldsymbol{A}^{k+p}=\boldsymbol{A}^k$ 对于某个正整数 p 能够成立的最小正整数.

证　可从命题 9.13、定理 9.24 和命题 9.15 得到.

以上这一结果是属于金基恒和富乐德的,它对于某些矩阵比前面的结果略有改进.

定理 9.26　设 $\boldsymbol{A},\boldsymbol{B},\boldsymbol{C} \in B_n$,并且 $\boldsymbol{A}=\boldsymbol{BC}$.设 P 是 $R(c)$ 的一个基,可以看作一个偏序集.设 $|P|=r$,s 是 P 中反链的最大可能的长度.则 $\boldsymbol{A}$ 的指数小于或等于 $(r-1)s+1$.

证　对于一个向量 $\boldsymbol{v}$,设 $k(\boldsymbol{v})$ 是满足 $\boldsymbol{vA}^{k(\boldsymbol{v})+p(\boldsymbol{v})}=\boldsymbol{vA}^{k(\boldsymbol{v})}$ 的最小正整数,$p(\boldsymbol{v})$ 为某一正整数.如果当 $k=\max\{k(\boldsymbol{v}) \mid \boldsymbol{v} \in P\}$ 时,并且 $p=\prod_{\boldsymbol{v}\in P} p(\boldsymbol{v})$,那么 $\boldsymbol{AA}^{k+p}=\boldsymbol{AA}^k$.这是因为 $\boldsymbol{A}$ 中的各行都包含在 $R(c)$ 中.因此 $\boldsymbol{A}$ 的指数小于或等于 $\max\{k(\boldsymbol{v}) \mid \boldsymbol{v} \in P\}+1$.

下面我们用一个图来表示矩阵 $\boldsymbol{A}$,这个图的顶点是 P 中的所有元素,从 $\boldsymbol{x}$ 到 $\boldsymbol{y}$ 有一条有向边当且仅当 $\boldsymbol{xA} \geqslant \boldsymbol{y}$.这样 $\boldsymbol{xA}$ 就等于所有这样一些顶点的和,这些

顶点都是由 $\boldsymbol{x}$ 引出来的一条有向边的终点. 类似的, $\boldsymbol{xA}^i$ 是所有从 $\boldsymbol{x}$ 出发可以通过一条长为 i 的有向边序列达到的所有顶点的和.

情况1:存在从 $\boldsymbol{x}$ 出发到大于或等于 $\boldsymbol{x}$ 的顶点的边序列,其中 $\boldsymbol{x}\in P$. 设 S 是这种边序列中长度最短的一条. 假设 $a\leqslant s$ 是 S 的长度, $\boldsymbol{x}\leqslant \boldsymbol{xA}^a\leqslant\cdots\leqslant\boldsymbol{xA}^{ar}$. 这个链具有 $r+1$ 个元,但对于 $R(c)$ 的一个基只有 r 个元,因此在 $R(c)$ 中不存在一个非零向量链,它是严格单调上升的并且有多于 r 个元. 于是上述不等号中有一些应是等号. 这意味着最后一个不等号应为等号,即 $\boldsymbol{xA}^{a(r-1)}=\boldsymbol{xA}^{ar}$. 因此

$$k(\boldsymbol{x})\leqslant a(r-1)\leqslant s(r-1)$$

我们还可以假设 S 的长度比 s 大,那么根据定义,在 S 中存在 $\boldsymbol{v},\boldsymbol{w}$,它们都位于 S 中第 $s+1$ 个元之前,并且可设 $\boldsymbol{v}<\boldsymbol{w}$,若不然 $\boldsymbol{v}=\boldsymbol{w}$ 便使 S 缩短了.

设 $\boldsymbol{vA}^b\geqslant\boldsymbol{v}$, $\boldsymbol{v}\leqslant\boldsymbol{vA}^b\leqslant\cdots\leqslant\boldsymbol{vA}^{br}$,我们又可知道其中有些不等号应为等号. 特别的, $\boldsymbol{vA}^{b(r-1)}=\boldsymbol{vA}^{br}$. 设 $\boldsymbol{xA}^c\geqslant\boldsymbol{v}$, $\boldsymbol{vA}^h\geqslant\boldsymbol{x}$,那么

$$\boldsymbol{xA}^{c+b(r-1)}\geqslant\boldsymbol{vA}^{b(r-1)}\tag{9.2}$$

$$\boldsymbol{vA}^{b(r-1)+c+h}\geqslant\boldsymbol{xA}^{b(r-1)+c}\tag{9.3}$$

从这些不等式可得出

$$\boldsymbol{vA}^{b(r-1)+c+h}\geqslant\boldsymbol{vA}^{b(r-1)}$$

假设这些不等号是严格不等的,那么也有

$$\boldsymbol{vA}^{b(r-1)+(c+h)i}>\boldsymbol{vA}^{b(r-1)}$$

其中 i 为任意正整数. 如果 i 恰为 b 的某个倍数,那么 $\boldsymbol{vA}^{b(r-1)+i(c+h)}=\boldsymbol{vA}^{b(r-1)}$,产生矛盾. 因此 $\boldsymbol{vA}^{b(r-1)+c+h}=\boldsymbol{vA}^{b(r-1)}$. 由式(9.2)和(9.3)知 $\boldsymbol{xA}^{c+b(r-1)}=\boldsymbol{vA}^{b(r-1)}$. 于是 $\boldsymbol{xA}^{c+b(r-1)+b}=\boldsymbol{xA}^{c+b(r-1)}$. 这样就可得到

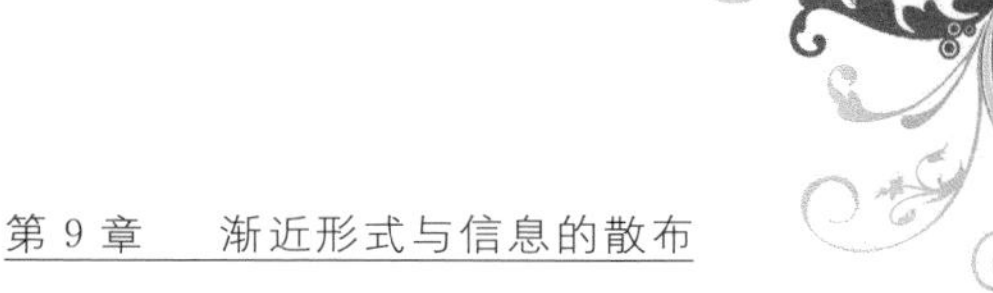

$$k(\boldsymbol{x}) \leqslant c + b(r-1) \leqslant s - 1 + (s-1)(r-1) \leqslant s(r-1)$$

情况 2:没有从 $\boldsymbol{x}$ 出发到大于或等于 $\boldsymbol{x}$ 的边序列存在:

设 $\boldsymbol{x}_i$ 为满足以下条件的点:(1) 存在一条从 $\boldsymbol{x}$ 到 $\boldsymbol{x}_i$ 的路,并且对于这条路中位于 $\boldsymbol{x}_i$ 前的任意元素 $\boldsymbol{y}$ 都不存在 $j>0$ 使得 $\boldsymbol{y}\boldsymbol{A}^j \geqslant \boldsymbol{y}$;(2) 对于 $\boldsymbol{x}_i$ 存在一个 $j>0$ 使得 $\boldsymbol{x}\boldsymbol{A}^j \geqslant \boldsymbol{x}_i$. 设 t 记这种路的长度. 由前一情况的讨论知 $k(\boldsymbol{x}_i) \leqslant (r-t-1)s$,因为我们可以不去考虑这条路上位于 $\boldsymbol{x}_i$ 前面的所有的 $\boldsymbol{y}$,而且对于 $q \geqslant r$,$\boldsymbol{x}\boldsymbol{A}^q = \sum \boldsymbol{x}_i\boldsymbol{A}^{q-t}$. 于是有 $k(x) \leqslant \max\{t + k(\boldsymbol{x}_i), r\}$. 这样除非 $r=1$ 或 $s=1$,都有 $k(\boldsymbol{x}) \leqslant (r-1)s$. 如果 $r=1$ 或 $s=1$,这个定理可以单独讨论.

注　设 R^+ 是由所有非负实数所组成的集合. 如通常所做的一样,借助于半环上的自同态 $R^+ \to \{0, 1\}$,使得当且仅当 $x \neq 0$ 时 $x \to 1$,于是上述结果就给出了非负矩阵零型的一些性质.

记号　设 $\boldsymbol{A} \in B_n$,设 $s(\boldsymbol{A})$ 记从 1 到 n 中这样一些整数 i 的全体,它使得 $\boldsymbol{A}_{i*}$ 或 $\boldsymbol{A}_{*i}$ 中有某个元素为 1.

下面这些结果是属于施瓦兹的.

定义 9.30　一个矩阵 $\boldsymbol{A} \in B_n$ 是所谓射影可约矩阵(projection reducible)是指:$s(\boldsymbol{A})$ 是两个不相交的集合 s_1 和 s_2 的并,其中只要 $(i,j) \in s_1 \times s_2$ 就有 $a_{ij}=0$,否则 $\boldsymbol{A}$ 被称为射影不可约矩阵.

例 9.3　设

$$\boldsymbol{A} = \begin{bmatrix} 1 & 0 \\ 0 & 0 \end{bmatrix}$$

则 $\boldsymbol{A}$ 是射影不可约矩阵.

命题 9.16　一个矩阵 $\mathbf{A} \in B_n$，当且仅当使得 $\mathbf{A} + \mathbf{A}^2 + \cdots + \mathbf{A}^n$ 的元素(i,j) 为 1 的那些 i,j 的集合是集合 $s(\mathbf{A}) \times s(\mathbf{A})$.

定义 9.31　两个布尔矩阵称为不相交的(disjoint)是指：不存在 i,j 使得二者的元素(i,j) 都为 1.

命题 9.17　任意布尔矩阵 $\mathbf{A}$ 都能写成不相交的矩阵的和的形式：$\mathbf{A}_1 + \mathbf{A}_2 + \cdots + \mathbf{A}_m + \mathbf{B}$，其中 $\mathbf{A}_i$ 是小于或等于 $\mathbf{A}$ 的极大的射影不可约矩阵，$\mathbf{B}$ 或者是零矩阵或者不大于或等于任一射影不可约矩阵，而且这一分解关于每个被加项的阶数来说是唯一的.

注　这相应于把这个布尔矩阵写成分块三角形

$$\begin{bmatrix} \mathbf{0} & \mathbf{0} & \mathbf{0} & \mathbf{0} \\ * & \mathbf{A}_1 & \mathbf{0} & \mathbf{0} \\ * & * & \mathbf{A}_2 & \mathbf{0} \\ * & * & * & \mathbf{0} \end{bmatrix}$$

其中 $\mathbf{B}$ 为 $\mathbf{A}$ 中用星号标出的区域，否则为 $\mathbf{0}$.

命题 9.18　一个矩阵 $\mathbf{A} \in B_n$ 是射影不可约矩阵当且仅当使得 $g + g^2 + \cdots + g^d$ 的元素(i,j) 不为零的那些(i,j) 的集合是集合 $S(\mathbf{A}) \times S(\mathbf{A})$.

命题 9.19　如果 $\mathbf{A} \in B_n$ 是一个射影不可约矩阵，那么 $g, g^2, \cdots, g^d$ 是两两不相交的.

命题 9.20　如果 $\mathbf{A} \in B_n$ 是射影不可约的，那么任意 d 个相连的幂 $\mathbf{A}^i, \mathbf{A}^{i+1}, \cdots, \mathbf{A}^{i+d-1}$ 是两两不相交的.

命题 9.21　如果 $\mathbf{A} \in B_n$ 是射影不可约的，那么 d 是所有使得 $\mathbf{A}^p$ 具有非零主对角线元素的那些 p 的最大公因子.

命题 9.22　如果 $\boldsymbol{A} \in B_n$ 是射影不可约的，并且 t 是使得 $\boldsymbol{A}^t$ 的元素(i,i)为 1 的最小的整数，那么 d 是所有这些 t 的最大公倍数.

罗森布赖特用图论的方法证明了和命题 9.21，9.22 相类似的结果.

命题 9.23　对于任何对称的布尔矩阵 $\boldsymbol{A}$，$d \leqslant 2$.

命题 9.24　如果 $\boldsymbol{A} \in B_n$ 是对称的、射影不可约的，并且 $n \geqslant 3$，那么：(i) 如果 $d=1$，有 $k \leqslant 2n-2$；(ii) 如果 $d=2$，有 $k \leqslant n-2$.

命题 9.25　如果 $\boldsymbol{A} \in B_n$ 是对称的、射影不可约的，那么：(i) 如果 $n > 3$ 且 $d=1$，有 $k \leqslant 2n-4$；(ii) 如果 $n > 3$，且 $d=1$，有 $k \leqslant 2n-6$；(iii) 如果 $n=3$，有 $k \leqslant 2$；(iv) 如果 $n=2$，有 $k=1$.

普尔曼考虑了序列$\{\boldsymbol{A}_1\}$，$\{\boldsymbol{A}_1\boldsymbol{A}_2\}$，$\{\boldsymbol{A}_1\boldsymbol{A}_2\boldsymbol{A}_3\}$，…的收序性，其中$\{\boldsymbol{A}_1,\boldsymbol{A}_2,\cdots,\boldsymbol{A}_m,\cdots\}$为任意矩阵序列. 这些部分积在非平稳的马尔柯夫链的研究中所起的作用和幂在平稳过程的研究中所起的作用是一样的（假设 $\boldsymbol{A}_m$ 的第(i,j)个元素为 1 当且仅当于时刻 $m-1$ 的状态 j 可能转移到时刻 m 的状态 i. 那么矩阵 $\boldsymbol{A}_1\boldsymbol{A}_2\cdots\boldsymbol{A}_m$ 的元素(i,j)为 1 当且仅当从零时刻的状态 j 是可能在时刻 m 转移到状态 i 的）.

命题 9.26　如果 $\boldsymbol{A}_1,\cdots,\boldsymbol{A}_m \in B_n$，那么存在指数 t 和列 $\boldsymbol{C}_1,\cdots,\boldsymbol{C}_s$ 使得对于所有的 $m \geqslant t$：(i) 每个 $\boldsymbol{C}_i$ 是 $\boldsymbol{A}_1\boldsymbol{A}_2\cdots\boldsymbol{A}_m$ 的一列；(ii) $\boldsymbol{A}_1\boldsymbol{A}_1\cdots\boldsymbol{A}_m$ 的每列都是$\{\boldsymbol{C}_1,\cdots,\boldsymbol{C}_s\}$的一个子集的和.

证　$C(\boldsymbol{A}_1\boldsymbol{A}_2\cdots\boldsymbol{A}_m)$ 满足

$$C(\boldsymbol{A}_1) \supset C(\boldsymbol{A}_1\boldsymbol{A}_2) \supset C(\boldsymbol{A}_1\boldsymbol{A}_2\boldsymbol{A}_3) \supset \cdots$$

这个链必含有一个极小元 $C(\boldsymbol{A}_1\boldsymbol{A}_2\cdots\boldsymbol{A}_t)$. 于是 $\boldsymbol{C}_1,\cdots,$

$\boldsymbol{C}_s$ 是 $C(\boldsymbol{A}_1\boldsymbol{A}_2\cdots\boldsymbol{A}_t)$ 的一个列基. 这就证明了这个命题.

幂是可交换矩阵乘积的特殊情况. 如果我们进一步假设这些 $\boldsymbol{A}_k$ 是两两可交换的,可以指望强化上面这一命题的结论.

定理 9.27　如果 $\{\boldsymbol{A}_1,\boldsymbol{A}_2,\cdots,\boldsymbol{A}_m,\cdots\}$ 是一系列 $n\times n$ 阶的两两可交换的布尔矩阵,那么存在一个 $s\times s$ 阶的置换矩阵序列 $\{\boldsymbol{Q}_1,\boldsymbol{Q}_2,\cdots\}$ 和一个指数 t 使得对于任意 $m\geqslant t$ 有

$$\boldsymbol{A}_1\boldsymbol{A}_2\cdots\boldsymbol{A}_t-\boldsymbol{A}_m=\boldsymbol{B}\boldsymbol{Q}_{m-t}\cdots\boldsymbol{Q}_2\boldsymbol{Q}_1\boldsymbol{C}$$

其中 $\boldsymbol{B}$ 为某一 $n\times s$ 阶矩阵,$\boldsymbol{C}$ 为某一 $s\times n$ 阶矩阵(与 m 无关),并且 $\boldsymbol{C}=[\boldsymbol{ID}]\boldsymbol{T}$,其中 $\boldsymbol{T}\in P_n$.

证　由命题 9.26 知,存在一个 $n\times s$ 阶矩阵 $\boldsymbol{B}$、置换矩阵 $\boldsymbol{T}_m$ 和指数 t 使得

$$\boldsymbol{A}_1\boldsymbol{A}_2\cdots\boldsymbol{A}_t\cdots\boldsymbol{A}_m=\boldsymbol{B}[\boldsymbol{ID}_m]\boldsymbol{T}_m$$

设 $\boldsymbol{S}_m=\boldsymbol{A}_1\boldsymbol{A}_2\cdots\boldsymbol{A}_t\cdots\boldsymbol{A}_m$,$\boldsymbol{C}=[\boldsymbol{ID}]\boldsymbol{T}$,其中 $\boldsymbol{D}=\boldsymbol{D}_m$,$\boldsymbol{T}=\boldsymbol{T}_m$. 我们首先证明,当 $m>t$ 时,乘以每个 $\boldsymbol{A}_m$ 只是把 $\boldsymbol{B}$ 的所有列向量置换一下.

$\boldsymbol{B}$ 的所有的列对于 $\boldsymbol{A}_1\boldsymbol{A}_2\cdots\boldsymbol{A}_{m-1}=\boldsymbol{S}_{m-1}$ 是一组列基. 因为所有的 $\boldsymbol{A}_i$ 是可交换的,有 $\boldsymbol{S}_{m-1}\boldsymbol{A}_m=\boldsymbol{A}_m\boldsymbol{S}_{m-1}=\boldsymbol{S}_m$. 于是 $\boldsymbol{A}_m$ 乘以 $\boldsymbol{S}_{m-1}$ 的所有列向量其结果包含了 $\boldsymbol{S}_m$ 的一组列基,因此 $\boldsymbol{A}_m$ 作用到 $\boldsymbol{S}_{m-1}$ 的列基向量上,其结果也包含了 $\boldsymbol{S}_m$ 的一组列基. 这样,$\boldsymbol{A}_m$ 乘以 $\boldsymbol{B}$ 的所有列所得到的向量集包含了 $\boldsymbol{B}$ 的所有列. 因为 $\boldsymbol{B}$ 的列向量是互不相同的,乘以 $\boldsymbol{A}_m$ 只是简单地把 $\boldsymbol{B}$ 的列向量置换一下.

因此 $\boldsymbol{A}_m\boldsymbol{B}=\boldsymbol{B}\boldsymbol{F}_m$,$\boldsymbol{F}$ 为某个 $S\times S$ 阶置换矩阵. 于是对每个 $k\geqslant 1$,设 $\boldsymbol{Q}_k=\boldsymbol{F}_{t+k}$,我们可得到

$$S_{t+1}=A_{t+1}S_t=A_{t+1}BC=BQ_1C$$
$$S_{t+2}=A_{t+2}S_{t+1}=A_{t+2}BQ_1C=BQ_2Q_1C$$
$$\vdots$$
$$S_m=A_mS_{m-1}=A_mBQ_{m-t-1}\cdots Q_2Q_1C=BQ_{m-t}\cdots Q_2Q_1C$$

完成了该证明.

普尔曼还研究了矩阵的无限乘积的性质. 矩阵的这种无限乘积形式在非齐次的马尔柯夫链的研究中会遇到.

下面这个定理综述了布尔矩阵渐近形式的最重要的一些结果.

定理 9.28　设 $\boldsymbol{A}$ 是一个布尔矩阵,$G_{\boldsymbol{A}}$ 是它的图.

(1)$\boldsymbol{A}$ 是幂零的当且仅当 $G_{\boldsymbol{A}}$ 不包含圈,也当且仅当存在一个置换矩阵 $\boldsymbol{P}$ 使得 $\boldsymbol{PAP}^{\mathrm{T}}$ 在主对角线上和主对角线上方没有 1 元素.

(2)$\boldsymbol{A}$ 收敛于 $\boldsymbol{J}$ 当且仅当 $G_{\boldsymbol{A}}$ 是强连通的,并且 $G_{\boldsymbol{A}}$ 的所有圈的长度的最大公因子是 1.

(3)$\boldsymbol{A}$ 的周期是 $G_{\boldsymbol{A}}$ 的所有强支所相应的矩阵的周期的最小公倍数.

(4) 一个强连通矩阵的周期是它的图中所有圈的长度的最大公因子. 周期为 P 的强连通矩阵可以写成如下的分块形式

$$\begin{bmatrix} \boldsymbol{0} & \boldsymbol{A}_1 & \boldsymbol{0} & \cdots & \boldsymbol{0} \\ \boldsymbol{0} & \boldsymbol{0} & \boldsymbol{A}_2 & \cdots & \boldsymbol{0} \\ \boldsymbol{0} & \boldsymbol{0} & \boldsymbol{0} & \cdots & \boldsymbol{0} \\ \vdots & \vdots & \vdots & & \vdots \\ \boldsymbol{A}_d & \boldsymbol{0} & \boldsymbol{0} & \cdots & \boldsymbol{0} \end{bmatrix}$$

(5)$\boldsymbol{A}$ 是不可分解的当且仅当 $G_{\boldsymbol{A}}$ 是强连通的.

(6) 一个周期的强连通矩阵能够写成如上的分块形式,其中每一个 $\boldsymbol{A}_i$ 都完全由 1 元素所组成.

(7) 任一矩阵都能写成分块形式,其主对角线上或者是零或者是不可分解的矩阵,主对角线上方的块都是零.

(8) 设 $\boldsymbol{A}$ 是一个周期矩阵,并被写成了(7)中所说的分块形,设 $\boldsymbol{A}_{ij}$ 是 $\boldsymbol{A}$ 的一块,与它相应的主对角线上的块 $\boldsymbol{A}_{ii}$ 或 $\boldsymbol{A}_{jj}$ 中有一个是非零的. 那么,$\boldsymbol{A}^n$ 的第(i,j)块分别为$(\boldsymbol{A}_{ii})^{n-1}\boldsymbol{A}_{ij}$ 或$(\boldsymbol{A}_{ij})(\boldsymbol{A}_{jj})^{n-1}$.

(9) 如果 $\boldsymbol{A}$ 是一个 $n\times n$ 阶矩阵,那么 $\boldsymbol{A}$ 的指数至多为$(n-1)^2+1$.

借助下面的算法,人们可以发现任意大的矩阵 $\boldsymbol{A}\in B_n$ 的振荡周期是 $0(n^3(\log n))$ 阶的.

算法 设 P 是一个大于或等于$(n-1)^2+1$ 的素数,把 P 写成二进制形式. 重复进行平方运算计算出所需要的 $\boldsymbol{A}$ 的 2^r 次幂,并把它们乘在一起得到 $\boldsymbol{A}^P$. $\boldsymbol{A}$ 的周期就是 $\boldsymbol{A}^P$ 的周期,而 $\boldsymbol{A}^P$ 是周期的.

按如下的方法确定 $\boldsymbol{A}^P$ 的图的强支;对 $\boldsymbol{I}+\boldsymbol{A}^P$ 重复进行平方运算,直至得到 $\boldsymbol{I}+\boldsymbol{A}^P$ 的一个高于 n 次的幂 $\boldsymbol{B}$. 那么 $\boldsymbol{B}\odot\boldsymbol{B}^{\mathrm{T}}$ 是一个强连通的等价关系的矩阵,其中"$\odot$"表示按元素的乘积.

然后求相应于 $\boldsymbol{A}^P$ 的图的所有强支的子矩阵 $\boldsymbol{A}_{kk}$. $\boldsymbol{A}_{kk}$ 的周期是 $\boldsymbol{A}_{kk}$ 中所有不同行的数目. 这个数是容易得到的,因为 $\boldsymbol{A}_{kk}$ 的各行或者是相等的,或者 1 元素的集合不相重叠. 那么 $\boldsymbol{A}$ 的周期就是所有 $\boldsymbol{A}_{kk}$ 的周期的最小公倍数.

§5 应　　用

这一节的目的是想指出借助于布尔矩阵描述问

题，解决问题的各种方法. 因此，我们将介绍各种各样的应用使读者熟悉使用布尔矩阵解决科学和工程中的问题的技巧.

这里第一个应用是讨论关于一小群人中间的某种关系，如：友好、认识、共处、影响、互不妨碍，等等. 这种关系都将给出这群人的集合上的一个二元关系，即这些人中间相互之间具有这种关系的有序对. 研究人员可以通过这个二元关系矩阵来寻找这群人中间的一个有用的子集. 其中一个办法就是研究表现这个二元关系的布尔矩阵（关系 R 上的矩阵）的幂.

卢斯和佩里考虑过下面这个社会问题：在 n 个人组成的一群人中，我们可以把两两之间的某种关系写成一个 $n\times n$ 阶的(0,1) 矩阵，例如，在矩阵中第(i,j)个位置上是 1 当且仅当第 i 个人可以和第 j 个人联系.

定义 9.32　所谓一个团(clique)是指一群人中具有下述性质的极大子群：对于所有的 $i\neq j$，第 i 个人相对于第 j 个人都有关系.

记号　假设没有人相对于他自己有关系，则主对角线元素都为零. 设 $\boldsymbol{A}$ 是一个关系矩阵，$\boldsymbol{S}$ 是这样一个矩阵：$S_{ij}=1$ 当且仅当 $a_{ij}=1$ 并且 $a_{ji}=1$. 因此，$\boldsymbol{S}$ 是对称关系的子矩阵.

命题 9.27　第 i 个人属于某个团当且仅当 $\boldsymbol{S}^3$ 的主对角线上第 i 个元素不是零.

在下面两个定理中，我们把 $\boldsymbol{S}^3$ 看作 $\boldsymbol{S}$ 的立方，而 $\boldsymbol{S}$ 是非负实数矩阵而不是布尔矩阵.

定理 9.29　如果在 $\boldsymbol{S}^3$ 中，主对角线上有七个元素值为$(t-2)(t-1)$，而主对角线上其余元素都为零，那么这七个成员组成了一个团，并且它是仅有的一个团. 反过来也是对的.

定理 9.30　如果一个元素 i 被包含在 m 个团里，

其中第 k 个团中成员个数记为 t_k，并且存在 h_k 个无序对，其中 $\{a,b\}$ 对于第 k 个团以及排在它前面的那些团都是共有的，且满足 $i \neq a, i \neq b$，那么

$$S_{ii}^{(3)} = \sum_{k=1}^{m} [(t_k - 1)(t_k - 2) - 2h_k]$$

证 这些数 $S_{ii}^{(3)}$ 是包含在某个团中的三元素集 $\{i,a,b\}$ 的个数的两倍. 这种集在第 k 个团中的个数为

$$\frac{(t_k - 1)(t_k - 2)}{2}$$

这个集合也被包含在这些团的前面那些团中当且仅当元素对 $\{a,b\}$ 如此. 于是在第 k 团中是第一次出现这种集合的数目为

$$\frac{(t_k - 1)(t_k - 2)}{2} - h_k$$

因此，这种集合的总数为上式二倍的和.

许多研究人员用图论的方法研究过这些思想，例如，哈拉里和罗伯特，怀特也用不同的方法研究过这一问题.

例 9.4 设 $\boldsymbol{A}$ 是

$$\begin{array}{c} \\ 1 \\ 2 \\ 3 \\ 4 \\ 5 \\ 6 \\ 7 \\ 8 \end{array}\begin{array}{c} \begin{array}{cccccccc} 1 & 2 & 3 & 4 & 5 & 6 & 7 & 8 \end{array} \\ \begin{bmatrix} 0 & 1 & 1 & 0 & 0 & 0 & 1 & 0 \\ 1 & 0 & 1 & 1 & 0 & 0 & 1 & 0 \\ 1 & 1 & 0 & 0 & 0 & 1 & 1 & 0 \\ 0 & 0 & 0 & 0 & 0 & 0 & 0 & 0 \\ 0 & 0 & 1 & 0 & 0 & 0 & 0 & 0 \\ 0 & 0 & 0 & 1 & 0 & 0 & 0 & 0 \\ 1 & 1 & 1 & 0 & 0 & 0 & 0 & 0 \\ 1 & 0 & 0 & 0 & 0 & 1 & 0 & 0 \end{bmatrix} \end{array}$$

那么 $\boldsymbol{S}$ 是

$$\begin{bmatrix} 0 & 1 & 1 & 0 & 0 & 0 & 1 & 0 \\ 1 & 0 & 1 & 0 & 0 & 0 & 1 & 0 \\ 1 & 1 & 0 & 0 & 0 & 0 & 1 & 0 \\ 0 & 0 & 0 & 0 & 0 & 0 & 0 & 0 \\ 0 & 0 & 0 & 0 & 0 & 0 & 0 & 0 \\ 0 & 0 & 0 & 0 & 0 & 0 & 0 & 1 \\ 1 & 1 & 1 & 0 & 0 & 0 & 0 & 0 \\ 0 & 0 & 0 & 0 & 0 & 1 & 0 & 0 \end{bmatrix}$$

$\boldsymbol{S}^2$ 是

$$\begin{bmatrix} 3 & 2 & 2 & 0 & 0 & 0 & 2 & 0 \\ 2 & 3 & 2 & 0 & 0 & 0 & 2 & 0 \\ 2 & 2 & 3 & 0 & 0 & 0 & 2 & 0 \\ 0 & 0 & 0 & 0 & 0 & 0 & 0 & 0 \\ 0 & 0 & 0 & 0 & 0 & 0 & 0 & 0 \\ 0 & 0 & 0 & 0 & 0 & 1 & 0 & 0 \\ 2 & 2 & 2 & 0 & 0 & 0 & 3 & 0 \\ 0 & 0 & 0 & 0 & 0 & 0 & 0 & 1 \end{bmatrix}$$

这里主对角线上零元素表明了 4,5 和任何人都没有对称关系,仅仅 6 和 8 之间互相有对称关系,因为它们的主对角线上元素为 1. 因此 $\boldsymbol{S}^3$ 为

$$\begin{bmatrix} 6 & 7 & 7 & 0 & 0 & 0 & 7 & 0 \\ 7 & 6 & 7 & 0 & 0 & 0 & 7 & 0 \\ 7 & 7 & 6 & 0 & 0 & 0 & 7 & 0 \\ 0 & 0 & 0 & 0 & 0 & 0 & 0 & 0 \\ 0 & 0 & 0 & 0 & 0 & 0 & 0 & 0 \\ 0 & 0 & 0 & 0 & 0 & 0 & 0 & 1 \\ 7 & 7 & 7 & 0 & 0 & 0 & 6 & 0 \\ 1 & 0 & 0 & 0 & 0 & 1 & 0 & 0 \end{bmatrix}$$

由定理 9.29 知{1,2,3,7}是唯一的一个团.

注 一个团可以被包含在其他一些团的并集中，而不包含在其中的任何一个里. 例如，团{1,2,4}，{2,3,5}和{1,3,6}的并包含了团{1,2,3}.

卢斯扩充了上述结果. 希望除了严格的团，还能存在一些子集，它们几乎是严格的团，而对于一些实际目的它们应该被算作严格的团.

关于任意一个图(或矩阵)中的团的存在性的理论研究也有了一些研究.

定义 9.33 从 i 到 j 的一个 q 链(q-chain)是一个序列 $i=i_0,i_1,\cdots,i_q=j$，使得 i_k 相对于 i_{k+1} 有某种给定的关系，其中 $k=0,1,\cdots,j-1$.

定义 9.34 一个群体的一个子集是一个 $n-$团(n-clique)是指：(i) 它至少包含三个元素；(ii) 对于其中的任何一对元素 $i,j(i\neq j)$，都存在从 i 到 j 的某一个 q 链(它可以包含这一团外的群中元素)，这里 $q\leqslant n$；(iii) 这个子集不包含在比它更大的满足(ii) 和子集中.

卢斯认为只有 $1-$团、$2-$团和 $3-$团在实际中有用.

设群体中的关系可用布尔矩阵 $\boldsymbol{A}$ 表示，为了确定它的 $n-$团可以计算和 $\boldsymbol{A}+\boldsymbol{A}^2+\cdots+\boldsymbol{A}^n$，然后删去主对角线得到矩阵 $\boldsymbol{B}$. $\boldsymbol{B}$ 的团是可以确定的，它们就是 $\boldsymbol{A}$ 的 $n-$团.

例 9.5 设

$$\boldsymbol{A}=\begin{bmatrix}0&1&1&0\\1&0&0&0\\1&0&0&1\\0&0&1&1\end{bmatrix}$$

则

$$\boldsymbol{A}+\boldsymbol{A}^2=\begin{bmatrix}1&1&1&1\\1&1&1&0\\1&1&1&1\\1&0&1&1\end{bmatrix}$$

$$\boldsymbol{A}+\boldsymbol{A}^2+\boldsymbol{A}^3=\begin{bmatrix}1&1&1&1\\1&1&1&1\\1&1&1&1\\1&1&1&1\end{bmatrix}$$

因此，不存在 1－团．集合$\{1,2,3\}$和$\{1,3,4\}$是 2－团，因为它们是$\boldsymbol{A}+\boldsymbol{A}^2$的 1－团．集合$\{1,2,3,4\}$是 3－团，因为在$\boldsymbol{A}+\boldsymbol{A}^2+\boldsymbol{A}^3$中所有的元素都是 1．

小群体社会学中的其他工作也一直强调从群体成员的关系或牵连中产生的布尔矩阵．有时在同一个群体中要考虑好几个联系，如兴趣、尊重、影响、接触等．

除了这些矩阵中的团的研究以外，还提出了一些其他的分析方法．一个集合上定义了一种二元关系，寻找这个集合的一些有意义的子集的一般性方法常是聚类分析所研究的课题．

怀特、布尔曼和布莱格提出了这样一种观点：当一个群体要被分成子群体或分成 n 块时，重要的是这些块中哪些对能满足第一块中没有一个个体和第二块中的个体有任何牵连．

有些群体可以用下面这个方法进行分析：研究人

员对于这一群体的块结构提出一个假设,称之为块模型(block model).这个假设可以由一个布尔矩阵或由一个布尔矩阵集所组成,于是提出了这么个问题:是否存在一个划分把这个群体分成 m 块,使得第 i 块和第 j 块中的个体没有任何牵连当且仅当这个块模型矩阵的第 (i,j) 个元素为零?黑尔(G. H. Heil)为此给出了一个计算机的算法,称为BLOCKER.特别的,这个程序对于群体中所有成员属于哪些块给出了满足给定块模型的所有分配方案.

怀特、布尔曼和布莱格还使用了称作为CONCOR的递阶聚类算法,它是由布莱格给出的.它给出了和BLOCKER十分相似的结果.

布莱格对于不同的 2×2 阶块模型给出了社会学上的解释.矩阵

$$\begin{bmatrix}1&0\\0&0\end{bmatrix}$$

可以被解释成为一个干部会议(caucus),而

$$\begin{bmatrix}1&0\\0&1\end{bmatrix}$$

被解释成为一个多重的干部会议(multiple caucus).矩阵

$$\begin{bmatrix}1&0\\1&0\end{bmatrix},\begin{bmatrix}1&0\\1&1\end{bmatrix}$$

分别被看作特权和归顺(hierarchy and deference).结构

$$\begin{bmatrix}1&1\\1&0\end{bmatrix}$$

就是熟知的中心-边界(center-periphery).而

$$\begin{bmatrix} 1 & 1 \\ 1 & 1 \end{bmatrix}$$

可以表示无组织结构(amorphous structure). 这些结构中有一些曾由罗西给过定义.

如果在一个群体中要考虑一个以上的联系,可以对于每一个联系设定一个块模型矩阵,并且设法把群体分成子集使得每一个块模型能够正确地表现出它的联系.

布尔曼和怀特提出过这么一种想法:同一个群体上的两个或更多的牵连之间的内部联系和相应的块模型矩阵生成的半群的结构有关.

下面我们考察一个布尔矩阵的指数与周期和自动机之间的联系.

任一个机器,例如计算机,可以被表示成为一个自动机. 因此,自动机在数学语言学中是很有用的. 这里我们将说明布尔矩阵的指数和周期在有限状态的非确定性自动机理论中是有意义的. 我们还要提到班德纳列克和乌拉姆的一个应用,其中布尔矩阵能用于并行计算. 我们还将对其他的应用列出一些参考文献.

曼德尔证明了任何 n 状态的、一个符号的、非确定性的自动机具有一个等价的、一个符号的、状态不多于 $c_n+(n-1)^2+1$ 的确定性自动机,其中 c_n 是 $\underline{n}$ 上对称群的循环子群的最大的阶数. 因而,可以证明这在"本质上"是能做到的中间最好的了.

这里我们给出的定义已经经过了修改,使得我们能把 9.4 节的结果尽快地同自动机的理论联系起来. 为了了解比较一般的定义,可以参看任何一本关于自动机的书,如霍普克罗夫特和厄尔曼的著作. 下面的结果是属于马尔柯夫斯基的.

定义 9.35　一个 n 状态的、一个符号的、非确定性的自动机 N 是指:一个三元组$(\mathbf{A},S,T)$,其中 $\mathbf{A}\in B_n$,$S,T\subset \underline{n}$,S 是初始状态集,T 是终状态集.

任何一个整数 $j\geqslant 0$ 对于 N 是所谓好的(good),是指:$S\mathbf{A}^j\cap T\neq\varnothing$,否则 j 对于 N 是所谓坏的(bad).

定义 9.36　一个 n 状态的、一个符号的、确定性自动机 D 是指:一个三元组(f,a,T) 使得 $f:\underline{n}\to\underline{n}$,$a\in\underline{n}$,$T\subset\underline{n}$,其中 a 是初始状态,T 是终状态集.

一个整数 $j\geqslant 0$ 是所谓好的是指 $f^j(a)\in T$,否则 j 对于 D 是坏的.

定义 9.37　两个 n 状态的、单符号自动机是所谓等价的是指:一个整数对于其中一个自动机是好的当且仅当它对另一个是好的.

在这里一个基本问题是:给定一个 n 状态的,一个符号的非确定性自动机最少有多少个状态能够具有等价的、一个符号的确定性自动机?许多人已经证明了对于多于一个符号的字母表,用等价的确定性自动机来实现一个 n 状态的非确定性自动机(在最坏的情况下)我们必须使用 2^n 个状态.曼德尔证明了(在最坏的情况)对于一个符号的自动机至少必须 c_n 个状态,$c_n+(n-1)^2+1$ 个状态总是充分的.我们将用定理 9.25 可以得到同样的上界(另外还要用到这么个事实:没有一个 B_n 的循环子群的阶数比 P_n 的循环子群的阶数(即 c_n)大).我们所用到的构造是对于标准的自动机理论的构造稍加修改.

定理 9.31　设 $N=(\mathbf{A},S,T)$ 是一个 n 状态的非确定性的自动机,设 K 是所有形为 $S\mathbf{A}^j(j\geqslant 0)$ 的不同

集合的全体,设 $f:K \to K$ 定义为 $f(S\boldsymbol{A}^j)=S\boldsymbol{A}^{j+1}$. 那么,$D=(f,a,T')$ 是等价于 N 的,其中 $a=S$,$T'=\{M\in K \mid M\cap T\neq\varnothing\}$. D 中状态的数目(即 $|K|$)小于或等于 $c_n+(n-1)^2+1$.

证　注意 j 对于 f 是好的当且仅当 $f^j(a)\in T'$,即当且仅当 $S\boldsymbol{A}^j\in T'$,或者说当且仅当 $S\boldsymbol{A}^j\cap T\neq\varnothing$. 因此,这两个自动机是等价的. K 的大小的界可以由 $\boldsymbol{A}$ 所生成的循环子半群的阶数加上 1 给出. 这个子半群的群的部分是 B_n 的循环子群,其阶数小于或等于 c_n. 由施瓦兹的定理(参看定理 9.25) 知,这个半群的非群部分的阶数至多为 $(n-1)^2$.

有关工作可参看金基恒和劳什的著作.

贝德纳列克和乌拉姆给出过一个想法,他们希望能够扩大并行计算的范围. 给定集合 X 上的两个二元关系,塔斯基注意到 $RS=\pi\{(R\times X)\cap(X\times S)\}$,其中 π 是把 (x_1,x_2,x_3) 映为 (x_1,x_3) 的投影映射 $X\times X\times X\to X\times X$. 他们也对于计算机的设计提出了一些想法,这些想法是使用这个公式依靠并行的方法来计算两个二元关系的复合. 采用离散的(数字的) 电路元件目前是能够造出这种计算机的,并且这些作者还提出了如何使用一些波现象来建立一个模拟系统的想法.

这样的计算机部件曾经做出过一个,它能够很快地复合任意两个二元关系,并且因此可以迅速地完成任何一种可以由二元关系的复合导出的运算. 例如,可以按照下述方法完成近似积分;设 g 是一个从 X 到 X 的函数,其中 $X=\{a,a+\Delta x,a+2\Delta x,\cdots,b\}$,设 H 是二元关系 $x\geqslant y$. 那么,复合关系 fH 将表示平面 $X\times X$

上小于或等于 $f(x)$ 的点与 x 的关系. 用一个光学设备把这个关系显示出来, 设 λ 表示显示出来的亮度. 那么, λ 将和这条曲线下面的点的数目成比例, 因此也同积分

$$\int_a^b f\,\mathrm{d}x$$

成比例.

利用二元关系也可以构造出一个对于一阶谓词演算很有用的模型.

他们还提出了一种人的大脑如何辨别模式的理论. 在这个理论中, 大脑贮存有一个模式的模型和一种能迅速得到它的许多变形的一种方法. 例如, 可以存入好几个变换, 用二元关系的形式存入, 这些二元关系的复合可以导致许多种变形, 把这些变形和所观察到的图像进行比较, 就可以得到关于一个集合的一些子集的矩阵.

关于布尔矩阵在计算机科学方面的应用可以参看尤尔根森(H. Jürgensen) 和威克(P. Wick) 以及贝德纳列克和乌拉姆的著述.

下面我们讨论罗森布赖特的关于信息扩散系统的模型, 在这个系统的实体集合中的每一个成员或者可以从其他信息项中获得信息, 或者可以把信息项传递给其他成员. 实体的集合和信息项的集合有一个详细的清单. 这里存在三个二元关系: (i) 传递关系 ρ: 它说明了每个实体可以把信息项传送给哪些实体; (ii) 导出关系 δ: 它说明了哪些信息项可以从其他哪些信息项推断出来; (iii) 指派关系 τ: 它说明了各个实体一开始时占有了哪些信息项. 因此, $x\rho y$ 可以读作"x 传送

给 y”；$x\delta y$ 可以读作“x 本来含有 y”；$x\tau z$ 可以读作“实体 x 被指定占有信息项 z”. 注意 ρ 是定义在实体上的，δ 是定义在信息项上的.

于是，这三个二元关系表现了一个原理：在一定的、有限的闭系统中，信息的产生只有通过一开始的设定、传送和导出这三种运算. 在这个模型中，传送和导出是按同样的速度进行的.

定义 9.38　设 $\Omega(i)$ 记$\{(x,y) \mid$ 在时刻 t 实体 x 占有了信息项 $z\}$. 则

$$\Omega(0)=\tau, \Omega(n)=\rho^{\mathrm{T}}\Omega(n-1)+\Omega(n-1)\delta$$

其中 $n>0$，“T”表示转置. 关系 $\Omega(i)$ 称作 k 阶知识库关系(thesaurus relation of order k).

定义 9.38 中的第二个方程反映了这么一些规律：(i) 如果 y 在时刻 $n-1$ 时占有信息项 z，并且 y 能把信息传送给 x，那么 x 在 n 时刻就能占有信息项 z；(ii) 如果 x 在时刻 $n-1$ 时占有信息项 z，并且 z 包含了 W，那么 x 在时刻 n 时就能占有信息项 W.

这个系统是收敛的吗？从上面这些方程，我们用归纳法可以证明

$$\Omega(m)=\sum_{i=0}^{m}(\rho^{\mathrm{T}})^{i}\tau\delta^{m-i}$$

其中关系的零次幂被解释为恒等关系. 如果 ρ,τ 是自反的、传递的，那么由上述方程可以导出

$$\Omega(k)=\rho^{\mathrm{T}}\tau+\tau\delta+\rho^{\mathrm{T}}\tau\delta=\Omega(z)$$

对一切 $k>2$ 成立. 因此，我们可以有很快的收敛性. 研究一般情况的一个办法是采用高阶的布尔矩阵.

记号 1　设 $\boldsymbol{R},\boldsymbol{S},\boldsymbol{T}$ 是相应于关系 ρ,δ,τ 的布尔矩阵，设$\{\boldsymbol{M}(k) \mid k\geqslant 0\}$ 记相应于关系序列$\{\Omega(k) \mid k\geqslant$

$0\}$ 的布尔矩阵序列.

考虑布尔方阵 $\boldsymbol{B}$,即

$$\boldsymbol{B}=\begin{bmatrix}\boldsymbol{R}^{\mathrm{T}} & \boldsymbol{T}\\ \boldsymbol{0} & \boldsymbol{S}\end{bmatrix}$$

$\boldsymbol{B}^{n+1}$ 的右上方矩阵

$$\boldsymbol{M}(n)=\boldsymbol{R}^{\mathrm{T}}\boldsymbol{M}(n-1)+\boldsymbol{M}(n-1)\boldsymbol{S}$$

因为 $\boldsymbol{M}(0)=\boldsymbol{T}$. 于是,$\boldsymbol{M}(n)$ 就是 $\Omega(n)$ 所对应的布尔矩阵. 因此,如果 $\boldsymbol{B}$ 是收敛的,那么该信息系统将也是收敛的.

我们可以推广上述模型,允许每个实体可以有不同的从其他信息项导出信息的过程,并且对于不同的信息项可以有不同的传送网络. 这些推广的工作是属于金基恒和劳什的.

记号 2 设 X 是实体的集合,Y 是可能的信息项的集合,且 $|X|=m$, $|Y|=n$. 那么在这个模型中一个特殊的系统是这样陈述的:m 个不同的 $n\times n$ 阶布尔矩阵 $\boldsymbol{D}_i$ 分别描述第 $i=1,2,\cdots,m$ 个实体可以从每个信息项中导出哪些信息项,n 个不同的 $m\times m$ 阶布尔矩阵 $\boldsymbol{C}_i$ 表示出对于第 $j(j=1,2,\cdots,n)$ 个信息项一个给定的实体可以把这个信息项传送给哪些实体.

初始状态由具有 nm 个分量的布尔向量描述,其中某个分量为 1 是指某个实体 x 具有信息项 y. 我们可以构造一个 $nm\times nm$ 阶布尔矩阵 $\boldsymbol{H}$,其中 $h_{(a,d),(c,b)}=1$ 定义为或者 $a=c$ 并且 d_a 在位置 (b,d) 处为 1,或者 $b=d$ 并且 c_b 在位置 (a,c) 处为 1. 那么经过 k 步之后系统的状态由向量 $\boldsymbol{V}\boldsymbol{H}^k$ 表示,其中运算为 β_0 中的矩阵与向量的乘法. 因此,对于任意 $\boldsymbol{V}$ 考察收敛性的一个办法是考虑矩阵 $\boldsymbol{H}$ 的收敛性. 对于任意 $\boldsymbol{H}\in B_r$ 存在一个相应

的具有 r 个顶点的图，从 x 到 y 有一条有向边当且仅当 $h_{xy}=1$.

定义 9.39　形为 $(s_0,s_1),(s_1,s_2),\cdots,(s_{t-1},s_t),(s_t,s_0)$，其中各 s_i 可以相同的一个边序列称为一条闭路(closed walk).

那么，对于任意布尔矩阵收敛的充分必要条件是通过任意一个给定顶点的所有闭路的长度的最大公因子为 1，这里假设通过这个顶点的闭路至少有一条.

定理 9.32　对于任意初始状态，系统的状态将收敛，只要下述条件中有一个被满足：(i) 每个 $\boldsymbol{D}_i$ 收敛到一个主对角线上元素为 1 的矩阵；(ii) 每个 $\boldsymbol{C}_j$ 收敛，并在集合 Y 上存在着一个偏序结构，它使得对于每一个 i，$(\boldsymbol{D}_j)_{ab}=1$ 仅当在这个偏序结构上 a 大于或等于 b 时成立. 这里 Y 为记号 2 中所述.

因为在我们的模型中信息项和实体之间具有严格的对偶性，因此这些条件也是对偶的.

例 9.5　设某个 $\boldsymbol{H}$ 具有如图 9.1 的形式.

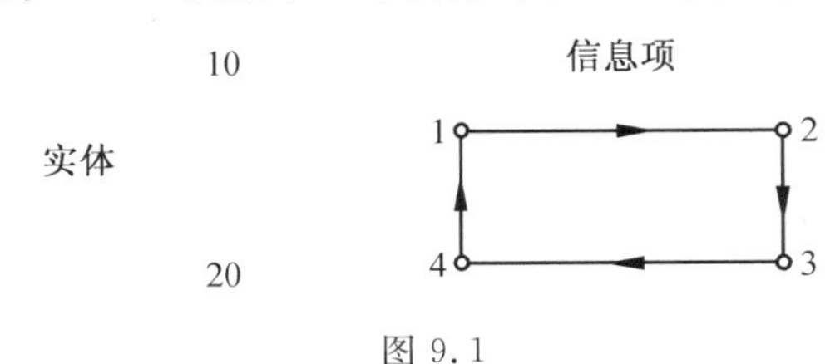

图 9.1

显然，这个系统的状态总是收敛的.

例 9.6　所有的 $\boldsymbol{C}$ 矩阵都是零，某些 $\boldsymbol{D}$ 矩阵不收敛.

例 9.7　所有的矩阵如下

$$\boldsymbol{D}_1=\begin{bmatrix}1&0&0&0\\1&0&0&0\\1&1&0&0\\1&1&1&1\end{bmatrix}\quad \boldsymbol{D}_2=\begin{bmatrix}1&0&0&0\\1&0&1&0\\1&0&0&0\\1&1&1&1\end{bmatrix}$$

$$\boldsymbol{C}_1=\begin{bmatrix}0&0\\0&0\end{bmatrix},\boldsymbol{C}_2=\begin{bmatrix}0&1\\0&0\end{bmatrix},\boldsymbol{C}_3=\begin{bmatrix}0&0\\1&0\end{bmatrix},\boldsymbol{C}_4=\begin{bmatrix}0&0\\0&0\end{bmatrix}$$

希姆贝尔发展了一种有点类似的模型,但它没有获取关系并且每个人在初始时只赋予他一项信息.这时布尔矩阵的幂仍然是很重要的.

在时刻 0,每个人都得到了一个确定的、别人所不知道的信息.在时刻 $t=1,2,\cdots$,每个人都把自己所知道的所有信息传送出去,其中包括他在这一时刻从其他人那里收到的信息,他传送的对象是这群人中的一个子集.

定义 9.40　一个布尔矩阵 $\boldsymbol{A}$ 被称作为传送矩阵(communication matrix)是指:$a_{ij}=1$ 当且仅当成员 i 把信息传送给成员 j,并且对每个 i,$a_{ii}=1$.

注　矩阵 $\boldsymbol{A}$ 的 k 次幂的第 i 列告诉我们成员 i 在时刻 k 时知道哪些信息.

定义 9.41　传送矩阵 $\boldsymbol{A}$ 被称为充分的(adequate)当且仅当所有的人最终都知道了别人得到的信息.

还考虑过更加一般的系统,其中通讯矩阵 $\boldsymbol{A}$ 不是定常的,而是随时间变的.

这样一种系统的效率有三种测量方法:(i) 使所有的成员都知道了所有的信息所需要的时间的倒数;(ii) 人均通道数(channels per member)为 $\frac{p}{n}$,其中 p 为通讯矩阵 $\boldsymbol{A}$ 的主对角线外的 1 元素的个数;(iii) 冗

余量为$\frac{n^2}{q}$，其中 q 为把$\boldsymbol{A}$ 看作非负矩阵时$\boldsymbol{A}$ 的k 次幂的所有元素的和，k 是使所有成员都知道所有信息所需要的时间.

例 9.8　设

$$\boldsymbol{A}=\begin{bmatrix}1 & 1 & 0 & 0\\0 & 1 & 1 & 0\\0 & 0 & 1 & 1\\1 & 0 & 0 & 1\end{bmatrix}$$

则主对角线外 1 元素的个数 $P=4$，$\frac{P}{n}=1$.

可以看出 $\boldsymbol{A}^3$ 是使每个元素都为 1 的 $\boldsymbol{A}$ 的最低次幂，因此(i) 的解为$\frac{1}{3}$.

当把 $\boldsymbol{A}$ 看作 R 上的矩阵时，$\boldsymbol{A}$ 的立方为

$$\begin{bmatrix}1 & 3 & 3 & 1\\1 & 1 & 3 & 3\\3 & 1 & 1 & 3\\3 & 3 & 1 & 1\end{bmatrix}$$

因此，其冗余量为$\frac{1}{2}$.

其他有关结果可参看希姆贝尔的著作. 布尔矩阵方法在运筹学中的某些应用在哈默和鲁迪阿努的著述以及哈默和他的其他合作者的文章中讨论过.

霍恩(F. E. Hohn) 和希斯勒(L. R. Schissler) 研究了布尔矩阵用于继电器组合逻辑电路的设计时出现的一些性质，并发展了这一应用的基本概念.

一个给定的开关电路的效果是什么？我们可以用一个图来表示一个电路，再用一个布尔矩阵来表现这

个图,并且在继电器上设定布尔变量.这时输出就是这个收敛矩阵的幂等的幂矩阵.

定义 9.42 输出矩阵(output matrix)就是指一个布尔矩阵,其元素(i,j)说明从i到j有没有某个直接的或间接的电流通路.

譬如说考虑如下的一个开关电路.这里1,2,3是端点,x,y,z,u是开关或者是能够接通或断开这些电流通道的继电器.

这种电路可以借助于布尔矩阵来处理,其元素由0,1和变量x,y,z,u的组合表示(图9.2).

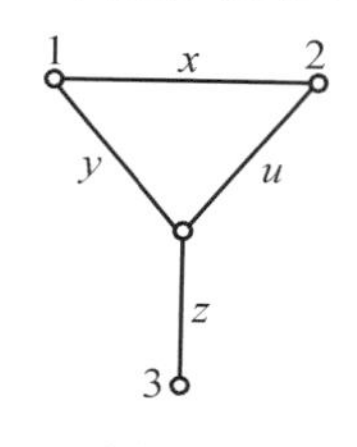

图 9.2

例 9.9 对于上面这个电路,输出矩阵为

$$\begin{bmatrix} 1 & x+yu & xuz+yu \\ x+yu & 1 & xyz+uz \\ xuz+yz & xyz+uz & 1 \end{bmatrix}$$

例如,当继电器x闭合或者继电器y和u都闭合时,电流可以从端点1流向端点2,因此矩阵中元素(1,2)为$x+yu$.

注 输出矩阵总是对称的、自反的和幂等的.

定义 9.43 本原的连接矩阵(primitive connection matrix)是指这样一种布尔矩阵,它包含了电路中所有的节点,包括不是端点的那些节点(如上图中只有一个这样的节点),矩阵中元素(i,j)的值取

图中从 i 到 j 的继电器的状态值，如果没有连线则取为 0.

例 9.10　上述例子中电路的本原连接矩阵为

$$\begin{bmatrix} 1 & x & 0 & y \\ x & 1 & 0 & u \\ 0 & 0 & 1 & z \\ y & u & z & 1 \end{bmatrix}$$

因此，本原连接矩阵是可以从电路图上直接写出来的.

注　本原连接矩阵总是对称的、自反的，但并不总是幂等的.

对于电路进行分析时就会涉及这么一个问题：给定了一个本原的连接矩阵，如何由它得到输出矩阵?

第一步就是去掉所有不是端点的节点(如上面这个例子中的节点 4)，每一次去掉一个. 首先删掉这个节点所对应的行和列(譬如说是节点 r)，把原来矩阵中元素 (i,r) 和 (r,j) 的乘积和元素 (i,j) 相加作为新矩阵的元素 (i,j).

如上面这个例子中我们可以得到

$$\begin{bmatrix} 1+yy & x+yu & yz \\ x+yu & 1+uu & uz \\ yz & uz & 1+zz \end{bmatrix}$$

它等于

$$\begin{bmatrix} 1 & x+yu & yz \\ x+yu & 1 & uz \\ yz & uz & 1 \end{bmatrix}$$

然后取这一矩阵的满足幂等性的最低次幂，这就是输出矩阵. 如这个例子中，这个矩阵本身就是幂等的，因此它就是输出矩阵.

实际中最有兴趣的问题是电路的综合. 这可以把上面所说的处理步骤反过来，从输出矩阵来构造一个本原的连接矩阵.

罗伯特用布尔矩阵研究了离散的迭代问题. 给定一个有限集 $X_1, X_2, \cdots, X_n$ 和 $X_1 \times X_2 \times \cdots \times X_n$ 上的变换 F，如何讨论 F 的幂的收敛性和不动点. 这种性质的问题产生于信息论、离散自动机、生物数学、物理学和社会科学. 罗伯特所得到的产于布尔矩阵方向的结果主要涉及它们的特征值和特征向量. 他证明了类似于贝龙 — 弗罗比尼乌斯定理和斯坦恩 — 罗森伯格(Stein-Rosen berg) 定理的一些结果，说明了 0 和 1 特征值的存在性. 然后，他定义了布尔收缩，证明了布尔收缩具有唯一的不动点，他还发展了离散的类似于牛顿法的一些技巧，讨论了数值分析方面的一些问题.

米尔金(B. G. Mirkin) 把布尔矩阵方法应用于定性数据的分析. 例如，属性可以被描述成一个对象 — 属性矩阵 $\boldsymbol{T}$，使得 $t_{ij}=1$ 是指对象 i 具有属性 j，$t_{ij}=0$ 是指对象 i 不具有属性 j. 类似的，还可以讨论对象 — 对象矩阵. 在他的这本书里仔细地讨论了分析这类矩阵的方法，并用于构造那些能够解释实验结果新属性和通过对老的属性的组合来描述和预报新属性.

金基恒和劳什还把布尔矩阵应用到了博弈论和聚类分析的研究中.

任意布尔代数上的矩阵

第10章

§1 任意布尔代数上的矩阵

任意布尔代数 β 上的矩阵满足 β_0 上的矩阵的大部分性质. 原因是任何一个布尔代数都是某个 β_0^s 的子布尔代数，并且我们可以有一个从 β_0^s 上的 $n\times n$ 阶矩阵到 B_n^s 上的同构映射. 例如，我们可以定义置换矩阵、逆矩阵等概念. 置换矩阵定义为满足 $\boldsymbol{P}\boldsymbol{P}^{\mathrm{T}}=\boldsymbol{P}^{\mathrm{T}}\boldsymbol{P}=\boldsymbol{I}$ 的矩阵 $\boldsymbol{P}$. 它们可以导出和普通的置换矩阵的 n 之组之间的对应关系. 任何一个具有 g－逆的矩阵都有一个部分置换矩阵作为它的 g－逆. 存在 g－逆的充分必要条件是存在空间分解. 事实上，马尔柯夫斯基和拉奥已经研究过这个问题. β_0 上的无穷维矩阵确实具有某些不同的性质(J 类和 D 类不需要重合). 苏联的一些研究工作者如扎列茨基,已经研究过这些性质. 关于无限维布尔矩阵的结构方面的种种结果可参看布莱思的著述.

§2 模糊矩阵

扎德提出了一个集合的模糊子集的定义,定义为从这个集合到[0,1]的一个函数. 这使得我们可以说一个元素以0.9的程度属于S,而不说$x\in S$或$x\notin S$. 模糊子集的交和并定义为下确界和上确界.

我们研究了相应的矩阵概念.

定义 10.1 一个模糊矩阵就是其元素取自[0,1]的矩阵,并且其运算由如下规则定义

$$A+B=(\sup\{a_{ij},b_{ij}\})$$

$$AB=(\sup_k\{\inf\{a_{ik},b_{kj}\}\})$$

$$A\odot B=(\inf\{a_{ij},b_{ij}\})$$

$$CA=(\inf\{c,a_{ij}\}),c\in R$$

例 10.1 设

$$\boldsymbol{A}=\begin{bmatrix}0.8 & 0.1\\0.2 & 1\end{bmatrix},\boldsymbol{B}=\begin{bmatrix}0.6 & 0.5\\0.4 & 0.3\end{bmatrix}$$

那么

$$\boldsymbol{A}+\boldsymbol{B}=\begin{bmatrix}0.8 & 0.5\\0.4 & 1\end{bmatrix},\boldsymbol{AB}=\begin{bmatrix}0.6 & 0.5\\0.4 & 0.3\end{bmatrix}$$

这些就是运算 $\sup\{a,b\}$ 和 $\inf\{a,b\}$ 之下的模糊代数[0,1]上的矩阵. 模糊矩阵和布尔矩阵一样组成

了一个偏序的半环. 布尔矩阵组成了模糊矩阵的一个子集. 反过来,存在一个从模糊矩阵半环到布尔矩阵半环的一个同态映射 h_α,其中 $h_\alpha(\mathbf{A})_{ij}=0$,当 $a_{ij}<\alpha$;$h_\alpha(\mathbf{A})_{ij}=1$,当 $a_{ij}\geqslant\alpha$. 两个模糊矩阵是相等的当且仅当它们在所有这样的同态映射之下的象是相等的.

模糊矩阵可以用于聚类的研究和模糊网络的研究. 金基恒和劳什证明了有关模糊矩阵的秩、基、D－类、幂等元、正则性、逆元、特征向量、指数和周期等一系列结果,其中最重要的差别是基(最小生成集)不是唯一的.

定义 10.2　模糊代数上的一个向量子空间的一组基 C 被称为标准基是指:如果 $C\langle i\rangle=\sum a_{ij}C\langle j\rangle$,其中 $C\langle i\rangle,C\langle j\rangle\in C$,那么 $a_{ii}C\langle i\rangle=C\langle i\rangle$.

例 10.2　基 $\{(0.5,1,0.5),(0,1,0.5)\}$ 不是标准基,因为

$$(0.5,1,0.5)=(0.5)(0.5,1,0.5)+(0,1,0.5)$$

但 $\{(0.5,0.5,0.5),(0,1,0.5)\}$ 对于同一个向量子空间是标准基.

最后我们指出对于模糊向量的每一个有限生成子空间存在唯一的标准基.

§3　尚未解决的问题

1. 对于一个随机布尔矩阵,它的行秩、列秩和沙因秩的分布是什么?

2. (艾尔多士和莫塞) 设 $n_1(V_n)$ 是 V_n 中满足下述性质的最小子集的势:V_n 中的每一个向量都是这

$n_1(V_n)$ 个向量中的两个向量之和. 问是否对于足够大的 n 有:$n_1(V_{2n}) > 2^n(1.75)$ 或者 $n_1(V_{2n}) < 2^n(1.75)$?

3.(艾尔多士和莫塞)设 $n_1(V_n)$ 如问题 2 中所示,设 $n_2(V_n)$ 是 $n_1(V_n)$ 个向量 $\mathbf{V}_i, i=1,2,\cdots,n_1(V_n)$ 中满足下述性质的最大子集的势:所有的向量 $\mathbf{V}_i+\mathbf{V}_j$ 是不同的. 求 c_1, c_2 使得 $0<c_1<c_2<1, \dfrac{c_2}{c_1}<1.01$ 并满足 $(1+c_1)^n<n_1(V_n)<(1+c_2)^n$,当 n 足够大时.

4. 问最少要有多少个 $\underline{n}$ 上的变换,使得这些变换以及它们的转置加起来比一个线性序矩阵大? $\left(上界为\left[\dfrac{2n+2}{3}\right]\right)$.

5. 如果 R 上的两个矩阵 $\boldsymbol{A}, \boldsymbol{B}$ 的特征多项式允许有重根的话,移位等价关系是可判定的吗?

6. 当 $n \geqslant 12$ 时 $\underline{n}$ 上的偏序集的个数是多少?

7. 当 $n \geqslant 12$ 时,$\underline{n}$ 上拟序集的个数是多少?

8. 设 p_n 是 $\underline{n}$ 上偏序集的数目,证明:$\underline{n}$ 上的拓扑的同构类的数目渐近等于 $\dfrac{p_n}{n!}$.

9. $\mathrm{Idem}(B_n)$ 的渐近数是多少?

10. $\mathrm{Idem}(B_n)$ 的基数是多少?

11. $\mathrm{Reg}(B_n)$ 的渐近数是多少?

12. $\mathrm{Reg}(B_n)$ 的基数是多少?

13. B_n 中霍尔矩阵的个数是多少?

14. B_n 中传递关系的个数是多少?

15. B_n 中不可分解的矩阵的个数是多少?

16. 求两个线性序乘积上的相似关系的个数和连接关系的个数的公式.

17. 找出 $\mathrm{Pmt}(B_n)$ 的一个完整的描述，或者找出与它有关的半群的一个完整的描述(例如由所有本原矩阵和置换矩阵生成的半群).

18. 求 B_n 中几乎可分解的矩阵的渐近数.

19. 求 B_n 中几乎可分解的矩阵的个数.

20. 一个 $n\times n$ 阶的几乎可分解的布尔矩阵的极大积和式是什么?

21. 一个布尔函数的复杂度(complication)是指为了表示它所需要的运算"∧""∨"的最小个数(可以运用括号和补,但不参加计数). 可以证明任何一个布尔函数都有很大的复杂度吗?

例如这样一个函数,它等于 1 当且仅当它的变量 x_i 等于 1 的个数恰为 $\frac{n}{2}$,这个函数的复杂度比任何一个多项式函数大吗? 可能如下函数的复杂度接近极大:这个函数等于 1 当且仅当 $x_1\cdots x_n$ 所表示的二进制数是一个素数.

22. (汉默和鲁迪阿努) 设 G 是一个图,它的顶点被分成四种颜色. 设 $a_{ij}=1$ 或 $a_{ij}=0$ 取决于是否有一条边把 V_i 和 V_j 连起来. 设 x_i, y_i 是布尔变量, $x_i=1$ 当且仅当 V_i 具有颜色 1 或 2, $y_i=1$ 当且仅当 V_i 的颜色为 1 或 3. 那么表示 G 是可以被涂成四种颜色的布尔方程为

$$\sum_{i,j}a_{ij}(x_iy_ix_jy_j+x_iy_i^cx_jy_j^c+x_i^cy_i^cx_j^cy_j+x_i^cy_i^cx_j^cy_j^c)=0$$

其中 x^c 表示 x 的补. 寻找四色定理的一个布尔方法的证明.

23. 证明:对于任一有限的布尔代数和任意有限多个或无限多个布尔矩阵 $\mathbf{A}_\alpha$,所有这些 $\mathbf{A}_\alpha$ 按元素的乘积

和所有这些 $\boldsymbol{A}_\alpha$ 的和都是确定的.是否任意情况下所有 $\boldsymbol{A}_\alpha$ 的矩阵积也是确定的？把这个问题和某种有限子乘积的收敛性一起考虑可能有益.

24. B_n 中 D — 类的偏序关系的权是多少？(金基恒和劳什对于正则的 D—类的情况已经解决了这一问题).

25. 当 $n \to \infty$ 时,B_n 中的一个随机矩阵它的沙因秩小于 n 的概率是多少？

26. B_n 中的一个随机矩阵,它是素矩阵的概率是多少？

27. 对于一个给定的布尔矩阵的有限集合,给出一个多项式次数的算法,以确定全 1 矩阵是否在它们所生成的半群中(金基恒和劳什对于不具有零行和零列的布尔矩阵已经解决了这一问题).如果把全 1 矩阵换成零矩阵又如何？

28. 下面是一个著名的尚未解决的组合论问题:确定一个函数 $f(n)$ 使得每个 $f(n)\times f(n)$ 阶矩阵具有一个 $n\times n$ 阶的全为零的矩形块,或是具有一个 $n\times n$ 阶的全为 1 的矩形块(参看艾尔多士和斯潘塞的文章).

29. 当 $\frac{n}{\log m} \to 0$ 时,B_{nm} 中 D — 类的渐近数是多少？

30. 求一个布尔矩阵的平方根的问题是否是 NP 完全的？

格　群

附录 I

§1　格　群

1. 半序群的半序构造若是格的时候,叫作格群. 格群的群积仍是格群,子群则未必. 又即使子群的格群,子群里的上下确界与原格群的未必相等. 半序群若能同构于格群的子群的时候,叫作可格的. 可格的群未必是格群.

例 Ⅰ.1　$C[0,1]$是格群,其多项式子群$\{p(x)\}$是向群. 任给$p(x),q(x)$,则$(p(x))^2+(q(x))^2+1\geqslant p(x),q(x)$.

但不是格群，$p(x)\geqslant x,1-x$ 的多项式 $p(x)$ 里没有最小的. $\{p(x)\}$ 显然是可格的群.

$\mathscr{C}=C[0,1]$，$\mathscr{E}$ 是一次多项式所作的子群，$\mathscr{E}$ 是格群，但 $\sup\limits_{\mathscr{C}}(x,y)\leqslant\sup\limits_{\mathscr{E}}(x,y)$，$\inf\limits_{\mathscr{C}}(x,y)\geqslant\inf\limits_{\mathscr{E}}(x,y)$. 不等号成立的情形例如：交叉的两直线，其中 $\sup\limits_{\mathscr{C}}(x,y)$，$\inf\limits_{\mathscr{E}}(x,y)$ 分别是联强求两直线的最高点及最低点者.

2. **定理** Ⅰ.1　$x,y\in\mathscr{C}$，$x+y=x\vee y+x\wedge y$.

证　$x\vee y=x+y+(-y)\vee(-x)=x+y-(x\wedge y)$.

定理 Ⅰ.2　P 是半序群 $\mathscr{C}$ 的正元全体. $\mathscr{C}$ 是格群的充要条件是：

(i) $\mathscr{C}=P-P$；

(ii) 若 $x,y\in P$，则 $\inf\limits_{P}(x,y)$ 存在.

证　必要条件. 若 $\mathscr{C}$ 是格群，则 $\mathscr{C}$ 是向群，(i) 成立. 又对于任两个 $x,y\in P$，$\inf\limits_{\mathscr{C}}(x,y)\geqslant 0$，即 $\inf\limits_{\mathscr{C}}(x,y)\in P$. 因之，$\inf\limits_{\mathscr{C}}(x,y)=\inf\limits_{P}(x,y)$，后者存在，即(ii).

充分条件. 首先给定 $x,y\in P$，任取 $z\in\mathscr{C}$，$z\leqslant x,y$. 由(i) 有 $u\in P$ 使 $z+u\in P$. 因为

$$x+u,y+u\geqslant\inf_{P}(x,y)+u$$

所以

$$\inf_{P}(x+u,y+u)\geqslant\inf_{P}(x,y)+u$$

所以

$$\inf_{P}(x+u,y+u)=\inf_{P}(x,y)+C+u,C\geqslant 0$$

从而，由 $x+u,y+u\geqslant\inf\limits_{P}(x,y)+C+u$ 推出

$$\inf_P(x,y)+C\leqslant x,y,\text{或}\inf_P(x,y)+C\leqslant\inf_P(x,y)$$

得出$C=0$，即

$$\inf_P(x+u,y+u)=\inf_P(x,y)+u$$

并得到

$$\inf_P(x,y)+u\geqslant z+u$$

换言之，$z\leqslant\inf_P(x,y)$，这表示$\inf_P(x,y)=\inf_P(x,y)$.

设 $x,y\in\mathscr{C}$. 由(i)，$x=x_1-x_2$，$y=y_1-y_2$，令 $v=x_2+y_2$，则 $v\in P$，使 $x+v,y+v\in P$. 由已证知道

$$\inf_P(x+v,y+v)=\inf_{\mathscr{C}}(x+v,y+v)$$

即

$$x+v,y+v\geqslant\inf_{\mathscr{C}}(x+v,y+v)$$

或

$$x,y\geqslant\inf_{\mathscr{C}}(x+v,y+v)-v$$

另一方面，任给

$$z\leqslant x,y,z+v\leqslant x+v,y+v$$

所以

$$z+v\leqslant\inf_P(x+v,y+v)$$

或

$$z\leqslant\inf_P(x+v,y+v)-v$$

即

$$\inf_{\mathscr{C}}(x,y)=\inf_{\mathscr{C}}(x+v,y+v)-v$$

上确界也存在.

分解定理 Ⅰ.3　$x_1,x_2,\cdots,x_p;y_1,y_2,\cdots,y_q$ 都是格群 $\mathscr{C}$ 的正元，且 $\sum_{i=1}^{p}x_i=\sum_{j=1}^{q}y_j$. 于是 $\mathscr{C}$ 中有正元 z_{ij}，

$1\leqslant i\leqslant p,1\leqslant j\leqslant q$,对每个 i,j 使 $x_i=\sum_{j=1}^{q}z_{ij},y_j=\sum_{i=1}^{p}z_{ij}$ 成立.

证 (1)$p=q=2$,即 $x+x'=y+y'$ 的情形.

置 $a=0\vee(x-y')$,因为

$$x-y'=y-x'\leqslant x,y$$

所以

$$b=x-a\geqslant 0,c=y-a\geqslant 0$$
$$d=a-(x-y')\geqslant 0$$

于是得到

$$x=a+b,y=a+c,x'=c+d,y'=b+d$$

(2) 设定理对于 $p<m$ 及 $q=n(m>2,n\geqslant 2)$ 时真,往证 $p=m,q=n$ 时亦真. 由写法

$$x_m+(\sum_{i=1}^{m-1}x_i)=\sum_{j=1}^{n}y_j$$

可以利用 $p=2,q=n$ 时的结果,于是有两组 $\{z_j'\}$,$\{z_j''\}$,$1\leqslant j\leqslant n$,牵涉

$$\sum_{i=1}^{m-1}x_i=\sum_{j=1}^{n}z_j',x_m=\sum_{j=1}^{n}z_j'',y_j=z_j'+z_j''$$

再利用 $p=m-1,q=n$ 时的结果,有 $\{u_{ij}\}_{1\leqslant i\leqslant m-1,1\leqslant j\leqslant n}$ 牵涉

$$x_i=\sum_{j=1}^{n}u_{ij},z_j'=\sum_{i=1}^{m-1}u_{ij}$$

令

$$z_{ij}=u_{ij},1\leqslant i\leqslant m-1,1\leqslant j\leqslant n$$
$$z_{mj}=z_j'',1\leqslant j\leqslant n$$

即所欲求.

(3) 调换 x_i 及 y_j 得:若 $p=m,q<n(m\geqslant 2,n>$

2)时定理真,则 $p=m,q=n$ 时定理亦真.

系 设 $y,x_1,x_2,\cdots,x_n$ 是 $n+1$ 个元且都是正的,$y\leqslant\sum_{i=1}^{n}x_i$,则有 n 个正元 $y_i\leqslant x_i$,其和 $\sum_{i=1}^{n}y_i=y$.

证 应用分解定理于 n 个正元 x_i 及两个正元 y 及 $z=\sum_{i=1}^{n}x_i-y$.

3. $x\in\mathscr{C}$ 的正部 x^+,负部 x^-,绝对值 $|x|$ 的定义是

$$x^+=x\vee 0,x^-=(-x)\vee 0,|x|=x\vee(-x)$$

定理 Ⅰ.4 正负部及绝对值的定理:

(i) $x=x^+-x^-,x^+\wedge x^-=0$;

(ii) x 的任一个两正元之差的表示:$x=u-v$ 应有 $u=x^++w,v=x^-+w$,这里 $w=u\wedge v$. 特别的,若 $u\wedge v=0$,则 $u=x^+,v=x^-$;

(iii) $x\leqslant y$ 与 $x^+\leqslant y^+$ 及 $x^-\geqslant y^-$ 同值;

(iv) $|x|=x^++x^-\geqslant 0$;

(v) $|x+y|\leqslant|x|+|y|$;

(vi) $||x|-|y||\leqslant|x|+|y|$.

证 (i) 及(ii). 设 $x=u-v$,则 $u\geqslant x$,所以 $u\geqslant x\vee 0=x^+$. 令 $w=u-x^+\geqslant 0$,又

$$x^+-x=x\vee 0-x=0\vee(-x)=x^-$$

所以

$$x=x^+-x^-,v=x^-+w$$

设 $z\leqslant x^-$,即 $z\leqslant x^+-x$,换言之,$x\leqslant x^+-z$.

若 $z\leqslant x^+$,则 $x^+-z\geqslant 0$,由 x^+ 的定义,$x^+\leqslant x^+-z$,得 $z\leqslant 0$. 从而推出

$$0=x^+\wedge x^-,u\wedge v=(x^++w)\wedge(x^-+w)=w$$

(iii) $x\leqslant y$,所以 $y^{+}=y\vee 0\geqslant x\vee 0=x^{+}$, $y^{-}\leqslant x^{-}$ 亦同. 反蕴涵则由(i).

(iv) 由 $x\leqslant x^{+}$, $-x\leqslant x^{-}$,得

$$|x|=x\vee(-x)\leqslant x^{+}+x^{-}$$

反之,设 $a\geqslant x,-x$. 由(iii) 知

$$a^{+}\geqslant x^{+},x^{-};a^{-}\leqslant x^{+},x^{-}$$

从而推出

$$0\leqslant a^{-}\leqslant x^{+}\wedge x^{-}=0$$

即 $a=a^{+}$. 因之

$$a\geqslant x\vee(-x)\vee 0=x^{+}\vee x^{-}=x^{+}+x^{-}$$

(v) $x\leqslant|x|$, $y\leqslant|y|$,所以

$$\pm(x+y)\leqslant|x|+|y|$$

$$|x+y|=(x+y)\vee(-x-y)\leqslant|x|+|y|$$

(vi) 由(v) 得出

$$|x|-|y|\leqslant|x-y|\leqslant|x|+|y|$$

及

$$|y|-|x|\leqslant|y-x|\leqslant|x|+|y|$$

定理 Ⅰ.5 设 $\inf\limits_{\alpha}x_{\alpha}$, $\sup\limits_{\alpha}x_{\alpha}$ 存在, $z\in\mathscr{C}$,有

$$\inf_{\alpha}\{z\vee x_{\alpha}\}=z\vee(\inf_{\alpha}x_{\alpha})$$

$$\sup_{\alpha}\{z\wedge x_{\alpha}\}=z\wedge(\sup_{\alpha}x_{\alpha})$$

证 只证第二式

$$z\wedge x_{\alpha}=z-(x_{\alpha}-z)^{-}$$

于是要证的第二式可以改成

$$\sup[-(x_{\alpha}-z)^{-}]=0\wedge\sup(x_{\alpha}-z)$$

因此只需考虑 $z=0$. 换言之,设 $y=\sup\limits_{\alpha}x_{\alpha}$,证明 $\inf\limits_{\alpha}\{x_{\alpha}^{-}\}=y^{-}$.

因为 $x_{\alpha}\leqslant y$,所以 $x_{\alpha}^{-}\geqslant y^{-}$. 反之,设有 $a\geqslant x_{\alpha}^{-}$,于

是

$$\alpha \leqslant x_\alpha^+ - x_\alpha \leqslant y^+ - x_\alpha$$

这里 α 是任意的，所以 $\alpha \leqslant y^+ - y = y^-$，明所欲证.

设 $\mathscr{E}$ 是格群 $\mathscr{C}$ 的子群，f 是自 $\mathscr{C}$ 至 $\mathscr{C}/\mathscr{E}$ 上的同态变换.

定理 Ⅰ.6 $\mathscr{C}/\mathscr{E}$ 是格群的充要条件是：若 $|y| \leqslant |x|, x \in \mathscr{E}$，则 $y \in \mathscr{E}$. 这样的子群叫作法子群.

证 (1) 必要条件. 设 $x \in \mathscr{E}$，有

$$|x| = \sup(x, -x) \equiv \sup(0,0) = 0 (\bmod \mathscr{E})$$

即 $|x| \in \mathscr{E}$. $\mathscr{C}/\mathscr{E}$ 是格群也是半序群，由 $0 \leqslant y^+, y^- \leqslant |y| \leqslant |x|$，得 $y^+, y^- \equiv 0 (\bmod \mathscr{E})$，所以 $y \in \mathscr{E}$.

(2) 充分条件. 由

$$a \vee b - a \wedge b = |a - b|$$

得

$$|a \vee b - a' \vee b| = a \vee a' \vee b - (a \wedge a') \vee b$$

但

$$\begin{aligned} a \vee a' \vee b &= |a - a'| + (a \wedge a') \vee (b - |a - a'|) \\ &\leqslant |a - a'| + (a \wedge a') \vee b \end{aligned}$$

所以

$$|a \vee b - a' \vee b| \leqslant |a - a'|$$

从而，当 $a \equiv a' (\bmod \mathscr{E}), b \equiv b' (\bmod \mathscr{E})$ 时

$$a \vee b \equiv a' \vee b \equiv a' \vee b' (\bmod \mathscr{E})$$

3. **定理** Ⅰ.7 设 $x, y, z \geqslant 0$，则

$$(x + y) \wedge z \leqslant x \wedge z + y \wedge z$$

证 设 $u = (x + y) \wedge z$. 因为 $x \geqslant 0$，所以 $z \leqslant x + z$，从而得

$$u \leqslant (x + y) \wedge (x + z) = x + y \wedge z$$

另一方面，$y \wedge z \geqslant 0$，所以 $u \leqslant z + y \wedge z$. 由这两个关

系得

$$u \leqslant \inf(x+y \wedge z, z+y \wedge z)=x \wedge z+y \wedge z$$

$\mathscr{C}$ 中的两元 x,y 满足 $|x| \wedge |y|=0$ 的时候,叫作正交. 群么元 0 是唯一的一个正交于本身的元素. 若 y 正交于 x,则 $|z| \leqslant |y|$ 中的 z 都正交于 x. 若 y,z 正交于 x,注意定理 Ⅰ.7,则 $y+z$ 亦正交于 x.

定理 Ⅰ.8　已知 $\mathscr{C}$ 的子集 A,若 A 中每个元都正交于 x,则 A 的上确界也正交于 x.

证　正交是以绝对值作根据的,所以不妨首先设 $x \geqslant 0$,设 A 的元都是正的. 称 $\sup\limits_{y \in A}\{y\}=a$,按所设 $x \wedge y=0$,所以

$$x \vee y=x+y$$

$$\begin{aligned} x \vee a=x \vee \sup_{y \in A}\{y\} &=\sup_{y \in A}(x \vee y) \\ &=\sup_{y \in A}(x+y)=x+\sup_{y \in A}\{y\}=x+a \end{aligned}$$

这表示 x,a 正交. 其次,设 A 的元未必都是正的,令 $\sup\limits_{y \in A}\{y\}=a'$,即 $y \leqslant a'$,所以

$$y^{+} \leqslant a'^{+}, y^{-} \geqslant a'^{-}$$

$$0=x \wedge |y| \geqslant x \wedge y^{-} \geqslant x \wedge a'^{-} \geqslant 0$$

即 x,a'^{-} 正交. 再证 $\sup\limits_{y \in A}\{y^{+}\}=a'^{+}$,则由已证立刻推出 x 与 a'^{+} 正交. 注意定理 Ⅰ.7,x 与 a' 正交. 今任取 $z \geqslant y^{+} \geqslant 0$,必定 $z \geqslant y$. 所以 $z \geqslant a'$,而 $z^{+}=z \geqslant a'^{+}$. 明所欲证.

4. **定理** Ⅰ.9　向群 $\mathscr{C}$ 是备格群的充要条件是 P 的任一子集在 P 上有下确界.

证　同 Ⅰ.2.

定理 Ⅰ.10　备格群的法子群也是备格群.

证　设正元 $\{x_{\alpha}\} \subset \mathscr{E}, x_{\alpha_0} \geqslant \inf\limits_{\mathscr{C}}\{x_{\alpha}\} \geqslant 0$,所以

$\inf\limits_{\mathscr{E}} \in \mathscr{E}$.

设 x_a 是任意的，但 $x_a \leqslant z \in \mathscr{E}$，因为 $z - x_a \geqslant 0$，所以

$$\inf_{\mathscr{E}}\{z - x_a\} = a \in \mathscr{E}$$

但

$$\sup_{\mathscr{C}}\{x_a\} = -\inf_{\mathscr{C}}\{-x_a\} = z - a \in \mathscr{E}$$

例 Ⅰ.2 $\{x_a\}$ 的上界属于 $\mathscr{E}$ 是很重要的.

例如，$\mathscr{E}$ 是以 $(-\infty, +\infty)$ 为定义域的所有实值函数，$\mathscr{E}$ 是所有囿函数全体，则 $\mathscr{E}$ 按定理 Ⅰ.10 的意义是备格群. 上界不属于 $\mathscr{E}$ 的集在 $\mathscr{E}$ 上则未必有上确界.

$\mathscr{C}$ 是备格群，子群 $C(-\infty, +\infty)$ 不备

$$x_n(t) = \begin{cases} 0, -\infty < t \leqslant 0 \\ nt, 0 < t \leqslant \dfrac{1}{n} \\ 1, \dfrac{1}{n} < t < +\infty \end{cases}$$

的上确界不连续.

$\mathscr{C}$ 不备，子格群可以备，例如 $\mathscr{C} = C(-\infty, +\infty)$，$\mathscr{E}$ 是常数值函数全体.

§2 格群表现定理

5. **格群表现定理** Ⅰ.11 格群可同构于全序群积中.

证 只需证 $na > 0$ 时，$a > 0$.

若 $a \not> 0$，则 $a = a^+ - a^-$，$a^- \neq 0$. 于是 $na = na^+ - na^-$，$na \not> 0$. 与原设冲突.

阿氏格群表现定理 Ⅰ.12　阿氏格群可同构于备格群中.

证　(1) 先将阿氏格群$\mathscr{C}$看作格. $\mathscr{C}$的子集 X 的上界集写作 X^*, X 的下界集写作 X^+. 显然当 $X \subset X_1$ 时, $X^* \supset X_1^*$, $X^+ \supset X_1^+$. 从而$(X^*)^+ \subset (X_1^*)^+$.

$X \subset (X^*)^+$: 任给 $x_0 \in X$, 满足 $x_0 \leqslant \forall x^* \in X^*$, 所以 $x_0 \in (X^*)^+$.

$X \subset (X^+)^*$: 同上.

从而, 分别以 X^*, X^+代替 X, 推出

$$X^* \subset ((X^*)^+)^*, X^+ \subset ((X^+)^*)^+$$

由最后的第二关系得出: $(X^*)^+ \subset (((X^*)^+)^*)^+$. 施行"+"运算于最后的第一关系, $(X^*)^+ \supset (((X^*)^+)^*)^+$. 故令 $\overline{X} = (X^*)^+$时:

(i) $X \subset \overline{X}$; (ii) $\overline{X} = \overline{\overline{X}}$; (iii) 当 $X \subset Y$ 时, $\overline{X} \subset \overline{Y}$.

(2) 前段中 $\varnothing \neq X = \overline{X} \neq \mathscr{C}$ 的集全体按包含关系构成备格 L.

设 $P = \bigcap\limits_l X_l$, 于是, $P \subset X_l$, 所以 $\overline{P} \subset \overline{X}_l = X_l$($l$ 任意). 故 $\overline{P} = P$, 即 $P = \inf\{X_l\}$.

设 $S = \bigcup\limits_l X_l$, 则 $\overline{S} \supset \overline{X} = X_l$($l$ 任意). 若有 $\overline{S}_1 = S_1 \supset X_l$($l$ 任意), 则 $S_1 \supset S$, $S_1 = \overline{S}_1 \supset \overline{S}$, 即 $\overline{S} = \sup\{X_l\}$.

(3) 定义自$\mathscr{C}$至 L 中的变换: $\mathscr{C} \ni x \to \overline{x} \in L$, $\overline{x}$ 表示$(\{x\}^*)^+$. 变换是: (i) 满足(1,1); (ii) 保序的; (iii) 保持下确界; (iv) 保持上确界.

满足(1,1)的: 设 $x \neq y$, 而 $\overline{x} = \overline{y}$. 由 $x \in \overline{y}$, $y \in \{y\}^*$ 推出 $y \geqslant x$. 调换 x, y 又得 $x \geqslant y$, 与 $x \neq y$ 冲突.

保序的: 设 $x \geqslant y$, 于是$\{y\}^* \geqslant \{x\}^*$, 从而 $\overline{x} \geqslant$

$\overline{y}$.

保持下确界：u 是 $X=\{x_a\}$ 的一个上界的充要条件是 $\{u\}^* \leqslant X^*$. X 的任一上界都大于或等于 u 的充要条件是 $\{u\}^* \geqslant X^*$. 所以 $u=\sup\{x_a\}$ 的充要条件是 $\{u\}^* = X^*$. 同理，当 $u=\inf\{x_a\}$ 时

$$\overline{u}=\{u\}^+=X^+=\bigcap_a \{x_a\}^+=\bigcap_a \overline{x}_a$$

由第 1 段知道 $X^+=\overline{X^+}\in L$，明所欲证.

保持上确界：称 $\mathscr{C}$ 的对偶为 $\mathscr{C}'$，于是 $\mathscr{C}'$ 可以满足(1,1)，保持半序，下确界的变换为 $L'=\{(X^+)^*\}$，$\mathscr{C}$ 中的上确界对应 L 中的下确界. $\overline{X}\to\overline{X}^*$ 给出了 L 与 L' 之间的半序集反同构，所以 $\mathscr{C}$ 中的上确界对应 L 中的上确界.

(4) 在 L 中引进群运算. 任取 $X,Y\in L$，定义 $\overline{X+Y}=X+Y$ 为 X,Y 之和，这里

$$X+Y=\{x+y\mid x\in X,y\in Y\}$$

$\mathscr{C}$ 是交换的，所以

$$X+Y=Y+X$$

又

$$(X+Y)+Z=X+(Y+Z)$$

证　注意 $X+Y$ 是含 $X+Y$ 的 L 的最小元，故

$$(X+Y)+Z\supset X+Y+Z$$

反之，任取 $w\in\overline{X+Y}$，则 w 小于或等于任意的 $X+Y$ 的上界 a，$w+z_0\leqslant a+z_0$，$z_0\in Z$.

今任取 $X+Y+Z$ 的一个上界 α，则 $x+y+z_0\leqslant\alpha$(任意 $x\in X,y\in Y$)，所以 $x+y\leqslant\alpha-z_0$. 置 $a=\alpha-z_0$，则

$$w+z_0\leqslant\alpha-z_0+z_0=\alpha$$

注意 α 是任意的，所以

$$w+z_0 \in \overline{X+Y+Z}$$

即

$$(X+Y)+Z \subset X+Y+Z$$

同理

$$X+(Y+Z)=X+Y+Z$$

明所欲证. 0 所对应的 $\overline{0}$ 仍是么元：$X+0=\overline{X+0}=\overline{X}=X, X \in L$. $a,b \in \mathscr{C}$，$a+b$ 所对应的 $a+b=\overline{a}+\overline{b}$.

$a \in \overline{a}, b \in \overline{b}$，所以 $a+b \in \overline{a}+\overline{b}, \overline{a+b} \subset \overline{\overline{a}+\overline{b}}$.

反之，任取 $x \in \overline{a}, y \in \overline{b}$. 按定义，$x+y \leqslant a+b$ 的任意上界，即 $x+y \in \overline{a+b}$. 从而 $\overline{\overline{a}+\overline{b}} \subset \overline{a+b}$. 明所欲证.

(5) 考虑 $\mathscr{C}$ 是阿氏格群. 对任意 $X \in L$，定义 $X^{-1}=\{y \mid x+y \leqslant 0, x \in X$ 且任意$\}$.

$\sup\{x \mid x \in X+X^{-1}\}=0$ 的证明：

设 $c \geqslant \sup\{x\}$，则任取 $x' \in X, y' \in X^{-1}$，必定 $x'+y' \leqslant c$ 或 $x'+y'-c \leqslant 0$. x 即是任意的，$y'-c \in X^{-1}$. 因之，代上述 y' 以 $y'-c$ 得出 $y'-2c \in X^{-1}$. 一般的，得出 $y'-nc \in X^{-1}$. 于是，任取 $a \in X$，$-nc \leqslant -y'-a(n=1,2,\cdots)$，推出 $c \geqslant 0$. 明所欲证.

即如此，$X+X^{-1}=\overline{0}$，得到了群运算的反运算. 但须补证

$$X^{-1} \in L$$

证 任取 $y \in X^{-1}$，$y \leqslant -x$，$x \in X$ 且任意，所以 $y \in (-X)^{+}$. 反之，任取 $y \in (-X)^{+}$，则 $y \leqslant -x$，$x \in X$ 且任意，即 $x+y \leqslant 0$，$y \in X^{-1}$. 从而 $X^{-1}=(-X)^{+}$. 明所欲证.

(6) L 是格群.

以上证明了 L 是备格，是群，只需再证群运算与半序是谐和的，即 $X \geqslant \bar{0}$，$Y \geqslant \bar{0}$，则 $X+Y \geqslant \bar{0}$，$X, Y \in L$. 这是显然的.

注 1　其实备格群一定是交换的，因之，阿氏格群也是交换的. 以上证明中，只根据 $\mathscr{C}$ 交换而保证了 $X+Y=Y+X$.

注 2　但一般的格群却未必交换. 考虑 $\{(\alpha, f(x)) \mid \alpha$ 是实数，$f(x)$ 是定义于$(-\infty, +\infty)$的实函数$\}$. 其群运算：$(\alpha, f(x)) \cdot (\beta, g(x)) = (\alpha+\beta, f(x+\beta)+g(x))$；半序：$\alpha<\beta$ 或 $\alpha=\beta$ 且 $f(x) \leqslant g(x)$ 时，定义 $(\alpha, f(x)) \leqslant (\beta, g(x))$；么元：$(0,0)$；逆元：$(\alpha, f(x))^{-1} = (-\alpha, -f(x-\alpha))$，且

$$(\alpha, f(x)) \wedge (\beta, g(x)) = \begin{cases} (\beta, g(x)), \alpha > \beta \\ (\alpha, (f \wedge g)(x)), \alpha = \beta \end{cases}$$

半序与群运算是谐和的；群运算是非交换的.

例 I.3　不备而 σ 备的格群：勒贝格可测函数全体 $\mathscr{M}(0,1)$.

不 σ 备而满足阿氏条件的 $C[0,1]$.

不满足阿氏条件的 $\mathbf{R} \cdot \mathbf{R}$，$\mathbf{R}$ 是实数集.

例 I.4　阿氏条件，σ 备，备对作商代数是不保持的.

$C(0,\infty)$ 满足阿氏条件. 取其法子群

$$JC = \{x(t) \mid x(t) \equiv 0, t > N(x), x \in C(0,\infty)\}$$

作 $C(0,\infty)/JC$，它不满足阿氏条件，例如常数值 1 的函数的陪集 $\bar{1}$ 及 $x(t) \equiv \frac{1}{t}$ 的陪集 $\bar{x}$ 满足 $n\bar{x} \leqslant \bar{1}$($n=1,2,\cdots$)，但 $\bar{x} \neq \bar{0}$.

取 $\mathscr{M}(0,\infty)$ 及相仿的法子群 $J_{\mathscr{M}}$，作 $\mathscr{M}(0,\infty)/J_{\mathscr{M}}$

得不 σ 备的商代数，其实也不满足阿氏条件.

§3 格群的幻及射影

6. **定义** Ⅰ.1 格群 $\mathscr{C}$ 的元 $1(>0)$ 若有性质：$1\wedge|x|=0$，则 $x=0$，称 1 为 $\mathscr{C}$ 的弱么元.

强么元一定是弱么元. 设 1 是强么元，而 $1\wedge|a|=0$，于是

$$n1\wedge|a|\leqslant n1\wedge n|a|=n(1\wedge|a|)=0$$

但有适当的 n 使 $n1>|a|$，所以 $|a|=0$.

例 Ⅰ.5 弱么元未必是强么元. $C[0,\infty)$ 的函数 $f(t)\equiv 1$ 是弱么元，但不是强么元. $C[0,\infty)$ 根本没有强么元，没有函数 $f(t)\geqslant 0$ 能满足 $nf(t)\geqslant(f(t)+t)^2$.

定义 Ⅰ.2 1 是弱么元，有 $0\leqslant e\leqslant 1$ 且满足 $(1-e)\wedge e=0$ 的叫作特征元. 特征元的全体记作 ε.

命题 Ⅰ.1 ε 构成布尔代数，且以 0,1 分别为最小元和最大元.

证 定义 $1-e$ 为 e 的余元 e'，且

$$e'\vee e=e'\vee e+e'\wedge e=e'+e=1$$

当 $e_1,e_2\in\varepsilon$ 时

$$1\wedge 2(e_1\vee e_2)=(1\wedge 2e_1)\vee(1\wedge 2e_2)=e_1\vee e_2$$

所以 $e_1\vee e_2\in\varepsilon$. 其他规律验算亦同.

例 Ⅰ.6 以[0,1]为定义域的若尔当可测（以下称 J 可测）函数全体 $J(0,1)$ 构成格群，常值函数 1 是 $J(0,1)$ 的弱么元. 特征元是[0,1]的 J 可测集的特征函数. 构成布尔代数如定理所述，但不是 σ 布尔代数.

7. A 是格群 $\mathscr{C}$ 的子集，与 A 的任何元都正交的元的全体构成的集写作 A'.

定义 Ⅰ.3　$A=A''$ 的 A 叫作 $\mathscr{C}$ 的法幻. 含 A 的最小法幻叫作 A 产生的法幻. 特别是 $A=\{a\}$ 的时候，$\{a\}$ 所产生的法幻叫作主法幻.

法幻是法子群容易证明.

$A \to A''$ 这种运算满足下列规律：

(i) $A \subset A''$；

(ii) $A' = A'''$；

(iii) 当 $A \supset B$ 时，$A' \subset B'$.

因而，知道 A 产生的法幻就是 A''. 由 (i) ～ (iii) 可证法幻全体构成备布尔代数，证明从略.

例 Ⅰ.7　法子群未必是法幻. 以 $[0,1]$ 为定义域的实值函数全体 $\mathscr{Y}(0,1)$ 的子集囿函数全体 $\mathscr{B}(0,1)$ 是法子群，但不是法幻

$$\mathscr{B}(0,1)'' = \{0\}' = \mathscr{Y}(0,1)$$

例 Ⅰ.8　主法幻固是法幻，法幻一般未必是主法幻. 取例 Ⅰ.6 的 $J(0,1)$ 的子集 $A=\{c_r(t)\}$，这里 $c_r(t)$ 是有理点 $r \in [0,1]$ 的特征函数. A' 是在有理点取 0 的 J 可测函数集. A'' 是在无理点取 0 的 J 可测函数集. 若 A'' 是主法幻，A'' 应由一个在每个有理点取正值，在无理点取 0 的函数产生，这样的函数不是 J 可测. 所以 A'' 是法幻而不是主法幻.

例 Ⅰ.9　法幻全体构成备布尔代数如上述. 主法幻全体则未必构成布尔代数. 取以 $[0,1]$ 为定义域的黎曼可积函数全体 $R(0,1)$，取

$$x(t) = \begin{cases} \dfrac{1}{p}, t = \dfrac{q}{p}, (p,q)=1 \\ 0, t = 0 \end{cases} \qquad (0 \leqslant t \leqslant 1)$$

$\{x(t)\}''$ 是在无理点取 0 的 R 可积函数集. $\{x(t)\}'$ 即 $\{x(t)\}''$ 在 $R(0,1)$ 的余元,是在有理点取 0 的 R 可积函数集. $\{x(t)\}'$ 不是主法幻,倘若是,则应由一个在每个无理点取正值,在有理点取 0 的 R 可积函数产生. 这样的函数不存在,但可证主法幻全体构成分配格,证明从略.

上述例 Ⅰ.8 已说明法幻未必是主法幻,不过 $J(0,1)$ 是格群,而不是 σ 备格群. 但即使在 σ 备格群也是这样. 取 $\mathscr{M}(0,1)$ 的子集 $A=\{c_\zeta(t)\}$ 即可,这里 $c_\zeta(t)$ 是点 $\zeta\in V$ 的特征函数,V 是$[0,1]$ 的一个 L 不可测子集.

8. **定义** Ⅰ.4　备格群 $\mathscr{C}$ 的法子群 J 满足:J 的非空子集 $X=\{x\}$ 在 $\mathscr{C}$ 囿于上,则 $\vee X\in J$ 的时候,称 J 为 $\mathscr{C}$ 的幻. 由子集 A 产生的幻 $J(A)$ 及主幻的定义仿前.

法幻是幻显然,法子群未必是幻已见例 Ⅰ.2.

定理 Ⅰ.13　$\mathscr{C}$ 是备格群,A 是由正元构成的一个子集,满足:

(i)$A+A\subset A$;

(ii) 若 $x\in A, 0\leqslant y\leqslant x$,则 $y\in A$.

M 是 A 的在 $\mathscr{C}$ 囿于上的子集的上确界的集,则 $\mathscr{C}$ 的正元都可写成 $y+z$,这里 $y\in M, z\leqslant 0$ 且与 M 的元正交.

证　任取 $\mathscr{C}$ 的元 $x\geqslant 0$,凡 $v\in A, v\leqslant x$ 的全体叫作 V, $y=\sup\limits_{v\in V}\{v\}\leqslant x$. 能证 $z=x-y, u=z\wedge t=0(t\in A)$ 即可.

显然 $u\in A, u\leqslant x-y$,因之 $u+y\leqslant x$;任一 $v\in A$ 且 $v\leqslant y$,牵涉 $u+v\leqslant u+y\leqslant x$.

另一方面，$u+v\in A$，所以 $u+v\leqslant y$，$u+y=\sup\limits_{v\in V}\{u+v\}\leqslant y$，推出 $u=0$.

定理 Ⅰ.14 A 是备格群 $\mathscr{C}$ 的子集，则 $A''=J(A)$，$A'=J(A)'$，$\mathscr{C}=A'\oplus A''$. 这里"$\oplus$"除表示通常代数学的直和之外，还要正元表示成两正元之和.

证 以 A' 的正元集代替定理 Ⅰ.13 的 A，则定理 Ⅰ.13 的 M，这时候与 A' 的正元集相等. 所以任一 $0\leqslant x\in\mathscr{C}$ 都可写成 $y+z$，$y\in A'$，$z\in A''$，$y,z\geqslant 0$，得 $\mathscr{C}=A'\oplus A''$.

同样，以 $J(A)$ 的正元集代替定理 Ⅰ.13 的 A，则定理 Ⅰ.13 的 M，这时候与 $J(A)$ 的正元集相等. 所以任一正元 $x'\in\mathscr{C}$ 都可写成 $y'+z'$，$y\in J(A)$，$z'\in J(A)'$，$y',z'\geqslant 0$，得 $\mathscr{C}=J(A)\oplus J(A)'$.

今 $A\subset J(A)$，因而，$J(A)'\subset A'$；另一方面，$J(A)\subset A''$，所以 $J(A)=A''$，$J(A)'=A'$.

系 $\mathscr{C}$ 是备格群，A 是 $\mathscr{C}$ 的子集. 设 M 是 $\mathscr{C}$ 的正元，并且小于或等于 $\sum\limits_{i=1}^{k}|x_i|$ $(x_i\in A)$. M_1 是 M 的囿于上的子集的上确界的集，则 M_1 是 $J(A)$ 的正元集.

证 $M\subset J(A)$ 容易证明，从而 $J(A)'\subset M'$.

又与 M 正交的元，与 A 正交，也与 $J(A)$ 正交，所以 $M'\subset J(A)'$. 以 M 代替定理 Ⅰ.13 的 A，则 $\mathscr{C}$ 的正元可唯一地写成 M_1 及 $M_1{}'$ 的正元的和，但 $M_1{}'=J(A)'$.

由定理 Ⅰ.14，$\mathscr{C}=J(A)\oplus J(A)'$，明所欲证.

由系得出，备格群 $\mathscr{C}=J\oplus J'$ 的时候，$\mathscr{C}$ 的正元 x 在 J 的射影应是

$$P_J x=\sup_{z\in J}\{|z|\wedge x\}$$

由系 $P_J x\in J$，有

$$0 \leqslant (x - P_J x) \vee P_J x = x \wedge 2P_J x - P_J x$$
$$= \sup_{z \in J}\{2 \mid z \mid \wedge x\} - P_J x \leqslant P_J x - P_J x = 0$$

定理 Ⅰ.15 备格群 $\mathscr{C}$ 有弱么元 1,则法幻、主法幻、幻一致;主法幻集构成与特征元集所成的备布尔代数同构的备布尔代数.

证 (1)ε(见定义 Ⅰ.2)构成备布尔代数,例如

$$1 \wedge 2\sup\{e_\alpha\} = 1 \wedge \sup\{2e_\alpha\} = \sup\{1 \wedge 2e_\alpha\} = \sup\{e_\alpha\}$$

(2)法幻、主法幻、幻一致的证明.

定理 Ⅰ.14 证明了幻是法幻,在定义 Ⅰ.4 下注意了法幻,从而主法幻是幻.因之只需证明法幻是主法幻.

任取法幻 J,作 $P_J 1 = e$ 是特征元没有问题.任取 J 的元 $x > 0$,注意

$$e' = 1 - e \in J'$$
$$0 < 1 \wedge x = (e \wedge x) \vee (e' \wedge x) = e \wedge x$$

即 e 是 J 的弱么元.因而,若 $u > 0, u \wedge e = 0$,则 $u \in J'$,推出 $x \wedge u = 0$,即 $x \in \{e\}'' = J(e)$(注意定理 Ⅰ.14).显然,$J(e) \subset J$,故得 $J(e) = J$.

(3)证主法幻集与特征元集的同构.主法幻集中的运算如下.令 $J(e)$ 对应 $e = P_J 1$.

(i)$J(e)'$ 对应 $e' = 1 - e$.

已知 $y > 0$ 时,$y \wedge e = 0$ 同值于 $y \in J(e)'$;$z > 0$ 时,$z \wedge e' = 0$ 同值于 $z \in J(e')'$.这时候,一定

$$y \wedge z = 0$$
$$1 \wedge y \wedge z = (y \wedge z \wedge e) \vee (y \wedge z \wedge e') = 0$$

也就是

$$J(e)' \subset J(e')'' = J(e')$$

又若 $x \in J(e)$,则 $x \wedge e' = 0$,即 $J(e) \subset J(e')'$,所以

$J(e)' = J(e')$.

(ii) $\bigcup_\alpha J(e_\alpha) = J(\sup e_\alpha)$.

u 正交于 e_α（e_α 任意）与 u 正交于 $\sup e_\alpha$ 同值，所以

$$\bigcap_\alpha [J(e_\alpha)]' = [J(\sup e_\alpha)]'$$

按定义得 $\bigcup_\alpha J(e_\alpha) = J(\sup e_\alpha)$，即欲求之等式.

(iii) $\bigcap_\alpha J(e_\alpha) = J(\inf e_\alpha)$.

注意

$$\sup e_\alpha' = 1 - \inf e_\alpha = (\inf e_\alpha)'$$

因之

$$\bigcup_\alpha J(e_\alpha)' = \bigcup_\alpha J(e_\alpha') = J((\inf e_\alpha)') = [J(\inf e_\alpha)]'$$

施“′”于左右两端，得欲求之等式.

9. **定理** Ⅰ.16 $\mathscr{C}$ 是 σ 备格群，任给 $x \in \mathscr{C}$，则 $\mathscr{C} = \{a\}' \oplus \{a\}''$.

证 任取 $0 \leqslant x \in \mathscr{C}$，作 $\sup_n (x \wedge n|a|)$，则

$$\begin{aligned}0 &\leqslant [x - \sup_n (x \wedge n|a|)] \wedge |a| \\ &= [x - \sup_n (x \wedge n|a|)] \wedge x \wedge |a| \\ &\leqslant [x - \sup_n (x \wedge n|a|)] \wedge \sup_n (x \wedge n|a|) \\ &= \sup_n (x \wedge 2x \wedge 2n|a|) - \sup_n (x \wedge n|a|) = 0\end{aligned}$$

即

$$x - \sup_n (x \wedge n|a|) \in \{a\}'$$

今任取 $y \in \{a\}'$，即 $|a| \wedge |y| = 0$，则

$$\sup_n (x \wedge n|a|) \wedge |y| = \sup_n (x \wedge n|a| \wedge |y|) = 0$$

所以

$$\sup_n (x \wedge n|a|) \in \{a\}''$$

称 $\sup_n (x \wedge n|a|)$ 为 $x(\geqslant 0)$ 在 $\{a\}''$ 的射影，记作 $P_{|a|}x$.

定理 Ⅰ.17 $\mathscr{C}$是具弱幺元的σ备格群,则$\mathscr{C}$的主法幻集构成与特征元集所成σ备布尔代数同构的σ备布尔代数.

证 同定理Ⅰ.15的(1)(3).

10. 设$\mathscr{C}$是σ备格群,讨论$\mathscr{C}$的主法幻的射影算子(简称射影). 因为$\{a\}''=\{|a|\}''$,以下均设$a\geqslant 0$.

定理 Ⅰ.18 射影P_a有下列性质:

(i)$P_a(x+y)=P_ax+P_ay$;

(ii)$P_a^2x=P_ax$;

(iii)$|P_ax|\leqslant|x|$,因之$x\perp y$,则$P_ax\perp P_ay$("$\perp$"表示正交),并且$P_a(x^{\pm})=(P_ax)^{\pm}$;

(iv)$P_ax>0$,则$a\wedge P_ax>0$;

(v)$P_a(x \begin{smallmatrix}\vee\\\wedge\end{smallmatrix} y)=P_ax \begin{smallmatrix}\vee\\\wedge\end{smallmatrix} P_ay$,$P_a(\begin{smallmatrix}\vee\\\wedge\end{smallmatrix} x_n)=\begin{smallmatrix}\vee\\\wedge\end{smallmatrix} P_ax_n$.

证 (i) 设$x=x_1+x_2$,$y=y_1+y_2$,$x_1,y_1\in\{a\}''$,$x_2,y_2\in\{a\}'$,$x+y=(x_1+y_1)+(x_2+y_2)$,这里$x_1+y_1\in\{a\}''$,$x_2+y_2\in\{a\}''$. 注意x非正时,$P_ax=P_ax^+-P_ax^-$.

(ii) 当$x=x_1+x_2$,$x_1\in\{a\}''$,$x_2\in\{a\}'$时,$x_1=x_1+0$.

(iii) $|P_ax|=|P_ax^+-P_ax^-|\leqslant P_ax^++P_ax^-\leqslant x^++x^-=|x|$.

(iv) 若$a\wedge P_ax=0$,则$P_ax\in\{a\}'$. 因之$P_a(P_ax)=P_ax=0$,不合理.

(v) 设$x,y\geqslant 0$,则

$$\begin{aligned}P_ax\vee P_ay&=\sup_n(na\wedge x)\vee\sup_n(na\wedge y)\\&=\sup_n[(x\vee y)\wedge na]=P_a(x\vee y)\end{aligned}$$

一般的,则取 $z \geqslant 0$,使

$$x+z, y+z \geqslant 0$$

$$\begin{aligned} P_a(x+z) \vee P_a(y+z) &= P_a[(x+z) \vee (y+z)] \\ &= P_a[(x \vee y)+z] \\ &= P_a(x \vee y)+P_a z \end{aligned}$$

另一方面

$$\begin{aligned} & P_a(x+z) \vee P_a(y+z) \\ =& (P_a x+P_a z) \vee (P_a y+P_a z) \\ =& (P_a x \vee P_a y)+P_a z \end{aligned}$$

比较两式,得所欲证.其他各式亦同.

定理 Ⅰ.19　定义在 σ 备格群 $\mathscr{C}$ 的算子 P 满足:

(i) $P(x+y)=Px+Py$;

(ii) 当 $x \geqslant 0$ 时,$x \geqslant Px \geqslant 0$;

(iii) $P^2=P$;

(iv) 有一个 $0 \leqslant e \in \mathscr{C}, Px>0, e \wedge Px>0$

的时候,则有 $a \in \mathscr{C}, P=P_a$.

证　作

$$J_1=\{x \mid Px=x\}, J_2=\{x \mid Px=0\}$$

由(i),J_1, J_2 是 $\mathscr{C}$ 的子群.再由(i)知

$$Px=P(x^{+}-x^{-})=Px^{+}-Px^{-}$$

由(ii)知

$$P(x^{\pm})=(Px)^{\pm}$$

所以,若 $x \in J_1$,则

$$x^{\pm}=P(x^{\pm}) \in J_1$$

即 $|x| \in J_1$.

令 I 是恒等变换,$I-P$ 同样具有性质(i)(ii).所以 $|y| \leqslant |x|, x \in J_1$ 时

$$0 \leqslant (I-P)|y| \leqslant (I-P)|x|=0$$

即 $|y| \in J_1$. 同理，$y^{\pm}, y \in J_1$，即 J_1 是法子群，J_2 亦然.

$J_1 \cap J_2 = \{0\}$，由 $x = Px + (I - P)x$，得 $\mathscr{C} = J_1 \oplus J_2$.

令 $Pe = a$，往证 $J_2 = \{a\}'$.

$J_2 \subset \{a\}'$：J_1, J_2 是法子群，$a \in J_1$. 任取 $x \in J_2$，$0 \leqslant |x| \wedge a \leqslant a, |x|$，所以

$$|x| \wedge a \in J_1 \cap J_2$$

任取 $x \in \{a\}'$，则

$$0 = \wedge |x| \geqslant a \wedge P|x| \geqslant 0$$

$$0 \leqslant P(e \wedge P|x|) \leqslant Pe \wedge P|x| = a \wedge P|x| = 0$$

所以，$e \wedge P|x| \in J_2$. 但 $e \wedge P|x| \leqslant P|x| \in J_1$（因为(iii)），所以 $e \wedge P|x| = 0$. 由(iv)，$P|x| = 0$，即 $|x| \in J_2$. 遂得

$$J_1 = \{a\}'', J_2 = \{a\}', P = P_a$$

11. 在这里证明六个关于射影的性质，以备积分表现定理之用.

定理 Ⅰ.20　$P_a \cdot P_b = P_b \cdot P_a = P_{a \wedge b} = P_{P_a b} = P_{P_b a}$.

证　取 $x \geqslant 0$，则

$$\begin{aligned}
P_a P_b x &= \sup_n (P_b x \wedge na) \\
&= \sup_n \{na \wedge \sup_m (x \wedge mb)\} \\
&= \sup_n \{\sup_m [x \wedge na \wedge mb]\} \\
&= \sup_n [x \wedge n(a \wedge b)] = P_{a \wedge b} x
\end{aligned}$$

$$\begin{aligned}
P_{P_a b} x &= \sup_n \{x \wedge nP_a b\} \\
&= \sup_n \{x \wedge n \sup_m (b \wedge ma)\} \\
&= \sup_n \{\sup_m [x \wedge nb \wedge mna]\}
\end{aligned}$$

$$=\sup_n\{x\wedge n(a\wedge b)\}=P_{a\wedge b}x$$

定理 Ⅰ.21 $P_{a\wedge b}x=P_a x\wedge P_b x, P_{a\vee b}x=P_a x\vee P_b x, x\geqslant 0$.

证 $P_a x\vee P_b x=\sup_n(x\wedge na)\vee\sup_m(x\wedge mb)$

$$=\sup_{n,m}\{(x\wedge na)\vee(x\wedge mb)\}$$

$$=\sup_n\{x\wedge n(a\vee b)\}=P_{a\vee b}x$$

对于 $x\geqslant 0$,恒 $P_a x\geqslant P_b x$ 的时候,简记为 $P_a\geqslant P_b$.

定理 Ⅰ.22 $P_a\geqslant P_b$ 与 $P_a b=b, P_a P_b=P_b P_a=P_b$ 同值.

证 由 $P_a\geqslant P_b$ 得 $0\leqslant b-P_a b\leqslant 0$,所以 $b=P_a b$.再考虑 Ⅰ.20.反之,由 $b=P_a b$ 及定理 Ⅰ.20,$P_a\cdot P_b=P_b$.对于 $x\geqslant 0$,$P_a x\geqslant P_a P_b x=P_b x$,即 $P_a\geqslant P_b$.

定理 Ⅰ.23 若 $a\geqslant b\geqslant 0$,则 $P_a\geqslant P_b$.

见定理 Ⅰ.20 及定理 Ⅰ.22.

定理 Ⅰ.24 $x\geqslant 0, \sup_n(P_{a_n}x)=P_{\sup_n a_n}x$.

证 设 $b_n=\vee\{a_1,\cdots,a_n\}$,则 $\sup_n a_n=\sup_n b_n$.由定理 Ⅰ.21 知

$$P_{b_n}x=P_{a_1}x\vee P_{a_2}x\vee\cdots\vee P_{a_n}x$$

从而

$$\sup_n(P_{b_n}x)=\sup_n(P_{a_n}x)$$

因之不妨设 $0\leqslant a_1\leqslant a_2\leqslant\cdots$,令 $a_0=\sup_n a_n$.由定理 Ⅰ.23 知

$$0\leqslant P_{a_1}x\leqslant P_{a_2}x\leqslant\cdots\leqslant P_{a_0}x$$

令 $\sup_n(P_{a_n}x)=x_0$,则 $x_0\leqslant P_{a_0}x$.这表示 $x_0\in$

$\{a_0\}''$，因之

$$x_0 = P_{a_0} x_0$$

$$\begin{aligned} P_{a_m}(x_0 - P_{a_0} x) &= P_{a_m}[\sup_n P_{a_n} x] - P_{a_m} P_{a_0} x \\ &= P_{a_m} x - P_{a_m} x = 0 \end{aligned}$$

这表示 $x_0 - P_{a_0} x$ 与 a_m 正交.所以

$$\begin{aligned} 0 &= \sup_m [a_m \wedge (x_0 - P_{a_0} x)] \\ &= (\sup_m a_m) \wedge (x_0 - P_{a_0} x) \\ &= a_0 \wedge (x_0 - P_{a_0} x) \end{aligned}$$

由上述关系得

$$P_{a_0}(x_0 - P_{a_0} x) = P_{a_0} x_0 - P_{a_0}^2 x = x_0 - P_{a_0} x = 0$$

换言之

$$\sup_n (P_{a_n} x) = x_0 = P_{a_0} x = P_{\sup_n a_n} x$$

定理 Ⅰ.25 $P_a P_b = P_b$ 的时候，$P_a - P_b = P_c$，这里 $c = a - P_b a$.

证 检查 $P_a - P_b$ 是否满足定理 Ⅰ.19 的条件.

(i)(ii) 很明显.

(iii) $(P_a - P_b)^2 = P_a^2 - P_a P_b - P_b P_a + P_b^2 = P_a - P_b - P_b + P_b = P_a - P_b$.

(iv) $(P_a - P_b)x > 0$，则 $a \wedge (P_a - P_b)x > 0$.

不然，则 a 与 $(P_a - P_b)x$ 正交，因而

$$0 = P_a(P_a - P_b)x = (P_a - P_b)x$$

这不合理，即合乎定理 Ⅰ.19 的条件，由该定理

$$P_a - P_b = P_c, c = (P_a - P_b)a = a - P_b a$$

例 Ⅰ.10 与定理 Ⅰ.24 相反，$x \geqslant 0$，$\inf_n (P_{a_n} x) = P_{\inf_n a_n} x$ 可以成立，也可以不成立.

在备格群 S 中，取 $f_1 \geqslant f_2 \geqslant \cdots$，并且 $\{t \mid f_n(t) \neq 0\} = \left[0, \frac{1}{n}\right]$，则 $\inf_n \{P_{f_n} x\} = P_{\inf_n f_n} x = 0$. 这是成立的例

子.

又取 $f_n(t)\equiv\frac{1}{n}(0\leqslant t\leqslant 1)$,则

$$\inf_n\{P_{f_n}x\}=x\cdot c_{\bigcap\{t|f_n\neq 0\}}(t)=x$$

而 $P_{\inf\limits_n f_n}\equiv 0$. 这是不成立的例子.

§4 格群的幻与结合

12. $\mathscr{C}$ 是备格群,$\{x_\xi\}$ 是 $\mathscr{C}$ 的囿集,每两个元正交.

定义 Ⅰ.5 $y=\sup\limits_\xi x_\xi^+-\sup\limits_\xi x_\xi^-$ 叫作由 x_ξ 结合成的元,写作 $y=Sx_\xi$.

特别的,$\{x_\xi\}$ 是有穷集 $\{x_i\}$,则 $x_i^\pm$ 也互相正交,所以

$$\sup_i x_i^\pm=\sum_i x_i^\pm$$

因之

$$Sx_i=\sum_{i=1}^n x_i^+-\sum_{i=1}^n x_i^-=\sum_{i=1}^n x_i$$

定理 Ⅰ.26 $S(-x_\xi)=-Sx_\xi$.

定理 Ⅰ.27 囿集 $X=\bigcup\limits_\eta X_\eta$,每两个 X_η 正交,每个 X_η 包含的都是互相正交的元,于是

$$SX=\underset{\eta}{S}(SX_\eta)$$

证 按定义

$$SX=\sup_{\xi,\eta}(x_\xi^{(\eta)})^+-\sup_{\xi,\eta}(x_\xi^{(\eta)})^-$$

由上确界运算的结合律

$$SX=\sup_\eta\sup_\xi(x_\xi^{(\eta)})^+-\sup_\eta\sup_\xi(x_\xi^{(\eta)})^-$$

置 $x_\eta=SX_\eta=\sup\limits_\xi(x_\xi^{(\eta)})^+-\sup\limits_\xi(x_\xi^{(\eta)})^-$,$\sup\limits_\xi(x_\xi^{(\eta)})^+$ 与

$\sup\limits_{\xi}(x_{\xi}^{(\eta)})^{-}$ 正交，x_{η} 与 $x_{\eta'}(\eta \neq \eta')$ 正交. 从而

$$SX = \sup_{\eta} x_{\eta}^{+} - \sup_{\eta} x_{\eta}^{-} = S\{x_{\eta}\} = \underset{\eta}{S}(SX_{\eta})$$

13. **定义** Ⅰ.6　集 A 在格群 $\mathscr{C}$ 是完全的，意思是说，任一 $x \in \mathscr{C}$ 如与 A 正交(即与 A 的每个元正交)，则只能 $x=0$. 子集系 A_{α} 完全于 $\mathscr{C}$ 的意思是说 $\bigcup\limits_{\alpha} A_{\alpha}$ 是完全的.

备格群 $\mathscr{C}$ 的幻的集 $\{J_{\alpha}\}$ 满足下列条件：

(i) 幻 J_{α} 两两正交；

(ii) $\{J_{\alpha}\}$ 完全于 $\mathscr{C}$.

则称 $\{J_{\alpha}\}$ 构成 $\mathscr{C}$ 的分解.

分解定理 Ⅰ.28　幻系 $\{J_{\alpha}\}$ 是备格群的分解，于是任何 $x \in \mathscr{C}$，均可表示为

$$x = Sx_{\alpha}, x_{\alpha} = P_{J_{\alpha}}x$$

反之，$\{J_{\alpha}\}$ 是备格群的两两正交的幻系，如 $x \in \mathscr{C}$ 能表示成

$$x = Sx_{\alpha}$$

则 $x_{\alpha} = P_{J_{\alpha}}x$，因之表示是唯一的.

证　(1) 先设 $x \geqslant 0$，只需证

$$x = Sx_{\alpha} = \sup_{\alpha} x_{\alpha}, x_{\alpha} = P_{J_{\alpha}}x$$

显然 $0 \leqslant x_{\alpha} \leqslant x$，所以 $\sup\limits_{\alpha} x_{\alpha} \leqslant x$. 若等号不成立，则 $x = \sup\limits_{\alpha} x_{\alpha} + z, z > 0$. 因为 $\{J_{\alpha}\}$ 完全于 $\mathscr{C}$，一定有 $\alpha_0, z_{\alpha_0} = P_{J_{\alpha_0}} z > 0$. 但 $x_{\alpha_0} \leqslant \sup\limits_{\alpha} x_{\alpha}, z_{\alpha_0} \leqslant z$，所以 $x_{\alpha_0} + z_{\alpha_0} \leqslant x$. 又 $x_{\alpha_0} + z_{\alpha_0} \in J_{\alpha_0}$，所以 $x_{\alpha_0} + z_{\alpha_0} \leqslant x_{\alpha_0}$，这表示 $z_{\alpha_0} \leqslant 0$，不合理.

其次设

$$\begin{aligned} x &= x^{+} - x^{-} = S\{x^{+}, -x^{-}\} \\ &= S\{\underset{\alpha}{S}x_{\alpha}^{+}, -\underset{\alpha}{S}x_{\alpha}^{-}\} \end{aligned}$$

$$= \underset{\alpha}{S}\{S(x_\alpha^+, -x_\alpha^-)\} = \underset{\alpha}{S}x_\alpha$$

(2) 令 $y = \underset{\beta\neq\alpha}{S}x_\beta$，这里 α 是一个固定的下标. 根据结合律

$$x = S(x_\alpha, y) = x_\alpha + y$$

y 与 J_α 正交，$P_{J_\alpha}x = P_{J_\alpha}x_\alpha + P_{J_\alpha}y = x_\alpha$，明所欲证.

定理 Ⅰ.29　σ 备格群 $\mathscr{C}$ 有一个分解，每个法幻里有一个弱么元.

证　$|x|$ 在法幻 $\{|x|\}''$ 是一个弱么元，因此能证明 $\mathscr{C}$ 有主法幻构成的分解就可以.

将 $\mathscr{C}$ 的非零元良序之

$$z_1, z_2, \cdots, z_\omega, \cdots, z_\lambda, \cdots$$

令 $x_1 = z_1$，设 $x_\beta(\beta < \alpha)$ 业已定妥. 若对所有的 $\beta < \alpha$ 均有 $|z_\alpha| \wedge |x_\beta| = 0$，则令 $x_\alpha = z_\alpha$；若至少有一个 $\beta < \alpha$ 使 $|z_\alpha| \wedge |x_\beta| > 0$，则令 $x_\alpha = 0$. 取如此定好的非零的 x_α，符号不妨仍旧，作主法幻 $\{|x_\alpha|\}''$.

14. **定义** Ⅰ.7　备格群积 $\prod\limits_\alpha \mathscr{C}_\alpha$ 的法子群 $\mathscr{E}$，如含所有的 $\mathscr{C}_\alpha^*$（$\prod\limits_\alpha \mathscr{C}_\alpha$ 的幻同构于 $\mathscr{C}_\alpha$ 者），则称 $\mathscr{E}$ 是 $\mathscr{C}_\alpha$ 的结合，记作 $\mathscr{E} = S\mathscr{C}_\alpha$.

备格群结合第一定理 Ⅰ.30　$\mathscr{C} = S\mathscr{C}_\alpha$，则 $\mathscr{C}_\alpha^*$ 全体构成 $\mathscr{C}$ 的分解.

证　由定义，显然 $\mathscr{C}_{\alpha'}^*$，$\mathscr{C}_{\alpha''}^*(\alpha' \neq \alpha'')$ 正交. 任一 $x \in \mathscr{C}$，只要 $x \neq 0$，至少 x 有一个在 $\mathscr{C}_{\alpha_0}$ 的坐标不等于 0，这表示 $\{\mathscr{C}_\alpha^*\}$ 完全于 $\mathscr{C}$.

备格群结合第二定理 Ⅰ.31　$\mathscr{C}$ 的幻系 $\{J_\alpha\}$ 是 $\mathscr{C}$ 的分解，则 $\mathscr{C}$ 同构于 $\prod\limits_\alpha J_\alpha$ 的一个法子群 $\mathscr{C}^*$. $\mathscr{C}^*$ 的元 x 在 J_α 的坐标 x_α 看作 $\mathscr{C}$ 的元的时候，囿于 $\mathscr{C}$.

证　根据定理 Ⅰ.28，$x=Sx_\alpha$，$x_\alpha\in J_\alpha$. 以 x_α 为 x 在 J_α 的坐标，则 x 对应于 $\prod_\alpha J_\alpha$ 的一个元，$\mathscr{C}$ 在 $\prod_\alpha J_\alpha$ 的象叫作 $\mathscr{C}^*$.

$\mathscr{C}^*$ 同构于 $\mathscr{C}$：任取 $x\neq y\in\mathscr{C}$，于是至少有一个 α_0，$x_{\alpha_0}\neq y_{\alpha_0}$，且

$x+y=SP_{J_\alpha}(x+y)=S(P_{J_\alpha}x+P_{J_\alpha}y)=S(x_\alpha+y_\alpha)$

因而 $x+y$ 对应

$$\prod_\alpha(x_\alpha+y_\alpha)=\prod_\alpha x_\alpha+\prod_\alpha y_\alpha, x\geqslant 0$$

时 $P_{J_\alpha}x\geqslant 0$. $\mathscr{C}^*$ 是 $\prod_\alpha J_\alpha$ 的法子群，并且 $\mathscr{C}^*=SJ_\alpha$.

设 y 是 $\mathscr{C}$ 的元在 $\mathscr{C}^*$ 的象，$x\in\prod_\alpha J_\alpha$，满足 $|x|\leqslant|y|$. 于是 $|x_\alpha|\leqslant|y_\alpha|$，从而 $S|x_\alpha|\leqslant S|y_\alpha|$. 不等式右端是 $\mathscr{C}$ 的元（见定理 Ⅰ.28），所以左端也是，即 $x\in\mathscr{C}^*$. 只是某个 $P_{J_\alpha}x\neq 0$ 的元 x 确是在 $\mathscr{C}^*$ 的，从而推出 $\mathscr{C}^*=SJ_\alpha$.

$\mathscr{C}^*$ 的元的特征：

显然 $\{x_\alpha\}$ 囿于 $\mathscr{C}$. 反之，取 $Sy_\alpha\in\prod_\alpha J_\alpha$，而 $\{y_\alpha\}$ 囿于 $\mathscr{C}$，于是 Sy_α 在 $\mathscr{C}$ 有意义，因而 $\prod_\alpha y_\alpha\in\mathscr{C}^*$.

格　环

附录 II

§1　格环及 Riesz 环

1. 半序环 $\mathscr{R}$ 的半序构造是格的时候，称 $\mathscr{R}$ 为格环. 容易看出当 $x \geqslant 0$ 时，有

$$x(y \vee z) \geqslant xy \vee xz$$
$$x(y \wedge z) \leqslant xy \wedge xz$$

（Ⅰ）设 $x \geqslant 0$ 时

$$x(y \vee z) = xy \vee xz$$

与

$$x(y \wedge z) = xy \wedge xz$$

同值.

定理 Ⅱ.1 $\mathscr{R}$具备条件(Ⅰ),则

$$|xy|=|x|\cdot|y|$$

证 在等式

$$x(y\vee z)=xy\vee xz, x\geqslant 0$$

中,设$z=-y$,得$x|y|=|xy|$.其次令x,y任意

$$|xy|=|x^+y-x^-y|\geqslant||x^+y|-|x^-y||$$
$$=|x^+|y|-x^-|y||=|x|y||=|x|\cdot|y|$$

另一方面

$$|xy|\leqslant|x^+y|+|x^-y|$$
$$=x^+|y|+x^-|y|=|x|\cdot|y|$$

定理 Ⅱ.2 $\mathscr{R}$具备条件(Ⅰ),则$x^+x^-=0$,因之,$x^2=|x|^2$.

证 $|x|^2=|x|x||\leqslant(x^+)^2+(x^-)^2$

又

$$|x|^2=(x^+)^2+(x^-)^2+2x^+x^-$$

两式相比较,得

$$x^+x^-=0$$
$$|x|^2=(x^+)^2+(x^-)^2-2x^+x^-=x^2$$

定理 Ⅱ.3 $\mathscr{R}$具备条件(Ⅰ),则$xy=(x\vee y)\cdot(x\wedge y)$.

证

$$x\vee y=y+(x-y)^+$$
$$x\wedge y=x-(x-y)^+$$

由定理Ⅱ.2知

$$(x\vee y)(x\wedge y)=xy+(x-y)(x-y)^+-[(x-y)^+]^2=xy$$

定理 Ⅱ.4 $\mathscr{R}$具备条件(Ⅰ),则$x,y\geqslant 0,x\wedge y=0$时$xy=0$.另外$x^2=0$,则$x=0$成立,于是$x,y\geqslant 0,xy=0$时$x\wedge y=0$.

证 第一部分由定理Ⅱ.3得出.

第二部分

$$0 = xy = (x \vee y)(x \wedge y) \geqslant (x \wedge y)^2 \geqslant 0$$

得

$$x \wedge y = 0$$

定理Ⅱ.5 $\mathscr{R}$有强么元的环么元1,则(Ⅰ)成立,因之$|xy| = |x||y|$.若更满足阿氏条件,则$x^2 = 0$时$x = 0$.

证 (1) 设$0 \leqslant x \leqslant n1$,于是

$$0 \leqslant xy^+ \wedge xy^- \leqslant ny^+ \wedge ny^- = 0$$

因之

$$(xy)^+ = xy^+, (xy)^- = xy^-$$

于是

$$\begin{aligned}(xy \vee xz) - xz &= x(y - z) \vee 0 \\ &= [x(y - z)]^+ \\ &= x(y - z)^+ \\ &= x[(y - z) \vee 0] \\ &= x[(y \vee z) - z] \\ &= x(y \vee z) - xz\end{aligned}$$

即(Ⅰ)成立.再注意定理Ⅱ.1.

(2) 证$x \geqslant 0$时

$$x - x(1 \wedge nx) \leqslant \frac{1}{n}1$$

$$(1 - nx) \cdot (1 - nx)^+ = [(1 - nx)^2]^2 \geqslant 0$$

所以

$$1 \cdot (1 - nx)^+ - nx(1 - nx)^+ \geqslant 0$$

或

$$1 \geqslant nx(1 - nx)^+$$

另一方面

$$x - x(1 \wedge nx) = x(1 - 1 \wedge nx)$$
$$= x[0 \vee (1 - nx)]$$
$$= x \cdot (1 - nx)^+$$

因为定理 Ⅱ.2 中 $x^2 = |x|^2$，不妨设 $x \geqslant 0$. 既然

$$x^2 = 0$$

$$0 \leqslant nx = n(x - x \wedge nx^2) \leqslant n[x - x(1 \wedge nx)] \leqslant 1$$

由阿氏条件，$x = 0$.

例 Ⅱ.1 函数空间 C, S, M, L^2 都是满足(Ⅰ)的格环.

2. 格环 $\mathscr{R}$ 允许实数体为作用子环，即其加群为 Riesz 空间，并且

$$\alpha(xy) = (\alpha x)y, \alpha \text{ 实数}, x, y \in \mathscr{R}$$

的时候，称 $\mathscr{R}$ 为 Riesz 环.

定理 Ⅱ.6 在 Riesz 环中，条件(Ⅰ)与 $|xy| = |x| \cdot |y|$ 同值.

证 只需由 $|xy| = |x| \cdot |y|$ 推出(Ⅰ).

在等式 $|xy| = |x| \cdot |y|$ 中，设 $x \geqslant 0$，得 $|xy| = x|y|$，即

$$x[(2y) \vee 0] - xy = x|y| = |xy|$$
$$= (2xy) \vee 0 - xy$$

因为 y 是任意的，于是 $(xz)^+ = xz^+$，即(Ⅰ).

例 Ⅱ.2 $\mathscr{R}_S$ 是 Riesz 环，并且有强么元的环么元.

定理 Ⅱ.7 具备条件(Ⅰ)的 σ 备 Riesz 环 $\mathscr{R}$ 有弱么元的环么元 1，则 $e_1 \wedge e_2 = e_1 e_2$，$P_e x = es$，这里 e 是特征元.

证 (1) $0 \leqslant e_i \leqslant 1$，所以

$$0 \leqslant e_1(1 - e_2) \leqslant 1 - e_2$$

从而

$$0 \leqslant e_2 \wedge [e_1(1-e_2)] \leqslant e_2 \wedge (1-e_2) = 0$$

即

$$e_1(1-e_2) \in \{e_2\}'$$

又

$$0 \leqslant e_1 e_2 \leqslant e_2 \in \{e_2\}''$$

所以$e_1 e_2 \in \{e_2\}''$. 在 $e_1 = e_1 e_2 + e_1(1-e_2)$ 两端作用 P_{e_2},得

$$P_{e_2} e_1 = P_{e_2} e_1 e_2 + P_{e_2} e_1(1-e_2) = e_1 e_2$$

但

$$\begin{aligned} e_1 e_2 &= P_{e_2} e_1 = P_{e_2} P_{e_1} 1 \quad (\text{由定理 Ⅰ.20}) \\ &= P_{e_1 \wedge e_2} 1 = e_1 \wedge e_2 \end{aligned}$$

(2) 取 $x \geqslant 0$,按积分表现定理

$$x = \int_0^{\infty} \lambda \mathrm{d} e_\lambda, x = 0 - \lim_n x_n$$

$$x_n = \int_0^{n} \lambda \mathrm{d} e_\lambda, x_n = 0 - \lim x_n^{(k)}$$

$$x_n^{(k)} = \sum \frac{r}{2^m}(e_{\frac{r+1}{2^m}} - e_{\frac{r}{2^m}})$$

注意

$$x = 0 - \lim_n x_n, \ |x - x_n| \leqslant w_n (w_n \downarrow 0)$$

因之

$$|ex - ex_n| \leqslant e w_n \leqslant 1 w_n = w_n$$

所以只需对 $x_n^{(k)}$ 证 $P_e x_n^{(k)} = e x_n^{(k)}$ 即可. 由(1) 不成问题. 对一般的 x 有

$$P_e x = P_e x^+ - P_e x^- = ex$$

§2 积分表现定理

3. 设 $\mathscr{R}$ 是具有强么元的环么元 1 的 σ 备 Riesz 环.

定理 Ⅱ.8 $a \geqslant 0$, $\sup\limits_{i\geqslant 1} x_i$ 存在时, $a\ \sup\limits_{i}\{x_i\} = \sup\{ax_i\}$. 对偶也成立.

证 因为 $a\ \sup\{x_i\} \geqslant ax_j$, j 任意, 所以

$$a\ \sup_{i\geqslant 1}\{x_i\} \geqslant \sup_{i\geqslant 1}\{ax_i\}$$

反之

$$\begin{aligned}\sup_{i\geqslant 1}\{ax_i\} &\geqslant \sup\{ax_i \mid 1 \leqslant i \leqslant n\} \\ &= a\ \sup\{x_i \mid 1 \leqslant i \leqslant n\}\end{aligned}$$

(由定理 Ⅱ.5 及定理 Ⅱ.6). 但 n 任意, 所以

$$\sup_{i\geqslant 1}\{ax_i\} \geqslant a\ \sup_{i\geqslant 1}\{x_i\}$$

定理 Ⅱ.9 $x_n, y_m \geqslant 0$, $\sup\limits_{n}\{x_n\}$, $\sup\limits_{m}\{y_m\}$ 存在, 则 $\sup\limits_{n,m}\{x_n y_m\} = \sup\limits_{n}\{x_n\} \cdot \sup\limits_{m}\{y_m\}$. 对偶也成立.

证 因为 $\sup\limits_{n}\{x_n\} \cdot \sup\limits_{m}\{y_m\} \geqslant x_n y_m$, 所以

$$\sup_{n}\{x_n\} \cdot \sup_{m}\{y_m\} \geqslant \sup_{n,m}\{x_n y_m\}$$

$$\begin{aligned}\sup_{n,m}\{x_n y_m\} &= \sup_{n}\ \sup_{m}\{x_n y_m\} \\ &= \sup_{n}\{x_n\ \sup_{m}\{y_m\}\} \\ &\geqslant x_n \cdot \sup_{m}\{y_m\}\end{aligned}$$

n 任意. 所以

$$\sup_{n,m}\{x_n y_m\} \geqslant \sup_{n}\{x_n\} \cdot \sup_{m}\{y_m\}$$

定理 Ⅱ.10 $0 \leqslant x \in \mathscr{R}$, 令 $x_1 = \inf\limits_{n\geqslant 1}\{x^n\}$, $x_2 = x - x_1$, 于是, $x_1^2 \geqslant x_1$, $x_1 x_2 = 0$, $x_2^2 \leqslant x_2$.

证 (1) 由定理 Ⅱ.9 知

$$x_1^2=\inf_{n,m}\{x^{n+m}\}\geqslant\inf_{n\geqslant1}\{x^n\}=x_1$$

(2) 由定理 Ⅱ.8 及定理 Ⅱ.9 知

$$x_1x_2=x_1x-x_1^2=\inf_{n\geqslant1}\{x^{n+1}\}-\inf_{n,m}\{x^{n+m}\}=0$$

(3)$x_2^2\leqslant x_2$ 的证明.

注意

$$\begin{aligned}&x^{n+1}-x^2-x^n+x\\&=x(x-1)^2(x^{n-2}+x^{n-3}+\cdots+1)\geqslant0\end{aligned}$$

所以

$$x^{n+1}-x^2\geqslant x^n-x$$

$$xx_1-x^2=\inf_{n\geqslant1}\{x^{n+1}\}-x^2\geqslant\inf_{n\geqslant1}\{x^n\}-x$$

或

$$x^2-x_1^2\leqslant x^2-xx_1\leqslant x-x_1$$

另一方面

$$\begin{aligned}x_2^2&=x^2-2xx_1+x_1^2\\&=x^2-2x_1^2+x_1^2\quad(\text{由(2)})\\&=x^2-x_1^2\leqslant x-x_1=x_2\end{aligned}$$

取定 $0\leqslant x\in\mathscr{R}$ 及 $\lambda>0$,定义

$$e_\lambda=1-\inf\left\{1,\frac{x}{\lambda},\left(\frac{x}{\lambda}\right)^2,\left(\frac{x}{\lambda}\right)^3,\cdots\right\}$$

定理 Ⅱ.11

$$e_\lambda^2=e_\lambda,xe_\lambda=\lambda\left(\frac{x}{\lambda}\right)e_\lambda\leqslant\lambda e_\lambda$$

$$x(1-e_\lambda)=\lambda\left(\frac{x}{\lambda}\right)(1-e_\lambda)\geqslant\lambda(1-e_\lambda)$$

证 有必要时改写$\frac{x}{\lambda}$为x,只需对$\lambda=1$证明.袭用定理 Ⅱ.10 的符号 x_1,x_2.

(1)$x(1-e_1)=\inf\{x,x^2,\cdots\}=x_1$(由定理

Ⅱ.8) $=x_1(1-e_1)$(由定理 Ⅱ.9) $=\inf\limits_{n\geqslant 1}\{x^n\}\cdot\inf\{1,x,x^2,\cdots\}=\inf\limits_{n\geqslant 1}\{x^n\}\geqslant 1-e_1$.

(2) $1-e_1=\inf\{1,x,x^2,\cdots\}=(1-e_1)^2$(由定理 Ⅱ.9),从而 $e_1=e_1^2$.

(3) 由 $x(1-e_1)=x_1$ 推出 $xe_1=x_2$,左右两端乘 e_1,得

$$x_2e_1=xe_1^2=xe_1=x_2$$

$$\begin{aligned}0&\leqslant(1-x_2)^2=1-2x_2+x_2^2\\&\leqslant 1-2x_2+x_2=1-x_2\end{aligned}$$

因之,$x_2\leqslant 1$.在这最后得到的关系左右两端乘 e_1,推出 $x_1e_1\leqslant e_1$,所以 $xe_1\leqslant e_1$.

定理 Ⅱ.12　当 $\lambda\geqslant\mu>0$ 时,$e_\lambda\geqslant e_\mu$,$e_\mu e_\lambda=e_\lambda$.从而

$$(e_\lambda-e_\mu)^2=e_\lambda-e_\mu$$

$$\mu(e_\lambda-e_\mu)\leqslant x(e_\lambda-e_\mu)\leqslant\lambda(e_\lambda-e_\mu)$$

证　当 $\lambda\leqslant\mu>0$ 时 $e_\lambda\geqslant e_\mu$.

因之 $e_\mu=e_\mu^2\leqslant e_\mu e_\lambda$,但 $e_\lambda\leqslant 1$,所以 $e_\mu e_\lambda\leqslant e_\mu$.合并之得

$$e_\mu e_\lambda=e_\mu$$

$$\begin{aligned}x(e_\lambda-e_\mu)&=xe_\lambda(1-e_\mu)=e_\lambda x(1-e_\mu)\\&\geqslant\mu e_\lambda(1-e_\mu)=\mu(e_\lambda-e_\mu)\end{aligned}$$

$$\begin{aligned}x(e_\lambda-e_\mu)&=xe_\lambda(1-e_\mu)\\&\leqslant\lambda e_\lambda(1-e_\mu)=\lambda(e_\lambda-e_\mu)\end{aligned}$$

定理 Ⅱ.13　$e_\lambda=e_{\lambda-0}=\sup\{e_\mu\mid\mu<\lambda\}$.

证　由定理 Ⅱ.12 知

$$e_\lambda-e_{\lambda-0}=\frac{x}{\lambda}(e_\lambda-e_{\lambda-0})$$

又

$$e_\lambda - e_{\lambda-0} = (e_\lambda - e_{\lambda-0})^n$$

所以

$$e_\lambda - e_{\lambda-0} = \left(\frac{x}{\lambda}\right)^n (e_\lambda - e_{\lambda-0})$$

其中 $n=0,1,2,\cdots$. 利用定理Ⅱ.9知

$$\begin{aligned} e_\lambda - e_{\lambda-0} &= (1-e_\lambda)(e_\lambda - e_{\lambda-0}) \\ &= e_\lambda - e_{\lambda-0} - e_\lambda(e_\lambda - e_{\lambda-0}) = 0 \end{aligned}$$

定理 Ⅱ.14　$xe_{+0}=0, xe_{+\infty}=1$，这里 $e_{+0}=\inf\{e_\lambda \mid \lambda>0\}, e_{+\infty}=\sup\{e_\lambda \mid \lambda>0\}$.

证　由

$$0 \leqslant xe_\lambda \leqslant \lambda e_\lambda$$

$$\begin{aligned} 0 \leqslant xe_{+0} &= x\inf\{e_\lambda \mid \lambda>0\} \\ &= \inf\{xe_\lambda \mid \lambda>0\} \\ &\leqslant \inf\{\lambda e_\lambda \mid \lambda>0\} = 0 \end{aligned}$$

设 $0 \leqslant x \leqslant a1$，于是 $0 \leqslant \frac{x}{2a} \leqslant \frac{1}{2}1$. 因之，$\lambda > 2a$ 时，$\left(\frac{x}{\lambda}\right)^n \leqslant \frac{1}{2^n}1$. 从而

$$\begin{aligned} e_\lambda &= 1 - \inf\left\{1, \frac{x}{\lambda}, \left(\frac{x}{\lambda}\right)^2, \cdots\right\} \\ &\geqslant 1 - \inf\left\{\frac{1}{2^n}1 \mid n=0,1,2,\cdots\right\} = 1 \end{aligned}$$

定理 Ⅱ.15　具有强么元的环么元的 σ 备 Riesz 环成立积分表现定理.

注　积分表现定理成立本不待言，只证明可以不用射影.

证　设 $0 \leqslant x \leqslant a1$，任给 $\varepsilon > 0$，取积分

$0=\lambda_0<\lambda_1<\lambda_2<\cdots<\lambda_n=2a, \lambda_{i+1}-\lambda_i<\varepsilon$

λ_i' 满足 $\lambda_{i+1} \geqslant \lambda_i' \geqslant \lambda_i$ 且任意. 由定理Ⅱ.12知

$$(\lambda_i - \lambda_i')(e_{\lambda_{i+1}} - e_{\lambda_i}) \leqslant x(e_{\lambda_{i+1}} - e_{\lambda_i}) - \lambda_i'(e_{\lambda_{i+1}} - e_{\lambda_i})$$
$$\leqslant (\lambda_{i+1} - \lambda_i')(e_{\lambda_{i+1}} - e_{\lambda_i})$$

考虑定理 Ⅱ.14 知

$$-\varepsilon 1 \leqslant x - \sum_{i=0}^{n-1} \lambda_i'(e_{\lambda_{i+1}} - e_{\lambda_i}) \leqslant \varepsilon 1$$

这说明 $x = \int_0^{2a} \lambda \mathrm{d} e_\lambda$.

语言真假变量和模糊逻辑

附录Ⅲ

§1 定　义

在日常的会话中,我们经常用非常真、十分真、有点真、基本上真、假、完全假之类的表达方法来表征一个陈述的真假的程度.这些表达法和语言变量的值相似.这意味着,在一个断语的真伪的定义不明确的情况下,把真假作为一个语言变量处理可能是适当的.对于这一变量,真和假只不过是它的辞集中的两个元素,而不是真假值全域中的两个端点.这样一个变量和它的值将分别被称为语言真假变量和语言真假值.

把真假作为语言变量处理得到模糊语言逻辑或简称模糊逻辑. 这种逻辑和一般二值逻辑乃至 n 值逻辑是十分不同的. 模糊逻辑为近似推理提供一个基础；所谓近似推理是推理的一种模式，其真假值和推论规则是模糊的而不是精确的. 近似推理在许多方面和人类在定义不完善或无法定量的情况下使用的推理是类似的. 的确，人类的许多 —— 或许是大多数 —— 推理本质上是近似而不是精确的，情况很可能就是这样.

后面将用术语命题表示"u 是 A"这种形式的陈述，这里，u 是对象的名称，A 是论域 U 的一个可能是模糊的子集的名称，例如，"约翰是年轻的""X 是小的""苹果是红的"等. 若 A 解释为一个模糊谓词[①]，则陈述"u 是 A"也可以说为"u 具有特性 A". 等价的，"u 是 A"可解释为一个赋值方程，方程中名为 A 的模糊集合作为一个值赋予表示 u 的一种属性的语言变量，例如：

约翰是年轻的 $\leftrightarrow$ 年纪(约翰) = 年轻；

X 是小的 $\leftrightarrow$ 大小(X) = 小；

苹果是红的 $\leftrightarrow$ 颜色(苹果) = 红.

像"u 是 A"这样的命题，我们将假定有两个模糊子集与之结合在一起：(i) A 的辞义 $M(A)$，它是 U 中名为 A 的模糊子集；(ii)"u 是 A"的真假值，或简单地称为 A 的真假值，记作 $\nu(A)$ 并以真假值全域 V 上可能是模糊的子集作定义. 在二值逻辑的情况中，$V = T + F$($T \triangleq$ 真，$F \triangleq$ 假). 下面除非另有说明，将假定 $V =$

---

① 更精确地讲，一个模糊谓词可以看作与模糊集合的资格函数等价. 为简化术语，我们把 A 和 μ_A 都称为模糊谓词.

[0,1].

一个真假值是[0,1]中的一个点，例如 $\nu(A)=0.8$，将称为数值真假值. 数值真假值起语言变量真假的基础变量的值的作用. 真假的语言值称为语言真假值. 更明确地讲，我们将假定真假是一个布尔语言变量的名称，在这个变量中原辞是真. 但是假的定义不是真的否定[①]，而是真在[0,1]中相对于点 0.5 的镜像. 真假的典型辞集将假定如下

T(真假)＝真＋不真＋非常真＋有点真＋
非常非常真＋基本上真＋非常(不真)＋
不非常真＋……＋假＋不假＋
非常假＋……＋
不非常真又不非常假＋…… (Ⅲ.1)

式中的辞是真假值的名称.

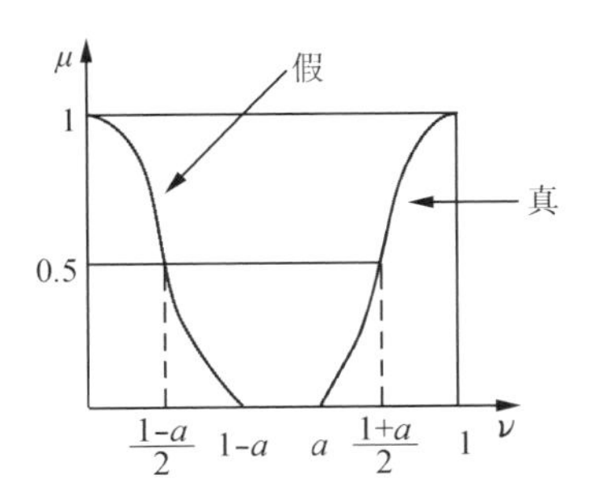

图 Ⅲ.1 语言真假值真和假的一致性函数

原辞真的辞义假定为区间 $V=[0,1]$ 的模糊子集，

---

① 后面式(Ⅲ.11)将看到以真的镜像作假的定义是在假定 A 的真假值是真之下把假定义为非 A 的真假值的一个结果.

由形如图 Ⅲ.1 所示的资格函数表征. 更精确地说,真必须被看成模糊变量的名称,其限制是图 Ⅲ.1 所描述的模糊集合.

真的资格函数一种可能的近似由下面的表达式所提供

$$\mu_{真}(\nu)=\begin{cases}0,\text{对于 } 0\leqslant\nu\leqslant a\\ 2\left(\dfrac{\nu-a}{1-a}\right)^2,\text{对于 } a\leqslant\nu\leqslant\dfrac{a+1}{2}\\ 1-2\left(\dfrac{\nu-1}{1-a}\right)^2,\text{对于}\dfrac{a+1}{2}\leqslant\nu\leqslant 1\end{cases}\tag{Ⅲ.2}$$

它的过渡点为$\nu=\dfrac{1+a}{2}$(注意真的支集是区间$[a,1]$). 相应的,对于假我们有(图 Ⅲ.1)

$$\mu_{假}(\nu)=\mu_{真}(1-\nu),0\leqslant\nu\leqslant 1$$

把真假定是真假值的有限全域

$$V=0+0.1+0.2+\cdots+0.9+1\tag{Ⅲ.3}$$

而不是单位区间$V=[0,1]$的一个子集,这样做有时更简单些. 在这假定之下,真可定义为,例如

$$真=0.5/0.7+0.7/0.8+0.9/0.9+1$$

其中,作为例子,数对 0.5/0.7 的意思是真假值 0.7 与真的一致性是 0.5.

下面我们将主要研究关系式

$$\begin{aligned}&\nu(u\text{ 是:布尔语言变量 }\mathscr{X}\text{ 的语言值})\\&=\text{布尔语言真假变量 }\mathscr{T}\text{ 的语言值}\end{aligned}\tag{Ⅲ.4}$$

它是下面例子的一般形式

ν(约翰是又高又黑又俊)=不是非常真也不是非常假

式中又高又黑又俊是名为$\mathscr{X}\triangleq$ 容貌的变量的语言值,而不是非常真也不是非常假是语言真假变量$\mathscr{T}$的语言

值.通常将式(Ⅲ.4)写成简略的形式

$$\nu(X)=T$$

其中 X 是 $\mathscr{X}$ 的语言值而 T 是 $\mathscr{T}$ 的语言值.

现在,假定 X_1,X_2 和 $X_1 * X_2$ 是 $\mathscr{X}$ 的语言值,其相应的真假值是 $\nu(X_1)$,$\nu(X_2)$ 和 $\nu(X_1 * X_2)$,其中"$*$"是一个二元联结.与此相关出现的一个基本问题是能否把 $\nu(X_1 * X_2)$ 表达为 $\nu(X_1)$ 和 $\nu(X_2)$ 的函数,即能否写出

$$\nu(X_1 * X_2)=\nu(X_1) *' \nu(X_2) \qquad (Ⅲ.5)$$

其中"$*'$"是和语言真假变量 $\mathscr{T}$ 相结合的一个二元联结①.这个问题诱发了下面的讨论.

§2　模糊逻辑中的逻辑联结

为了给模糊逻辑建立一个基础,必须把像否定、析取、合取和蕴含等逻辑运算的意义扩展到运算量为语言真假值,而不是数值真假值的情况上.换句话说,给定命题 A 和 B,在已知 A 和 B 的语言真假值的情况下,我们应该能够计算 A 和 B 这类联结的真假值.

在考虑这一问题时,值得注意的是,假如 A 是论域 U 中的一个模糊子集,且 $u \in U$,则下面两陈述是等效的:

(a) 模糊集合 A 中 u 的资格等级是 $\mu_A(u)$;

(b) 模糊谓词 A 的真假值是 $\mu_A(u)$.　　(Ⅲ.6)

① 从代数观点看,ν 可被认为是从 $\mathscr{X}$ 的辞集 $T(\mathscr{X})$ 到 $\mathscr{T}$ 的辞集 $T(\mathscr{T})$ 的一个同态映射,"$*'$"代表 $T(\mathscr{T})$ 中由"$*$"导出的运算.

这样，问题："在给出 A 和 B 的语言真假值之下，A 和 B 的真假值是什么？"和我们专心研究过的问题："在给出 A 和 B 中 u 的资格的模糊等级之下，$A \cap B$ 中的 u 的资格等级是什么？"是相同的.

为回答后面的问题我们曾使用扩展原理. 下面我们将研究把非、和、或和蕴含的意义扩展到语言真假值的相同的过程.

具体地讲，若 $\nu(A)$ 是 $V=[0,1]$ 中的一个点，代表命题"u 是 A"（或简写为 A）的真假值，这里 u 是论域 U 中的一个元素，那么，非 A（或 $\neg A$）的真假值由下式给出

$$\nu(\text{非 } A)=1-\nu(A) \qquad (\text{Ⅲ}.7)$$

现在假定 $\nu(A)$ 不是 $[0,1]$ 中的一个点，而是 $[0,1]$ 中的一个模糊子集. 表达为

$$\nu(A)=\mu_1/\nu_1+\cdots+\mu_n/\nu_n \qquad (\text{Ⅲ}.8)$$

其中 ν_i 是 $[0,1]$ 中的点，而 μ_i 是它们在 $\nu(A)$ 中资格的等级. 那么，把扩展原理加到式（Ⅲ.7）上，我们得到 ν(非 A) 的表达式，它是 $[0,1]$ 上的一个模糊子集，即

$$\nu(\text{非 } A)=\mu_1/(1-\nu_1)+\cdots+\mu_n/(1-\nu_n) \qquad (\text{Ⅲ}.9)$$

具体地说，若 A 的真假值是真，即

$$\nu(A)=\text{真} \qquad (\text{Ⅲ}.10)$$

则真假值假可以定义如下

$$\text{假} \triangleq \nu(\text{非 } A) \qquad (\text{Ⅲ}.11)$$

例如，若

$$\text{真}=0.5/0.7+0.7/0.8+0.9/0.9+1/1 \qquad (\text{Ⅲ}.12)$$

则非 A 的真假值由下式给出

假 $=\nu$(非 A) $=0.5/0.3+0.7/0.2+0.9/0.1+1/0$

讨论 Ⅲ.1　必须注意,若

$$真=\mu_1/\nu_1+\cdots+\mu_n/\nu_n \qquad (Ⅲ.13)$$

则

$$非真=(1-\mu_1)/\nu_1+\cdots+(1-\mu_n)/\nu_n \qquad (Ⅲ.14)$$

作为对照,若

$$\nu(A)=真=\mu_1/\nu_1+\cdots+\mu_n/\nu_n \qquad (Ⅲ.15)$$

则

$$假=\nu(非 A)=\mu_1/(1-\nu_1)+\cdots+\mu_n/(1-\nu_n) \qquad (Ⅲ.16)$$

上述情况适用于程度词. 例如,按照非常的定义

$$非常真=\mu_1^2/\nu_1+\cdots+\mu_n^2/\nu_n \qquad (Ⅲ.17)$$

另一方面,非常 A 的真假值则表达为

$$\nu(非常 A)=\mu_1/\nu_1^2+\cdots+\mu_n/\nu_n^2 \qquad (Ⅲ.18)$$

把我们的注意力转到二元联结. 令 $\nu(A)$ 和 $\nu(B)$ 相应是命题 A 和 B 的语言真假值. 为简化标志法,我们将采用下面的书写习惯 —— 与 $\nu(A)$ 和 $\nu(B)$ 是 $[0,1]$ 中的点的情况一样 ——

$$\nu(A)\wedge\nu(B)\ 表示\ \nu(A 和 B) \qquad (Ⅲ.19)$$

$$\nu(A)\vee\nu(B)\ 表示\ \nu(A 或 B) \qquad (Ⅲ.20)$$

$$\nu(A)\Rightarrow\nu(B)\ 表示\ \nu(A\Rightarrow B) \qquad (Ⅲ.21)$$

$$\neg\,\nu(A)\ 表示\ \nu(非 A) \qquad (Ⅲ.22)$$

条件是 $\wedge$, $\vee$ 和 $\neg$ 在 $\nu(A)$ 和 $\nu(B)$ 是 $[0,1]$ 中的点时还原为 Min(合取),Max(析取) 和"1—"的运算.

现在,若 $\nu(A)$ 和 $\nu(B)$ 是语言真假值表达为

$$\nu(A)=\alpha_1/\nu_1+\cdots+\alpha_n/\nu_n \qquad (Ⅲ.23)$$

$$\nu(B)=\beta_1/\omega_1+\cdots+\beta_m/\omega_m \qquad (Ⅲ.24)$$

式中ν_i和ω_j是[0,1]中的点,而α_i和β_j是它们在A和B中相应的资格等级,则把扩展原理用到$\nu(A$和$B)$上,我们得到

$$\begin{aligned}\nu(A\text{和}B)&=\nu(A)\wedge\nu(B)\\&=(\alpha_1/\nu_1+\cdots+\alpha_n/\nu_n)\wedge\\&\quad(\beta_1/\omega_1+\cdots+\beta_m/\omega_m)\\&=\sum_{i,j}(\alpha_i\wedge\beta_j)(\nu_i\wedge\omega_j)\end{aligned}\tag{Ⅲ.25}$$

这样,A和B的真假值是[0,1]的一个模糊子集,它的支集包含点$\nu_i\wedge\omega_j$,$i=1,\cdots,n$;$j=1,\cdots,m$,并且具有相应的资格等级$(\alpha_i\wedge\beta_j)$.

例 Ⅲ.1 假定

$$\nu(A)=\text{真}=0.5/0.7+0.7/0.8+0.9/0.9+1/1\tag{Ⅲ.26}$$

而

$$\begin{aligned}\nu(B)&=\text{非真}\\&=1/0+1/0.1+1/0.2+1/0.3+\\&\quad 1/0.4+1/0.5+1/0.6+0.5/0.7+\\&\quad 0.3/0.8+0.1/0.9\end{aligned}\tag{Ⅲ.27}$$

则使用式(Ⅲ.25)得到

$$\begin{aligned}\nu(A\text{和}B)&=\text{真}\wedge\text{非真}\\&=1/(0+0.1+0.2+0.3+0.4+0.5+\\&\quad 0.6)+0.5/0.7+0.3/0.8+0.1/0.9\\&=\text{非真}\end{aligned}\tag{Ⅲ.28}$$

同样,对于A或B的真假值,我们有

$$\begin{aligned}\nu(A\text{或}B)&=\nu(A)\vee\nu(B)\\&=(\alpha_1/\nu_1+\cdots+\alpha_n/\nu_n)\vee\end{aligned}$$

$$(\beta_1/\omega_1+\cdots+\beta_m/\omega_m)$$
$$=\sum_{i,j}(\alpha_i \wedge \beta_j) \vee (\nu_i \vee \omega_j) \quad (Ⅲ.29)$$

$A \Rightarrow B$ 的真假值取决于数值真假值中联结“$\Rightarrow$”的定义的形式. 这样,若在 $\nu(A)$,$\nu(B)$ 是[0,1] 中的点的情况下,我们有如下的定义

$$\nu(A \Rightarrow B)=\neg \nu(A) \vee \nu(A) \wedge \nu(B) \quad (Ⅲ.30)$$

则对于 $\nu(A)$ 和 $\nu(B)$ 是[0,1] 中的模糊集合的情况应用扩展原理得到

$$\nu(A \Rightarrow B)=[(\alpha_1/\nu_1+\cdots+\alpha_n/\nu_n) \Rightarrow (\beta_1/\omega_1+\cdots+\beta_m/\omega_m)]$$
$$=\sum_{i,j}(\alpha_i \wedge \beta_j)/(1-\nu_i) \vee (\nu_i \wedge \omega_j) \quad (Ⅲ.31)$$

讨论 Ⅲ.2　对真和非真中的和以及真 $\wedge$ 不真中的“$\wedge$”之间的差别必须有一个清晰的理解. 前者我们关心的是辞真和非真的辞义,而和定义如关系式

$$M(\text{真和非真})=M(\text{真}) \cap M(\text{非真}) \quad (Ⅲ.32)$$

其中 M 是把一个辞映射至它的辞义的函数. 相反,在真 $\wedge$ 非真的情况中,我们关心的是真 $\wedge$ 非真的真假值,它得自等式(见式(Ⅲ.19))

$$\nu(A \text{ 和 } B)=\nu(A) \wedge \nu(B) \quad (Ⅲ.33)$$

这样,在式(Ⅲ.32) 中,“$\cap$”是模糊集合的交的运算,而在式(Ⅲ.33) 中,“$\wedge$”则是合取运算. 为了通过简单的例子说明其差别,令 $V=0+0.1+\cdots+1$,并令 P 和 Q 是 V 中的模糊子集,其定义是

$$P=0.5/0.3+0.8/0.7+0.6/1 \quad (Ⅲ.34)$$
$$Q=0.1/0.3+0.6/0.7+1/1 \quad (Ⅲ.35)$$

则

$$P \cap Q = 0.1/0.3 + 0.6/0.7 + 0.6/1 \tag{Ⅲ.36}$$

而

$$P \wedge Q = 0.5/0.3 + 0.8/0.7 + 0.6/1 \tag{Ⅲ.37}$$

注意在非和“$\neg$”的情况中也有相同的问题出现，这在讨论 Ⅲ.1 中已经指出过了.

讨论 Ⅲ.3　应注意到，把扩展原理应用到 $\nu(A$ 和 $B)$，$\nu(A$ 或 $B)$ 以及式 $\nu(A \Rightarrow B)$ 的计算时，我们默认 $\nu(A)$ 和 $\nu(B)$ 是非交互作用的模糊变量. 观察一下由于 $\nu(A)$ 和 $\nu(B)$ 之间可能存在的交互作用而产生的问题是很有意思的，即使 $\nu(A)$ 和 $\nu(B)$ 是 $[0,1]$ 中的点而不是模糊变量也如此.

讨论 Ⅲ.4　由于使用扩展原理在语言真假值上定义运算 $\wedge$，$\vee$，$\neg$ 和 $\Rightarrow$，我们实际上把模糊逻辑当作多值逻辑的一种扩展. 在相同的意义上，古典的三值逻辑可看作二值逻辑的一种扩展.

假如我们先把 $\nu(A)$ 和 $\nu(B)$ 分解为水平集合且把扩展原理的水平集合形式应用到运算 $\neg$，$\wedge$，$\vee$ 和 $\Rightarrow$，则上面给出的 $\nu($非 $A)$，$\nu(A$ 和 $B)$，$\nu(A$ 或 $B)$ 和 $\nu(A \Rightarrow B)$ 的表达式变得更清楚. 由此我们得到计算所研究的真假值的简单作图规则(图 Ⅲ.2). 具体地讲，令 $[a_1, a_2]$ 和 $[b_1, b_2]$ 是 $\nu(A)$ 和 $\nu(B)$ 的 α 水平集合，则把运算 $\neg$，$\wedge$ 和 $\vee$ 的扩展原理用到区间之上，即

$$\neg [a_1, a_2] = [1 - a_2, 1 - a_1] \tag{Ⅲ.38}$$

$$[a_1, a_2] \wedge [b_1, b_2] = [a_1 \wedge b_1, a_2 \wedge b_2] \tag{Ⅲ.39}$$

$$[a_1,a_2] \vee [b_1,b_2]=[a_1 \vee b_1,a_2 \vee b_2] \tag{Ⅲ.40}$$

通过观察我们能找到 ν(非 A),ν(A 和 B) 和 ν(A 或 B) 的 α 水平集合. 找到这些水平集合之后,把 α 从 0 变到 1 可以很快确定出 ν(非 A),ν(A 和 B) 和 ν(A 或 B).

作为一个简单的实例,考虑语言真假值 $\nu(A) \triangleq$ 真和 $\nu(B) \triangleq$ 假的合取的决定方法,其中真和假的资格函数具有图 Ⅲ.3 中所示的形式.

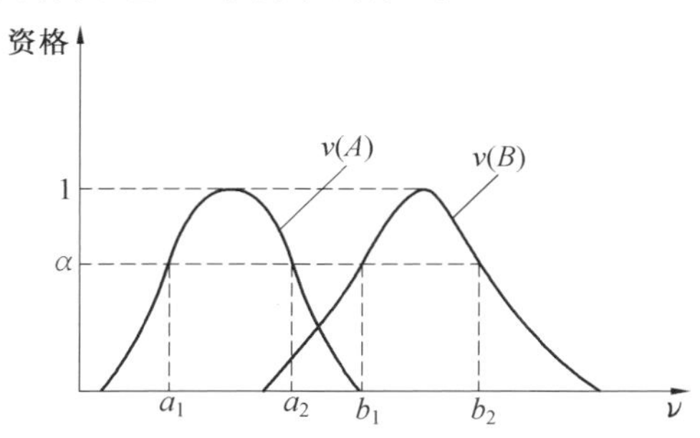

图 Ⅲ.2　A 和 B 的真假值的水平集合

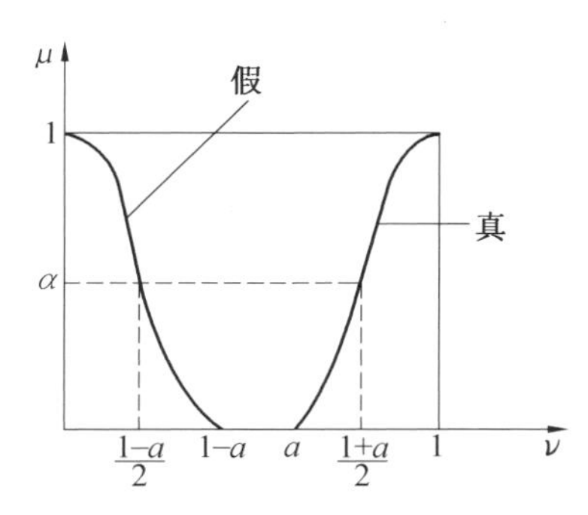

图 Ⅲ.3　计算真和假的合取的真假值

我们看到,对所有 α 值

$$[a_1, a_2] \wedge [b_1, b_2] = [b_1, b_2] \qquad (\text{Ⅲ}.41)$$

这意味着

$$[b_1, b_2] \leqslant [a_1, a_2] \qquad (\text{Ⅲ}.42)$$

因此,仅根据真和假的资格函数的形式,我们就能作出

$$真 \wedge 假 = 假 \qquad (\text{Ⅲ}.43)$$

的结论,它和式(Ⅲ.25)一致.

§3　真假值表和语言近似

在二值、三值以及更一般的 n 值逻辑中,二元联结 $\wedge$,$\vee$ 和 $\Rightarrow$ 通常用表格定义.表格中根据 A 和 B 的真假值列出 A 和 B,A 或 B 以及 $A \Rightarrow B$ 的真假值.

在模糊逻辑中真假值的数目一般说来是无限的,故 $\wedge$,$\vee$ 以及 $\Rightarrow$ 不能用表格定义.然而,对感兴趣的真假值的有限集合,例如,真、不真、假、非常真、非常(不真)、有点真等列出某一联结,例如列出"$\wedge$"的表格来还是有希望做得到的.在这种表格中,对第 i 行的表列值(比如说不真)和第 j 列中的表列值(例如有点真)说来,第(i,j)个表列值将是

$$\begin{aligned}第(i,j)表列值 = 第\, i\, 行的标记(\triangleq 不真) \wedge \\ 第\, j\, 列的标记(\triangleq 有点真)\end{aligned} \qquad (\text{Ⅲ}.44)$$

给出原辞真和修饰词不和有点的定义之后,我们就能够利用式(Ⅲ.25)对式(Ⅲ.44)的右手边,也就是

$$不真 \wedge 有点真 \qquad (\text{Ⅲ}.45)$$

进行计算.然而问题是:在大多数情况下,计算得到的

结果往往是真假值的全域上的模糊子集，这个模糊子集可能配不上真假的辞集中的任何一个真假值. 这样一来，假如我们希望得到一个真假值的表，表中的值是语言的真假值，我们只好放弃（第 i 行标记 $\wedge$ 第 j 列标记）精确的真假值而满足于它的一种近似. 这种近似将被称为语言近似.

作为例子，假定真假值的全域表达为

$$V = 0 + 0.1 + 0.2 + \cdots + 1 \qquad (Ⅲ.46)$$

且

$$真 = 0.7/0.8 + 1/0.9 + 1/1 \qquad (Ⅲ.47)$$

$$有点真 = 0.5/0.6 + 0.7/0.7 + 1/0.8 + 1/0.9 + 1/1 \qquad (Ⅲ.48)$$

还有

$$拟真 = 0.6/0.8 + 1/0.9 + 0。6/1 \qquad (Ⅲ.49)$$

在"$\vee$"的真假值表中，假定第 i 行标记是有点真而第 j 列标记是拟真，则对于表中第(i,j)表列值，我们有

$$\begin{aligned} 有点真 \vee 拟真 &= (0.5/0.6 + 0.7/0.7 + 1/0.8 + \\ &\quad 1/0.9 + 1/1) \vee (0.6/0.8 + 1/0.9 + 0.6/1) \\ &= 0.6/0.8 + 1/0.9 + 1/1 \end{aligned} \qquad (Ⅲ.50)$$

现在我们看到式（Ⅲ.50）右手边近似地等于由式（Ⅲ.47）定义的真. 因此，在"$\vee$"的真假值表中，第(i, j)表列值的语言近似将是真.

§4　真假值不知道和无定义

在可以列入语言变量真假的辞集的真假值中，有

两个值得着重注意，那就是空集 θ 和单位区间[0，1]—— 它们对应于由区间[0,1] 的模糊子集构成的格的最小和最大元素(在集合的包含的意义上). 这两个特殊的真假值之所以重要，是因为它们相应可以解释为真假值无定义和不知道[①]. 为了方便，我们将用 θ 和？记这两个真假值，我们约定 θ 和？的定义由

$$\theta \triangleq \int_0^1 0/\nu \qquad (\text{Ⅲ}.51)$$

和

$$\begin{aligned} ? \triangleq V &= \text{真假值的全域} \\ &= [0,1] \\ &= \int_0^1 1/\omega \end{aligned} \qquad (\text{Ⅲ}.52)$$

给出.

解释为资格等级之后，无定义和不知道也列入 1 型模糊集合的表达式中. 对于这种集合，U 中的一个点 u 的资格等级可以具有下列三种可能的形式中的一种：(i) 区间[0,1] 中的一个数；(ii)θ(无定义)；(iii)？(不知道). 作为一个简单的例子，令

$$U = a + b + c + d + e \qquad (\text{Ⅲ}.53)$$

并考虑 U 的一个模糊子集表达为

$$A = 0.1a + 0.9b + ?\ c + \theta d \qquad (\text{Ⅲ}.54)$$

在这一情况中，A 中 c 的资格等级是不知道，而 d 是无定义，更一般地讲，我们可以有

$$A = 0.1a + 0.9b + 0.8?\ c + \theta d \qquad (\text{Ⅲ}.55)$$

意思是 A 中 c 的资格等级部分地不知道，0.8？c 解释

① 不知道的概念与开关电路方面不问(don't care) 的概念有关. 另一个相关的概念是拟真假泛函性(quasi-truth-functionality).

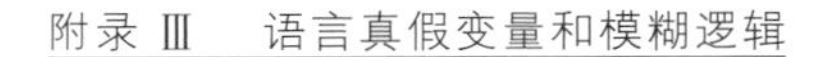

为

$$0.8?\ c \triangleq \left(\int_0^1 0.8/\nu\right)/c \tag{Ⅲ.56}$$

对0和θ之间的差别必须有一个清晰的理解.当我们说A中一个点u的资格等级是θ时,我们的意思是资格函数$\mu_A:U\to[0,1]$在u上是没有定义的.例如,U是实数的集合,而μ_A是定义在整数上的一个函数,当u是一个偶数时$\mu_A(u)=1$,当u是一个奇数时$\mu_A(u)=0$.则A中$u=1.5$的资格等级是θ而不是0.另一方面,若μ_A定义在实数上且仅当u是偶数时$\mu_A(u)=1$,则A中1.5的资格等级应是0.

既然我们知道在给出A和B的语言真假值时如何计算A和B、A或B以及非B的真假值,那么,在$\nu(B)=?$时计算$\nu(A和B)$,$\nu(A或B)$以及$\nu(非B)$是一件简单的事.这样,假定

$$\nu(A)=\int_0^1 \mu(\nu)/\nu \tag{Ⅲ.57}$$

而

$$\nu(B)=?\ =\int_0^1 1/\omega \tag{Ⅲ.58}$$

像式(Ⅲ.25)那样,通过使用扩展原理,我们得到

$$\begin{aligned}\nu(A)\wedge ?\ &=\int_0^1 \mu(\nu)/\nu \wedge \int_0^1 1/\omega\\ &=\int_0^1\int_0^1 \mu(\nu)/(\nu\wedge\omega)\end{aligned} \tag{Ⅲ.59}$$

其中

$$\int_0^1\int_0^1 \triangleq \int_{[0,1]\times[0,1]} \tag{Ⅲ.60}$$

通过整理,简化为

$$\nu(A)\wedge ?\ =\int_0^1 [\vee_{[\omega,1]}\mu(\nu)]/\omega \tag{Ⅲ.61}$$

换言之，在 $\nu(B)=$ 不知道的情况下，A 和 B 的真假值是$[0,1]$ 中的一个模糊集合，其中一个点 w 的资格等级由$\mu(\nu)$（A 的资格函数）在区间$[\omega,1]$上的极大值给出．

同样，A 或 B 的真假值表达为

$$\nu(A\text{ 或 }B)=\int_0^1\int_0^1\mu(\nu)/(\nu\vee\omega)$$
$$=\int_0^1[\vee_{[0,\omega]}\mu(\nu)]/\omega \qquad (\text{Ⅲ}.62)$$

应该注意到，无论式（Ⅲ.61）和式（Ⅲ.62）都能够通过上面描述过的作图过程（见式（Ⅲ.38）以及其后各式）很快地获得．说明其应用的一个例子示于图Ⅲ.4 中．

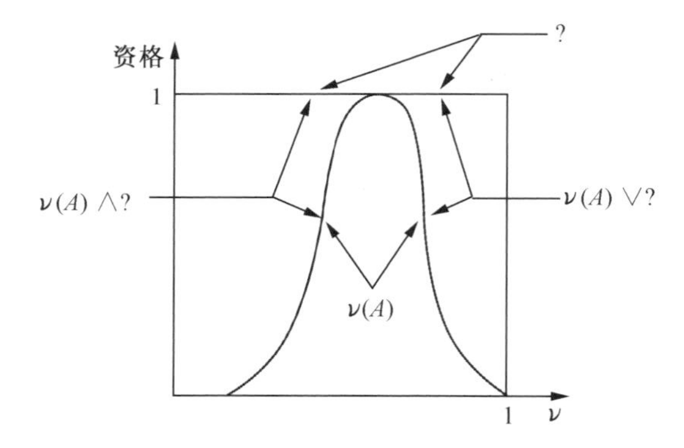

图 Ⅲ.4　A 的真假值和不知道（$\triangleq$？）的真假值的合取和析取

转到 $\nu(B)=\theta$ 的情况，我们发现

$$\nu(A)\wedge\theta=\int_0^1\int_0^1 0/(\nu\wedge\omega)$$
$$=\int_0^1 0/w=\theta \qquad (\text{Ⅲ}.63)$$

对 $\nu(A)\vee\theta$ 也一样．

当我们把上面的关系式用到二值逻辑的特殊情况上时会发生什么结果呢？研究一下是很有启发性的.在这种情况下，全域 V 的形式是

$$V=0+1 \tag{Ⅲ.64}$$

或者按照一般的方法表达为

$$V=T+F \tag{Ⅲ.65}$$

其中 T 代替真而 F 代替假.既然？是 V，我们能把真假值不知道与真或假等同起来，即

$$? =T+F \tag{Ⅲ.66}$$

得到的逻辑具有四个真假值：θ, T, F 和 $T+F(\triangleq ?)$，而且在讨论 Ⅲ.4 的意义上它是二值逻辑的一种推广.

因为真假值全域只有两个元素，最好直接推导这一四值逻辑中的 $\vee$，$\wedge$ 和 $\Rightarrow$ 的真假值表，不要经过把一般公式(Ⅲ.25)(Ⅲ.29) 和(Ⅲ.31) 特殊化的过程.这样，通过在“$\wedge$”上使用扩展原理，我们立刻得到

$$T \wedge \theta=\theta \tag{Ⅲ.67}$$

$$\begin{aligned} T \wedge (T+F) &= T \wedge T+T \wedge F \\ &= T+F \end{aligned} \tag{Ⅲ.68}$$

$$\begin{aligned} F \wedge (T+F) &= F \wedge T+F \wedge F \\ &= F+F \\ &= F \end{aligned} \tag{Ⅲ.69}$$

$$\begin{aligned} (T+F) \wedge (T+F) &= T \wedge T+T \wedge F+ \\ &\quad F \wedge T+F \wedge F \\ &= T+F+F+F \\ &= T+F \end{aligned} \tag{Ⅲ.70}$$

因而扩展后的“$\wedge$”的真假值表有表 Ⅲ.1 所示的形式.

表 Ⅲ.1

$\wedge$	θ	T	F	$T+F$
θ	θ	θ	θ	θ
T	θ	T	F	$T+F$
F	θ	F	F	F
$T+F$	θ	$T+F$	F	$T+F$

把表列值 θ 取消，读为表 Ⅲ.2.

同样，对运算"$\vee$"我们得到表 Ⅲ.3.

这些表和一般三值逻辑中"$\wedge$"和"$\vee$"的相应的真假值表相一致 —— 这是应该有的结果.

表 Ⅲ.2

$\wedge$	T	F	$T+F$
T	T	F	$T+F$
F	F	F	F
$T+F$	$T+F$	F	$T+F$

表 Ⅲ.3

$\vee$	T	F	$T+F$
T	T	T	T
F	T	F	$T+F$
$T+F$	T	$T+F$	$T+F$

上面使用的方法能深化我们对二值逻辑中"$\Rightarrow$"的定义的理解 —— 这是一个多少引起争论的问题，曾成为发展模态逻辑的动因. 具体地讲，我们可以用表 Ⅲ.4 所示的部分真假值表把"$\Rightarrow$"定义为三值逻辑中的一个联结，以代替"$\Rightarrow$"定义的习惯表达法. 这个表

表达“若 $A\Rightarrow B$ 是真的，而 A 是假的，则 B 的真假值是不知道”这样一个直观上合理的概念. 现在我们能够提出这样的问题：根据扩展原理，应该如何在上表的空白中填入表列值，使表 Ⅲ.4 中位置(2,3) 上得到表列值 T? 于是，相应地记位置(2,1) 和(2,2) 中未知表列值为 x 和 y，我们必须有

$$F\Rightarrow(T+F)=(F\Rightarrow T)+(F\Rightarrow F)$$
$$=x+y$$
$$=T \tag{Ⅲ.71}$$

这个式子迫使

$$x=y=T \tag{Ⅲ.72}$$

表 Ⅲ.4

$\Rightarrow$	T	F	$T+F$
T	T	F	
F			T

这样，我们得到二值逻辑中“$\Rightarrow$”的一般定义，用真假值表表达如表 Ⅲ.5.

表 Ⅲ.5

$\Rightarrow$	T	F
T	T	F
F	T	T

如上例所说明的，真假值不知道的概念和扩展原理结合起来帮助我们弄清一般二值和三值逻辑中的一些概念和关系. 这些逻辑当然可以看作模糊逻辑的退化，不过模糊逻辑中真假值不知道是整个单位区间而

不是集合 0＋1.

§5 合成真假变量与真假值分布

上面的讨论中，我们的注意力局限在一元的语言真假变量上．下面我们将给合成真假变量下定义并概述它的一些含义．

于是，令

$$\mathscr{T} \triangleq (\mathscr{T}_1, \cdots, \mathscr{T}_n) \qquad (\text{Ⅲ}.73)$$

记一个 n 元合成语言真假变量，其中每个 $\mathscr{T}_i, i=1, 2, \cdots, n$ 是一元语言真假变量，附有辞集 T_i、论域 V_i 和基础变量 ν_i．为简化起见，我们有时将让符号 $\mathscr{T}_i$ 起双重的作用：(a) 代表式(Ⅲ.73)中第 i 个变量的名称；(b) 代表 $\mathscr{T}_i$ 真假值的通名．进一步我们将假定 $T_1 = T_2 = \cdots = T_n$ 和 $V_1 = V_2 = \cdots = V_n = [0,1]$.

把 $\mathscr{T}$ 看作分变量 $\mathscr{T}_1, \cdots, \mathscr{T}_n$ 在它们相应的全域 $T_1, \cdots, T_n$ 中取值的合成变量时，$\mathscr{T}$ 是一个 n 元非模糊变量．这样，由 $\mathscr{T}$ 加上的限制 $R(\mathscr{T})$ 是 $T_1 \times \cdots \times T_n$ 中的一个 n 元非模糊关系，它可以表达成有序 n 重组的一个无序表，其形式为

$$\begin{aligned} R(\mathscr{T}) = &(\text{真}, \text{非常真}, \text{假}, \cdots\cdots, \text{十分真}) + \\ &(\text{十分真}, \text{真}, \text{非常真}, \cdots\cdots, \text{非常真}) + \\ &(\text{真}, \text{真}, \text{有点真}, \cdots\cdots, \text{真}) + \cdots\cdots \end{aligned} \qquad (\text{Ⅲ}.74)$$

$R(\mathscr{T})$ 中的 n 重组将称为真假值赋值表，因为每个这样的 n 重组在

$$A \triangleq (A_1, \cdots, A_n) \qquad (\text{Ⅲ}.75)$$

代表一个合成命题时，可以解释为给命题一览表

$A_1, \cdots, A_n$ 的真假值的一个赋值. 例如,若

$A \triangleq$(斯科特是高个子,帕特黑头发,蒂娜很漂亮)

则 $R(\mathscr{T})$ 中形如(非常真,真,非常真)的一个三重组应该代表下面的真假值赋值方程

$$\nu(\text{斯科特是高个子}) = \text{非常真} \quad (\text{Ⅲ}.76)$$

$$\nu(\text{帕特黑头发}) = \text{真} \quad (\text{Ⅲ}.77)$$

$$\nu(\text{蒂娜很漂亮}) = \text{非常真} \quad (\text{Ⅲ}.78)$$

基于 $R(\mathscr{T})$ 中 n 重组的这一解释,我们将常常把 $R(\mathscr{T})$ 称为真假值分布. 相应由 k 元变量 $(\mathscr{T}_{i_1}, \cdots, \mathscr{T}_{i_k})$ 所加的限制 $R(\mathscr{T}_{i_i}, \cdots, \mathscr{T}_{i_k})$ 将称为由 $R(\mathscr{T}_1, \cdots, \mathscr{T}_n)$ 导出的边缘真假值分布,其中 $q = (i_1, \cdots, i_k)$ 是下标序列 $(1, \cdots, n)$ 的一个子序列. 因此,$R(\mathscr{T}_{i_1}, \cdots, \mathscr{T}_{i_k})$ 和 $R(\mathscr{T}_1, \cdots, \mathscr{T}_n)$ 之间的关系可以紧凑地表达为

$$R(\mathscr{T}_{(q)}) = P_q R(\mathscr{T}) \quad (\text{Ⅲ}.79)$$

其中 P_q 记在笛卡儿积集 $T_{i_1} \times \cdots \times T_{i_k}$ 上的投影运算.

例 Ⅲ.2　假定 $R(\mathscr{T})$ 表达如

$$\begin{aligned} R(\mathscr{T}) \triangleq R(\mathscr{T}_1, \mathscr{T}_2, \mathscr{T}_3) = & (\text{真}, \text{十分真}, \text{非常真}) + \\ & (\text{非常真}, \text{真}, \text{非常非常真}) + \\ & (\text{真}, \text{假}, \text{十分真}) + \\ & (\text{假}, \text{假}, \text{非常真}) \end{aligned} \quad (\text{Ⅲ}.80)$$

为得到 $R(\mathscr{T}_1, \mathscr{T}_2)$,我们在每个三重组中划去 $\mathscr{T}_3$ 这个分量,得到

$$\begin{aligned} R(\mathscr{T}_1, \mathscr{T}_2) = & (\text{真}, \text{十分真}) + \\ & (\text{非常真}, \text{真}) + \\ & (\text{真}, \text{假}) + (\text{假}, \text{假}) \end{aligned} \quad (\text{Ⅲ}.81)$$

同样,划去 $R(\mathscr{T}_1, \mathscr{T}_2)$ 中的分量 $\mathscr{T}_2$,我们获得

$$R(\mathscr{T}_1) = \text{真} + \text{非常真} + \text{假} \quad (\text{Ⅲ}.82)$$

假如我们把$\mathscr{T}$看作一个 n 元非模糊变量，其值是语言真假值，在语言真假变量情况下非交互作用的定义假定为下面的形式.

定义 Ⅲ.1　一个 n 元语言真假变量 $\mathscr{T}=(\mathscr{T}_1,\cdots,\mathscr{T}_n)$ 的分量是 λ 非交互作用的(λ 代替语言)，当且仅当真假值分布 $R(\mathscr{T}_1,\cdots,\mathscr{T}_n)$ 在式(Ⅲ.83)的意义上可分时

$$R(\mathscr{T}_1,\cdots,\mathscr{T}_n)=R(\mathscr{T}_1)\times\cdots\times R(\mathscr{T}_n) \quad (Ⅲ.83)$$

这一定义的含义是，如果 $\mathscr{T}_1,\cdots,\mathscr{T}_n$ 是λ 非交互作用的，那么，把具体的语言真假值赋予 $\mathscr{T}_{i_1},\cdots,\mathscr{T}_{i_k}$ 不影响能赋予$(\mathscr{T}_1,\cdots,\mathscr{T}_n)$中的补分量 $\mathscr{T}_{j_i},\cdots,\mathscr{T}_{j_m}$ 的真假值.

在着手举例说明 λ 非交互作用的概念之前，我们将定义另一种形式的非交互作用性，这种非交互作用性称为 β 非交互作用(β 代替基础变量).

定义 Ⅲ.2　一个语言真假变量 $\mathscr{T}=(\mathscr{T}_1,\cdots,\mathscr{T}_n)$ 的分量是 β 非交互作用的，当且仅当它的相应的基础变量 $\nu_1,\cdots,\nu_n$ 是非交互作用的，即 ν_i 不受连带的约束.

为说明上面定义的非交互作用的概念，我们将考虑几个简单的例子.

例 Ⅲ.3　对于例 Ⅲ.2 的真假值分布，我们有

$$\begin{cases} R(\mathscr{T}_1)=\text{真}+\text{非常真}+\text{假} \\ R(\mathscr{T}_2)=\text{十分真}+\text{真}+\text{假} \\ R(\mathscr{T}_3)=\text{非常真}+\text{非常非常真}+\text{十分真} \end{cases} \quad (Ⅲ.84)$$

于是

$$\begin{aligned} R(\mathscr{T}_1)\times R(\mathscr{T}_2)\times R(\mathscr{T}_3)=&(\text{真},\text{十分真},\text{非常真})+\\ &(\text{非常真},\text{十分真},\\ &\text{非常真})+\cdots\cdots+ \end{aligned}$$

$$
\begin{aligned}
&(\text{假},\text{假},\text{十分真})\\
&\neq R(\mathscr{T}_1,\mathscr{T}_2,\mathscr{T}_3) \qquad (\text{Ⅲ}.85)
\end{aligned}
$$

这意味着 $R(\mathscr{T}_1,\mathscr{T}_2,\mathscr{T}_3)$ 是不可分的,因而 $\mathscr{T}_1,\mathscr{T}_2,\mathscr{T}_3$ 是 λ 交互作用的.

例 Ⅲ.4　考虑一个合成命题,这个命题具有(A,非 A)这种形式,且为了简单假定 $T(\mathscr{T})=$真+假.鉴于式(Ⅲ.11),若 A 的真假值是真,则非 A 的真假值是假,反之亦然.因而所论命题的真假值分布必定有形式如

$$R(\mathscr{T}_1,\mathscr{T}_2)=(\text{真},\text{假})+(\text{假},\text{真}) \qquad (\text{Ⅲ}.86)$$

它导出

$$R(\mathscr{T}_1)=R(\mathscr{T}_2)=\text{真}+\text{假} \qquad (\text{Ⅲ}.87)$$

现在我们有

$$
\begin{aligned}
R(\mathscr{T}_1)\times R(\mathscr{T}_2)&=(\text{真}+\text{假})\times(\text{真}+\text{假})\\
&=(\text{真},\text{真})+(\text{真},\text{假})+\\
&\quad(\text{假},\text{真})+(\text{假},\text{假}) \qquad (\text{Ⅲ}.88)
\end{aligned}
$$

因而得到

$$R(\mathscr{T}_1,\mathscr{T}_2)\neq R(\mathscr{T}_1)\times R(\mathscr{T}_2)$$

这意味着 $\mathscr{T}_1$ 和 $\mathscr{T}_2$ 是 λ 交互作用的.

例 Ⅲ.5　上面的例子也可以用作 β 交互作用性的实例.具体地讲,不管赋予 A 和非 A 的真假值是什么,由于非的定义使基础变量 ν_1 和 ν_2 受到下面方程所约束

$$\nu_1+\nu_2=1 \qquad (\text{Ⅲ}.89)$$

换言之,在(A,非 A)这一形式的合成命题中,A 和非 A 的数值真假值元和必须是 1.

注　应该注意到,在例 Ⅲ.5 中 β 交互作用性是由于 A_2 通过否定运算与 A_1 相关联着的结果.一般而言,

$\mathscr{T}_1,\cdots,\mathscr{T}_n$ 在不是 β 交互作用的情况下仍然可以是 λ 交互作用的.

交互作用性的概念的一个有效的应用和真假值不知道有关(见式(Ⅲ.52)).具体地讲,为简单计,设 $V=T+F$,假定

$$A_1 \triangleq \text{帕特住在伯克利} \qquad (\text{Ⅲ}.90)$$

$$A_2 \triangleq \text{帕特住在旧金山} \qquad (\text{Ⅲ}.91)$$

条件是这两个陈述中有一个而且只有一个是真的.这意味着,虽然 A_1 和 A_2 的真假值是不知道($\triangleq ?\ =T+F$),即

$$\begin{aligned} \nu(A_1) &= T+F \\ \nu(A_2) &= T+F \end{aligned} \qquad (\text{Ⅲ}.92)$$

但是它们仍受下面的关系式所约束

$$\nu(A_1) \vee \nu(A_2) = T \qquad (\text{Ⅲ}.93)$$

$$\nu(A_1) \wedge \nu(A_2) = F \qquad (\text{Ⅲ}.94)$$

等效的,式(Ⅲ.90)和(Ⅲ.91)的真假值分布可以看成下面方程的解

$$\nu(A_1) \vee \nu(A_2) = T \qquad (\text{Ⅲ}.95)$$

$$\nu(A_1) \wedge \nu(A_2) = F \qquad (\text{Ⅲ}.96)$$

这个解是

$$R(\mathscr{T}_1,\mathscr{T}_2) = (T,F)+(F,T) \qquad (\text{Ⅲ}.97)$$

注意,式(Ⅲ.97)意味着

$$\nu(A_1) = R(\mathscr{T}_1) = T+F \qquad (\text{Ⅲ}.98)$$

和

$$\nu(A_2) = R(\mathscr{T}_2) = T+F \qquad (\text{Ⅲ}.99)$$

与式(Ⅲ.92)一致.还要注意 $\mathscr{T}_1$ 和 $\mathscr{T}_2$ 在 $V=T+F$ 的情况下在定义Ⅲ.2的意义上是 β 交互作用的.

现在,若 A_1 和 A_2 已变成为

$$A_1 \triangleq \text{帕特曾住在伯克利} \qquad (\text{Ⅲ}.100)$$

$$A_2 \triangleq \text{帕特曾住在旧金山} \qquad (\text{Ⅲ}.101)$$

这里存在 A_1 和 A_2 都是真的可能性，那么我们应该仍然有

$$\nu(A_1) = ? \;= T + F \qquad (\text{Ⅲ}.102)$$

$$\nu(A_1) = ? \;= T + F \qquad (\text{Ⅲ}.103)$$

但约束方程式将变成

$$\nu(A_1) \vee \nu(A_2) = T \qquad (\text{Ⅲ}.104)$$

在这种情况下，真假值分布是式（Ⅲ.104）的解，由

$$R(\mathcal{T}_1, \mathcal{T}_2) = (\text{真},\text{真}) + (\text{真},\text{假}) + (\text{假},\text{真}) \qquad (\text{Ⅲ}.105)$$

给出. 对于上面的例子必须着重加以注意的是：在一些情况下真假值分布可能以隐含的形式出现，例如它可能是真假值方程组的解，而不是明确的真假值的有序 n 重组表. 一般而言，在语言真假值不是赋给 $A = (A_1, \cdots, A_n)$ 中每个 A_i，而赋给 A 的两个或多个分量的布尔表达式的地方，情况就是这样.

另一个值得注意的地方是真假值分布可能是互套的. 作为一个简单的实例，在一元命题的情况下，我们可能有形式如

"''维拉非常非常聪明'是非常真的'是真的" （Ⅲ.106）

的断语的套序列. 由这种形式的断语导出的限制可计算如下.

令式（Ⅲ.106）的基础变量是 IQ[①]，且令 $R_0(\text{IQ})$ 记维拉的 IQ 上的限制. 则命题"维拉非常非常聪明"

① IQ 是智商的缩写. —— 译者注

意指

$$R_0(\mathrm{IQ}) = \text{非常非常聪明} \qquad (\text{Ⅲ}.107)$$

现在,命题"'维拉非常非常聪明'是非常真的"意味着维拉在模糊集合 $R_0(\mathrm{IQ})$ 中的资格等级是非常真(见式(Ⅲ.6)). 令 $\mu_{\text{非常真}}$ 记非常真的资格函数(见(Ⅲ.17))并令 μ_{R_0} 记 $R_0(\mathrm{IQ})$ 的资格函数. 把 μ_{R_0} 视为从 IQ 的值域到[0,1]的一个关系,令 $\mu_{R_0}^{-1}$ 记从[0,1]到 IQ 值域的逆关系. 那么,这一关系导出一个模糊集合 $R_1(\mathrm{IQ})$,表达为

$$R_1(\mathrm{IQ}) = \mu_{R_0}^{-1}(\text{非常真}) \qquad (\text{Ⅲ}.108)$$

模糊集合 $R_1(\mathrm{IQ})$ 代表由断语"'维拉非常非常聪明'是非常真的"导出的 IQ 上的限制.

把相同的论证进行下去,由断语"'维拉非常非常聪明'是非常真的"是真的,导出的 IQ 上的限制可以表达如

$$R_2(\mathrm{IQ}) = \mu_{R_1}^{-1}(\text{真}) \qquad (\text{Ⅲ}.109)$$

这里 $\mu_{R_1}^{-1}$ 记 μ_{R_1} 的逆关系,它是 $R_1(\mathrm{IQ})$ 的资格函数,由式(Ⅲ.108)给出,这样,我们能计算由式(Ⅲ.106)举例代表的这类断语的套序列导出的限制.

在上面粗略描绘的方法里面包含的基本思想是,具有"'u 是 A'是 T"这种形式的一个断语——其中 A 是一个模糊谓词,而 T 是一个语言真假值——按照表达式

$$A' = \mu_A^{-1}(T)$$

修改与 A 相结合的限制,这里 μ_A^{-1} 是 A 的资格函数的逆,而 A' 是由断语"'u 是 A'是 T"导出的限制.

语言变量的概念在工业过程中的应用——模糊逻辑调节器

附录Ⅳ

§1 引　言

控制理论自其发展初期就和应用数学有密切的关系. 至今天, 随着现代控制理论的发展, 这种关系是更加密切而且广泛了. 因此给人的印象是控制理论完全不考虑也不允许存在任何模糊性. 但事实并非如此. 我们知道, 设计一个系统首先必须有一个品质判据; 但是究竟应该使用哪一个判据? 这个判据应计入哪些因素? 判据与系统行为的实际优良度之间的关系如何? 这些问题的回答, 往往只能是模糊的、近似的、因应用场合和人的经验或习惯而异的，因而不可避免地也是带有主观性的．一个论题，当它的出发点是模糊和主观的，那么不论其他部分多么明确和客观，作为一个整体，这个论题仍然是模糊和主观的．

另外，设计一个控制系统还必须先知道被控对象的数学模型，但是由于对象过于复杂往往不得不采用它的近似形式．近似而又能抓住对象的实质是成功的近似，但是并不是所有的系统都可以简化成低阶、线性、集总参数和非时变的．我们虽已经有了一些对付高阶、非线性、分布参数及时变系统的方法，然而许多因素结合在一起使问题解法复杂化以致缺乏实用价值，有一些问题则实际上还找不到适当的算法．

有一些被控对象难以用一般物理及化学的已有规律来表达，而且没有适当的测试手段，或者测试仪器无法进入被测区，以致无法确定对象的特性．这样的对象没有任何形式的数学模型，控制理论在这里一筹莫展．但是这类对象在人的操纵之下运行着并达到一定预期的结果．

扎德举过一个例子叫作停车问题，引起许多人的兴趣，我们的目的是要把汽车停在拥挤的停车场上两辆车之间的一个空隙中．对于一个搞控制理论的人说来，做法大致是：让 ω 记车 C 上一个固定的参考点（一个近似于车的形状的矩形的中心）的位置，让 θ 记 C 的方位．因而车的状态为 $x=(\omega,\theta)$，车的运动微分方程为 $\dot{x}=f(x,u)$；u 是一个有约束的控制矢量，它有两个分量 u_1 和 u_2，u_1 是前轮的角度，u_2 是车速．两辆停着的车之间的空隙定义为许可的终局状态的集合 Γ，邻近两辆车定义为 x 执行中的约束，记为集合 Ω．我们的任

务是寻找一个控制 $u(t)$ 使在满足各种约束的条件下把初始状态转移到 Γ 中去.

这样一个表面看起来并不复杂的问题用精确方法求解时,由于约束因素过多所以非常复杂,即使用一台大型的计算机也不够.这样,从实用的角度(不是理论的角度)看,所谈的问题没有精确的算法解.

汽车司机的做法是这样的.首先让车向前运动,前轮先向右而后左.然后让车向后运动,前轮仍先向右而后左.经过若干步,车将横向移动一个所需的距离,最后向前开停在空隙之中.这就是说,汽车司机通过一些不精确的观察,执行一些不精确的控制就能够达到目的.精确在这里不但不可行同时也不必要.

语言变量的概念可以作为描述类似的手动控制策略的基础.在这个基础上发展了一种全新的自动调节器——启发式模糊逻辑调节器,已取得实验结果.下面将讨论这种调节器的原理、构成以及实现方面一些有关的问题.

模糊逻辑调节器简称模糊调节器,是模糊集合论、语言变量及模糊逻辑在工业过程的实际应用中最有成效的例子.

§2 用语言归纳手动控制策略

手动操作策略是通过学习、试验以及长期经验积累而形成的.经验公式是处理人的经验的一个路子,这是用传统数学处理经验的一个方法.但大多数经验只能通过人的语言(文字)来叙述.

手动操作的过程一般是通过对被控对象的一些表象的观察，根据经验和技术知识做出对策，改变加之于对象上的控制作用，使系统达到操作者所预期的目标，其作用和调节器是完全一样的. 主要的差别在于决策的做出是基于经验而不是基于某种数值运算. 现在有了语言变量的概念，经验也能上升为数值运算，使以往只能凭经验的手动操作系统的机器化成为可能.

问操作者如何操纵一个系统，最典型的回答，举例说，是

$$\text{若温度偏低，则热水流量加大} \tag{IV.1}$$

首先，我们把温度的偏差以及流量的变化分别看成语言变量 $\mathscr{E}$ 和 $\mathscr{LU}$. 再假设 $\mathscr{E}$ 和 $\mathscr{LU}$ 的辞集相同

$$T(\mathscr{E}) = T(\mathscr{LU}) = \text{负大} + \text{负中} + \text{负小} + \text{负零} + \text{正零} + \text{正小} + \text{正中} + \text{正大} \tag{IV.2}$$

我们知道负大、正中等是语言变量的语言值，其辞义可以表达为基础变量上的模糊集合 A，B 等. 显然，对于温度和流量来说，基础变量是不同的，因而同为负大或正中其定义可能不一样. 这可以通过归一化的手续使之统一起来. 有了这些假定，陈述句(IV.1) 可以写为

$$\text{若 } \mathscr{E} = A\text{，则 } \mathscr{LU} = B \tag{IV.3}$$

或更简单地写为

$$\text{若 } A \text{ 则 } B \tag{IV.4}$$

同样，陈述句

若温度偏差不是正大或正中
则流量变化负中或负小

可以写为

$$\text{若非}(A \text{ 或 } B)\text{ 则 } C \text{ 或 } D \tag{IV.5}$$

有时用作判断的根据不止一个,例如操作者可以根据偏差及偏差的变化速度来决定控制作用.这时需再引入第三个语言变量 $\mathscr{LE}$.假定辞集分别表达为

$$T(\mathscr{E})=E_1+E_2+\cdots+E_n$$

$$T(\mathscr{LE})=CE_1+CE_2+\cdots+CE_n \qquad (\text{Ⅳ}.6)$$

而

$$T(\mathscr{LU})=CU_1+CU_2+\cdots+CU_m$$

则有两种方法可以表达这种控制策略.第一种方法写为

$$若\ \mathscr{E}=E_i\ 和\ \mathscr{LE}=CE_j\ 则\ \mathscr{LU}=CU_k$$

或简写为

$$若\ E_i\ 和\ CE_j\ 则\ CU_k \qquad (\text{Ⅳ}.7)$$

第二种方法是式(Ⅳ.4)的套用,写为

$$若\ \mathscr{E}=E_i\ 则(若\ \mathscr{LE}=CE_j\ 则\ \mathscr{LU}=CU_k)$$

或简写为

$$若\ E_i\ 则(若\ CE_j\ 则\ CU_k) \qquad (\text{Ⅳ}.8)$$

假如我们把式(Ⅳ.4)和(Ⅳ.5)视为比例控制策略的话,式(Ⅳ.7)和(Ⅳ.8)可以看为比例加微分的控制策略.

必须指出,用比例控制和比例微分控制的名称并不意味着模糊调节器和一般PID调节器相同.首先这里采用的是语言变量和语言值,而不是一般的数值变量和一般的数值.其次控制作用与输入作用之间的关系也不是一般的线性组合或典型非线性特性(如继电特性等).

式(Ⅳ.4)(Ⅳ.5)(Ⅳ.7)(Ⅳ.8)所示的一条控制规则代表一种情况下的一个对策.操作者实际上要碰到各种各样可能的情况,对不同情况要有不同的对策.

一般每条控制规则有相同的结构,只是所取的语言值不同.显然,各条控制规则之间的关系是或,即逻辑和.

设 $\mathscr{E}$,$\mathscr{LE}$ 和 $\mathscr{LU}$ 的辞集相同,并且具有式(Ⅳ.2)的形式,则可能的一组完整的比例微分控制策略如下

若 $\mathscr{E}=$负大　　则若 $\mathscr{LE}=$非(负大或负中)
　　　　　　　　　　则 $\mathscr{LU}=$正大

或

若 $\mathscr{E}=$负中　　则若 $\mathscr{LE}=$正大或正中或正小
　　　　　　　　　　则 $\mathscr{LU}=$正小

或

若 $\mathscr{E}=$负小　　则若 $\mathscr{LE}=$正大或正中
　　　　　　　　　　则 $\mathscr{LU}=$正小

或

若 $\mathscr{E}=$负零　　则若 $\mathscr{LE}=$正大
　　　　　　　　　　则 $\mathscr{LU}=$正小

或

若 $\mathscr{E}=$正零或负零　　则若 $\mathscr{LE}=$正小或负小或负零
　　　　　　　　　　　　则 $\mathscr{LU}=$负零

或

若 $\mathscr{E}=$正零　　则若 $\mathscr{LE}=$正大
　　　　　　　　　　则 $\mathscr{LU}=$负小

或

若 $\mathscr{E}=$正小　　则若 $\mathscr{LE}=$正大或正中
　　　　　　　　　　则 $\mathscr{LU}=$负小

或

若 $\mathscr{E}=$正中　　则若 $\mathscr{LE}$ 正大或正中或正小
　　　　　　　　　　则 $\mathscr{LU}=$负小

或

若 $\mathscr{E}$ = 正大　　则若 $\mathscr{LE}$ 非(负大或负中)

则 $\mathscr{LU}$ = 负大　　　　(Ⅳ.9)

为了简化表达法可以使用系统状态作用表.使用系统状态作用表表示的另一组比例加微分控制策略见图Ⅳ.1.

这样一组控制策略实际上包含了手动操作者对被控对象模型的可以意会而不可以言传的理解,还包含了手动操作者自觉或不自觉地用作控制准则的模糊的品质判据.

表Ⅳ.1　系统状态作用表

<table>
<tr><th>$\mathscr{LU}$ \ $\mathscr{E}$
$\mathscr{LE}$</th><th>负大</th><th>负中</th><th>负小</th><th>负零</th><th>正零</th><th>正小</th><th>正中</th><th>正大</th></tr>
<tr><td>正大
正中</td><td colspan="2">一</td><td>负小</td><td colspan="3">负中</td><td colspan="2" rowspan="3">负大</td></tr>
<tr><td>正小</td><td colspan="2">正大/正中</td><td>负零</td><td colspan="2">负小</td><td rowspan="2">负中</td></tr>
<tr><td>零</td><td colspan="2" rowspan="3">正大</td><td rowspan="2">正中</td><td colspan="2">负零</td></tr>
<tr><td>负小
负中</td><td colspan="2">正小</td><td>负零</td><td colspan="2">负大/负中</td></tr>
<tr><td>负大</td><td colspan="3">正中</td><td>正小</td><td colspan="2">一</td></tr>
</table>

显然这些控制规则中还可以引入非常、有点、极端、相当、接近等程度词加以细化,以表达操作者经验中更微妙的部分.

§3 语言控制策略表达为论域的积集上的模糊关系

我们知道,若 A 则 B 这样的逻辑蕴含可以看作推论合成规则的特例.若 A 则 B 看为 A 和 B 的笛卡儿积集

$$若\ A\ 则\ B \triangleq A \times B$$

设 C 是空集,在 A 和 B 是一元模糊关系的情况下有

$$若\ A\ 则\ B = A \times B = [A][B]$$

式中 $[A]$ 和 $[B]$ 分别是 A 和 B 的列和行矩阵.例如,设论域

$$U = V = (-2) + (-1) + (-0) + 0 + 1 + 2$$

A 和 B 分别是 U 和 V 上的模糊集合

$$A = 正零 \triangleq 1/0 + 0.6/1 + 0.1/2 \quad (\text{IV}.10)$$

$$B = 负零 \triangleq 0.1/(-2) + 0.6/(-1) + 1/(-0) \quad (\text{IV}.11)$$

则

$$[A] = \begin{bmatrix} 0 \\ 0 \\ 0 \\ 1 \\ 0.6 \\ 0.1 \end{bmatrix}$$

而

$$[B] = [0.1\ 0.6\ 1\ 0\ 0\ 0]$$

$$R=[A][B]=\begin{bmatrix}0\\0\\0\\1\\0.6\\0.1\end{bmatrix}[0.1\ 0.6\ 1\ 0\ 0\ 0]$$

$$=\begin{bmatrix}0&0&0&0&0&0\\0&0&0&0&0&0\\0&0&0&0&0&0\\0.1&0.6&1&0&0&0\\0.1&0.6&0.6&0&0&0\\0.1&0.1&0.1&0&0&0\end{bmatrix} \tag{Ⅳ.12}$$

逻辑蕴含若 A 则 B 于是表达为一个关系矩阵;这说明若 A 则 B 可以看作 $U\times V$ 上的一个模糊关系 R. 用资格函数运算式来写

$$\mu_R(u,v)=\mu_{A\times B}(u,v)=\text{Min}[\mu_A(u),\mu_B(v)],u\in U,v\in V \tag{Ⅳ.13}$$

为了更直观,这种模糊关系还可用图 Ⅳ.1 表示,图中 $U\times V$ 平面上每个点旁边括号中的值表示相应的 $\mu_R(u,v)$ 值. 图 Ⅳ.1(a) 与式(Ⅳ.12) 类似;图 Ⅳ.1(b) 是论域为连续集的情况.

同样,假定 A,B 和 C 分别是 U,V 和 W 上的一元模糊关系. 那么,若 A 则若 B 则 C 可以看作 $U\times V\times W$ 上的一个三元模糊关系

$$R=A\times(B\times C)=A\times B\times C \tag{Ⅳ.14}$$

设 A,B 和 C 的资格函数分别为 $\mu_A(u)$,$\mu_B(v)$ 和

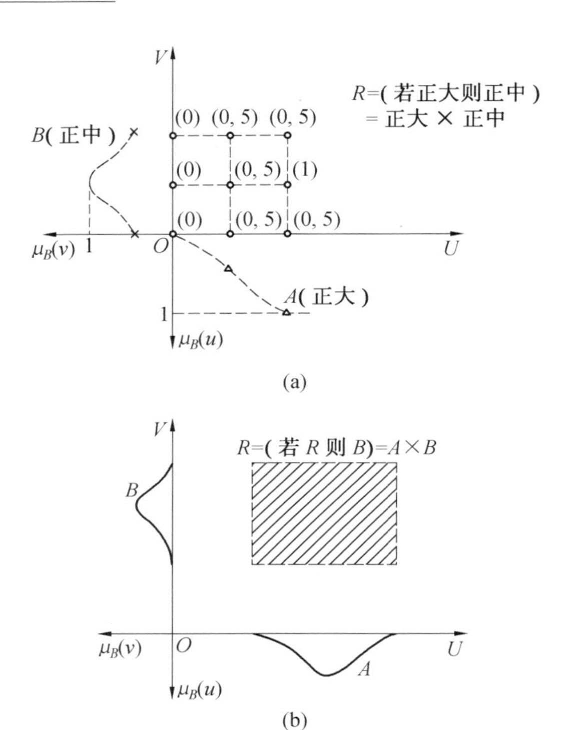

图 Ⅳ.1　若 A 则 B 看作 $U\times V$ 上的模糊关系

$\mu_C(w)$，则 R 的资格函数

$$\mu_R(u,v,w)=\mathrm{Min}[\mu_A(u),\mu_B(v),\mu_C(w)]$$

$$u\in U,v\in v,w\in W \qquad (\text{Ⅳ}.15)$$

对于(Ⅳ.7)的控制规则直观上可有两种表达法

$$R_1=(E_i\times CU_k)\cap(CE_j\times CU_k) \qquad (\text{Ⅳ}.16)$$

或

$$R_2=(E_i\cap CE_j)\times CU_k \qquad (\text{Ⅳ}.17)$$

其资格函数分别为

$$\mu_{R_1}(u,v,w)=\mathrm{Min}\{\mathrm{Min}[\mu_{E_i}(u),\mu_{CU_k}(w)]$$

$$\mathrm{Min}[\mu_{CE_j}(v),\mu_{CU_k}(w)]\} \tag{Ⅳ.18}$$

和

$$\mu_{R_2}(u,v,w)=\mathrm{Min}\{\mathrm{Min}[\mu_{E_i}(u),\mu_{CE_j}(v)],\mu_{CU_k}(w)\} \tag{Ⅳ.19}$$

可以证明这两个表达法是等价的.

至于其他或、非以及附加程度词的情况，我们一般认为是把修改后的合成辞作值赋给语言变量. 因此必先根据原辞的辞义计算出合成辞的辞义，再用上述的方法求出相应的模糊关系的资格函数. 例如对于式(Ⅳ.5)所表示的情况，我们先计算 A 和 B 的联集，继而计算 $A\cup B$ 的补集，记为 E，再计算 $C\cup D$，记为 F，最后按式

$$R=若\ E\ 则\ F=E\times F \tag{Ⅳ.20}$$

计算出 R.

我们知道，语言值的辞义由基础变量上的模糊集合所表示，因此上述各种方法计算出来的论域上的模糊关系代表的是相应陈述句的含义. 例如图Ⅳ.1(a)所示的模糊关系，就是“若误差正大则控制作用正中”这一陈述句的含义的数学表达法.

上面已说过，一个具体对象的控制经验是由一组控制规则表达的. 每条控制规则又可表达为一个模糊关系. 因此，整个控制经验是由和控制规则数目相同的模糊关系构成的. 它的整体很像论域中的一条曲线，不过不是一条连续曲线，而是由一些断续“点”所组成. 这里的所谓“点”是论域上的一个边界模糊的区域，是一个模糊关系. 参见图Ⅳ.2.

假如用符号 $R(u,v)$ 记一组控制策略的整体，则

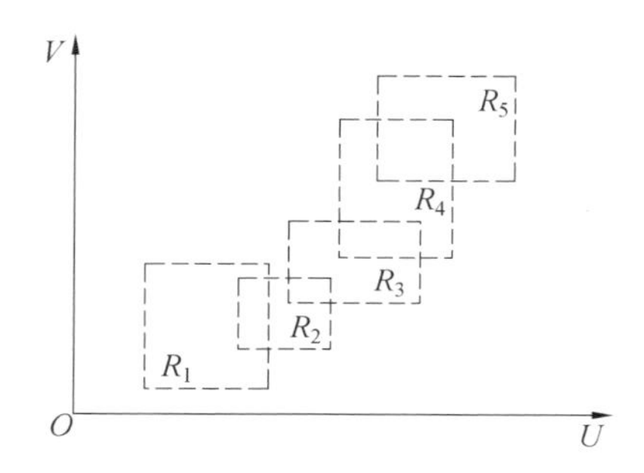

图 Ⅳ.2　由五条控制规则构成的控制策略的整体

$$R(u,v)=R_1(u,v)+R_2(u,v)+\cdots+R_n(u,v) \tag{Ⅳ.21}$$

其中 n 是控制规则的条数，$+\triangleq$ 联. 模糊关系 $R(u,v)$ 表达了记述控制策略的整个文件的含义.

有时会碰到根据输入作用决定两个或多于两个控制作用的情况，例如同时改变给煤量和鼓风量. 典型的控制规则是：若偏差为 A，则第一个控制作用为 B，第二个控制作用为 C. 这实际上可以写为若 A 则 B 和若 A 则 C 两条规则，分别归入两套控制策略，一套用于决定第一控制作用，另一套用于决定第二控制作用.

另外，即使只有一个控制作用也可以用一套以上的控制策略以适应环境条件巨大但相对稳定的变化. 例如，必要时夏天和冬天就可以分别用不同的控制策略.

§4　控制作用的计算

有了表达控制策略的文件的含义的模糊关系

$R(u,v)$，又知道作为输入量论域上的模糊关系 $R(u)$，根据推论合成规则立刻可求出控制作用的模糊关系 $R(v)$.

设某一特定的控制问题

$$R(u,v)=F \tag{Ⅳ.22}$$

特定的输入量

$$R(u)=A \tag{Ⅳ.23}$$

则这时具体的控制作用将是

$$R(v)=B=A\circ F \tag{Ⅳ.24}$$

其资格函数为

$$\mu_B(v)=\operatorname*{Max}_u \operatorname{Min}[\mu_A(u),\mu_F(u,v)] \tag{Ⅳ.25}$$

应该指出，在模糊调节器文献中一般是在给定输入 A 之下分别计算 A 和 $R_1(u,v)$，$R_2(u,v)$，…，$R_n(u,v)$ 的合成得到 n 个控制作用的模糊子集 B_1，B_2，…，B_n，然后求这些子集的联而获得总的控制作用 B 的，即

$$B=A\circ F_1+A\circ F_2+\cdots+A\circ F_n \tag{Ⅳ.26}$$

其中 F_1，F_2，…，F_n 分别代表 $R_1(u,v)$，$R_2(u,v)$，…，$R_n(u,v)$ 的特指模糊关系（更一般地讲，$R_i(u,v)=F_i$ 意指把关系 F_i 赋予限制 $R_i(u,v)$）.

可以证明

$$\begin{aligned}B&=A\circ F_1+A\circ F_2+\cdots+A\circ F_n\\&=A\circ(F_1+F_2+\cdots+F_n)\\&=A\circ F\end{aligned} \tag{Ⅳ.27}$$

这里 $F\triangleq F_1+F_2+\cdots+F_n$ 是 F 各分量的联.

证　按照式(Ⅳ.25)，在某一给定 v 值之下，$\mu_B(v)$ 实际上是 A 的柱状扩展 $\mu_A(u,v)=\mu_A(u)$ 与 $\mu_F(u,v)$ 的交集在 v 加上条件之后的条件关系（或称

为关系的截）的最大值.

设 $F=F_1+F_2$，则根据模糊集合的分配律我们知

$$\mu_A \wedge (\mu_{F_1} \vee \mu_{F_2})=(\mu_A \wedge \mu_{F_1}) \vee (\mu_A \wedge \mu_{F_2}) \tag{Ⅳ.28}$$

因而

$$\begin{aligned} &\vee_u[\mu_A \wedge (\mu_{F_1} \vee \mu_{F_2})] \\ =&\vee_u[(\mu_A \wedge \mu_{F_1}) \vee (\mu_A \wedge \mu_{F_2})] \\ =&[\vee_u(\mu_A \wedge \mu_{F_1})] \vee [\vee_u(\mu_A \wedge \mu_{F_2})] \end{aligned} \tag{Ⅳ.29}$$

这对所有的 v 都成立，故有

$$A \circ (F_1+F_2)=A \circ F_1+A \circ F_2$$

进而

$$\begin{aligned} A \circ (F_1+F_2+F_3) &= A \circ [(F_1+F_2)+F_3] \\ &= A \circ (F_1+F_2)+A \circ F_3 \\ &= A \circ F_1+A \circ F_2+A \circ F_3 \end{aligned}$$

于是

$$\begin{aligned} &A \circ (F_1+F_2+\cdots+F_n) \\ =&A \circ F_1+A \circ F_2+\cdots+A \circ F_n \end{aligned} \tag{Ⅳ.30}$$

证毕.

式(Ⅳ.30)使我们在运用控制策略之前剔除了相当数目的数据，这些数据出现在 $R_1(u,v)$，$R_2(u,v)$，…，$R_n(u,v)$ 之间交叠的部位，对于一个好的控制策略来说，这种交叠是不可避免的. 此外，控制策略采用这种表达法还可使数据的数目在另一方面大幅度减少，这将在下面谈到.

为了更清晰理解控制作用的计算过程，下面举一个数字实例.

假设所使用的基本的语言值的辞义已知，如表

Ⅳ.2所示，其中符号 P，N 分别代表正和负，B，M，S，O 分别代表大、中、小、零（在基础变量是连续集时，语言值也可用解析式表达）. 表中 -3 在 NM（负中）这个语言值中的资格是表列值 0.7，其他也作同样理解. -6 至 $+6$ 共 14 个数是系统误差的数值，即是语言变量误差的基础变量的值.

表 Ⅳ.2　语言值的辞义

	−6	−5	−4	−3	−2	−1	−0	+0	+1	+2	+3	+4	+5	+6
PB											0.1	0.4	0.8	1
PM										0.2	0.7	1	0.7	0.2
PS								0.3	0.8	1	0.5	0.1		
PO								1	0.6	0.1				
NO					0.1	0.6	1							
NS			0.1	0.5	1	0.8	0.3							
NM	0.2	0.7	1	0.7	0.2									
NB	1	0.8	0.4	0.1	0									

我们要计算的是控制策略（Ⅳ.9）中小讯号下的控制作用. 为简化起见我们将不考虑误差的变化. 这样我们有如下五条控制规则：

(1) 若 NS 则 PS.　　　　(Ⅳ.31)

(2) 若 NO 则 PS.　　　　(Ⅳ.32)

(3) 若 PO 或 NO 则 NO.　　　　(Ⅳ.33)

(4) 若 PO 则 NS.　　　　(Ⅳ.34)

(5) 若 PS 则 NS.　　　　(Ⅳ.35)

按照（Ⅳ.12）的方法分别求出 $F_1, F_2, \cdots, F_5$，然后求出它们的联集，我们有

$$F=\begin{bmatrix} 0 & 0 & 0 & 0 & 0 & 0.1 & 0.1 & 0.1 & 0.1 & 0.1 \\ 0 & 0 & 0 & 0 & 0 & 0.3 & 0.5 & 0.5 & 0.5 & 0.1 \\ 0 & 0 & 0.1 & 0.1 & 0.1 & 0.3 & 0.8 & 1 & 0.5 & 0.1 \\ 0 & 0 & 0.1 & 0.6 & 0.6 & 0.3 & 0.8 & 0.8 & 0.5 & 0.1 \\ 0 & 0 & 0.1 & 0.6 & 1 & 0.3 & 0.8 & 1 & 0.5 & 0.1 \\ 0.1 & 0.5 & 1 & 0.8 & 1 & 0 & 0 & 0 & 0 & 0 \\ 0.1 & 0.5 & 0.8 & 0.8 & 0.6 & 0 & 0 & 0 & 0 & 0 \\ 0.1 & 0.5 & 1 & 0.8 & 0.3 & 0 & 0 & 0 & 0 & 0 \\ 0.1 & 0.5 & 0.5 & 0.5 & 0.3 & 0 & 0 & 0 & 0 & 0 \\ 0.1 & 0.1 & 0.1 & 0.1 & 0.1 & 0 & 0 & 0 & 0 & 0 \end{bmatrix} \tag{Ⅳ.36}$$

现在假定输入作用

$$A=NO=[0\ 0\ 0.1\ 0.6\ 1\ 0\ 0\ 0\ 0\ 0]$$

那么,控制作用

$$\begin{aligned} B=A\circ F&=[0\ 0\ 0.1\ 0.6\ 1\ 0.3\ 0.8\ 1\ 0.5\ 0.1] \\ &=NO\ 或\ PS \end{aligned} \tag{Ⅳ.37}$$

可以看出结果和(Ⅳ.31)至(Ⅳ.35)的规则是符合的,因为 $A=NO$ 同时满足规则(2)和(3),计算出来的控制作用应是两个规则结果的联合.

这里,我们假定 $A=NO$ 是已定义的并且已出现在控制规则中的语言值,目的是为了印证 F 与用语言叙述的控制策略的一致性.实际上输入作用可以是论域上的任何模糊子集.作为计算结果的模糊集合可能也是原来定义所没有的,有必要时可以通过语言近似的方法把它化为相应的语言值.

例如,我们假定

$$A=0.8/1\triangleq[0\ 0\ 0\ 0\ 0\ 0\ 0.8\ 0\ 0\ 0]$$

这时

$$B=[0.1\ 0.5\ 0.8\ 0.8\ 0.6\ 0\ 0\ 0\ 0\ 0\ 0] \quad (\text{Ⅳ}.38)$$

和它最接近的语言变量是负小(NS).

这个结果说明总结经验时并不必穷举所有可能碰到的情况.

对于采用比例微分控制策略的情况,控制规则是若 A 则若 B 则 C. 设输入作用的论域分别是 U 和 V,控制作用的论域是 W,控制策略

$$R(u,v,w)=F \quad (\text{Ⅳ}.39)$$

是 $U\times V\times W$ 上的一个三元模糊关系. 给出输入作用

$$R(u)=A \quad (\text{Ⅳ}.40)$$

和

$$R(v)=B \quad (\text{Ⅳ}.41)$$

可求出控制作用

$$R(w)=C=A\circ(B\circ F) \quad (\text{Ⅳ}.42)$$

由于

$$\mu_{B\circ F}(u,w)=\operatorname*{Max}_{v}\operatorname{Min}[\mu_B(v),\ \mu_F(u,v,w)] \quad (\text{Ⅳ}.43)$$

故

$$\mu_C(w)=\operatorname*{Max}_{u}\operatorname{Min}\{\mu_A(u),\operatorname*{Max}_{v}\operatorname{Min}\times[\mu_B(v),\mu_F(u,v,w)]\} \quad (\text{Ⅳ}.44)$$

但是,我们知道组合运算具有结合性质,于是

$$C=A\circ(B\circ F)=(A\circ B)\circ F \quad (\text{Ⅳ}.45)$$

根据

$$A\circ B=\overline{A}\cap\overline{B}\ \text{在}\ U\times V\ \text{上的投影} \quad (\text{Ⅳ}.46)$$

这里 $\overline{A}$ 和 $\overline{B}$ 分别是模糊集合 A 和 B 在 $U\times V\times W$ 中的柱状扩展. 由于 A 和 B 都是一元模糊关系,因此它们的柱状集的交仍是柱状集,也就是其资格函数与坐标 W 无关. 柱状集的投影因而等于 A 和 B 的笛卡儿积

（图 Ⅳ.3）

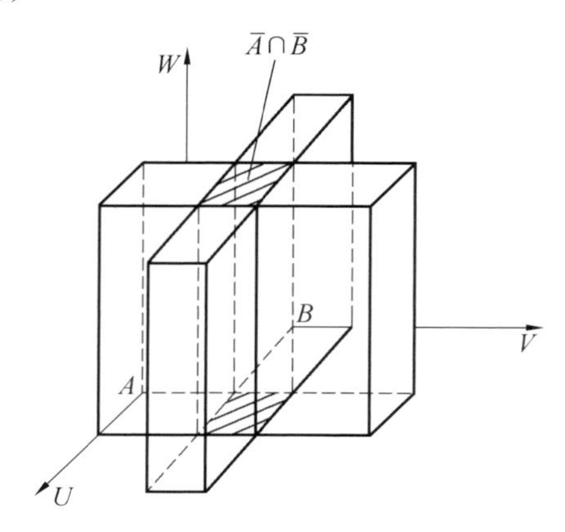

图 Ⅳ.3　柱状集的交及其投影

$$A\circ B=A\times B \quad (\text{Ⅳ}.47)$$

这样

$$C=A\circ(B\circ F)=(A\circ B)\circ F$$
$$=(A\times B)\circ F \quad (\text{Ⅳ}.48)$$

由于

$$\mu_{A\times B}(u,v)=\mathrm{Min}[\mu_A(u),\mu_B(v)] \quad (\text{Ⅳ}.49)$$

故

$$\mu_C(w)=\underset{u,v}{\mathrm{Max}}\ \mathrm{Min}[\mu_{AB}(u,v),\mu_F(u,v,w)]$$
$$=\underset{u,v}{\mathrm{Max}}\ \mathrm{Min}\{\mathrm{Min}[\mu_A(u),\mu_B(v)],\mu_F(u,v,w)\}$$
$$(\text{Ⅳ}.50)$$

这个式子与式(Ⅳ.48)一样说明控制作用是 W 上的一个模糊集合，它是 $A\times B$ 的柱状扩展与 F 的交在 W 上的投影．这样一来式(Ⅳ.42)的合成运算与二元函数求值很相似，变得更直观、更易于理解(图 Ⅳ.4)．

这一结果可以推广到

若 A_1 则若 A_2 则若 A_3…… 则若 A_n 则 A_{n+1} (Ⅳ.51)

这种逻辑蕴含的 n 重套用的情况上.

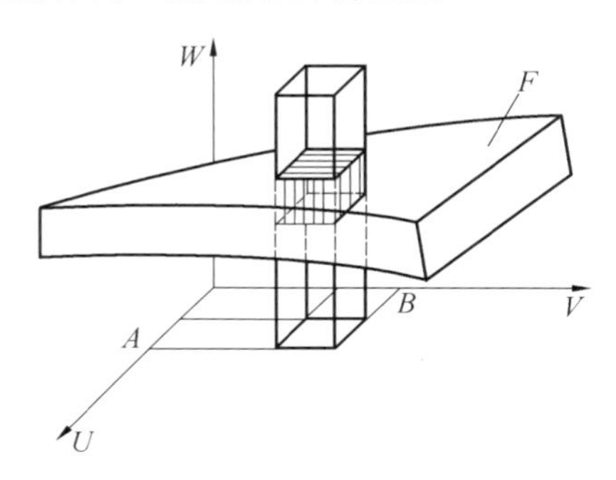

图 Ⅳ.4 $\overline{A\times B}$ 与 F 的交

可以证明(Ⅳ.51)与

$$\text{若 } A_1\times\cdots\times A_n \text{ 则 } A_{n+1} \qquad (\text{Ⅳ}.52)$$

是等价的.进一步,在已知输入作用求取控制作用时,可以证明

$$A_n\circ(A_{n-1}\circ(\cdots(A_1\circ F)\cdots))=(A_1\times\cdots\times A_n)\circ F \qquad (\text{Ⅳ}.53)$$

这使在 n 重套用逻辑蕴含前提下推论的过程变成与 n 元函数求值过程相似.

为了证明这两个论断,先让我们把逻辑蕴含句义的定义和推论合成规则扩展到多元的模糊关系上.

定义 Ⅳ.1 假定 A 是论域 $U=U_1\times\cdots\times U_k$ 上的一个 k 元模糊关系,B 是论域 $V=V_1\times\cdots\times V_m$ 上的一个 m 元模糊关系.则逻辑蕴含

$$\text{若 } A \text{ 则 } B \qquad (\text{Ⅳ}.54)$$

的句义定义为 $U\times V$ 上的一个 $k+m$ 元的模糊关系 R,且

$$R(u_1, \cdots, u_k, v_1, \cdots, v_m) = A(u_1, \cdots, u_k) \times B(v_1, \cdots, v_m) \quad (\text{Ⅳ}.55)$$

定义 Ⅳ.2　假定F是论域$U=U_1\times\cdots\times U_n$上的一个$n$元模糊关系. 令$q\triangleq(i_1,\cdots,i_k)$是下标序列$(1,\cdots,n)$的一个有序子序列,$q$相对于下标序列$(1,\cdots,n)$的有序补序列记为$q'\triangleq(j_1,\cdots,j_m)$,且令$A$是$U_{i_1}\times\cdots\times U_{i_k}$(简写为$U_q$)上的一个$k$元模糊关系. 则$A$和$F$的合成是$U_{j_1},\cdots,U_{j_m}$(简写为$U_{q'}$)上的$m$元模糊关系,记为$A\circ F$,定义为

$$B = A \circ F = P_{q'}(F \cap \overline{A}) \quad (\text{Ⅳ}.56)$$

式中$\overline{A}$是A在U上的柱状扩展,$P_{q'}$代表在$U_{q'}$上的投影.

规则 Ⅳ.1　采用定义Ⅳ.2的符号,令F,A分别是U,U_q上的模糊关系. 推论合成规则断言,由前提F和A推断出来的结论是$U_{q'}$中的一个模糊关系B,且

$$B = A \circ F \quad (\text{Ⅳ}.57)$$

定义Ⅳ.1的一个直接结果是:

定理 Ⅳ.1　设$A_1,\cdots,A_{n+1}$分别是$U_1,\cdots,U_{n+1}$上的一元模糊关系,则逻辑蕴含

$$\text{若 } A_1 \text{ 则若 } A_2 \cdots\cdots \text{ 则若 } A_n \text{ 则 } A_{n+1} \quad (\text{Ⅳ}.58)$$

的句义和逻辑蕴含

$$\text{若 } A_1 \times \cdots \times A_n \text{ 则 } A_{n+1} \quad (\text{Ⅳ}.59)$$

的句义相同.

证　按定义Ⅳ.1逻辑蕴含(Ⅳ.59)的句义由$U_1\times\cdots\times U_{n+1}$上的一个$n+1$元模糊关系表示

$$R = (A_1 \times \cdots \times A_n) \times A_{n+1} = A_1 \times \cdots \times A_{n+1} \quad (\text{Ⅳ}.60)$$

而在逻辑蕴含(Ⅳ.58)中,若 A_n 则 A_{n+1} 的句义按定义是 $U_n \times U_{n+1}$ 上的二元模糊关系 $A_n \times A_{n+1}$. 这时"若 A_{n-1} 则若 A_n 则 A_{n+1}"简化为"若 A_{n-1} 则 $A_n \times A_{n-1}$",后者按定义是 $U_{n-1} \times U_n \times U_{n+1}$ 上的三元模糊关系 $A_{n-1} \times (A_n \times A_{n+1}) = A_{n-1} \times A_n \times A_{n+1}$. 依此类推,逻辑蕴含(Ⅳ.58)的句义是 $U_1 \times \cdots \times U_{n+1}$ 上的一个模糊关系 R,且

$$R = A_1 \times \cdots \times A_{n+1}$$

证毕.

为了证明式(Ⅳ.53),我们必须先有:

定理 Ⅳ.2 设 F 是 $U = U_1 \times \cdots \times U_{n+1}$ 上的一个 $n+1$ 元模糊关系,A 是一个 m 元模糊关系定义于 $U_1 \times U_2 \times \cdots \times U_m$ 上,$m < n+1$,且 $A = A_1 \times A_2 \times \cdots \times A_m$,其中 $A_1, \cdots, A_m$ 分别是 $U_1, \cdots, U_m$ 上的一元模糊关系,而 A_{m+1} 是 U_{m+1} 上的一个一元模糊关系. 以 q_{n+1} 记下标序列$(1, \cdots, n+1)$,q_m 记$(1, \cdots, m)$,而$q_m{}' = q_{n+1} - q_m$ 是 $q_m{}'$ 相对于 q_{n+1} 的补序列. 则有

$$P_{q_{m+1}'}\{[P_{q_m'}(F \cap \overline{A})] \cap \overline{A}_{m+1}\} = P_{q_{m+1}'}(F \cap \overline{A \times A_{m+1}}) \tag{Ⅳ.61}$$

其中 $\overline{A}, \overline{A}_{m+1}, \overline{A \times A_{m+1}}$ 分别是 $A, A_{m+1}, A \times A_{m+1}$ 在运算所及的 U 的子论域中的柱状扩展,例如,若 $F \cap \overline{A}$ 中 F 为 $n+1$ 元,则不论 m 是何数,$\overline{A}$ 为 $n+1$ 元,又如 $[P_{q_m'}(F \cap \overline{A})] \cap \overline{A}_{m+1}$ 中$[P_{q_m'}(F \cap \overline{A})]$ 为 $n+1-m$ 元,这时 A_{m+1} 虽为1元但 $\overline{A}_{m+1}$ 为 $n+1-m$ 元,我们还知道 $\mu_{\overline{A}} = \mu_A$.

这个定理用话讲是,F 与 A 的柱状扩展之交在 $U_{m+1} \times \cdots \times U_{n+1}$ 上的投影与 A_{m+1} 的柱状扩展之交在 $U_{m+2} \times \cdots \times U_{n+1}$ 上的投影等于 F 与 $A \times A_{m+1}$ 的柱状

扩展的交在 $U_{m+2}\times\cdots\times U_{n+1}$ 上的投影.

把式(Ⅳ.61)写成资格函数的方式有

$$\begin{aligned}&\vee_{u_{m+1}}\{[\vee_{u_{q_m}}(\mu_F(u_1,\cdots,u_{n+1})\wedge\\&\mu_A(u_1,\cdots,u_m))]\wedge\mu_{A_{m+1}}(u_{m+1})\}\\&=\vee_{u_{q_{m+1}}}\{\mu_F(u_1,\cdots,u_{n+1})\wedge\\&[\mu_A(u_1,\cdots,u_m)\wedge\mu_{A_{m+1}}(u_{m+1})]\}\end{aligned}\quad(\text{Ⅳ}.62)$$

根据交的结合律并为简单起见略去资格函数的宗量,且记上式运算结果为 F_{n-m},它是 $n-m$ 元的模糊关系,则式(Ⅳ.62)右边

$$\begin{aligned}\mu_{F_{n-m}}&=\vee_{u_{q_{m+1}}}[\mu_F\wedge(\mu_A\wedge\mu_{A_{m+1}})]\\&=\vee_{u_{q_{m+1}}}[(\mu_F\wedge\mu_A)\wedge\mu_{A_{m+1}}]\end{aligned}\quad(\text{Ⅳ}.63)$$

对于任一模糊关系 E 有

$$\begin{aligned}\vee_{u_{q_{m+1}}}E=\vee_{u_{m+1}}[&\vee_{u_{q_m}}E_{u_{m+1}^{(1)}}+\vee_{u_{q_m}}E_{u_{m+1}^{(2)}}+\cdots+\\&\vee_{u_{q_m}}E_{u_{m+1}^{(k)}}]\end{aligned}\quad(\text{Ⅳ}.64)$$

式中 $E_{u_{m+1}^{(j)}}$ 是 E 加上条件 $u_{m+1}^{(j)}$ 之后的条件关系,$j=1,\cdots,k$,k 是 A_{m+1} 支集的元素数,u_{m+1} 是 A_{m+1} 元素的通名.例如一个三元模糊关系要取其最大值可以先把它在垂直方向上分成 k 层,先在每层上取极大值,然后再在所得到的 k 个极大值中取最大者.这样我们有

$$\begin{aligned}\mu_{F_{n-m}}&=\vee_{u_{m+1}}\{\sum_{j=1,\cdots,k}\vee_{u_{q_m}}[(\mu_F\wedge\mu_A)\wedge\mu_{A_{m+1}}]_{u_{m+1}^{(j)}}\}\\&=\vee_{u_{m+1}}\{\sum_{j=1,\cdots,k}\vee_{u_{q_m}}[(\mu_F\wedge\mu_A)_{u^{(j)}\,m+1}\wedge\\&\quad\mu_{A_{m+1}}(u_{m+1}^{(j)})]\}\end{aligned}\quad(\text{Ⅳ}.65)$$

一般交集的最大值并不等于分别求取最大值之后再求最小,参见图 Ⅳ.5(a).但是在这里 $\mu_{A_{m+1}}$ 是一个柱状集,它的资格函数与坐标 $u_1,\cdots,u_m$ 无关,运算 $\vee_{u_{q_m}}$ 与 $\wedge$ 变成可分配的,参见图 Ⅳ.5(b).于是式(Ⅳ.65)变

为

$$\begin{aligned}\mu_{F_{n-m}} &= \vee_{u_{m+1}}\left\{\sum_{j=1,\cdots,k}\left[\vee_{u_{q_m}}(\mu_F \wedge \mu_A)_{u_{m+1}^{(j)}} \wedge_{u_{q_m}} \mu_{A_{m+1}}(u_{m+1}^{(j)})\right]\right\} \\ &= \vee_{u_{m+1}}\left\{\sum_{j=1,\cdots,k}\left[\vee_{u_{q_m}}(\mu_F \wedge \mu_A)_{u_{m+1}^{(j)}} \wedge \mu_{A_{m+1}}(u_{m+1}^{(j)})\right]\right\} \\ &= \vee_{u_{m+1}}\left\{\sum_{j=1,\cdots,k}\vee_{u_{q_m}}(\mu_F \wedge \mu_A)_{u_{m+1}^{(j)}} \wedge \sum_{j=1,\cdots,k}\mu_{A_{m+1}}(u_{m+1}^{(j)})\right\} \\ &= \vee_{u_{m+1}}\left[\vee_{u_{q_m}}(\mu_F \wedge \mu_A) \wedge \mu_{A_{m+1}}\right] \qquad (\text{Ⅳ}.66)\end{aligned}$$

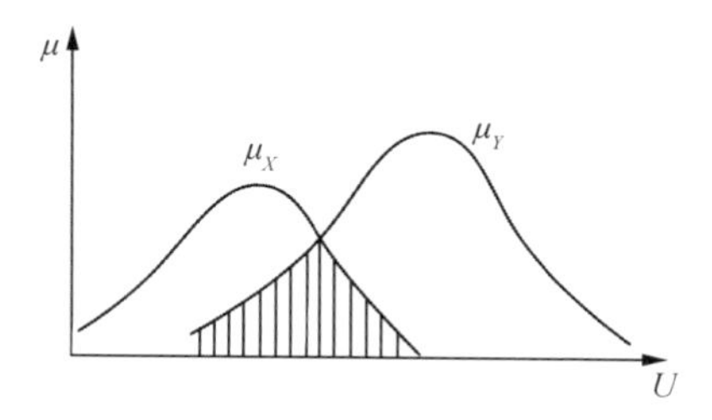

(a)　$\vee_u(\mu_X \wedge \mu_Y) \neq (\vee_u \mu_X) \wedge (\vee_u \mu_Y)$

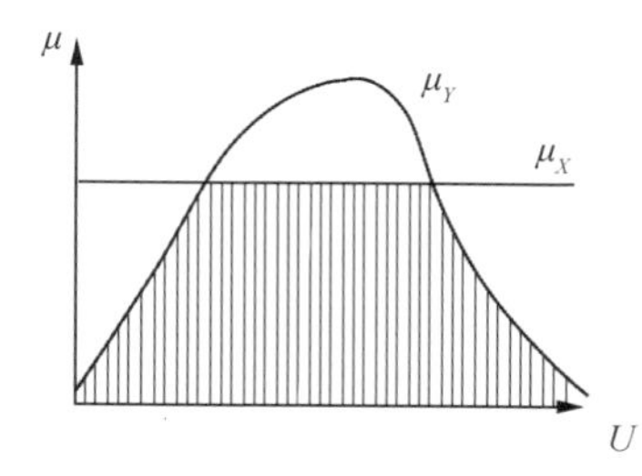

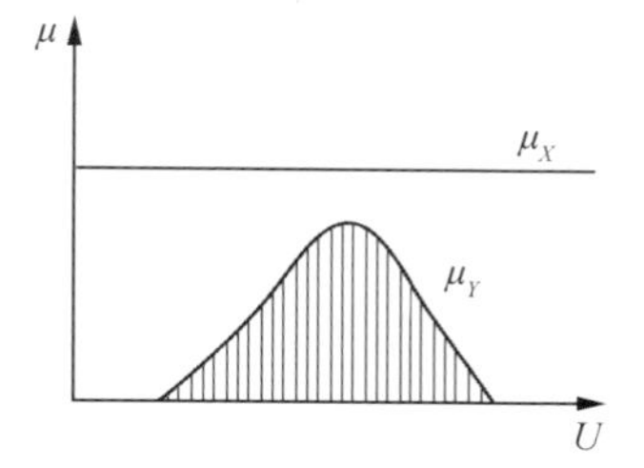

(b)　$\vee_u(\mu_X \wedge \mu_Y) = (\vee_u \mu_X) \wedge (\vee_u \mu_Y)$
$= \mu_X \wedge (\vee_u \mu_Y)$

图Ⅳ.5　$\vee u$ 有分配性质吗?

注意这里“$\sum$”记联而不是算术和,但进行联运算的模糊吊单项的基础变量的值不同才能将“$\sum$”分配到中括号中各项.下面两个式子可以帮助理解这个问题.我们有

$$(\mu_1/a \wedge \mu_2/a) \vee (\mu_3/b \wedge \mu_4/b)$$
$$=(\mu_1/a \vee \mu_3/b) \wedge (\mu_2/a \vee \mu_4/b) \quad (\text{IV}.67)$$

但是

$$(\mu_1/a \wedge \mu_2/a) \vee (\mu_3/a \wedge \mu_4/a)$$
$$\neq (\mu_1/a \vee \mu_3/a) \wedge (\mu_2/a \vee \mu_4/a)$$
$$(\text{IV}.68)$$

实际上

$$(\mu_1/a \vee \mu_3/b) \wedge (\mu_2/a \vee \mu_4/b)$$
$$=[(\mu_1/a \vee \mu_3/b) \wedge \mu_2/a] \vee$$
$$[(\mu_1/a \vee \mu_3/b) \wedge \mu_4/b]$$
$$=[(\mu_1/a \wedge \mu_2/a) \vee (\mu_3/b \wedge \mu_2/a)] \vee$$
$$[(\mu_1/a \wedge \mu_4/b) \vee (\mu_3/b \wedge \mu_4/b)]$$
$$=(\mu_1/a \wedge \mu_2/a) \vee (\mu_3/b \wedge \mu_4/b)$$

到此定理 Ⅳ.2 得证.

定理 Ⅳ.3　若 F 是 $U_1 \times \cdots \times U_{n+1}$ 上的一个模糊关系，$A_1, \cdots, A_n$ 分别是 $U_1, \cdots, U_n$ 上的模糊子集，其他假定也如定理 Ⅳ.2，则有

$$A_n \circ (\cdots A_3 \circ (A_2 \circ (A_1 \circ F))\cdots) = (A_1 \times \cdots \times A_n) \circ F$$
$$(\text{IV}.69)$$

证　按推论的合成的定义有

$$A_n \circ (\cdots A_3 \circ (A_2 \circ (A_1 \circ F))\cdots)$$
$$=P_{q_n'}((\cdots P_{q_3'}((P_{q_2'}((P_{q_1'}(F \cap \overline{A}_1)) \cap$$
$$\overline{A}_2)) \cap \overline{A}_3)\cdots) \cap \overline{A}_n) \quad (\text{IV}.70)$$

反复应用式(Ⅳ.61) 有

$$P_{q_n'}(\cdots(P_{q_3'}((P_{q_2'}((P_{q_1'}(F \cap \overline{A}_1)) \cap$$
$$\overline{A}_2)) \cap \overline{A}_3)\cdots) \cap \overline{A}_n)$$
$$=P_{q_n'}(\cdots(P_{q_3'}((P_{q_2'}(F \cap \overline{A_1 \times A_2})) \cap$$

$$\overline{A}_3)\cdots)\cap\overline{A}_n)$$
$$=P_{q_n'}(\cdots(P_{q_3'}(F\cap\overline{A_1\times A_2\times A_3})\cdots)\cap\overline{A}_n)$$
$$=\cdots=P_{q_n'}(F\cap\overline{A_1\times A_2\times A_3\times\cdots\times A_n})$$
$$=(A_1\times A_2\times A_3\times\cdots\times A_n)\circ F \qquad (Ⅳ.71)$$

§5　输入和输出的处理

控制策略虽然用语言归纳，但实际的模糊调节器的输入和输出却不一定是语言值，在一些情况下更接近于非模糊变量. 例如控制某对象温度的手动操作者可以通过读温度仪表所指示的温度值，按照经验做出判断去操作一个有刻度的阀门. 这时输入量和控制作用可以认为是确定而不是模糊的.

在这样的情况下，一般把输入量和控制作用量化为几个等级并用确定量来代表. 例如表 Ⅳ.2 所示的情况，量化等级是 14 并分别用 $-6,-5,\cdots,+5,+6$ 等数来表示. 例如温度偏差在 -3 ℃ 左右，我们就认为输入量等于 -3. 误差的变化则根据上一次温度偏差和这一次温度偏差之差求得，也落入上面各量化水平之内.

一个确定数可以看作模糊集合的一个特例，其支集只有一个元素，就是这个数，其资格函数在这个数上为 1，在其他数上为 0. 例如温度偏差为 2 ℃ 的情况，输入语言变量的语言值可写为

$$A=1/2 \qquad (Ⅳ.72)$$

这样一个输入作用与控制策略的合成 $A\circ F$ 仍然是一个模糊集合，例如将式(Ⅳ.72)和(Ⅳ.36)代入

(Ⅳ.27)我们得到

$$B = A \circ F = [0.1\ 0.5\ 1\ 0.8\ 0.3\ 0\ 0\ 0\ 0\ 0] \quad (\text{Ⅳ}.73)$$

注意这时

$$A = [0\ 0\ 0\ 0\ 0\ 0\ 0\ 1\ 0\ 0]$$

A 只在第 m 列中有数 1,它与 F 的合成简化为选取 F 中的第 m 行,即 B 是以 F 的第 m 行构成的行矩阵.

式(Ⅳ.73)说明在温度偏差为 2 ℃ 的情况下,−4,−3,−2,−1,−0 属于所求的应加入被控对象的控制作用的资格分别是 0.1,0.5,1,0.8,0.3;而控制作用 +0,+1,…,+4 不在考虑之列.

用语言表示的话,这个控制作用是负小(NS).在手动控制的情况下,比方说,我们可以在负方向上给阀门一个我们认为是小的开度的变化.但当阀门有刻度时,我们自然最好把阀门的开度朝负方向变化 2 格,因为 −2 作为控制作用其资格等级最高:用机器代替手动操作时,后者更为合适.因此,计算出控制作用的模糊集合之后,一般是选取资格等级最大的控制作用加到被控对象之上的.

但是计算所得的控制作用可能有双峰,如式(Ⅳ.37)所示,一般实践中是以双峰之间的中点入选.双峰作用一般认为是控制策略不适当造成的,例如有两条规则中存在着相互矛盾的因素.式(Ⅳ.37)双峰的出现是因为为了简化而忽略了控制策略(Ⅳ.9)中误差变化项的结果.一般要求修改一些控制规则的结构或改变控制规则用的语言值以消除双峰现象.

有时控制作用的模糊集合非常平坦,那么,在各控制作用的资格等级都比较高的情况下可以认为在这一

工作点上对象对控制作用的变化不敏感，可以比较随意挑选. 这时一般也选其中点. 在资格等级都很低时，则一般也认为控制规则结构或所赋的语言值不合适，应加以修改. 控制策略包含的输入作用范围太窄是边缘部分控制作用模糊集合资格等级低的原因之一. 控制规则的条数太少，使规则之间相互覆盖的区域太小是中间部分出现低资格等级控制作用模糊集合的原因.

修改语言值如正大、负小等的定义；改变输入量量化水平的等级数；改变输入量的增益，例如实测偏差为 e，则将 ke 作输入量代入控制策略；在多输入之下，改变各输入之间的权重；这些方法都可以改变控制策略的特性. 此外这里定义的合成运算也不是可以用于定义合成的唯一运算，改变运算的方式也将改变控制策略的特性及效果. 进一步，还可以在控制规则中引用早期的输入量或纳入状态预估值等.

在输入作用和控制作用为非模糊量的这种情况下，控制策略的模糊关系可以确定化. 上述计算控制作用的过程可用图Ⅳ.6表示. 我们把 F 看成一个模糊限制，那么输出作用模糊集实际上是 u 加上条件之后的一个条件限制. 我们所选取的控制作用则是条件限制中资格等级最高的 v 值. 因此，实际上在模糊限制 F 中有用的只是一条曲线. 这条曲线是由 u 加上不同条件之后各条件限制的资格等级最大值的轨迹(图Ⅳ.6中 F_C). 我们把这条轨迹叫作芯线. 芯线使输入作用与控制作用的关系变成确定的，而且只要控制策略得当它们之间是一一对应的. 作芯线时双峰与平坦的条件限制的处理法与上述相同.

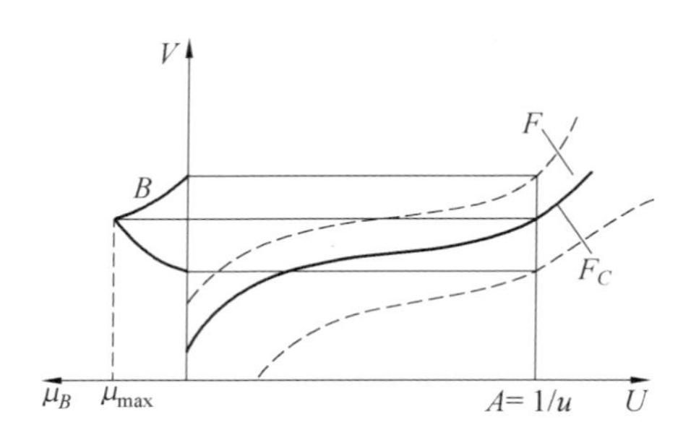

图 Ⅳ.6　模糊关系的确定化

这样一来，式(Ⅳ.36)这个模糊关系简化为

$$F=\begin{bmatrix}0&0&0&0&0&0&0&0.1&0&0\\0&0&0&0&0&0&0&0.5&0&0\\0&0&0&0&0&0&0&1&0&0\\0&0&0&0&0&0&0.8&0&0&0\\0&0&0&0&0&0&0.8&0&0&0\\0&0&0&0.8&0&0&0&0&0&0\\0&0&0.8&0&0&0&0&0&0&0\\0&0&1&0&0&0&0&0&0&0\\0&0&0.5&0&0&0&0&0&0&0\\0&0&0.1&0&0&0&0&0&0&0\end{bmatrix}\tag{Ⅳ.74}$$

这一关系的来源是与式(Ⅳ.31)至式(Ⅳ.35)相对应的模糊关系 $F_1,\cdots,F_5$. 这五个关系共有 98 个数据，简化至此只剩 10 个数据，数据压缩的程度是可观的.

实际上，当控制策略已调整得当 F_C 中资格等级一般都比较大时，可以不写出资格等级的大小而把矩阵中有数的地方一律改为 1. 这实际上相当于把每个条件限制正规化(即用最大资格等级去除模糊集合中各资格等级)之后选取资格等级为 1 的点.

对于模糊逻辑蕴含二次套用的情况(图Ⅳ.4)在 u,v 加上条件时 F 的条件限制也是一个一元模糊限制,照样只用到它的资格等级最大的一个点,因此,对决定控制作用有用的只是一个曲面.这个曲面可以叫作芯面,它也是所有条件限制中资格等级最大的点的集合.逻辑蕴含多重套用时情况也相似,重数多了,无以为名,于是我们把芯线、芯面等统称为 F 的芯,记为 F_C.但要注意,由于控制策略在这里一般是完全不规则的,因此 F_C 一般不能表达为解析式子.

这样,最后必须放人调节器的只是 F 的芯 F_C,其他一切都可在设计之前一次全部计算完毕,不必在控制过程中反复重复控制规则的运算以及选择最大资格等级的过程.这将使硬件实现简化,控制系统中可以不必接入计算机,甚至一个模拟函数发生器或一个只读贮存器就能承担控制任务.

§6 结 束 语

启发式模糊调节器一般用计算机来实现,已在热交换器、水加热过程、蒸汽发生器及蒸汽引擎、碱性氧吹钢制造、烧结厂、水泥窑上做过试验,用于控制压力、温度、液面、速度等参数.这些过程的特性或者是高度非线性的、增益及时间常数随工作点的变动极大;或者交叉耦合严重;或者没有明确的数学模型;或模型极复杂要求很复杂的控制方法,一般环境因素干扰很大;有的还有较大的控制时延.实验结果,一般而言,过渡过程及精度与直接数控相当或优于直接数控,对工作条件的变化则比直接数控不敏感.

这种调节器的明显的优点是控制规则不受任何约束,可以完全是非线性的,完全是不可解析的.它可以直接从操作人员的经验及有关的技术知识总结出来,便于与不掌握高深控制理论知识但有经验的操作人员一起讨论和修改,定性地归入各种好的控制思想.在用计算机进行控制时还便于人采用自然语言对系统的运行过程施加影响.此外,这种控制规则还有很大的通用性,做小的修改及组合就可适用于不同的系统.

但是仍然存在一系列问题尚待解决.比如,怎样判别这种系统的稳定性?控制策略的校正有没有普遍的方法?规则的条数、量化水平、采样时间、系统增益如何最优化?如何减少对计算机贮存量的要求、减少计算时间?又如何规定所使用语言值的辞义的定义?这些问题,有些是具体的技巧问题;最后一个问题可能应由心理学工作者来回答.但从控制理论的角度看,主要的问题要在建立适当的模糊控制系统的概念结构之后才能得到回答.

这一附录的目的在于说明语言变量概念的应用,说明用语言变量的概念分析模糊调节器能加深我们对这种调节器的认识,并可简化算法和模糊调节器的硬件结构.

参 考 文 献

[1] BERKELEY E C. 符号逻辑和智能机器[M]. New York:Reinhold,1957.

[2] COURANT R,ROBBINS H. 数学是什么?[M]. New York: Oxford University Press, 1948.

[3] EVES H,NEWSON C V. 数学原理和基本概念引论[M]. New York:Halt,Reinhart and Winston,1961.

[4] FAURE R,KAUFMANN A,DENIS-PAPIN M. 新的数学[M]. Paris: Dunod,1961.

[5] HOHN F E. 应用布尔代数[M]. New York: Macmillan,1960.

[6] KAUFMANN A,FAURE R. Invitation á la recherches opérationelle[M]. Paris: Dunod,1960.

[7] KEMENY J G,SNELL T L,THOMPSON G L. 有限数学导论[M]. Englewood Cliffs(N. J.):Prentice-Hall,1957.

[8] STALL R R. 集合,逻辑和公理理论[M]. San Francisco:Freeman,1974.

[9] 北京大学电子仪器厂. 电子数字计算机原理[M]. 北京:科学出版社,1975.

[10] 大众翻译组. 逻辑设计手册[M]. 北京:科学出版社,1972.

[11] 马利. 逻辑电路手册[M]. 北京:国防工业出版

社,1975.

[12] 王湘浩.叙列布尔方程[M].北京:科学出版社,1964.

[13] SIKORSKI R. Boolean algebra[M]. Berlin: Springer-Verlag,1964.

[14] RUDEANU S. Boolean functions and equation [M]. Amsterdam: North-Holland Pub. Co., 1974.

[15] HILL F J,PETERSON G R. Introduction to switching theory and logical design[M]. 2th ed. New York: Wiley,1974.

[16] NAGLE H T,CARROLL B D,IRWIN J D. An introduction to computer logic[M]. Englewood Cliffs(N. J.):Prentice-Hall,1975.